全国高等院校财经管理类专业计算机规划教材

大学计算机基础

匡　松　主编

梁庆龙　郭黎明　隋莉萍　副主编

中国铁道出版社
CHINA RAILWAY PUBLISHING HOUSE

内 容 简 介

本书根据教育部高等学校非计算机专业计算机基础课程教学指导分委员会提出的《非计算机专业计算机基础课程教学基本要求》编写而成。全书共分 10 章，内容主要包括：计算机基础知识、Windows XP 的使用、文字处理软件 Word 2003、电子表格软件 Excel 2003、演示文稿制作软件 PowerPoint 2003、计算机网络基础、Internet 基本应用、信息检索与利用基础、多媒体技术及应用和网页设计基础。

本书内容全面，实例丰富，叙述简明扼要，通俗易懂。其突出特点是理论与实践紧密结合，注重实际操作和应用。本书同时覆盖全国计算机等级考试一级（Windows 环境）考试内容。

本书是高等院校财经管理类专业计算机基础知识和应用技术课程的教材，也可作为参加全国计算机等级考试以及各类计算机培训班教材或初学者的自学用书。

图书在版编目（CIP）数据

大学计算机基础／匡松主编．—北京：中国铁道出版社，2008.5

全国高等院校财经管理类专业计算机规划教财

ISBN 978-7-113-08099-0

Ⅰ.大…　Ⅱ.匡…　Ⅲ.电子计算机—高等学校—教材

Ⅳ.TP3

中国版本图书馆 CIP 数据核字（2008）第 064551 号

书　　名：大学计算机基础

作　　者：匡　松　主编

策划编辑：严晓舟　秦绪好

责任编辑：崔晓静　　**编辑部电话：**（010）63583215

封面设计：付　巍　　**封面制作：**白　雪

责任校对：张　竺　陈　文　　**责任印制：**李　佳

出版发行：中国铁道出版社（北京市宣武区右安门西街 8 号　　**邮政编码：**100054）

印　　刷：中国铁道出版社印刷厂

版　　次：2008 年 6 月第 1 版　2008 年 6 月第 1 次印刷

开　　本：787mm×1092mm　1/16　**印张：**20.25　**字数：**468 千

印　　数：5 000 册

书　　号：ISBN 978-7-113-08099-0/TP・2457

定　　价：29.00 元

全国高等院校财经管理类专业计算机规划教材

编审委员会

本书编写组

主　编：匡　松

副主编：梁庆龙　郭黎明　隋莉萍

编　者：（以下排名按姓氏音序排列）

龚　玮　何振林　蒋义军　李朔枫
林　珣　谯　英　卿丽妍　王　超
王丹妮　王　锦　夏艺栖　谢　玮
喻　敏　张艳珍　张月梅　周　蓓

教育部高等学校文科计算机基础教学指导委员会在最新编写的《大学计算机教学基本要求（2006年版）》中指出："21世纪是以工业文明为基础、信息文明为手段、生态文明为目标的高速发展的世纪，这也是人类进入了以知识经济为主导的信息时代的世纪。"作为高校基础教育，"培养德、智、体、美全面发展，具有创新精神和实践能力的专门人才，在包括文科专业在内的大学教育中继续加强计算机基础教育是十分必要的"。

全国高等院校计算机基础教育研究会编写的《中国高等院校计算机基础教育课程体系（2006）》中也提到："高校计算机基础教育是高等教育中的重要组成部分，它面对的是占全体大学生95%以上的非计算机专业学生，它的目标是在各个专业领域中普及计算机知识和计算机应用，是使大学生成为既掌握本专业知识，又能熟练使用计算机技术的复合型人才。"同时还指出："财经类专业的计算机基础教育与计算机专业相比，在培养目标、学生基础、专业性质和学时数量等方面都有很大差别，因此教学要求、教学内容、教学方法以及所用教材都应当有其自身的特点，应当针对各专业的实际需要来构建知识体系和课程体系。"

正是在这样的背景下，全国高等院校计算机基础教育研究会财经管理信息专业委员会和中国铁道出版社，共同组织各类高校的众多有多年教学实践的专家教授共同研究，并根据专业建设和课程设置精心策划了"全国高等院校财经管理类专业计算机规划教材"和"全国高等院校信息管理与信息系统专业规划教材"两套教材，并且成立了两套丛书的编审委员会，聘请相关学校有多年教学经验的老师根据编审委员会制定的统一方案和要求编写教材。

两套丛书都由十几本教材组成，将会陆续出版。

丛书强调学生在一定的理论基础上努力提高计算机技术的实际应用能力，希望学生能够了解基本的现代信息技术，熟练地使用各种与专业相关的计算机软件，并能结合专业培养和提高实践和创新能力。为了适应社会各界对毕业生的要求，本丛书也注意了行业、企业、专业职业技能资格认证的需要，紧密把握技能培养和实际操作能力的培养问题。丛书特点可以用面向专业、突出应用、培养能力、服务社会来概括。

当然，本丛书难免有许多不足之处，为了出好书、出精品书，也是为了向广大读者负责，我们真诚地希望广大师生和专家读者及时提出批评和指正，以便不断地随时改进我们的工作。

丛书编审委员会

2008年6月

前言

FOREWORD

《大学计算机基础》（**四川省精品课程**配套教材）是非计算机专业计算机基础教育入门课程的教材。本书根据教育部高等学校非计算机专业计算机基础课程教学指导分委员会提出的《非计算机专业计算机基础课程教学基本要求》编写而成。通过本课程的教学与实践，引导学生认识以计算机为核心的信息技术在信息化社会的重要作用，培养学生的实际操作能力、应用能力以及创新能力，全面提高学生的信息素养，增强信息系统安全与社会责任意识，使学生能够在今后的工作中，将计算机技术与本专业紧密结合，更有效地应用于各专业领域，适应信息化社会对大学生有更丰富的计算机技术知识和更强的应用计算机技术的能力的实际需要。

本书共分 10 章，内容主要包括：计算机基础知识、Windows XP 的使用、文字处理软件 Word 2003、电子表格软件 Excel 2003、演示文稿制作软件 PowerPoint 2003、计算机网络基础、Internet 基本应用、信息检索与利用基础、多媒体技术及应用和网页设计基础。

本书内容全面，实例丰富，叙述简明扼要，通俗易懂。其突出特点是以社会需求为导向，紧跟当前计算机技术的发展和应用水平，理论与实践紧密结合，注重实际操作和应用，同时覆盖全国计算机等级考试一级（Windows 环境）考试内容。

本书是高等院校财经管理类专业计算机基础知识和应用技术课程的教材，也可作为参加全国计算机等级考试以及各类计算机培训班教材或初学者的自学用书。各学校在使用时，可根据教学实际以及学时、学生程度的差异，灵活地对教学内容进行取舍。

本书由匡松主编，负责全书的修改和统稿。梁庆龙、郭黎明、隋莉萍副主编，张艳珍、蒋义军、何振林、李朔枫、王锦、王超、林珣、喻敏、周蓓、夏艺栖、谯英等参与了编写。在此一并表示感谢。

编 者

2008 年 4 月

CONTENTS

目录

第1章　计算机基础知识

电子计算机（Computer）是一种能够自动、高速地处理信息的电子设备，又称电脑或计算机。它是20世纪人类最伟大的科学技术发明之一。由于它提高了人类对信息的利用水平，引发了信息技术革命，极大地推动了人类社会的进步与发展。在未来，它还会更深入地与其他学科相结合，对科学技术的进步产生深远的影响。因此计算机知识也就成为21世纪人类知识结构中不可缺少的组成部分。

1.1　计算机的发展及应用

从世界上第一台电子计算机诞生到现在已经60多年了。60多年来，计算机技术飞速发展，硬件和软件不断升级换代。计算机已经广泛地应用到人类生活、生产及科学研究的各个领域中，以后的应用还将更深入、更广泛，其自动化程度也将会更高。

1.1.1　计算机的产生和发展

世界上第一台电子数字计算机诞生于1946年，取名为ENIAC（埃尼阿克）。ENIAC是Electronic Numerical Integrator and Calculator（电子数字积分计算机）的缩写。这台计算机主要是为了解决弹道计算问题，由美国宾夕法尼亚大学莫尔电气工程学院的J.W.Mauchly（莫奇莱）和J.P.Eckert（埃克特）主持研制的。ENIAC计算机使用了18 000多个电子管，10 000多个电容器，7 000多个电阻，1 500多个继电器，耗电150kW，质量达30t，占地面积为170m^2。它的加法速度为每秒5 000次。ENIAC不能存储程序，只能存储20个字长为10位的十进制数。ENIAC计算机的问世，宣告了电子计算机时代的到来。

1944年7月，美籍匈牙利科学家冯·诺依曼博士在莫尔电气工程学院参观了正在组装的ENIAC计算机。这台计算机的成功和不足，促使他开始构思一个更完整的计算机体系方案。1946年，他撰写了一份《关于电子计算机逻辑结构初探》的报告。该报告首先提出了“存储程序”的全新概念，奠定了存储程序式计算机的理论基础，确立了现代计算机的基本结构，称为冯·诺依曼体系结构。这份报告是人类计算机发展史上的一个里程碑。根据冯·诺依曼提出的改进方案，科学家们研制出人类第一台具有存储程序功能的计算机——EDVAC。EDVAC计算机由运算器、控制器、存储器、输入设备和输出设备5个部分组成。它使用二进制进行运算操作。指令和数据存储到计算机中，计算机按事先存入的程序自动执行指令。

EDVAC计算机的问世，使冯·诺依曼提出的存储程序的思想和结构设计方案成为现实。时至今日，现代的电子计算机仍然被称为冯·诺依曼计算机。

从1946年美国研制成功世界上第一台电子数字计算机至今，按计算机所采用的电子器件来划分，计算机的发展经历了以下四个阶段：

第一阶段大约为1946年～1957年，计算机采用的电子器件是电子管。电子管计算机的体积十分庞大，成本很高，可靠性低，运算速度慢。第一代计算机的运算速度一般为每秒几千次至几万次。软件方面仅仅初步确定了程序设计的概念，但尚无系统软件可言。软件主要使用机器语言，用户必须用二进制编码的机器语言来编写程序。其应用领域仅限于军事和科学计算。

第二阶段从 1958 年～1964 年，计算机采用的电子器件是晶体管，晶体管计算机的体积更小，重量更轻，成本更低，容量更大，功能更强，可靠性大大提高。主存储器采用磁芯存储器，外存储器开始使用磁盘，并提供了较多的外部设备。它的运算速度提高到每秒几万次至几十万次。用户能够使用接近于自然语言的高级程序设计语言编写程序。应用领域也扩大到数据处理、事务管理和工业控制等方面。

第三阶段从 1965 年～1970 年，计算机采用了小规模集成电路和中规模集成电路。计算机的体积大大缩小，成本进一步降低，耗电量更省，可靠性更高，功能更加强大。其运算速度已达到每秒几十万次至几百万次。内存容量大幅度增加。在软件方面，出现了多种高级语言，并开始使用操作系统。操作系统使得计算机的管理和使用更加方便。此时，计算机已广泛用于科学计算、文字处理、自动控制与信息管理等方面。

第四阶段从 1971 年至今，计算机全面采用大规模集成电路（LargeScale lntegrated Circuit，LSI）和超大规模集成电路（Very Large Scale lntegrated Circuit，VLSI）。计算机的存储容量、运算速度和功能都有极大的提高，提供的硬件和软件更加丰富和完善。在这个阶段，计算机向巨型和微型两极发展，出现了微型计算机。微型计算机的出现使计算机的应用进入了突飞猛进的发展时期。特别是微型计算机与多媒体技术的结合，将计算机的生产和应用推向了新的高潮。

现在，大多数计算机仍然是冯·诺依曼型计算机。人们正试图突破冯·诺依曼的设计思想，其工作也取得了一些进展，如数据流计算机、智能计算机等，此类计算机统称为非冯·诺依曼型计算机。未来计算机主要向巨型化、微型化、网络化、智能化方向发展。

1.1.2 微型计算机的发展

微型计算机诞生于 20 世纪 70 年代。人们通常把微型计算机叫做 PC（Personal Computer）机或个人电脑。微型计算机的体积小，安装和使用十分方便。一台微型计算机的逻辑结构同样遵循冯·诺依曼体系结构，由运算器、控制器、存储器、输入设备和输出设备五大部分组成。其中运算器和控制器（CPU）被集成在一个芯片上，也被称为微处理器。微处理器的性能决定着微型计算机的性能。生产微处理器的公司主要有 Intel、AMD、IBM 等几家。

Intel 公司的微处理器的发展历程如下。

1971 年，Intel 公司成功研制出了世界上第一块微处理器 4004，其字长只有 4 位。利用这种微处理器组成了世界上第一台微型计算机 MCS-4。该公司于 1972 年推出了 8008，1973 年推出了 8080，它们的字长均为 8 位。

1977 年～1979 年，Intel 公司先后推出了 8085、8086、8088。8086、8088，均称为 16 位微处理器。1981 年 8 月，IBM 公司宣布 IBM PC 面世。第一台 IBM PC 采用 Intel 公司 8088 微处理器，并配置了微软公司的 MS-DOS 操作系统。IBM 公司稍后又推出了带有 10MB 硬盘的 IBM PC/XT。IBM PC 和 IBM PC/XT 成为 20 世纪 80 年代初世界微机市场的主流产品。

1982 年，Intel 80286 问世。它是一种标准的 16 位微处理器。IBM 公司采用 Intel 80286 推出了微型计算机 IBM PC/AT。

1985 年，Intel 公司推出 32 位的微处理器 80386。

1989 年，Intel 80486 问世。它是一种完全 32 位的微处理器。

1993 年，Intel 公司推出了新一代微处理器 Pentium（奔腾）。虽然它仍然属于 32 位芯片（32 位寻址，64 位数据通道），但具有 RISC，拥有超级标量运算，双五级指令处理流水线，配上更先进的 PCI 总线使性能大为提高。Intel 在 Pentium 处理器中引进多种新的设计思想，使微处理器的性能提高到一个新的水平。2000 年 11 月，Intel 推出 Pentium 4（奔腾 4）芯片，使个人电脑在网络应用以及图像、语音和视频信号处理等方面的功能得到了新的提升。

2006 年，Intel 公司发布了全新双核英特尔至强处理器 5100 系列。双核处理器（Dual Core Processor）是指在一个处理器上集成两个运算核心，使得同频率的双核处理器比单核处理器性能要高 30%～50%，从而极大地提高了计算能力。

1964 年，Intel 公司创始人之一摩尔博士（G.Moore）曾预言：集成电路上能被集成的晶体管数目，将会以每 18 个月翻一番的速度稳定增长，并在今后数十年内保持着这种势头（1975 年，他把翻一番的速度修改为两年）。摩尔的这个预言，由集成电路的发展历史而得以证明，并在较长时期保持有效，被人称为“摩尔定律”，即“IT 业第一定律”。例如，1971 年，Intel 公司的霍夫发明的第一颗微处理器 4004 中集成了 2 300 个晶体管，每秒执行 6 万次运算，其计算能力比 ENIAC 计算机更强大。到 1997 年该公司推出的奔腾 II 芯片时，集成的晶体管数已超过 750 万个，运算速度达到每秒 5.8 亿次。

随着电子技术的发展，微处理器的集成度越来越高，运行速度成倍增长。微处理器的发展使微型计算机高度微型化、快速化、大容量化和低成本化。

1.1.3　计算机的发展趋势

未来的计算机将向巨型化、微型化、网络化与智能化的方向发展。

（1）巨型化是指运算速度更快、存储容量更大、功能更强的超大型计算机。巨型机的运算速度可达每秒百亿次、千亿次甚至更高，其海量存储能力可以轻而易举地存储一个大型图书馆的全部信息。

（2）微型化是指计算机更加小巧、廉价、软件丰富，功能强大。随着超大规模集成电路的进一步发展，个人计算机（PC）将更加微型化。膝上型、书本型、笔记本型、掌上型、手表型等微型化个人电脑将不断涌现，推动计算机的普及和应用。

（3）网络化是指将不同区域、不同种类的计算机连接起来，实现信息共享，使人们更加方便地进行信息交流。现代计算机的网络技术应用，已引发了信息产业的又一次革命。

（4）智能化是建立在现代科学基础上的综合性很强的边缘学科。它是指通过让计算机模仿人的感觉、行为、思维过程的复杂机理，使计算机不仅具有计算、加工、处理等能力，还能够像人一样可以“看”、“说”、“听”、“想”和“做”，具有思维与推理、学习与证明的能力。未来的智能型计算机将会代替人类某些方面的脑力劳动。

1.1.4　计算机的特点和类型

计算机能进行高速运算，具有超强的记忆（存储）功能和灵敏准确的判断能力。

1．计算机的特点

计算机具有以下基本特点。

（1）运行高度自动化——由于计算机能够存储程序，一旦向计算机发出指令，它就能自动快速地按指定的步骤完成任务。计算机能够高度自动化运行是与其他计算工具的本质区别。

（2）有记忆特性——计算机能把大量数据和程序存入存储器，进行处理和计算，并把结果保存起来。一般计算器只能存放少量数据，而计算机却能存储大量的数据和信息。随着计算机的广泛应用，计算机存储器的存储容量越来越大。

（3）运算速度快——计算机的运算速度是标志着计算机性能的重要指标之一。通常计算机以每秒完成基本加法指令的数目表示计算机的运算速度。

（4）计算精度高——计算机内部采取二进制数字进行运算，可以满足各种计算精度的要求。例如，利用计算机可以计算出精确到小数点后200万位的π值。

（5）可靠性高——随着大规模和超大规模集成电路的发展，计算机的可靠性也大大提高，计算机连续无故障运行的时间可以达几个月，甚至几年。

2．计算机的类型

计算机的种类很多，可按照计算机的规模以及用途等不同的角度进行分类。我国根据计算机的运算速度、存储容量、功能强弱、规模大小以及软件系统的丰富程度等综合性能指标将计算机划分为巨型机（Giant Computer）、大中型机（Large-scale or Medium-size Computer）、小型机（Mini Computer）、微型机（Micro Computer）和单片机（Single Board Computer）。而国际上根据计算机的性能指标和应用对象，将计算机分为六大类。随着计算机科学技术的不断发展，各种计算机的性能指标均会提高，分类标准也会有所变化。

（1）按照计算机的规模进行分类

① 巨型计算机——巨型机是当今体积最大，运行速度最高，功能最强，价格最贵的计算机。其运行速度达到每秒10亿次以上的浮点运算，价格在200～2000万美元。巨型机可以被许多人同时访问。它对尖端科学、战略武器、气象预报、社会经济现象模拟等新科技领域的研究都具有极为重要的意义。世界上只有少数公司可以生产巨型计算机。如美国的克雷公司生产的Cray-3。我国自行研制的银河II 号10亿次机和曙光25亿次机都是巨型计算机。

② 小巨型计算机——这是新发展起来的一类计算机，又称为桌上型超级电脑。其性能与巨型计算机接近，但采用了大规模集成电路和微处理器并行处理技术，体积大大减小，费用仅是巨型机的1/10。如美国Convex公司的C系列。

③ 大型主机——其运算速度可以达到每秒几千万次浮点运算。大型主机系统强大的功能足以支持远程终端几百用户同时使用。

④ 小型计算机——其运算速度为每秒几百万次浮点运算。与大型主机一样，小型计算机支持多用户。

⑤ 工作站——一种功能强大的台式计算机。常用于图形处理或局域网服务器。工作站与微机的区别较小，一般工作站比微机有更多的接口、更快的速度、更大的外存。有人将工作站称为超级微机。

⑥ 微型计算机——简称微机，以大规模集成电路芯片制作的，微处理器为CPU的个人计算机。按性能和外形大小，可分为台式计算机、笔记本电脑和掌上电脑。它是我们日常生活中应用最多的计算机。

（2）按照计算机的用途进行分类

① 通用计算机——具有广泛的用途和使用范围，可以应用于科学计算、数据处理和过程控制等。

② 专用计算机——适用于某一特殊的应用领域，如智能仪表、生产过程控制、军事装备的自动控制等。

1.1.5　计算机的应用领域

计算机的三大传统应用领域是科学计算、数据处理和过程控制。随着计算机技术突飞猛进的发展，功能越来越强大，应用更加广泛和普及。目前，计算机的应用领域大致可分为以下几个方面。

1．科学计算

科学计算又称为数值计算，指用于科学技术和工程设计的数学问题的计算。科学研究对计算能力的需要是无止境的。现代科学技术工作中的科学计算问题是十分巨大而复杂的。利用计算机的快速、高精度、连续的运算能力，可以完成各种科学计算，解决人力或其他计算工具无法解决的复杂计算问题，如同步通信卫星的发射、卫星轨道计算、天气预报等。

2．信息处理

利用计算机可以对任何形式的数据（包括文字、数字、图形、图像、声音等）进行加工和处理，例如文字处理、图形处理、图像处理和信号处理等。信息处理是目前计算机应用最为广泛的领域，现在越来越多的企业和单位已经普遍实现对财务、会计、档案、仓库、统计、医学资料等各方面信息的计算机处理与管理。利用计算机进行信息处理，为实现办公自动化和管理自动化创造了有利条件。

3．办公自动化

办公自动化（Office Automation，OA）主要表现是无纸办公。在计算机、通信与自动化技术飞速发展并相互结合的今天，一个以计算机网络为基础的高效的人—机信息处理系统可以全面提高管理和决策水平。现代的OA系统通过Internet/Intranet平台，为企业员工提供信息共享和交换。

4．生产自动化

生产自动化（Production Automation，PA）是计算机在现代生产中的应用。这里介绍其中三个应用领域。

（1）实时控制

实时控制又称为过程控制，指实时采集、检测数据并进行加工后，按最佳值对控制对象进行控制。应用计算机进行实时控制可大大提高生产自动化水平，提高劳动效率与产品质量，降低生产成本，缩短生产周期，有力促进了工业生产的自动化。计算机实时控制已广泛应用于冶金、化工、机械、石油、纺织、电力、航天等行业。

（2）计算机辅助设计与计算机辅助制造

计算机辅助设计（Computer Aided Design，CAD）是利用计算机提高设计工作的自动化程度和质量的一门技术。当今的CAD已发展成为一门综合性的技术，所涉及的基础技术主要有图形处理技术、工程分析技术、数据管理技术、软件设计与接口技术等。

计算机辅助制造（Computer Aided Manufacturing，CAM）是指利用计算机来进行生产规划、管理和控制产品制造的过程。利用CAM技术可实现对工艺流程和生产设备等的管理与生产装置的控制和操作。

随着生产技术的发展，越来越多的CAD和CAM功能已融为一体，使传统的设计与制造彼此相对分离的任务作为一个整体来规划和开发。CAD/CAM 技术推动了几乎一切领域的设计革命，广泛地影响到机械、电子、化工、航天、建筑等行业。现在我们周围的商品，大到飞机、汽车、轮船、火箭，小到运动鞋、发夹都可能是使用 CAD/CAM 技术生产的产品。

（3）计算机辅助测试（Computer Aided Testing，CAT）是指利用计算机辅助进行产品测试。利用计算机进行辅助测试，可以提高测试的准确性、可靠性和效率。

5. 人工智能与神经网络计算机技术

人工智能是计算机科学的一个分支。它是探索和模拟人的感觉和思维过程的科学，是控制论、计算机科学、仿真技术、心理学等综合起来的一门计算机理论学科，也是一门很有实用远景的应用科学。主要研究感觉和思维模型、神经网络的仿真、图像和声音识别、计算机数学定理证明等。例如，计算机下棋、密码破译、语言翻译等。

神经网络计算技术是一项国际上十分热门的前沿技术，有人称它为第六代计算技术。神经网络计算技术要解决人工感觉（包括计算机视觉与听觉等）、带有大量需要互相协调动作的智能化机器人以及在较复杂情况下各种因素互相冲突和非规则性的决策问题等。

6. 在人类生活中的应用

随着网络建设的进一步完善，计算机越来越成为人类生活的必需品。主要用于人们的通信（电子邮件、传真、网络电话）、思想交流（网络会议、专题讨论、聊天、博客）、新闻、电子公告、电子商务、影视娱乐、信息查询、教育等。

在教育领域，除计算机辅助教学外，计算机远程教育也发展非常快，已经发展为一种重要的教学形式。操作模拟系统（如飞机、舰船、汽车操作模拟系统）大大提高了训练效果，节约了训练经费。数字投影仪的使用改变了理论课中黑板加粉笔的模式，可以大大提高教学效率。

在商业领域，电子商务正在开始进入实际应用。电子商务（Electronic Business，EB）是利用开放的网络系统进行的各项商务活动。它采用了一系列以电脑网络为基础的现代电子工具，如电子数据交换（EDI）、电子邮件、电子资金转账、数字现金、电子密码、电子签名、条形码技术、图形处理技术等。电子商务可以实现商务过程中的产品广告、合同签订、供货、发运、投保、通关、结算、批发、零售、库存管理等环节的自动化处理。

在艺术领域，有电脑绘画、音乐合成、数字影像合成、虚拟演员等技术应用，在交通及军事领域，卫星定位系统和交通导航系统也得到了较广泛的应用。

应该指出，计算机的广泛应用对人类文明起到了巨大的推动作用，但同时也有一些负面影响或挑战，主要表现在以下几个方面。

（1）对人（自然人或法人）的隐私构成威胁。电子数据极易复制，即使对隐私采用了密码保护，但高速而自动运行的计算机，为猜测电子密码提供了工具，连美国国防部计算机网络都曾被中学生非法闯入。因此，凡是在网络上的数据（包括密码）都有泄密的可能。此外，软件的缺陷所造成的“后门”也有可能被用来盗取隐私。

（2）计算机及计算机网络可能传播一些不健康的信息，对青少年的健康成长造成危害。长期使用计算机还会导致一些职业疾病，如颈椎、手腕、眼睛、心血管及心理疾病等。另外，在生产电脑的过程中和废旧电脑会对环境造成污染。

1.1.6 信息化社会与计算机文化

1992 年 2 月，美国总统发表的国情咨文中提出用 20 年时间，耗资 2 000 亿～4 000 亿美元，建设美国国家信息基础结构（NII），作为美国发展政策的重点和产业发展的基础，即美国信息高速公路。它的倡议者认为，信息高速公路将永远改变人们的生活、工作和相互沟通的方式，产生比工业革命更为深远的影响。之后，世界各地纷纷响应，都开始规划和建设信息高速公路。建设信息高速公路既有赖于全球信息技术的微电子、光电子、声像、计算机、通信等相关领域的突破进展，也有赖于各级政府根据各地情况所作的决策。美国是在已具规模的有线电视网（家庭电视机通过率达 98%）、电信网（电话普及率 93%）、计算机网（联网率 50%）的基础上提出的，构想以光纤干线为主、辅以微波和同轴电缆分配系统组建高速、宽带综合信息网络，而使网络最终过渡到光纤直接到户。由于网络具有双向传输能力，因而全网络运行的广播、电视、电话、传真、数据等信息都具备开发交互式业务的功能。

我国于 1994 年开始建设信息高速公路。当时主要规划了四大网络。中国科学院领导的中国科技网（CSTNET），国家教委（教育部）领导的中国教育科研网（CERNET），邮电部领导和投资的中国公用计算机互联网（ChinaNET），电子工业部领导的中国金桥信息网（ChinaGBN）。这些网络都基本包含了我国主要的信息消费和生产者，并与全球的互联网连接在一起。

全球的信息高速公路建设一般都包含以下五个基本要素。

（1）信息高速通道。这是一个能覆盖全国的以光纤通信网络为主的，辅以微波和卫星通信的数字化、大容量、高速率的通信网。

（2）信息资源。将学校、政府、科研院所、新闻单位、工农商等企事业单位的数据库连接起来，通过通信网络为用户提供各类资源，包括新闻、影视、书籍、报刊、博客、计算机软件、计算机硬件等。

（3）信息处理与控制。主要是指通信网络上的高性能计算机和服务器，高性能个人计算机和工作站对信息在输入/输出、传输、存储、交换过程中的处理和控制。

（4）信息服务对象。使用多媒体的、智能化的用户界面与各种应用系统的用户进行相互通信，用户可以通过通信终端享受丰富的信息资源，满足各自的需求。

（5）信息高速公路的法律法规。主要是知识产权的保护、个人隐私的保护、网络的安全保障、信息内容的社会道德规范等。

1. 信息化社会

人类在经历农业化社会、工业化社会后，正在进入信息化社会。生活在信息化社会中的人们以更快更便捷的方式获得并传递人类创造的一切文明成果。信息化社会是人类社会从工业化阶段发展到一个以信息为标志的新阶段。信息化与工业化不同，信息化不是关于物质和能量的转换过程，而是关于时间和空间的转换过程。在信息化这个新阶段里，人类生存的一切领域，在政治、商业，甚至个人生活中，都是以信息的获取、加工、传递和分配为基础。有人将信息化社会归纳出四个基本特征：知识的生产成为主要的生产形式；光电和网络代替工业时代的机械化生产；信息技术正在取消时间和距离的概念；信息和信息交换遍及各个地方。在信息化社会中，信息技术是重要的产业支柱。信息技术（Information Technology，IT）就是以电子计算机为基础的多学科的信息处理技术。它包括电子计算机技术、卫星通信技术、光纤技术、激光技术等。

2. 计算机文化

“计算机文化”一词最早出现于 1981 年在瑞士洛桑召开的第三次世界计算机教育会议上。当时“计算机文化”的含义是指人们是否掌握了计算机的基本知识和某种程序设计语言。但随着计算机技术的迅速发展与普及，特别是信息高速公路建设的发展，计算机对人类的影响已经超出了一般专业知识的影响，而正在从根本上改变着我们的生产、生活方式，甚至改变着我们的思维方式。如果现代的人不会使用计算机获取信息，处理问题，就像工业社会中不会读、写、算的文盲一样。

衡量“计算机文化”素质高低的依据，通常是指在计算机方面最基本的知识和最主要的应用能力。目前大多数计算机教育专家的认可、最能体现“计算机文化”的知识结构和能力素质的应该是与“信息获取、信息分析与信息加工”有关的基础知识和实际能力。这种能力并非某单一学科、某单一教学方法能够培养出来，但计算机及计算机网络的应用正是这种能力的基础。

1.2 计算机中信息的表示

计算机内部是一个二进制的数字世界，一切信息的存取、处理和传送都是以二进制编码形式进行的。二进制只有 0 和 1 这两个数字符号，0 和 1 可以表示器件的两种不同的稳定状态，即用 0 表示低电平，用 1 表示高电平。二进制是计算机信息表示、存储、传输的基础。在计算机中，数字、文字、符号、图形、图像、声音和动画都采用二进制来表示。计算机采用二进制，其特点是运算器电路在物理上很容易实现，运算简便、运行可靠，逻辑计算方便。

1.2.1 计算机中的数制

日常生活中，人们最熟悉的是十进制，但是在计算机中，会涉及到二进制、八进制、十进制和十六进制，无论是哪种进制，其共同之处都是进位计数制。

所谓进位计数，就是在该进位数制中，可以使用的数字符号个数。R 进制数的基数为 R，能用到的数字符号个数为 R 个，即 0，1，2，…，$R-1$。R 进制数中能使用的最小数字符号是 0，最大数字符号是 $R-1$。

计算机中常用到二、八、十和十六进制，它们的基本符号如表 1-1 所示。

表 1-1 几种进位数制

进　制	计数原则	基本符号
二进制	逢二进一	0，1
八进制	逢八进一	0，1，2，3，4，5，6，7
十进制	逢十进一	0，1，2，3，4，5，6，7，8，9
十六进制	逢十六进一	0，1，2，3，4，5，6，7，8，9，A，B，C，D，E，F

注：十六进制的基本符号 A～F 分别对应十进制的 10～15

1.2.2 计算机中数据的存储单位

计算机中数据和信息常用存储单位有位、字节和字长。

1．位（bit）

位是计算机中最小的数据单位。它是二进制的一个数位，简称位。一个二进制位可表示两种状态（0 或 1）。两个二进制位可表示 4 种状态（00，01，10，11）。n 个二进制位可表示 2^n 种状态。

2．字节（Byte）

字节是表示存储空间大小最基本的容量单位，也被认为是计算机中最小的信息单位。8

个二进制位为一个字节。除了用字节为单位表示存储容量外，通常还用到 KB（千字节）、MB（兆字节）、GB（吉字节）、TB（太兆字节）等单位来表示存储器（内存、硬盘、软盘等）的存储容量或文件的大小。所谓存储容量指的是存储器中能够包含的字节数。

存储容量之间存在下列换算关系：

1B=8bit，1KB=1 024B，1MB=1 024KB，1GB=1 024MB，1TB=1 024GB。

3．字长

字长是计算机存储、传送、处理数据的信息单位。用计算机一次操作（数据存储、传送和运算）的二进制位最大长度来描述。如 8 位、16 位等。字长是计算机性能的重要指标。字长越长，在相同时间内就能传送更多的信息，从而使计算机运算速度更快。字长越长，计算机就有更大的寻址空间，从而使计算机的内存储器容量更大。字长越长，计算机系统支持的指令数量越多，功能就越强。不同档次的计算机字长不同。按字长可以将计算机划分为 8 位机、16 位机（如 80286、80386 机）、32 位机（如 80586 机）、64 位机等。计算机的字长是在设计计算机时规定的。

1.2.3　英文字符编码——ASCII 码

ASCII（American Standard Code for Information Interchange）编码是在计算机系统中使用得最广泛的信息编码。它本为美国信息交换标准代码，现在已被国际标准化组织 ISO 认定为国际标准。ASCII 码有 7 位版本和 8 位版本两种。7 位 ASCII 版是全世界通用的版本。它用 7 个二进制位来进行信息编码。共有 128（2^7）个编码表示了 128 个字符元素。其中通用控制字符 34 个，阿拉伯数字 10 个，大、小写英文字母 52 个，各种标点符号和运算符号 32 个。由于计算机内存中都以字节为管理的基本单位，7 位 ASCII 编码虽然只有 7 位，但在计算机内仍然占用了 8 位，该字符编码的第八位（最高位）自动为 0。8 位 ASCII 编码版本表示为 ASCII-8。它使用 8 位二进制数进行编码。当最高位为 0 时，称为基本 ASCII 码（编码与 7 位 ASCII 码相同），当最高位为 1 时，形成扩充的 ASCII 码。通常各个国家都把扩充的 ASCII 码作为自己国家语言文字的代码。

1.2.4　汉字编码

汉字由于是象形文字，其数目多达 6 万余个，常用汉字就有 3 000～5 000 个，加上汉字的形状和笔画差异极大。因此，不可能用少数几个确定的符号将汉字完全表示出来，汉字的处理曾是一个难题。进入八十年代，我国一批计算机和汉字学专家做了大量工作，汉字的计算机处理技术得到了飞跃发展。计算机汉字处理是以中国国家标准局所颁布的一些常见汉字编码为基础。计算机软硬件开发商根据该标准开发汉字的输入方法程序、计算机内汉字的表示、处理方法程序、汉字的输出显示程序等。汉字的编码涉及汉字的交换码、机内码、外码和输出码。

1.2.5　多媒体信息

多媒体一词是由英文 Multimedia 直译而来，即能被计算机处理的多种媒体信息，包括文本、图形、图像、声音、动画、视频等。各种多媒体信息通常按照规定的格式存储在数据文件中。

在自然情况下的声音、图形和图像都是模拟信号，为了方便计算机处理、传输和保存多媒体信息，就要用数字来表示这些信号。将模拟信号转换成数字信号称为模/数（A/D）转换。如果要将计算机中保存的多媒体数据还原为人能够直接感知的多媒体信息，则需要将数字信号转换成模拟信号称为数/模（D/A）转换。

1.3 计算机系统的组成

一个完整的计算机系统是由硬件（Hardware）系统和软件（Software）系统两大部分组成。

计算机硬件是指系统中可触摸得到的设备实体，即构成计算机的有形的物理设备，是计算机工作的基础，像冯·诺依曼计算机中提到的五大组成部件都是硬件。硬件按照特定的方式组织成硬件系统，组件之间协调工作。

计算机软件是指在硬件设备上运行的各种程序和文档。如果计算机不配置任何软件，则硬件无法发挥其作用。只有硬件没有软件的计算机称为裸机。硬件与软件的关系是相互配合，共同完成工作任务。

计算机系统中的硬件系统和软件系统按照一定的层次关系进行组织。硬件处于最内层，然后是软件系统中的操作系统。操作系统是系统软件中的核心。它把用户和计算机硬件系统隔离开来，用户对计算机的操作一律转化为对系统软件的操作，所有其他软件（包括系统软件与应用软件）都必须在操作系统的支持和服务下才能运行。操作系统外是其他系统软件，最外层为用户应用程序。各层完成各层的任务，层间定义接口。这种层次关系为软件的开发、扩充和使用提供了强有力的手段。计算机系统的层次结构如图 1-1 所示。

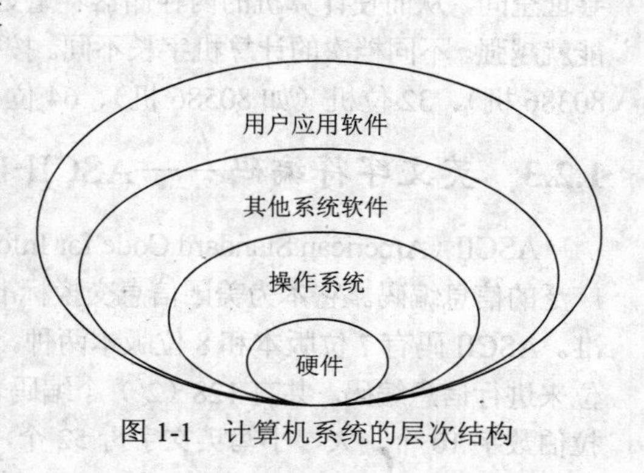

图 1-1 计算机系统的层次结构

1.3.1 计算机的硬件系统

一个计算机系统的硬件逻辑上是由运算器、控制器、存储器、输入设备和输出设备五大部分组成的，如图 1-2 所示。

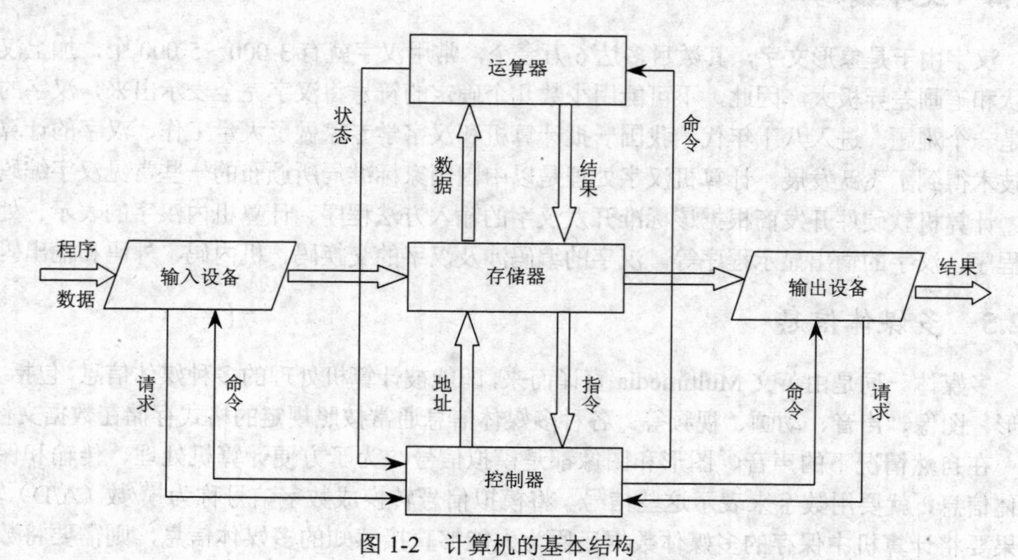

图 1-2 计算机的基本结构

注：⇨代表数据流，→代表控制流

从图中可以看到，用计算机来加工处理数据，首先通过输入设备（Input Device）将编制好的程序和需要的数据输入到计算机，存放在存储器（Memory）中，然后由控制器（Control Unit，CU）对程序的指令进行解释执行，以此来调动运算器（Arithmetic Unit，AU 或 Arithmetic Logical Unit，ALU，即算术逻辑运算部件）对相应的数据进行所要求的算术或逻辑运算，处理的中间结果和最终结果仍送回存储器中，这些结果又可通过输出设备（Output Device）输出。在整个处理过程中，由控制器控制各部件协调统一工作。

1. 运算器

运算器又称算术逻辑部件（Arithmetic Logic Unit，ALU）。它由算术逻辑运算部件、移位器和一些暂存数据的寄存器组成。运算器是进行算术运算和逻辑运算的部件。算术运算是按照算术规则进行的运算，如加、减、乘、除等。逻辑运算是指非算术的运算，如与、或、非、异或、比较、移位等。

2. 控制器

控制器主要由程序计数器、指令寄存器、指令译码器和操作控制器等部件组成。它是分析和执行指令的部件，是计算机的神经中枢和指挥中心，负责从存储器中读取程序指令并进行分析，然后按时间先后顺序向计算机的各部件发出相应的控制信号，以协调、控制输入输出操作和对内存的访问。

3. 存储器

存储器是存储各种信息（如程序和数据等）的部件或装置。存储器分为主存储器（或称内存储器，简称内存）和辅助存储器（或称外存储器，简称外存）。

4. 输入设备

输入设备是用来把计算机外部的程序和数据等信息送入到计算机内部的设备。常用的输入设备有键盘、鼠标、光笔、扫描仪、数字化仪、麦克风等。

5. 输出设备

输出设备负责将计算机的内部信息传递出来（称为输出），或在屏幕上显示，或在打印机上打印，或在外部存储器上存放。常用的输出设备有显示器和打印机等。

1.3.2　计算机的软件系统

软件是指计算机程序及其有关文档。程序是指为了得到某种结果可以由计算机等具有信息处理能力的装置执行的代码化指令序列。而文档指的是用自然语言或者形式化语言所编写的文字资料和图表，用来描述程序的内容、组成、设计、功能规格、开发情况、测试结果及使用方法，如程序设计说明书、流程图、用户手册等。

1. 软件的分类

计算机的软件系统一般分为系统软件和应用软件两大部分。

（1）系统软件

系统软件是指负责管理、监控和维护计算机硬件和软件资源的一种软件。系统软件用于发挥和扩大计算机的功能及用途，提高计算机的工作效率，方便用户的使用。系统软件主要包括操作系统、程序设计语言及其处理程序（如汇编程序、编译程序、解释程序等）、数据库管理系统、系统服务程序以及故障诊断程序、调试程序、编辑程序等工具软件。

（2）应用软件

应用软件是指利用计算机和系统软件为解决各种实际问题而编制的程序。常见的应用软件有科学计算程序、图形与图像处理软件、自动控制程序、情报检索系统、工资管理程序、人事管理程序、财务管理程序以及计算机辅助设计与制造、辅助教学软件等。

2．程序设计语言及其处理程序

为了让计算机解决实际问题，使计算机按人的意图进行工作，人们主要通过用计算机能够“懂”得的语言和语法格式编写程序并提交计算机执行来实现。编写程序所采用的语言就是程序设计语言。程序设计语言一般分为机器语言、汇编语言和高级语言。

（1）机器语言

机器语言的每一条指令都是由 0 和 1 组成的二进制代码序列。机器语言是最底层的面向机器硬件的计算机语言，用机器语言编写的程序不需要任何翻译和解释就能被计算机直接执行。用机器语言编写的程序称为机器语言程序。机器语言程序的优点是：程序可被机器直接执行，不需任何翻译，程序执行效率高。其缺点是：由于机器指令数目太多，且都是二进制代码，所以用机器语言编写的程序难于辨认、记忆、调试和修改，不易移植。

计算机只能接受以二进制形式表示的机器语言，所以任何非机器语言程序最终都要翻译成由二进制代码构成的机器语言程序，计算机才能执行这些程序。

（2）汇编语言

将二进制形式的机器指令代码序列用符号（或称助记符）来表示的计算机语言称为汇编语言。汇编语言实质上是符号化了的机器语言。例如，在 Intel 8086/8088 汇编语言中，用“ADD”来表示“加”，用“MOV”表示“传送”，用“OUT”表示“输出”等。用汇编语言编写的程序（称汇编语言源程序）计算机不能直接执行，必须由计算机中配置的汇编程序将其翻译成机器语言目标程序后，计算机才能执行。将汇编语言源程序翻译成机器语言目标程序的过程称为汇编。

（3）高级语言

机器语言和汇编语言都是面向机器的语言，而高级语言则是面向问题的语言。高级语言与具体的计算机硬件无关，其表达方式接近于人们对求解过程或问题的描述方法，容易理解、掌握和记忆。用高级语言编写的程序的通用性和可移植性好。用高级语言编写的程序通常称为源程序。计算机不能直接执行源程序。用高级语言编写的源程序必须被翻译成二进制代码组成的机器语言后，计算机才能执行。高级语言源程序有编译和解释这两种执行方式。

在解释方式下，源程序由解释程序边“解释”边执行，不生成目标程序，如图 1-3 所示。解释方式执行程序的速度较慢。

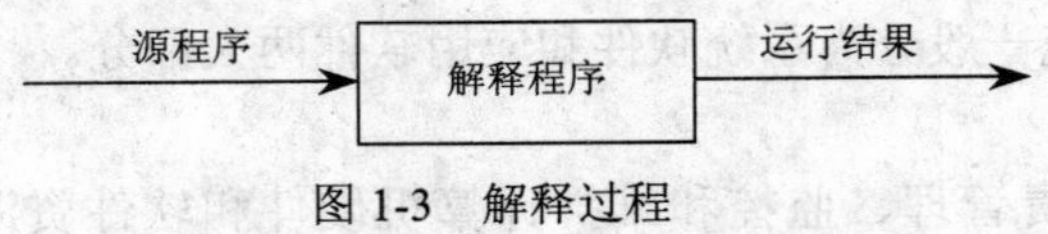

图 1-3 解释过程

在编译方式下，源程序必须经过编译程序的编译处理来产生相应的目标程序，然后再通过连接和装配生成可执行程序。因此，把用高级语言编写的源程序变为目标程序，必须经过编译程序的编译。编译过程如图 1-4 所示。

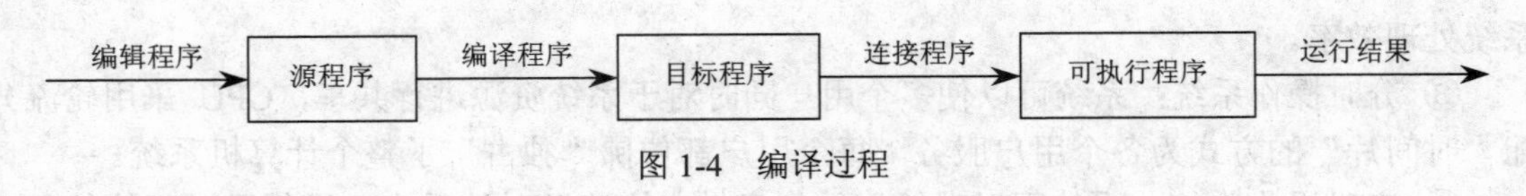

图 1-4　编译过程

3．数据库管理系统

数据库管理系统（DataBase Management System，DBMS）是计算机数据处理发展到高级阶段而出现的专门对数据进行集中处理的系统软件，它负责数据库的定义、建立、操作、管理和维护，其任务之一就是在保证数据完全可靠的同时提高数据库应用时的简明性和方便性。

数据库管理系统通常包含以下功能：数据库的定义和建立，数据库的操作，数据库的控制，数据库的维护，故障恢复，数据通信等。为完成这些功能，数据库管理系统常常要提供语言处理程序，它向用户提供数据库的定义、操作等功能，其中最典型的是数据描述语言（DDL）和数据操纵语言（DML），前者负责描述和定义数据的各种特性，后者说明对数据的操作。另外，数据库管理系统还提供相应的运行控制程序，它负责数据库运行时的管理、调度和控制，也提供一些服务性程序，它完成数据库中数据的装入和维护等服务性功能，也称实用程序或例行程序。

目前常见的数据库大多为关系型数据库，如小型桌面系统常用的 Access，中小型企业常用的 SQL Server，大型企业常用的 Oracle、DB2 等。

4．操作系统基本知识

系统软件中最重要的一种软件是操作系统。它负责控制和管理计算机系统的各种硬件和软件资源，合理地组织计算机系统的工作流程，提供用户与操作系统之间的软件接口。

（1）操作系统的功能

操作系统的主要功能如下：

① 进程管理（即处理机管理）——在多用户、多任务的环境下，主要解决对 CPU 进行资源的分配调度，有效地组织多个作业同时运行。

② 存储管理——主要是管理内存资源，合理地为程序的运行分配内存空间。

③ 文件管理——有效地支持文件的存储、检索和修改等操作，解决文件的共享、保密与保护。

④ 设备管理——负责外部设备的分配、启动和故障处理，让用户方便地使用外设。

⑤ 作业管理——提供使用系统的良好环境，使用户能有效地组织自己的工作流程。

操作系统可以增强系统的处理能力，使系统资源得到有效利用，为应用软件的运行提供支撑环境，让用户方便地使用计算机。操作系统是最底层的系统软件，是计算机软件的核心和基础。

（2）操作系统的分类

为了适应不同用户的需求，操作系统有不同的类型。目前，操作系统的主要类型有单用户操作系统、批处理操作系统、分时操作系统、实时操作系统、网络操作系统、分布式操作系统等 6 种类型。

① 单用户操作系统：系统主要面向单个用户专用，功能比较简单，但能提供方便友好的用户操作界面以及功能丰富的配套系统软件。随着个人计算机的普及应用，单用户操作系统应用十分广泛。

② 批处理操作系统：系统可以对用户作业成批输入并处理，以便减少人工操作，提高

系统处理效率。

③ 分时操作系统：系统可以使多个用户同时对于系统资源进行共享，CPU 采用轮流分配“时间片”的方式为各个用户服务。每个用户都仿佛“独占”了整个计算机系统。

④ 实时操作系统：系统可以对输入的信息做出快速及时的反应，进行无时延的处理，常用于自动控制系统中。

⑤ 网络操作系统：系统可以在局域网范围内来管理网络中的软、硬件资源和为用户提供网络服务功能。网络操作系统既可以管理本机资源，也可以管理网络资源，既可以为本地用户，也可以为远程网络用户提供网络服务。主要服务包括网络通信和资源共享。

⑥ 分布式操作系统：分布式系统是通过网络互联起来的物理上分散的、具有“自治”功能的计算机系统。分布式操作系统可以统一管理、调度、分配、协调控制分布式系统中所有的计算机系统资源。实现它们相互之间的信息交换、资源共享以及分布式计算与处理。所谓“分布式计算与处理”，即是调度多个计算机系统协作完成一项任务。

4．微型计算机常用的操作系统

微型计算机中先后使用的操作系统主要有 DOS、Windows 98、Windows 2000、Windows NT 和 Windows XP。微型计算机还可安装使用 UNIX 和 Linux 等操作系统。

（1）DOS 操作系统

DOS（Disk Operation System）是磁盘操作系统的简称。它曾是微型计算机上广泛配置的操作系统。DOS 是一个单用户、单任务的操作系统。常见的有 PC-DOS 和 MS-DOS 两种。二者之间没有本质的区别。现在，DOS 已被 Windows 完全替代。但在某些应用场合，DOS 仍然有一定的作用。在 Windows 环境中可模拟 DOS 环境，以便运行基于 DOS 的应用程序。

（2）Unix 操作系统

Unix 是一个支持多任务、多用户的通用操作系统。它是在 1969 年由 AT&T 贝尔试验室的研究人员开发的。随着多年的开发和应用，目前有许多不同的版本，可以应用于商业管理和图像处理等工作，并已成为工作站和高档微机上标准的操作系统。

Unix 提供了功能强大的命令程序编程语言 Shell，具有良好的用户界面。Unix 还提供了多种通信机制以及丰富的语言、数据库管理系统等可供选用。Unix 的文件系统具有层次式的树形分级结构，有良好的安全性和可维护性，因此 Unix 能经久不衰。在众多 Unix 操作系统中 IBM 公司的 Unix-AIX 是一个重要的产品。此外，广泛使用的 Unix 系统还有 Sun 公司的 Solaris、HP 公司的 HP-UX 和 SCO 公司的 Open Server。

（3）Linux 操作系统

Linux 是一种可以运行在 PC 上的开源 Unix 操作系统。它是由芬兰赫尔辛基大学的学生 Linus Torvalds 在 1991 年开发出来的。Linus Torvalds 把 Linux 的源程序在 Internet 上公开，世界各地的编程爱好者自发组织起来对 Linux 进行改进和编写各种应用程序，今天 Linux 已发展成一个功能强大的操作系统，成为操作系统领域耀眼的明星。目前，Linux 正在全球各地迅速普及推广，各大软件商如 Oracle、Sybase、Novell、IBM 等均发布了 Linux 版的产品，许多硬件厂商也推出了预装 Linux 操作系统的服务器产品。另外，还有不少公司或组织有计划地收集有关 Linux 的软件，组合成一套完整的 Linux 发行版本上市，比较著名的有 RedHat（红帽子）、Slackware 等公司。我国信息产业部和中国科学院也共同推出了具有自主知识产权的“红旗 Linux”。但受到应用软件缺乏的影响，Linux 在桌面办公中的推广较慢，主要用于网络管理。

（4）OS/2 系统

1987 年 IBM 公司在激烈的市场竞争中推出了 PS/2（Personal System/2）个人电脑。PS/2 系列电脑大大突破了现行 PC 的体系，采用了与其他总线不兼容的微通道总线 MCA，并且 IBM 自行设计了该系统约 80%的零部件，以防止其他公司仿制。OS/2 系统正是为 PS/2 系列机开发的一个新型多任务操作系统。OS/2 克服了 DOS 系统 640KB 主存的限制，具有多任务功能。OS/2 也采用图形界面，它本身是一个 32 位系统，不仅可以处理 32 位 OS/2 系统的应用软件，也可以运行 16 位 DOS 和 Windows 软件。OS/2 系统通常要求在 4MB 内存和 100MB 硬盘或更高的硬件环境下运行。

（5）Windows 操作系统

进入 20 世纪 90 年代中期，美国微软公司推出的 Windows 95 是一个真正意义上的操作系统，它的运行不需要其他操作系统的支持。Windows 95 是一个单用户多任务操作系统。继推出 Windows 95 操作系统之后，微软公司又相继推出了 Windows 98、Windows Me、Windows 2000、Windows NT 以及 Windows XP 等操作系统。2007 年 4 月，微软公司推出了 Windows Vista 操作系统。

Windows Vista 是微软公司开发的继 Windows XP 和 Windows Server 2003 之后的又一重要的操作系统，带有许多新的特性和技术。2005 年 7 月 22 日太平洋标准时间早晨 6 点，微软正式公布了这一名字。作为新一代操作系统，Windows Vista 实现了技术与应用的创新，在安全可靠、简单清晰、互联互通以及多媒体方面体现出了全新的构想，并传递出 3C（信心、简明、互联，Confident、Clear、Connect）的特性，努力地帮助用户实现工作效益的最大化。Windows Vista 这一具有里程碑意义的操作系统，将为未来个人电脑乃至其他个人电子设备的技术创新铺路。如图 1-5 所示为 Windows Vista 操作系统的“开始”按钮。

图 1-5　Windows Vista “开始”按钮

1.4　计算机的工作原理

现代计算机设计都是基于冯·诺依曼体系结构的。冯·诺依曼体系最基本的思想是“存储程序”的原理。存储程序的原理主要包括以下一些内容。

（1）所有数据和指令均应以二进制形式表示。

（2）所有数据和由指令组成的程序必须事先存放在主存储器中，然后以顺序的方式执行。

（3）计算机的硬件系统应该由存储器、运算器、控制器、输入设备和输出设备五个基本部件组成。在控制器的统一控制下，完成由程序所描述的处理工作。

由此可知，当计算机工作时，有两种信息在流动：数据信息和指令信息。数据信息是指原始数据、中间结果、结果数据、源程序等；指令信息是指规定的计算机能完成的某一种基本操作。例如，加、减、乘、除、存数、取数等。

1.4.1　指令系统

一条指令可完成一种操作。一台计算机可以有许多指令，所有这些指令的集合称为该台计算机的指令系统。值得注意的是，指令系统是依赖于计算机的，即不同类型计算机的指令系统是不同的，因此它们所能执行的基本操作也是不同的。

指令系统是计算机基本功能具体而集中的体现。从计算机系统结构的角度看，指令是对计算机进行控制的最小单位。当一台计算机的指令系统确定后，软件设计师在指令系统的基础上建立程序系统，扩充和发挥计算机的功能。程序就是计算机指令的有序序列。

1.4.2 程序执行过程

计算机的工作过程实际上就是快速地执行指令的过程。数据信息从存储器读入运算器进行运算，所得的计算结果再存入存储器或传送到输出设备。指令控制信息是由控制器对指令进行分析、解释后向各部件发出的控制命令，指挥各部件协调地工作。

指令执行是由计算机硬件来实现的。计算机执行程序过程实际上是依次逐条执行指令的过程，所以，计算机的基本工作原理可以通过程序的执行过程来描述：程序首先装入计算机内存，CPU 从内存中取出一条指令，分析识别指令，最后执行指令，从而完成了一条指令的执行周期。然后，CPU 按序取出下一条指令，继续下一个指令执行周期，周而复始，直到执行完成程序中的所有指令。

1.5 软件的知识产权保护

知识产权是一种无形财产，它与有形财产一样，可作为资本投资、入股、抵押、转让、赠送等，有专有性、地域性和时间性三个主要特性。专有性是指知识产权的独占性、垄断性、排他性。例如同一内容的发明创造只给予一个专利权，由专利权人所垄断，未经许可任何单位和个人不得使用，否则就构成侵权。地域性是国家所赋予的知识产权权利只在本国国内有效，如要取得某国的保护，必须要得到该国的授权。时间性是指知识产权都有一定的保护期限，保护期一旦失去，便进入公有领域，即它保护的知识产权就变成属于社会公共财产。

知识产权是国家通过立法使其地位得到确认，并通过知识产权法律的施行才使得知识产权权利人的合法权益得到法律保障。

保护知识产权有利于调动人们从事智力成果创造的积极性；有利于促进智力成果的传播，促进经济和文化事业的发展；有利于国际间科学技术和文化事业的交流与协作。

计算机软件是一种智力劳动产品，具有很高的附加值，对劳动生产率的提高也有着不可估量的作用。我国主要通过《中华人民共和国著作权保护法》和《计算机软件保护条例》依法对计算机软件产品提供知识产权保护。

在《计算机软件保护条例》（以下简称《条例》）规定：中国公民和单位对其所开发的软件，不论是否发表，均可以按规定享有著作权。外国人的软件首先在中国境内发表的，也享有著作权。外国人在中国境外发表的软件，依照其所属国同中国签订的协议或者共同参加的国际条约享有的著作权，受《条例》保护。作为软件的开发者，应该到软件登记管理机构（版权局）进行登记并交纳登记费用才能获得法律保护。软件的保护期限为 25 年，版权所有人要求延长保护时间最长不能超过 50 年。作为计算机软件的使用者，要主动遵守国家的法令，自觉维护知识产权所有人的合法权益。需要说明的是，因课堂教学、科学研究、国家机关执行公务等非商业性目的的需要对软件进行少量的复制，可以不经软件著作权人或者其合法受让者的同意，不向其支付报酬。但使用时应当说明该软件的名称、开发者，该复制品使用完毕后应当妥善保管、收回或者销毁。当软件知识产权发生纠纷时可以通过协商、行政、司法的途径解决。

1.6 微型计算机基本配置

人们所见到的微机产品是一个涉及很多生产厂家的产品。一般来说，计算机的品牌是最后组装各个配件的企业的品牌，如联想、方正、戴尔。它们的许多关键部件都是采购其他专业生产厂家。与我们自己组装微机不同的是品牌机的配件质量、配件间的匹配、配件间的磨合都经过专业技术人员的设计、把关和处理，并且有相对完善的售后服务。

1.6.1 微型计算机的硬件配置

一台微型计算机的硬件系统主要由中央处理器（CPU）、主板、机箱、存储器、输入设备和输出设备组成，如图 1-6 所示。

笔记本电脑由于体积很小，携带非常方便，越来越受到用户的喜爱。其形状很像一个笔记本，如图 1-7 所示。

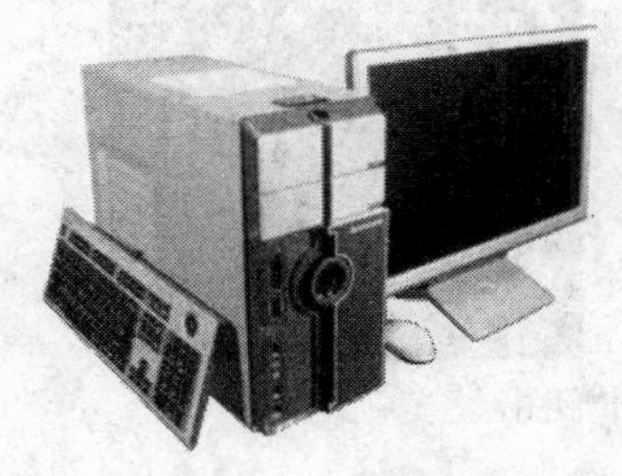

图 1-6　微型计算机

图 1-7　笔记本电脑

1. 中央处理器——CPU

CPU 是英文 Central Processing Unit（中央处理器）的缩写，又称之为微处理器。CPU 主要由运算器和控制器组成，是微型计算机硬件系统中的核心部件。计算机所发生的全部动作都受 CPU 的控制，CPU 品质的高低通常决定了一台计算机的档次。

CPU 性能的主要参数包括字长、主频、外频、缓存、接口、工作电压等。

① 字长——CPU 可以同时处理的二进制数据的位数称为字长。目前，微型计算机主要使用 64 位机，如 Pentium 4 等。

② 主频——CPU 正常工作时的时钟频率称为主频，单位是 MHz。主频是衡量 CPU 性能的一个重要指标，但不代表 CPU 的整体性能。Pentium 4 系列 CPU 主频可达 2GHz～3GHz。

③ 外频——外频是 CPU 的基准频率，单位是 MHz。目前 Pentium 4 系列 CPU 的外频已达到 166MHz 以上。CPU 的工作主频则是通过倍频系数乘以外频得到。

④ 缓存——缓存是可以进行高速存取的存储器，又称 Cache。它用于内存和 CPU 之间的数据交换。

世界上生产 CPU 芯片的公司主要有 Intel、AMD 和 VIA 等。Intel 公司是目前世界上最大的 CPU 制造商。2000 年 11 月 20 日，Intel 的 Pentium 4 问世，时钟频率为 1.3GHz。2001 年，AMD 也产生新的微处理器 Athlon XP，与 Pentium4 不相上下。在 Pentium Ⅲ时代，Intel 公司研制了面向高端服务器的64位处理器——安腾（Itanium），采用64位总线结构，大大提高了处理器性能。但是Itanium处理器不兼容32位处理器指令，它要运行32位程序必须通过软件的支持。AMD公司在2003年研制出可兼容32位指令的64位处理器Opteron，它在高性能处理器领域的出现备受欢迎，同时AMD公司还研制出64位的移动处理器Athlon 64-M。

Intel公司的Pentium系列产品外形和双核处理器如图1-8所示。AMD公司的产品主要有Duron、Athlon XP和Athlon 64。

图1-8　Intel公司生产的Pentium Ⅲ、Pentium 4芯片和双核处理器

2．主板

主板连接着主机箱内的其他硬件，又称“母板”，是其他硬件的载体，CPU、内存、硬盘驱动器、软盘驱动器、光盘驱动器、显示卡等都插接在主板上。主板外形如图1-9所示。

图1-9　主板外形图

当前的微机主板上有CPU插座、内存插槽、电源插座、各种扩展槽（PCI插槽、ISA插槽、AGP插槽、AMR插槽、CNR插槽等）、其他各类接口（串行接口、并行接口、USB接口、1394总线接口、软盘驱动器接口、硬盘接口等）以及控制主板工作的主板芯片组等。

（1）接口

主板上有很多插槽，这些都是系统单元和外部设备的连接单元，称为接口。接口有以下几种：

① 串行接口，简称串口，如COM1、COM2等。主要用于连接鼠标、键盘、调制解调器等设备。串口在单一的导线上以二进制的形式一位一位地传输数据。该方式适用于长距离的信息传输。

② 并行接口，简称并口，如LPT1、LPT2等。主要用于连接需要在较短距离内高速收发信息的外部设备，如连接打印机。它们在一个多导线的电缆上以字节为单位同时进行数据传输。

③ PCI-E接口是由Intel公司提出，最近才较为广泛使用的新的总线和接口标准，该标准将全面取代PCI和AGP。它的主要特点是数据传输速率高，支持热拔插，规格较多，能满足现在和将来一定时间内的各种设备的需求，其发展潜力相当大。

④ 通用串行总线口，简称USB接口，是串口和并口的最新替换技术。一个USB能连接多种设备到系统单元，并且速度更快。利用这种端口可以提供鼠标、键盘、移动硬盘、U盘、数码相机、USB打印机、USB扫描仪等设备的即插即用连接。

⑤ “火线”口，又称为IEEE1394总线接口。是一种新的连接技术。用于高速打印机、数码相机和数码摄像机到系统单元的连接。火线接口的传输速度高于USB接口，主要用于数码摄像机与计算机的数据交换。

（2）总线结构

总线（Bus）指的是连接微机系统中各部件的一簇公共信号线，这些信号线构成了微机各部件之间相互传送信息的公用通道。现在的微型计算机系统多采用总线结构。在微机系统中采用总线结构，可以减少计算机中信号传输线的根数，大大提高了系统的可靠性。同时，还可以提高扩充内存容量以及外部设备数量的灵活性。

CPU（包括内存）与外设、外设与外设之间的数据交换都是通过总线来进行的。总线通常由地址总线、数据总线和控制总线三部分组成。地址总线用于传送地址信号，地址总线的数目决定微机系统存储空间的大小。数据总线用于传送数据信号，数据信号的数目反映了CPU一次可接收数据的能力。控制总线用于传送控制器发出的各种控制信号。

（3）总线标准

微机常用总线有以下几类：

① ISA（Industry Standard Architecture）总线——工业标准体系结构总线，16位。

② EISA（Enhanced ISA）总线——增强型工业总线，32位。

③ MCA（Micro Channel Architecture）总线——微通道结构总线，32位。

④ VESA VL（VESA Local BUS）总线——视频电子标准协会局部总线，32位。

⑤ PCI（Perpheral Component Interconnect）总线——外设部件互联总线，32位。

⑥ USB（Universal Serial Bus）——通用串行总线。

⑦ Firewire（火线）——IEEE 1394外围接口总线。

⑧ PCI-X总线——串行总线，为PCI总线的替代者。

（4）主板种类

常见微机主板有AT主板和ATX主板两类。AT主板最早为IBM PC/AT机首选使用而得名。ATX主板是改进型的AT主板，对主板上的元件布局进行了优化，要配合专门的ATX机箱和电源使用。另外，采用新技术的下一代主板BTX主板也即将上市。

目前市场上主板种类很多，主要的分类方法有：

① 按CPU插座的不同可分为Slot 主板和Socket主板等。

② 按是否集成显卡分为集成显卡主板和非集成显卡主板。

③ 按结构标准分为ATX主板、Micro-ATX主板、Baby-AT主板和NLX主板四种。

④ 按数据端口分为SCSI主板、EDO主板、AGP主板等。

许多主板生产厂家在主板上常常还集成了显卡、声卡、网卡等。主板的生产家有近百个，它们采用不同的主板芯片组设计出不同的主板，著名的生产商有华硕、微星、技嘉、精英等。

3. 内存储器

内存储器简称内存（又称主存），通常安装在主板上。内存与运算器和控制器直接相连，能与CPU直接交换信息，其存取速度快。内存分为随机存储器（RAM）和只读存储器（ROM）两部分。

RAM（Random Access Memory）的存储单元可以进行读写操作。RAM有静态随机存储器（SRAM）和动态随机存储器（DRAM）两种。SRAM 的读写速度快，但价格高，主要用于高速缓存存储器（Cache）。DRAM 相对于 SRAM 而言，读写速度较慢，价格较低，用于大容量存储器。

ROM（Read Only Memory）是一种只能读出不能写入的存储器，其中的信息被永久地写入，不受断电的影响。即使在关掉计算机的电源后，ROM 中的信息也不会丢失。因此，它常用于永久地存放一些重要而且是固定的程序和数据。

为了提高速度并扩大容量，内存都以独立的封装形式出现，这就是“内存条”概念。内存条外形如图 1-10 所示。衡量内存条性能最主要的指标包括内存速度和内存容量。其中单条内存容量一般为 128MB、256MB、512MB 或 1GB。内存条种类有 SDRAM、DDR SDRAM、RDRAM 和 DDR II。目前市场上主流是 DDR 系列的产品。其主流品牌有 Kingmax 公司的 DDR400、DDR500，Kingston 公司的 DDR-2 400/533，CORSAIR 公司的 XMS2 系列。

图 1-10　DDR400 内存外形图

4．外存储器

微型计算机中常用的外存储器有软盘、硬盘、光盘、U 盘、移动硬盘以及磁带等。

（1）软盘

软盘是一种活动式的存储介质。使用软盘的装置称为软盘驱动器（简称软驱）。常用的 3.5 英寸软盘及软盘驱动器如图 1-11 所示。3.5 英寸的软磁盘驱动器曾经是小型和微型计算机的必备外存储器，但随着 U 盘的普及，软盘已逐渐淡出市场。

（2）硬盘

硬盘存储容量大，比软盘存取速度快，是微型计算机中最重要的一种外部存储器。硬盘中存放系统文件、用户的应用程序及数据。硬盘的盘片和内部机件是不可拆卸的，一般通过主板上的 IDE 接口与系统单元连接。

硬盘主要的技术参数包括单碟容量、转速、接口类型等。目前常见的硬盘产品中，单碟容量可达 40GB、80GB 和 120GB，主流的转速为 7200r/min，接口类型有并行和串行两种。

市场上品牌硬盘有希捷（Seagate）、迈拓（Maxtor）和西部数据（Western Digital，简称 WD）等。硬盘外形如图 1-12 所示。

图 1-11　软盘与软盘驱动器

图 1-12　硬盘外形图

（3）光盘与光盘存储器

① 光盘（Optical Disk）是一种利用激光技术存储信息的装置。目前常用于计算机系统的光盘有三类：只读型光盘、一次写入型光盘和可抹型（可擦写型）光盘。

- 只读型光盘（Compact Disk-Read Only Memory，CD-ROM）：是一种小型光盘。它的特点是只能写一次，而且是在制造时由厂家用冲压设备把信息写入的。写好后信息将永久保存在光盘上，用户只能读取，不能修改和写入。

- 一次写入型光盘（Write Once Read Memory，WORM，简称 WO）：可由用户写入数据，但只能写一次，写入后不能擦除和修改。
- 可擦写光盘：有磁光盘与相变型两种。可擦写光盘可反复使用，保存时间长，具有可擦性、高容量和随机存取等优点，但速度较慢。

现在使用数字化视频光盘（Digital Video Disk，DVD）作大容量存储器的用户也越来越多，一张 DVD 盘片的容量大约为 4.7GB，可容纳数张 CD 盘片存储的信息。目前已有双倍存储密度的 DVD 光盘面世，其容量是普通 DVD 盘片存储容量的 2 倍。

② 光盘驱动器

- CD-ROM 驱动器：对于不同类型的光盘盘片，所使用的读写驱动器也有所不同。普通 CD-ROM 盘片，一般采用 CD-ROM 驱动器来读取其中存储的数据。CD-ROM 驱动器只能从光盘上读取信息，不能写入。要将信息写入光盘，必须使用光盘刻录机（CD Writer）。CD-ROM 驱动器的主要性能指标包括速度和数据传输率等。其中速度常见的是 40X、50X。CD-ROM 光盘和光盘驱动器外形如图 1-13 所示。
- DVD-ROM 驱动器：要读取 DVD 盘片中存储的信息，则要求使用 DVD-ROM 驱动器，这是因为其存储介质与数据的存储格式与 CD 盘片不一样。DVD 驱动器外形如图 1-14 所示。市场上主要 DVD 驱动器品牌有华硕、Acer、先锋等。

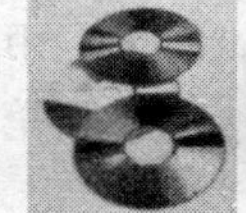

图 1-13　光盘和光盘驱动器外形图　　　　图 1-14　DVD 驱动器外形图

用 DVD 驱动器可以读取 CD 盘片中存储的数据。要将数据写入到 DVD 盘片中，要用专门的 DVD 刻录机来完成。另外有一种集 CD 盘片的读写、DVD 盘片的读取功能于一体的新型光盘驱动器，被称为康宝(Combo)，可读取 CD、DVD 盘片中的信息，还可用来刻录 CD 盘片。

③ 刻录机

刻录机能方便地将计算机中的资料制作成光盘，还可以将 DV 的视频图像刻录到光盘上，以便在 VCD 或 DVD 上播放。刻录机分为 CD 刻录机和 DVD 刻录机。目前市面上的 CD 刻录机只有一种类型，不存在规格兼容性问题。CD 刻录盘分为 CD-R 和 CD-RW 两种规格。DVD 刻录机的规格尚未统一，常见的有 DVD-RAM、DVD-RW、DVD+RW 三种规格。刻录机外形如 CD-ROM 和 DVD-ROM 驱动器。主流品牌产品有明基、微星、爱国者、华硕、LG 等。

（4）优盘

优盘（OnlyDisk，也称 U 盘）是一种基于 USB 接口的无需驱动器的微型高容量移动存储设备，它以闪存作为存储介质（故也可称为闪存盘），通过 USB 接口与主机进行数据传输。优盘可用于存储任何格式的数据文件和在电脑间方便地交换数据，它是目前流行的一种外形小巧、携带方便、能移动使用的移动存储产品。优盘的容量从 16MB 到 2GB 可选，突破了软盘容量 1.44MB 的局限性。采用 USB 接口，可与主机进行热拔插操作。接口类型包括 USB1.1 和 USB2.0 两种。USB2.0 的传输速度快于 USB1.1。使用优盘需要安装其专用的驱动程序。目前，Windows 2000 及以上的版本都包含了常见优盘的驱动程序，系统可以自动识别并进行安装。优盘没有机械读写装置，避免了移动硬盘容易碰伤、跌落等原因造成的损坏。从安全上讲，它具有写保护功能，部分款式优盘具有加密等功能。优盘外形如图 1-15 所示。

（5）MP3 随身听

MP3 随身听是可以播放网络数字音乐的播放器，除支持 MP3 文件外，还能支持其他一些音乐文件格式，如 WMA 等。它通常包括声音处理芯片、存储器、显示器和耳机。市场上常见的品牌有三星、索尼、爱国者等。MP3 外形如图 1-16 所示。

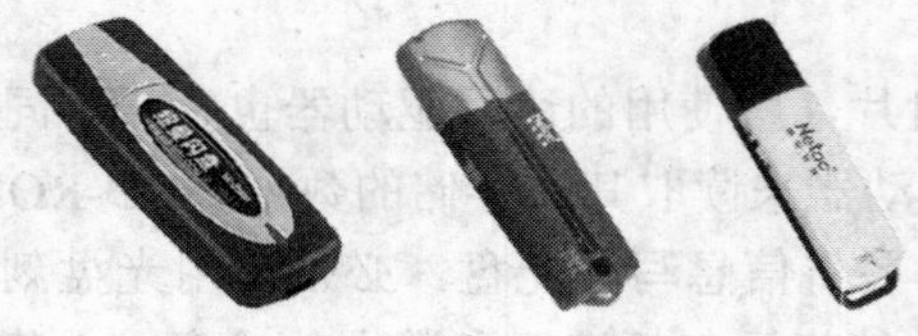

图 1-15　优盘外形图

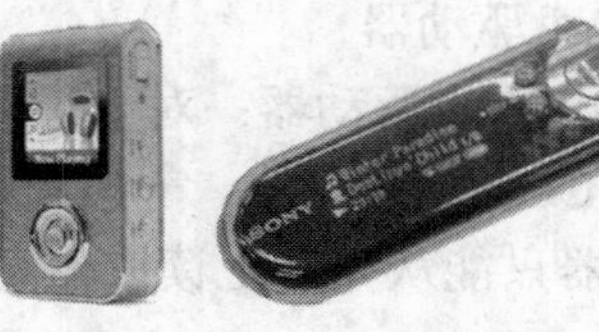

图 1-16　MP3 外形图

（6）MP4 播放器

MP4 播放器是指能播放 MPEG-4 视频文件的新一代个人数码娱乐终端。MP4 播放器在播放 MPEG-4 文件的效果接近 DVD，且由于其体积小巧，便于携带，越来越受到人们的青睐。MP4 外形如图 1-17 所示。现在 MP4 播放器的生产和制造技术都较为成熟，一般来说，一台普通的 MP4 播放器包括硬盘、液晶屏、主控芯片三大核心部件。市场上比较知名的品牌有爱可视、爱国者、苹果等，其中爱可视于 2002 年生产出了全球第一款硬盘 MP4 播放器。

（7）数码伴侣

数码伴侣是可以直接与数码相机相连接，且无需电脑支持就可以进行存储的大容量便携式数码照片存储器。它能解决数码相机自身的存储卡容量太小的问题。其一般由数码存储卡读卡器、笔记本电脑硬盘、大容量锂电池组成，通过 USB 口与计算机相连还可以作为移动硬盘使用。数码伴侣外形如图 1-18 所示。目前市场上常见的品牌有爱国者、力杰、驰能、清华紫光等。

图 1-17　MP4 外形图

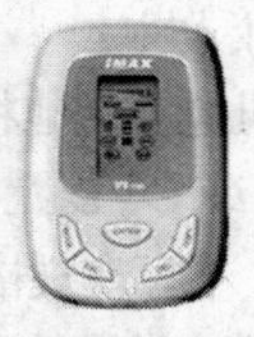

图 1-18　数码伴侣外形图

5. 机箱

从表面上看，机箱是主机的外壳，但从所起的作用来看，机箱可以说是主机的骨架。它支撑并固定组成主机的各种板卡、线缆插口、数据存储设备以及电源等零配件，同时它还有防压、防冲击、防尘、防电磁干扰、防辐射等功能，提供了许多便于使用的面板开关指示灯等。机箱中的电源是能起到变压、整流、稳压的电子设备。它能够将市电转化成+12V、+5V 的直流电源。机箱从其形式上常见的有两大类：立式（塔式）和卧式。立式又有大立式与小立式之分，卧式有大、小、厚、扁（薄）的区别。不论什么形式，其构成基本是一致的，外表看到的构件都是薄铁板等硬质材料压制成的外壳、面板和背板，面板上有电源开关、复位开关等基本功能键，还有由电源灯、硬盘灯等组成的状态显示板，用于表明微机的运行状态。此外，还可以看到商标以及软（光）驱的入口、栅条状的通风口等。背板上可看到许多由活动铁条遮挡的槽口以及通风口等，主机与外电源、输入/输出设备连接的线缆多从背板的槽口接入。

6．输入设备

输入设备负责将外面的信息送入计算机中。微机中常用的输入设备包括：键盘、鼠标、触摸屏、麦克风、光笔、扫描仪和数码相机等。随着多媒体技术的发展，新的输入设备层出不穷，如语音输入设备、手写输入设备等。

（1）键盘

键盘是计算机中最常用的输入设备，是用户同计算机进行交流的主要工具。用户主要通过键盘向计算机输入命令、程序以及数据等信息，或使用一些操作键和组合控制键来控制信息的输入、修改和编辑，或对系统的运行进行一定程度的干预和控制。键盘有多种形式，如 101 键键盘、带鼠标或轨迹球的多功能键盘以及一些专用键盘等。但目前使用最为广泛的是 101 键的标准键盘，其外形如图 1-19 所示。

（2）鼠标器

鼠标器（Mouse）简称鼠标，是一种用来移动光标和做选择操作的输入设备，外形如图 1-20 所示。常见的鼠标有光电式、光机式和机械式三种。近年来又出现了如游戏棒、跟踪球等新式鼠标。

图 1-19　键盘外形图

图 1-20　鼠标外形图

（3）触摸屏

触摸屏是一种先进的输入设备，使用方便。用户通过手指触摸屏幕来选择相应的菜单项，即可操作计算机。触摸屏是一种覆盖了一层塑料的特殊显示屏，在塑料层后是不可见的红外线光束。触摸屏主要在公共信息查询系统中广泛使用。如百货商店、信息中心、学校、酒店、饭店等。

（4）扫描仪

扫描仪是一种桌面输入设备，用于扫描或输入平面文档，比如纸张或者书页等等。与小型影印机一样，大多数平板扫描仪都能扫描彩色图形。但那些老式的廉价平板扫描仪也许只能扫描灰阶或黑白图形。现在一般的桌上型平板扫描仪都能扫描 8.5×12.7 或者 8.5×14 英寸的幅面，较高档的扫描仪则能扫描 11×17 或者 12×18 英寸幅面。扫描仪外形如图 1-21 所示。

图 1-21　扫描仪外形图

扫描仪经常和 OCR 联系在一起，OCR 意思是光学字符识别。没有 OCR 的时候，扫描进来的所有东西（包括文字在内）都以图形格式存储，不能对其中包含的单个文字进行编辑。

但在采用了 OCR 以后，系统可以实时分辨出单个文字，并以纯文本格式保存下来，以后便可像对普通文档那样进行编辑了。市场上的扫描仪有 EPP、SCSI 和 USB 三种接口，其中 USB 接口的扫描仪使用最为广泛。

（5）数码相机

数码相机产生于 20 世纪 50 年代，是一种电子成像产品。通过数码相机拍摄的照片可直接保存为图片文件，可直接在电脑中观看，也可通过打印机输出，可以方便地进行后期处理和保存。随着数码相机技术的发展，数码相机拍摄的图像画面质量已经非常接近传统相机。目前市场上的数码相机可分为家用和专业两类，家用数码相机具有功能实用、体积小巧、价格适中等特点，专业数码相机是为了满足用户较高要求而设计的，价格一般较贵，用户可以根据自己的实际情况进行选购。数码照相机外形如图 1-22 所示。

图 1-22　数码相机外形图

衡量数码相机性能的指标一般包括像素、镜头性能、变焦倍数等，目前市场上流行的数码相机品牌有佳能、索尼、奥林巴斯、三星等。

（6）数码摄像机

数码摄像机又称 DV，是一种可以拍摄动态视频的数码产品。早期的数码摄像机一般采用 Mini 磁带，随着数码技术的发展，现在的主流数码摄像机一般将拍摄的视频直接以文件形式保存在 DVD 光盘或硬盘上。数码摄像机也分为家用和专业两类，家用数码摄像机具有功能实用、体积小巧、操作简便、价格适中等特点，专业数码摄像机一般价格较贵，能满足用户较高要求。数码摄像机外形如图 1-23 所示。市场上的常见的数码摄像机品牌有索尼、松下、JVC 等。

图 1-23　数码摄像机外形图

（7）摄像头

摄像头作为一种常见的视频输入设备，被广泛地运用于视频会议、远程医疗及实时监控等方面。目前市场上摄像头品牌众多，用户可以根据自己的喜好选择。摄像头外形如图 1-24 所示。

图 1-24　摄像头外形图

7．输出设备

输出设备将计算机中的数据信息传送到外部介质上。显示器、打印机、音箱、绘图仪等都是输出设备。

（1）显示器

按其所用的显示器件分类，有阴极射线管（Cathode Ray Rub，CRT）显示器、液晶显示器（Liquid Crystal Display，LCD）及等离子显示器等。其中阴极射线管显示器有单色和彩色两种，液晶显示器功耗小、无辐射。显示器外形如图 1-25 所示。

图 1-25　显示器外形图

显示器屏幕上所显示的字符或图形是由一个个的像素（Pixel）组成的。像素的大小直接影响显示的效果，像素越小，显示结果越细致。假设一个屏幕水平方向可排列 640 个像素，垂直方向可排列 480 个像素，则该显示器的分辨率为 640×480。显示器分辨率越高，其清晰度越高，显示效果越好。

（2）打印机

打印机是计算机系统的主要输出设备之一。它用于将计算机中的信息打印出来，便于用户阅读、修改和存档。按其工作原理，打印机可分为击打式打印机和非击打式打印机两类。击打式打印机包括点阵式打印机和行式打印机，而激光打印机、喷墨打印机、静电打印机以及热敏打印机等则属于非击打式打印机。

- 针式打印机——针式打印机打印的字符和图形是以点阵的形式构成的。它的打印头由若干根打印针和驱动电磁铁组成。打印时使相应的针头接触色带击打纸面来完成。目前使用较多的是 24 针打印机。针式打印机的主要特点是价格便宜，使用方便，但打印速度较慢，噪音大。
- 喷墨打印机——喷墨打印机（见图 1-26）是直接将墨水喷到纸上来实现打印。喷墨打印机价格低廉、打印效果较好。但喷墨打印机对使用的纸张要求较高，墨盒消耗较快。
- 激光打印机——激光打印机（见图 1-27）是激光技术和电子照相技术的复合产物。激光打印机的技术来源于复印机，但复印机的光源是用灯光，而激光打印机用的是激光。由于激光光束能聚焦成很细的光点，因此，激光打印机能输出分辨率很高且色彩很细腻的图像。激光打印机具有速度快、分辨率高、无噪音等优点。

图 1-26　激光打印机

图 1-27　喷墨打印机

（3）绘图仪

用打印机作为计算机的输出设备，虽能打印出数据、字符、汉字和简单的图表，但远远不能满足使用要求。例如，在计算机辅助设计（CAD）中要求输出高质量的精确图形，也就是希望在输出离散数据的同时，能用图形的形式输出连续模型。所以，只有采用绘图仪才可以在利用计算机进行数据计算和处理时也输出图形。绘图机的主要性能指标有幅面尺寸、最高绘图速度、加速时间和精度等。

（4）音箱

音箱是多媒体计算机中一种必不可少的音频设备。音箱一般由放大器、分频器、箱体、扬声器和接口等部分组成。其中，放大器将微弱音频信号加以放大，推动喇叭正常发音；分频器的作用是将音频信号按频率高低分为两个或多个频段分别送到相应的扬声器去播放，以便获得较好的音响效果；接口则实现声卡与放大器的连接。音箱外形如图 1-28 所示。

图 1-28　音箱外形图

1.6.2　微型计算机的软件配置

裸机不能完成任何任务，必须安装软件，通过软件与硬件的结合，才能够发挥计算机的功能。微型计算机可配置的软件种类丰富。在选择安装软件时应该注意以下原则。

- 安装必须的、常用的软件。软件间有可能相互影响，安装太多的软件会降低计算机系统运行速度，有的软件甚至会无法运行。因此，在安装软件时应该选择安装必须的、常用的软件。对临时使用的软件可以用的时候安装，用完后卸载。
- 不求最新、最好，但求实用且与硬件相匹配版本的软件。一般而言，更高版本的软件功能更多、更强，但对硬件的要求也更高。如果勉强运行，系统的效率很低，也容易出现系统故障。对具有相同功能的软件，通常选择熟悉的。一般情况下，如果软件能满足需要，不要不断地更换软件和升级版本。

1．操作系统（Windows）

微机上首先要安装操作系统。目前最普遍使用的是微软公司推出的 Windows 操作系统。一般内存小于 128MB，主频小于 1GHz 的计算机，推荐安装 Windows 2000。内存在 256MB～1GB 的计算机推荐安装 Windows XP；内存 1GB 以上的计算机可以选择安装 Windows Vista。

2．办公软件（Microsoft Office 和 WPS Office）

办公自动化是微机最基础的应用。办公软件应用最广泛的是微软公司的 Microsoft Office 套件。Office 是一个庞大的办公软件和工具软件的集合体，为适应全球网络化需要，它还融合了 Internet 技术，能够开展网络服务。Microsoft Office 主要有 Microsoft Office 2000、Microsoft Office XP、Microsoft Office 2003 等版次的产品。不同的版次又有针对不同用户的版本，如标准版、企业版等。通常企业版的功能强于标准版。Microsoft Office 一般包含有 Outlook、Word、Excel、PowerPoint、Access、Publisher、FrontPage、PhotoDraw 等组件。

（1）Word —— 文字处理软件。主要用来进行文本（包括文字、图片、表格）的输入、编辑、排版、打印等工作。该软件中还提供了许多工具，如英文单词检查、语法检查等。较高版本（如 Microsoft Office XP）还有中文断词、添加汉语拼音、中文校对、简繁体转换等功能。

（2）Excel —— 电子表格软件。它具有强有力的数据库管理功能、丰富的宏命令和函数、强有力的决策支持工具。Excel 除了可以用作一般的计算工作外，还有 400 多个函数，用来做统计、财务、数学、字符串等操作以及各种工程上的分析与计算。Excel 还专门提供了一组现成的数据分析工具，称为分析工具库。这些分析工具为建立复杂的统计或计量分析工作带来了方便。此外，Excel 可以根据数据自动生成多种统计图形。

（3）PowerPoint —— 演示文稿制作软件。用于制作演示文稿（幻灯片）。在幻灯片中可以充分利用多媒体（文字、声音、图片、图像）等展示表现的内容。PowerPoint 内置丰富的动画、过渡效果和几十种声音效果，并有强大的超级链接以及由此带来的交互功能，可以直接调用外部媒体文件，能够满足一般演示的要求。

（4）Access —— 桌面数据库系统及数据库应用程序。它使用标准的 SQL（Structured Query Language，结构化查询语言）作为它的数据库语言，从而提供了强大的数据处理能力和通用性，使其成为一个功能强大而且易于使用的桌面关系型数据库管理系统和应用程序生成器。它也可以用作安全性要求不高，数据量较小的 Internet 后台数据库。

（5）Outlook —— 桌面信息管理应用程序。

（6）FrontPage —— 网页制作软件。主要用来制作和发布因特网的 Web 页面。

3．常用的工具软件

为了帮助用户更方便、更快捷地操作计算机，充分发挥计算机的功能，通常需要安装一些常用的工具软件。工具软件种类繁多，很多工具软件的功能和操作都很相似，实现同一种功能的软件可能就有几十种。按照用途划分工具软件一般可分为文本工具类、图形图像工具类、多媒体工具类、压缩工具类、磁盘光盘工具类、网络应用工具类、系统安全工具类、翻译汉化工具类、系统工具类等。这些工具软件一般体积较小，功能相对单一，且多数为共享软件和免费软件，可在一些官方网站或工具下载网站上下载。

（1）文本工具

- Adobe Reader —— PDF 阅读软件。Adobe Reader 是由美国排版软件和图像处理软件开发商 Adobe 公司开发的，是用于查看、阅读和打印 PDF 文件的一种文档阅读工具。PDF 是目前常见的一种电子图书格式，它能图文并茂地再现纸质书籍的效果，便于用户适应电子图书的阅读，同时由于其不依赖于具体的操作系统，极大地方便了用户进行网上阅读。Adobe Reader 的操作界面和大多数软件一样，其主要的功能有：打开一个 PDF 文档、打印文档、文本选择、文档缩放等。Adobe Reader 提供的文档编辑功能很少，无法对文档的内容进行修改。Adobe Reader 的下载地址为 www.chinese-s.adobe.com。
- SSReader —— 超星阅读器。SSReader 超星阅读器是目前使用非常广泛的一种电子图书浏览器，它支持 PDG、PDF 和 HTM 格式的文件。超星阅读器经过免费注册后，就可以阅读超星图书馆中部分图书的内容。想要阅读全部内容必须注册成为正式会员。超星阅读器的下载地址为 www.ssreader.com。
- CAJViewer —— 期刊网专用全文阅读器。CAJViewer 阅读器是目前使用较为广泛的中国期刊网专用全文阅读器，支持的文件格式包括 CAJ、CAS、KDH、CAA、NH、PDF 等。它的特点是用户在阅读电子图书时可以为其添加批注。CAJViewer 阅读器的下载地址为 www.cnki.net。

（2）图形图像工具

- ACDSee —— 图片浏览软件。ACDSee 是最常用的一款高性能图片浏览软件，支持常见的 BMP、JPEG、GIF 等格式的图片文件。由于其操作界面友好，几乎成为用户必备的工具软件之一。ACDSee 的主要功能是浏览图片和编辑图片，还提供了图片缩放、旋转、自动播放等功能。此外，它还提供了一些功能强大的图片编辑工具，利用这些工具可以方便地设置图片的大小、图像的曝光度、图像的对比度等。ACDSee 的下载地址为 www.acdsee.com。
- Photoshop —— 图形图像处理软件。Photoshop 是图像创意广告设计、插图设计、网页设计等领域普遍应用的一种功能强大的图形创建和图像合成软件，是目前 PC 机上公认最好的通用平面美术设计软件，其功能完善，性能稳定，使用方便。在几乎所有的广告、出版、软件公司，它都是首选的平面工具。Photoshop 的下载地址为 www.adobe.com。
- HyperSnap-DX —— 抓图工具。HyperSnap-DX 是一款功能强大的抓图工具，除了可以进行常规的桌面抓图外，还支持 DirectX、3Dfx Glide 环境下的抓图。它能将抓到的图保存为通用的 BMP、JPG 等格式文件，方便用户浏览和编辑。该抓图工具的下载地址为 www.hyperionics.com。

（3）多媒体工具

- 豪杰超级解霸 —— 豪杰超级解霸 V9 是豪杰公司开发的一款集影音娱乐、媒体文件转换制作、BT 资源下载、媒体搜索、IP 通信和电子商务于一体的多功能娱乐服务平台。可以播放多种格式的电影和音乐，支持的格式包括 AVI、ASF、WMV、RM、RMVB、MOV、SWF、MP3PRO、WMA 等。除了循环播放、抓图、指定播放等常用功能外，该软件还提供一系列的实用工具，如：完成多种音视频文件格式之间的转换（如将 AVI 格式转换为 MPG）；轻松地从影音文件中分离声音数据，把卡拉 OK 制成 CD 或 MP3；搭载网络电话，实现个人电脑与座机、手机或小灵通之间的通话等。豪杰超级解霸 V9 试用版下载地址为 www.herosoft.com。
- RealPlayer —— 媒体播放器。RealPlayer 媒体播放器是目前非常流行的网上多媒体播放软件，支持 RM、AVI、MP3、DAT 等文件格式。用户可以使用它在网上收听、收看实时的音频和视频节目，还可以用其自带的浏览器查看互联网信息。RealPlayer 的下载地址为 www.real.com。
- 音频转化大师 ——音频转换软件。音频转化大师是一款功能强大的音频转化工具。它既可在 WAV、MP3、WMA、Ogg Vorbis、RAW、VOX、CCIUT u-Law、PCM、MPC（MPEG plus/MusePack）、MP2（MPEG 1 Layer 2）、ADPCM、CCUIT A-LAW、AIFC、DSP、GSM、CCUIT G721、CCUIT G723、CCUIT G726 格式之间互相转化，也支持同一种音频格式在不同压缩率的转化。本软件支持批量转化操作。

（4）压缩工具

- WinRAR ——为了节省磁盘空间和提高互联网上文件传输速度，文件压缩技术的应用越来越广泛。WinRAR 是当前最常用的压缩工具之一，经过其压缩后生成的文件格式为 RAR。它完全兼容 ZIP 压缩文件格式，压缩比例比 ZIP 文件还要高出许多。同时，WinRAR 还支持 CAB、ARJ、TAR、JAR 等压缩文件格式。WinRAR 具有创建文件的压缩包、将指定的文件添加到压缩包、创建自解压文件、解压缩文件、修复压缩文件等功能，还可以对压缩包进行加密处理，保证了压缩文件数据的安全。

- WinZip——WinZip 是一个功能强大并且易于使用的压缩工具软件。它操作简便，运行速度快。WinZip 支持多种文件压缩方法，支持目前常见的 ZIP、CAB、TAB、GZIP 等压缩文件格式，但是不支持 RAR 格式。WinZip 软件的下载地址为 www.winzip.com。

（5）磁盘工具

- VoptXP —— 磁盘整理工具。计算机经过长时间使用后会产生各种垃圾文件、重复文件和文件碎片等，这会影响到硬盘存取资料的速度，降低计算机的工作效率。用户应该定期对计算机进行磁盘整理和系统优化工作，虽然 Windows 系统自身也提供了磁盘整理程序，但速度很慢。VoptXP 能快速和安全地重整分散在硬盘上不同扇区的文件，全面支持 FAT、FAT32 和 NTFS 格式的分区，并且操作简单方便。
- PartitionMagic —— 硬盘分区管理工具。PartitionMagic 是一款优秀的硬盘分区管理工具。它可以在不破坏硬盘数据的情况下进行数据无损分区，并对现有分区进行合并、分割、复制、调整，并可进行转换分区格式、隐藏分区、多系统引导等操作。
- Symantec Ghost —— 硬盘备份/恢复工具。Symantec Ghost 是由 Symantec 公司开发的一款系统备份和恢复工具软件。它可以把一个硬盘上的内容原样复制到另一个硬盘上，还可以在系统意外崩溃的时候利用其制作的镜像文件进行快速恢复。Symantec Ghost 支持多种硬盘分区格式如 FAT16、FAT32、NTFS、HPFS 等，支持服务器/工作站模式，可以快速地对多台计算机进行系统安装和升级。Symantec Ghost 的下载地址为 www.symantec.com。

（6）光盘工具

- Virtual Drive ——虚拟光驱。Virtual Drive 虚拟光驱软件能产生一台虚拟的光驱，然后利用由光盘内容压缩而形成的虚拟光盘文件来模仿实体光驱。其具有 CD/DVD 刻录、虚拟光驱等功能，是目前最流行的 CD/DVD 模仿光盘软件。虚拟光驱具有能自动识别光盘格式、数据压缩比率高、支持 MP3 光盘制作、音轨导出等特点。
- Nero-Burning Rom —— 光盘刻录工具。Nero-Burning Rom 是由 Ahead 公司开发的功能强大的光盘刻录软件。它可以刻录数据光盘、刻录音乐光盘、刻录 VCD 光盘、光盘复制、制作光盘封面。使用 Nero-Burning Rom 进行光盘刻录时应注意光盘刻录是一个非常敏感的过程，此间不要进行其他的操作，否则容易造成刻录失败。Nero-Burning Rom 试用版的下载地址为 www.nero.com。

（7）网络应用工具

- 腾讯 QQ ——是目前非常流行的网络即时通信服务软件。经过不断地完善，它现在已经不仅仅是一种网上文字聊天的工具，新版的腾讯 QQ 还具有视频电话、点对点断点续传文件、共享文件、网络硬盘、自定义面板、QQ 邮箱、QQ 游戏等多种功能，可与移动通讯设备等实现互联，实现短信、彩信互发。腾讯 QQ 可以在其官方网站 www.qq.com 免费下载。
- Foxmail —— 邮件处理工具。Foxmail 邮件处理工具是一款著名的电子邮件客户端软件，提供基于 Internet 标准的电子邮件收发功能。它支持 SSL 协议，使用完善的安全机制，在邮件接收和发送过程中对传输的数据进行严格的加密，能够有效地保证数据安全。Foxmail 具有邮件编辑、邮件分组管理、RSS 阅读、多语言支持、垃圾邮件过滤、数字签名和加密等功能。Foxmail 的下载地址为 fox.foxmail.com.cn。

- NetAnts 和 FlashGet ——下载工具。互联网上提供了相当多的资源可供用户下载，用 IE 浏览器进行下载的缺点是速度慢而且容易断线，用户可以用专门的下载工具来提高下载速度。NetAnts（网络蚂蚁）和 FlashGet（网际快车）是专门解决互联网下载问题的工具软件，它将一个文件分成几个部分同时下载，以提高下载速度。它们都具有断点续传、多点连接、下载任务管理、自动拨号等功能。这两款工具软件的功能和操作也很相似，用户一般只需安装其中一种即可。
- CuteFTP ——上传下载软件。CuteFTP 基于文件传输协议，是广泛应用于 FTP 文件传送的工具软件。CuteFTP 采用类似资源管理器的界面，分栏列出本地资源和服务器资源，可以支持断点续传，支持多线程传输，可以上传和下载整个目录，并能支持远程编辑和管理功能，方便用户直接对服务器上的资源进行修改。CuteFTP 的下载地址为 www.cuteftp.com。
- BitTorrent —— BT 下载软件。BitTorrent（简称 BT，俗称 BT 下载）是一个多点下载的开源的 P2P 软件，采用了多点对多点的传输原理，适于下载电影等较大的文件。使用 BT 下载与使用传统的 HTTP 站点或 FTP 站点下载不同，下载用户增加，下载速度会越快。其使用也非常方便，在已安装该软件的前提下，只需在网上找到与所要下载文件相应的种子文件(*.torrent)，即可开始下载。

（8）翻译软件 —— 金山词霸、东方网译、东方快车

金山词霸是金山公司生产的产品。该软件有简体中文、英文、繁体中文、日文四种语言的安装和使用界面。四种语言的词汇可以相互翻译，并可以朗读单词。它还可以屏幕取词，即将鼠标指向需要翻译的字词，就可以显示相对应语种的词意。其屏幕取词功能支持在文本编辑器、应用软件菜单、Internet Explorer 7 及以上版本和 Acrobat 7.0 及以下版本（PDF 文档格式）取词。金山词霸的词来源于权威词典，收集了 70 余个专业词库，用户可以根据需要设置自己的专业词典和语言词典。

东方网译、东方快车是能够整篇翻译外文文章的翻译软件，可以将英、日网页翻译为简体中文网页，并支持中日韩十余种内码转换。

（9）系统优化软件 —— 超级兔子

超级兔子可以用于对 Windows 系统加速，包括开机加速、自动运行程序加速、屏幕菜单加速、文件和光驱硬盘加速、上网加速。超级兔子可以清除垃圾文件，清除垃圾注册表，还可以进行部分应用软件的最佳设置。

1.7 计算机安全知识

国际标准化组织（ISO）将计算机安全定义为：为数据处理系统建立和采取的技术和管理的安全保护，保护计算机硬件、软件数据不因偶然和恶意的原因而遭到破坏、更改和泄露。计算机安全的基本范围包括两部分内容：第一部分是计算机系统资源的安全，其中涉及到计算机的硬件、软件、相关配套设施和文档资料，并且包括相关的业务管理人员。第二部分是计算机信息资源的安全，涉及到和处理业务相关的各种报表、文档、图表及多媒体信息。计算机安全的基本内容就是确保这两部分资源都不受到威胁和危害，确保整个计算机系统的安

全运转，为用户提供正常的系统服务，确保系统信息资源完整、有效地合法使用，不被泄露和破坏。

1.7.1 计算机资源的安全

为了保证计算机系统资源的安全，首先必须保证机房的场地环境安全。机房设计和建设应考虑到防火、防水、防磁、防静电等要求。机房应配备能提供稳定可靠电源的电源设备。保证计算机系统安全应坚持以预防为主的方针，加强计算机系统的日常管理和维护，及时发现并排除故障，定期对各种设备进行检测和保养等工作。管理上应该有一整套应急计划和方案，包括资源备份、恢复和检查的一系列办法。

随着计算机应用范围的日益扩大，特别是计算机网络的普及，加之信息系统本身的脆弱性和复杂性，计算机信息资源安全问题日益突出。计算机信息资源安全的目标是防止信息资源被非法使用、窃取、篡改和破坏。涉及到保证信息的机密性、完整性、可用性、可控性和可靠性 5 个基本属性。

（1）机密性：信息只有对授权的个人和实体才能使用，对于非授权者则不能泄漏或使用。

（2）完整性：信息在存储、传输和提取的过程中不丢失、不被篡改和破坏，如果有篡改情况应能被发现。

（3）可用性：合法用户在需要信息时即可使用。

（4）可控性：授权机构可随时控制信息的机密性。

（5）可靠性：信息以用户认可的质量服务于用户，保证迅速、准确和连续地传递。

1.7.2 计算机病毒与防治

《中华人民共和国计算机信息系统安全保护条例》中明确将计算机病毒定义为：指编制或者在计算机程序中插入的破坏计算机功能或者破坏数据，影响计算机使用并且能够自我复制的一组计算机指令或者程序代码。由此可以了解计算机病毒是一种人为的特制程序，可以自我复制并感染和破坏其他程序。计算机病毒具有很强的感染性，一定的潜伏性，特定的触发性，严重的破坏性。

1．计算机病毒的结构

计算机病毒一般由以下 3 个部分构成。

（1）传染部分——是病毒的重要组成部分，它主要负责病毒的传染。

（2）表现部分和破坏部分——对被感染的系统进行破坏，并表现出一些特殊状况。

（3）激发部分——判断当前是否满足病毒发作的条件。

2．计算机病毒的特征

计算机病毒会干扰系统的正常运行，抢占系统资源，修改或删除数据，会对系统造成不同程度的破坏。计算机病毒具有隐蔽性、潜伏性、传染性、激发性、破坏性、变种性等特征。

（1）隐蔽性——病毒程序一般短小精悍，编制技巧相当高，极具隐蔽性，使人们很难察觉和发现它的存在。

（2）潜伏性——病毒具有依附于其他信息媒体的寄生能力。病毒侵入系统后，一般不立即发作，往往要经过一段时间后才发作。病毒的潜伏期长短不一，可能为数十小时，也可能长达数天甚至更久。

（3）传染性 —— 这是计算机病毒最基本的特性，计算机病毒具有生物病毒类似的特征，有很强的再生能力。病毒的传染性是病毒赖以生存繁殖的条件。计算机病毒的传播主要通过文件复制、文件传送、文件执行等方式进行。计算机病毒可以通过磁盘等媒体进行传播，可以将自身复制到其他对象上，造成病毒的扩散。

（4）激发性 —— 许多病毒传染到某些对象后，并不立即发作，而是满足一定条件后才被激发。激发条件可能是时间、日期、特殊的标识符以及文件使用次数等。

（5）破坏性 —— 计算机病毒对系统具有不同程度的危害性，具体表现在抢占系统资源、破坏文件、删除数据、干扰运行、格式化磁盘甚至摧毁系统等方面。

（6）变种性 —— 某些病毒可以在传播的过程中自动改变自己的形态，从而衍生出另一种不同于原版病毒的新病毒，这种新病毒称为病毒变种，源于同一病毒演变而来的所有病毒称为病毒家族。有变形能力的病毒能更好地在传播过程中隐蔽自己，使之不易被杀毒程序发现及清除。有的病毒能产生几十种变种病毒。

3．计算机病毒的分类

（1）按病毒表现性质划分

① 良性病毒 —— 此类病毒不对系统产生破坏，但要占用系统的存储空间或占用 CPU 时间，影响系统的性能。

② 恶性病毒 —— 具有极大的破坏性，可以破坏系统中的程序和数据，甚至破坏计算机的某些硬件设施。

（2）按病毒入侵的途径划分

① 源码病毒 —— 在程序的源程序中插入病毒编码，随源程序一起被编译，然后同源程序一起执行。

② 入侵病毒 —— 病毒入侵时将自身的一部分插入主程序。

③ 外壳病毒 —— 通常感染 DOS 下的可执行程序，当程序被执行时，病毒程序也被执行，进行传播或破坏。

④ 操作系统病毒 —— 它替代操作系统中的敏感功能（如 I/O 处理、实时控制等），此类病毒最常见，危害性极大。

（3）按感染的目标划分

① 引导型病毒 —— 这类病毒只感染磁盘的引导扇区，即用病毒自身的编码代替原引导扇区的内容。

② 文件型病毒 —— 感染可执行文件，并将自己嵌入到可执行程序中，从而取得执行权。

③ 混合型病毒 —— 此类病毒既可感染引导扇区，也可感染可执行文件。

（4）其他破坏程序

① 特洛依木马（Trojan Horse）—— 计算机中的木马程序表面上是完成某种功能的一个程序，而在暗地里，它还可以作另外一些事情。计算机用户可能常常在网上获得一些免费软件，下载后安装并运行，这时，系统便可能中了木马，如冰河木马。系统中了木马之后，便后门大开，有的木马程序可以自动联系黑客，而黑客可在远程的计算机上利用木马控制端来获得重要信息，对用户的机器乃至操作了如指掌，可以破坏系统，甚至控制计算机，不让用户进行任何操作等。木马不同于病毒，它在对系统进行攻击时并不进行自我复制。

② 时间炸弹 —— 一种计算机程序，它在不被发觉的情况下存在于计算机中，直到某个

特定的时刻才被引发，比如圣诞节、元旦节等特定的日期。

③ 逻辑炸弹——指通过某些特定数据的出现和消失而引发的计算机程序。它可能是一个单独的程序，也可能它的代码嵌入在某些软件上。系统一旦运行，逻辑炸弹便随时监控系统中的某些数据是否出现或消失，一旦发现所期待的事情发生，逻辑炸弹便“爆炸”。这种“爆炸”可以用户看不见的方式发作，比如将系统中的某些数据进行非法的复制和转移；也可以产生明显的效果，如系统中的重要文件被破坏，使整个系统瘫痪等。

④ 蠕虫（Worm）——蠕虫也是一种程序，它是通过安全系统的漏洞进入计算机系统，通常是计算机网络的程序。和病毒相同，蠕虫也能自我复制。但与病毒不同，蠕虫不需要附着在文档或者可执行文件上来进行复制。目前常见的蠕虫都是通过 Internet 上的电子邮件或者是 Web 浏览器的系统漏洞来传播的。它传到一台计算机上之后，利用该机器上的某些数据，比如该用户电子邮件地址簿中的其他邮件用户的地址以传递给其他系统。蠕虫是破坏系统正常运行的主要手段之一。Internet 上的大多数蠕虫并不对系统进行破坏，但它会占用系统大量的时间和空间资源，使系统性能大大降低，甚至导致系统关闭或重新启动，如冲击波、震荡波、灰鸽子等。

4．计算机病毒的检测

目前计算机病毒的检测和消除办法有两种：一是人工方法，二是自动方法。人工方法检测和消除就是借助于 DEBUG 调试程序及 PCTOOLS 工具软件等进行手工检测和消除处理。这种方法要求操作者对系统十分熟悉，且操作复杂，容易出错，有一定的危险性，一旦操作不慎就会导致意想不到的后果。这种方法常用于消除自动方法无法消除的新病毒；自动检测和消除是针对某一种或多种病毒使用专门的杀毒软件自动对病毒进行检测和消除处理。这种方法一般不会破坏系统数据，操作简单，运行速度快，是一种较为理想、也是目前较为通用的检测和消除病毒的方法。对一般用户，如果出现程序运行速度减慢，无故读写磁盘，文件容量增加，出现新的奇怪文件，可使用的内存总数降低，出现奇怪的屏幕显示和声音效果，打印出现问题，异常要求用户输入口令，系统不认识磁盘或硬盘不能引导系统，死机现象增多等都有可能是病毒造成的，应该查杀病毒。

5．计算机病毒的预防

计算机病毒的预防主要有以下措施。

（1）安装实时监控杀毒软件，定期更新病毒库。定期检查硬盘，及时发现并消除病毒。

（2）经常运行 Windows Update，安装操作系统的补丁程序。

（3）安装防火墙，设置访问规则，过滤不安全的站点。

（4）保存所有的重要软件，主要数据要定期备份。

（5）给系统盘和文件加写保护。使用硬盘还原卡也可以起到一定的保护作用。

（6）不要使用盗版软件，慎用公用软件和共享软件。慎装插件。

（7）慎用各种游戏软件。

（8）不要在系统盘上存放用户的数据和程序。

（9）第三方软件和机器一定要先检测病毒才能使用。

6．计算机反病毒软件

流行的杀毒软件有金山毒霸、瑞星杀毒软件、诺顿防毒软件、江民杀毒软件，卡巴斯基杀毒软件等。这些软件都具有实时监视功能和通过网络进行自动升级病毒库的功能。流行的这些杀毒软件中，各有各的特点，很难以一个好与不好进行评价。但无论是哪一种杀毒软件都不能完全防止所有的病毒。杀毒软件生产商一般不推荐在机器上安装一套以上的反病毒软件。但从实践看，选择安装两套不冲突的杀毒软件可以更安全、更放心。在网络上，杀毒软件开发商还推出了部分病毒专杀工具。一般来说，更新的软件和更新的病毒库可以包含专杀工具的功能，但专杀工具效率更高。

（1）瑞星杀毒软件

瑞星杀毒软件单机版是瑞星公司基于最新研制的第八代虚拟机脱壳引擎开发的一款杀毒软件。其大幅度提高了查杀变种病毒、病毒清除能力和病毒处理速度，同时保证极低的误报率和资源占用，可有效应对目前变种病毒倍增的严峻状况。同时，它还具有防漏洞攻击，防火墙联动，NTFS 流隐藏数据查杀，未知病毒查杀，系统监控，主动漏洞扫描和修补，全自动无缝升级，文件粉碎技术，数据修复，IE 执行保护，可疑文件定位，IP 攻击追踪，恶意网站拦截，系统修复等功能。

（2）金山毒霸杀毒套装

金山毒霸杀毒套装包含金山毒霸、金山网镖、金山反间谍和金山漏洞修补等功能模块，能为用户提供全方位的安全防护。金山毒霸杀毒套装是由金山公司推出的一款功能强大的杀毒防毒软件。其具有主动实时升级、抢先启动防毒系统、主动漏洞修复、垃圾邮件过滤、隐私保护、及时升级病毒特征库等特点。它能对操作系统的所有文件、网页、电子邮件、光盘、移动储存设备、各种聊天工具以及其他各种进出计算机的文件、程序进行全方位的整体监控。它还能自动检测系统的漏洞和补丁信息并自动下载安装。金山毒霸杀毒套装的试用版可以在其官方网站 www.duba.net 下载。

（3）Kaspersky 卡巴斯基

卡巴斯基是近年来才进入国内市场的一款功能强大的杀毒软件，是全球公认的最佳防病毒软件之一。它不仅只是针对病毒的防护，还是为用户的个人计算机提供信息安全保障的组合解决方案，避免受各种网络威胁，如病毒、黑客攻击、垃圾邮件及间谍软件。所有的程序组件可以无缝结合，从而避免了不必要的系统冲突，确保系统高效运行。卡巴斯基互联网安全套装 6.0 个人版能有效地建立统一的防护体系，具有邮件保护、系统文件保护、主动防御、阻止网络攻击等功能。卡巴斯基的试用版可以在其官方网站 www.kaspersky.com.cn 下载。

（4）Norton AntiVirus 诺顿

Norton AntiVirus 诺顿是一款功能强大的杀毒防毒软件，深受广大用户的信赖。主要功能有全面检测并清除病毒和间谍软件、自动阻截间谍软件、防止受病毒感染的电子邮件扩散、检测并防御隐藏在操作系统中的威胁等。Norton AntiVirus 可以在其官方网站 www.symantec.com 下载。

1.7.3 网络黑客与防范

“黑客”一词源于英文 Hacker，黑客的真正含义是“电脑技术上的行家或热衷于解决问题、克服限制的人”。其本意是指那些长时间沉迷于计算机世界当中的程序设计人员，他们喜欢不时地对他人实施“恶作剧”。现在，黑客一般特指那些未经许可而闯入计算机系统的非法入侵者。

现实网络世界中，有的黑客是业余电脑爱好者，这些人把入侵当成是一个有趣的游戏，并从中获得成就感，往往无意破坏系统。他们多是对网络技术有兴趣的学生或相关行业的从业人员。有的黑客则是把入侵当成事业的职业入侵者。这些人熟悉各种信息安全防护工具以及系统的弱点。他们往往能成为破坏力极大的黑客。

黑客针对计算机系统中的各种安全漏洞（如管理漏洞、软件漏洞、结构漏洞和信任漏洞等），利用所掌握的计算机技巧和工具，对网络上的某些用户或某些网站实施入侵和攻击。无论是有意的攻击，还是无意的误操作，往往会给系统带来不可估量的损失。攻击者可以窃听网络上的信息，窃取用户的口令、数据库的信息；非法获取资料，包括科技情报、技术成果、金融账户、个人资料、系统信息等；还可以篡改数据库内容，伪造用户身份，否认自己的签名；甚至攻击者可以删除数据库内容，摧毁网络节点，释放计算机病毒等。

从技术上对付黑客攻击，主要可以采用下列措施：

（1）使用防火墙来防止外部网络对内部网络的未经授权访问，建立网络信息系统的对外安全屏障，以便对外部网络与内部网络交流的数据进行检测。

（2）经常使用安全监测与扫描工具，加强内部网络与系统的安全防护性能和抗破坏能力，以发现安全漏洞及薄弱环节。当网络或系统被黑客攻击时，可用这类该软件及时发现黑客入侵的迹象，并及时进行处理。

（3）经常使用网络监控工具对网络和系统的运行情况进行实时监控，发现黑客或入侵者的不良企图及越权使用，及时进行相关处理，防患于未然。

（4）经常备份系统，以便在被攻击后能及时修复系统，将损失减少到最低程度。

思 考 题 一

1．计算机发展可以划分为哪几个阶段，每个阶段具有哪些特征？
2．简述计算机在办公自动化中的应用。
3．计算机中的信息如何表示？
4．简述计算机硬件系统中五大组成部分的基本功能。
5．简述 RAM 和 ROM 的含义及其区别。
6．简述计算机的工作原理。
7．简述操作系统有哪些功能。
8．知识产权的基本特征是什么？
9．如何选购计算机？
10．简述图形图像工具 ACDSee 的基本功能。
11．简述计算机病毒的预防与清除方法。
12．如何保证计算机系统安全运行？

第2章　Windows XP 的使用

2001年10月25日，微软公司正式发布Windows XP操作系统。Windows XP是继Windows 2000与Windows Me之后推出的又一个Microsoft Windows版本。它是一种基于NT技术的纯32位操作系统，使用了更加稳定和安全的NT内核。

2.1　Windows XP 基本操作

启动Windows XP后，屏幕上首先出现Windows XP桌面。Windows XP桌面是一切工作的平台。Windows XP的桌面简洁，用户可在桌面上放置一些常用程序的快捷图标。

2.1.1　Windows XP 的桌面

Windows XP桌面是屏幕的整个背景区域，主要由桌面背景图片、“开始”按钮、任务栏、图标等部分组成，如图2-1所示。

图2-1　Windows XP桌面

1. 桌面图标

在Windows XP中，图标是以一个小图形的形式来代表不同的程序、文件或文件夹，也可以表示磁盘驱动器、打印机以及网络中的计算机等。图标由图形符号和名字两部分组成。系统中的所有资源分别由几种类型的图标所表示：应用程序图标表示具体完成某一功能的可执行程序；文件夹图标表示可用于存放其他应用程序、文档或子文件夹的“容器”；文档图标表示由某个应用程序所创建的文档信息。左下角带有弧形箭头的图标代表快捷方式。快捷方式是一种特殊的文件类型，通过它可以对系统中某些对象进行快速访问，快捷方式图标是原对象的“替身”图标。在Windows XP中，快捷方式图标十分有用，它是进行快速访问常用应用程序和文档的最主要的方法。图标还可以表示不同的磁盘驱动器、打印机甚至网络中的计算机等。

初次启动 Windows XP 系统时，桌面的右下角只有一个“回收站”图标。在 Windows 其他版本中，用户所熟悉的“我的文档”、“我的电脑”、“网上邻居”、“Internet Explorer”等图标都被移动到“开始”菜单中。

2. 任务栏

Windows XP 的初始任务栏位于屏幕的底部，是一个长方条，如图 2-2 所示。任务栏中包含有“开始”按钮，默认情况下出现在桌面底部。用户可以隐藏任务栏，或将其移至桌面的两侧或顶部。任务栏可以是状态栏，用户也可在任务之间切换。所有正在运行的应用程序、打开的文件夹均以任务栏按钮的形式显示在任务栏上。单击任务栏上某一按钮，即可切换到相应的应用程序或文件夹。任务栏为用户提供了快速启动和切换应用程序、文档及其他已打开窗口的方法。

图 2-2　Windows XP 任务栏

3. 桌面背景

屏幕上主体部分显示的图像称为桌面背景，它的作用是美化屏幕。用户可以根据自己的喜好来选择不同图案和不同色彩的背景来修饰桌面。

4. “开始”菜单

任务栏的最左端就是“开始”按钮，单击此按钮弹出“开始”菜单。“开始”菜单是使用和管理计算机的起点。它可运行程序、打开文档及执行其他常规任务，是 Windows XP 中最重要的操作菜单。通过它，用户几乎可以完成任何系统使用、管理和维护等工作。“开始”菜单的便捷性简化了频繁访问程序、文档和系统功能的常规操作方式。

2.1.2　窗口操作

程序运行后一般会打开窗口。在 Windows XP 中可以同时打开多个窗口，即同时运行多个程序。窗口可以关闭、改变尺寸、移动、最小化到任务栏上，或最大化到整个屏幕上。在 Windows XP 中几乎所有的应用程序和文档，在打开后都以一个窗口的形式出现在桌面上。窗口操作是 Windows XP 中最基本的操作模式。

1. 窗口的组成

典型的 Windows XP 窗口由标题栏、“控制菜单”按钮、菜单栏、工具栏、工作区、滚动条、窗口控制按钮和状态栏组成，如图 2-3 所示。

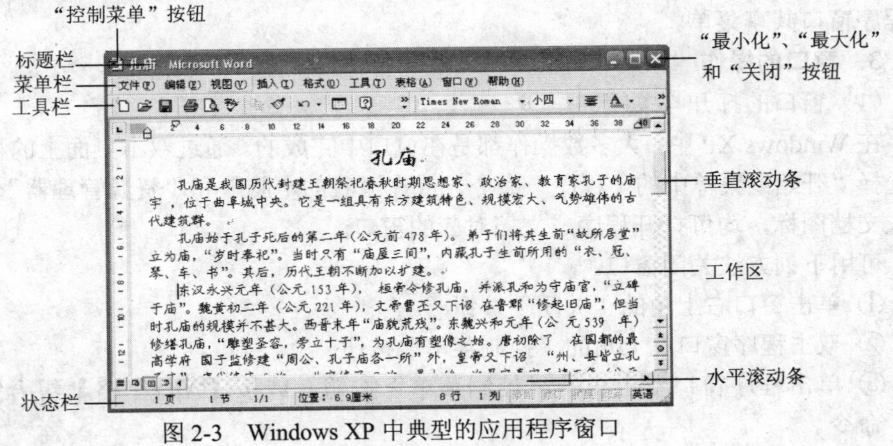

图 2-3　Windows XP 中典型的应用程序窗口

（1）工作区 —— 指当前应用程序可使用的屏幕区域，用户的操作大多在工作区进行。

（2）标题栏 —— 标题栏位于窗口的第一行，用来显示应用程序的名称及已经打开的文件的名称。拖动标题栏，可以使窗口在桌面上移动。如果在桌面上同时打开了多个窗口，其中某一窗口的标题栏处于深色显示状态，则说明此窗口当前可以与用户交互，是活动窗口，也称为当前窗口。

（3）"控制菜单"按钮 —— 位于标题栏左边的小图标。单击该图标（或按【Alt+空格】组合键）即可打开控制菜单。选择菜单中的相关命令，可改变窗口的大小、位置或关闭窗口。

（4）菜单栏 —— 位于窗口标题栏的下面。菜单栏分门别类地列出了大多数应用程序的命令，用户可方便地访问这些命令。

（5）工具栏 —— 位于菜单栏的下方，包含有多个图标和按钮。为应用程序的常用命令提供了一种实现相应功能的快捷方式。

（6）窗口控制按钮 —— 在窗口的右上角有3个控制按钮："最小化"按钮、"最大化"按钮和"关闭"按钮。单击"最小化"按钮，窗口尺寸缩小为一个按钮放在任务栏上，单击任务栏上的对应按钮，窗口又恢复成原来状态。单击"最大化"按钮，窗口放大至整个屏幕，该按钮变成"还原"按钮。若单击"还原"按钮，窗口则恢复成最大化之前的状态；单击"关闭"按钮，则关闭窗口。

（7）滚动条 —— 当一个窗口内的信息超过窗口而无法显示全部内容时，可以通过移动滚动条来查看窗口中尚未显示出的信息。窗口中有垂直滚动条和水平滚动条两种，通过单击滚动箭头或拖动滑块可控制窗口中内容上下或左右滚动。

（8）状态栏 —— 位于窗口底部，用于显示当前窗口的有关状态信息和提示。

2．窗口的类型

Windows XP 的窗口分为应用程序窗口和文档窗口。

（1）应用程序窗口

应用程序窗口简称为窗口，是应用程序运行时的人机交互界面。应用程序窗口包含一些与该应用程序相关的菜单栏、工具栏以及被处理的文档名字等信息。应用程序的数据输入及数据的处理都在此窗口。

（2）文档窗口

文档是运行应用程序时所生成的文件。文档窗口指的是在应用程序运行时向用户显示文档文件内容的窗口。文档窗口只能出现在应用程序窗口之内。文档窗口不含菜单栏，它与应用程序窗口共享菜单。

3．窗口的操作

（1）窗口的打开与关闭

在 Windows XP 中，大多数操作都是在窗口中完成的。通过双击桌面上的程序快捷图标，或选择"开始"菜单中的"程序"命令，或在"我的电脑"和"资源管理器"中双击某一程序或文档图标，均可打开程序或文档对应的窗口。

可用下列方法关闭窗口。

① 单击窗口右上角的"关闭"按钮。

② 双击程序窗口左上角的"控制菜单"按钮。

③ 单击程序窗口左上角的"控制菜单"按钮；或按【Alt+空格】组合键，选择"关闭"命令。

④ 按【Alt+F4】组合键。

⑤ 选择窗口的“文件”菜单的“关闭”或“退出”命令。

⑥ 将鼠标指向任务栏中的该窗口图标按钮并右击，然后选择“关闭”命令。

（2）打开多个窗口

Windows XP 是一个多任务操作系统，允许同时打开多个窗口。打开窗口的个数一般不限。但打开的窗口太多，会影响系统运行速度。打开多个窗口的情况如图 2-4 所示。

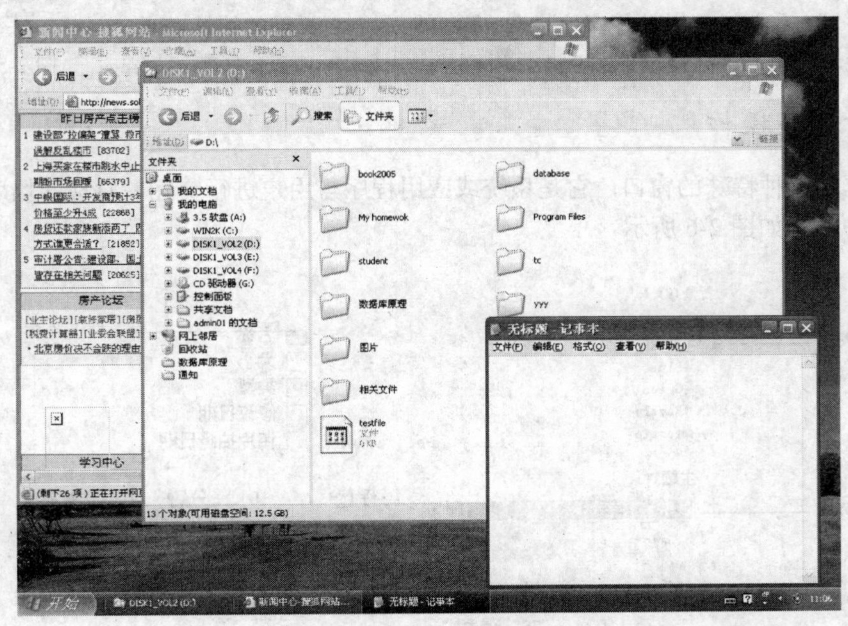

图 2-4　打开多个窗口

（3）不同窗口的切换

窗口的标题栏显示有程序的名称和当前打开的文档名称。如果在桌面上同时打开多个窗口，只有一个窗口的标题栏呈深色显示，并且在任务栏上代表此窗口的按钮处于凹下状态，表示其为当前窗口。当前窗口总是在其他所有窗口之上。

可用下面的方法在不同窗口之间进行切换。

① 使用【Alt+Tab】、【Alt+Shift+Tab】、【Alt+Esc】组合键进行窗口的切换。按【Alt+Esc】组合键切换窗口时，只能切换非最小化窗口。而对于最小化窗口，只能激活。

② 用鼠标指向某窗口能看到的部分，并单击。

③ 对于打开的每个窗口，在任务栏中都有一个代表该程序窗口的按钮。启动多个程序时，会出现多个按钮。若要切换窗口，单击任务栏上的按钮即可。

（4）窗口的基本操作

窗口的基本操作有移动窗口、改变窗口的大小、滚动窗口内容、最大（小）化窗口、还原窗口、关闭窗口等。

① 移动窗口：将鼠标指针指向窗口的标题栏，按下鼠标左键不放，拖动鼠标到所需要的地方，然后松开鼠标，窗口被移动到所需位置。

也可使用键盘进行窗口的移动：按【Alt+空格】组合键，弹出控制菜单，选择“移动”

命令，鼠标指针变为✥，然后利用键盘上的【→】、【←】、【↑】或【↓】方向键来移动窗口到所需位置，然后按回车键。

② 改变窗口的大小：将鼠标指向窗口的边框或窗口的4个角，鼠标指针变为↕、↔、↘或↗形状，按住鼠标左键拖动到所需大小。

③ 排列窗口：如果同时打开了多个窗口，将窗口按一定方法组织，可使桌面整洁，使窗口组织有序。窗口的排列方式有3种：层叠、横向平铺和纵向平铺。右击任务栏的任意空白处，弹出如图2-5所示的快捷菜单，然后从中选择相应的窗口排列方式。

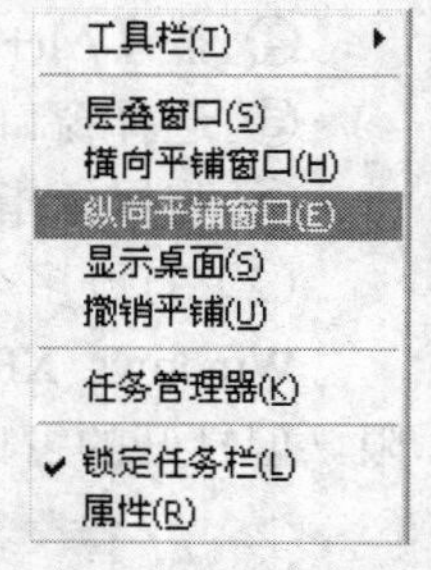

图2-5　排列窗口

2.1.3　对话框操作

对话框是一种特殊的窗口，它是系统或应用程序与用户进行交互、对话的场所。对话框包含的各种元素如图2-6所示。

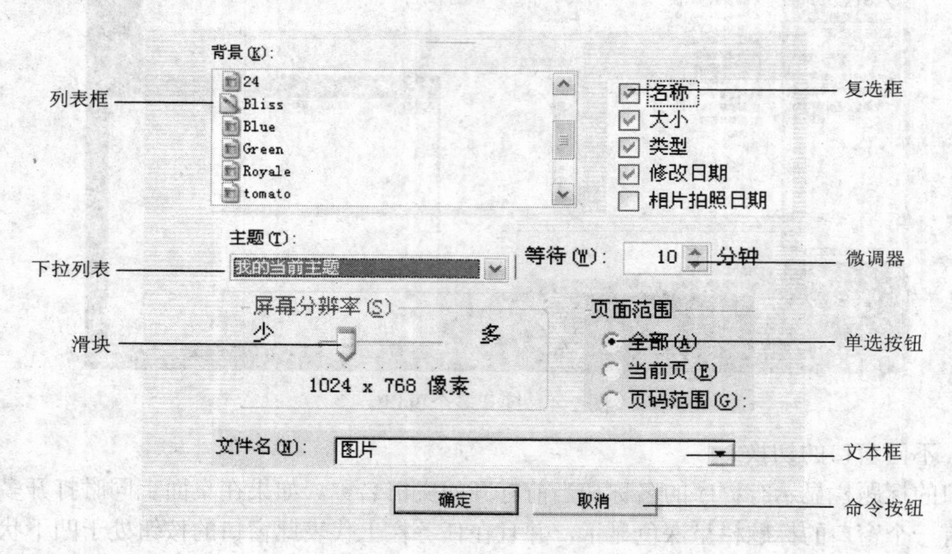

图2-6　对话框中常见的组成元素

（1）命令按钮 —— 用来执行某种任务的操作，单击即可执行某项命令。

（2）单选按钮 —— 为一组多个互相排斥的选项，在某一时间只能选择其中一项。单击即可选中其中一项。

（3）复选框 —— 当复选框内有“√”标记时，表示该选项被选中。若再单击一次，变为未选中状态。很多对话框列出了多个复选框，允许用户一次选择多项。

（4）文本框 —— 用于输入文本信息的一个矩形方框。可以让用户动手输入简单信息。

（5）下拉式列表框——它与列表框的不同之处在于：其初始状态只包含当前选项（默认选项）。单击列表框右侧的箭头，可以查看并单击选中列表中的选项。

（6）列表框 —— 可以显示多个选项。用户可选择其中的一项或几项。如果窗口尺寸容纳不下里面的内容，窗口旁的滚动条可以帮助用户在列表中浏览和选择。

（7）微调器 —— 位于文本框的右侧，有一对箭头用于增减数值。单击向上或向下箭头，可以增加或减少其中的数值。用户也可以直接从键盘输入数值。

（8）滑块 —— 使用滑块时，通常向右移动，值将增加；向左移动，值将减少。

（9）选项卡 —— 有些对话框窗口不止一个页面，而是将具有相关功能的对话框组合在一起形成一个多功能对话框，每项功能的对话框称为一个选项卡，选项卡是对话框中叠放的页，单击标签可显示相应的内容。带有选项卡的对话框如图 2-7 所示。

如果对话框有标题栏，可以像移动窗口那样移动对话框的位置。对话框和窗口最根本的区别是对话框不能改变其大小。

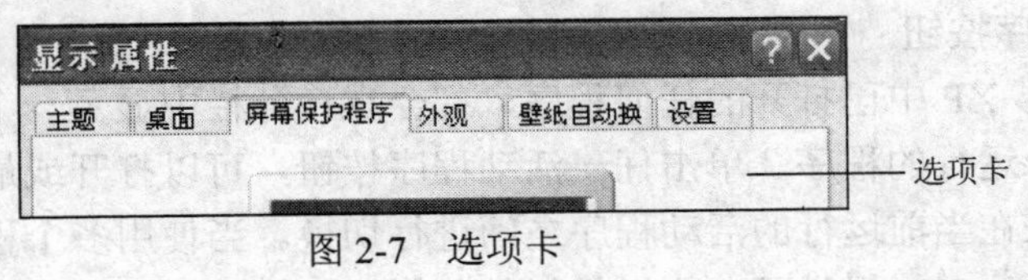

图 2-7　选项卡

2.1.4　菜单操作

Windows XP 提供了多种菜单，如“开始”菜单、下拉式菜单和弹出式菜单。

1. 下拉式菜单

一般应用程序或文件夹窗口中均采用下拉式菜单，如图 2-8 所示，位于应用程序窗口标题栏下方，在菜单中有若干条命令，这些命令按功能分组，分别放在不同的菜单项里。选择某一菜单项，即可展开其下拉菜单。

2. 弹出式快捷菜单

当用户右击某个选中的对象或屏幕的某个位置时，将弹出一个快捷菜单，该菜单列出了与用户正在执行的操作直接相关的命令。右击时指向的对象和位置不同，弹出的菜单命令内容也不一样。如图 2-9 所示分别是在桌面上右击时弹出的快捷菜单和在任务栏的空白位置右击时弹出的快捷菜单。

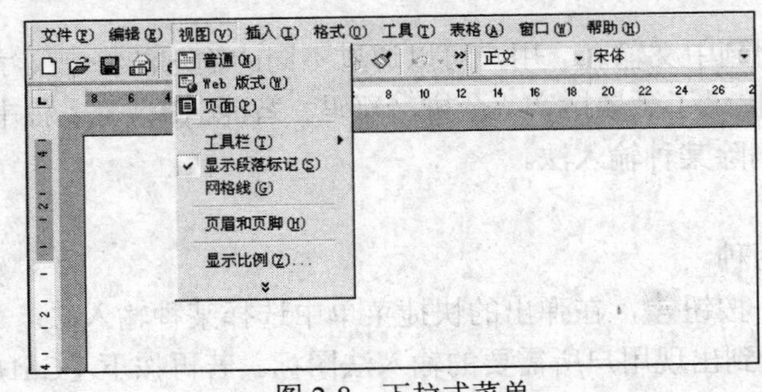

图 2-8　下拉式菜单

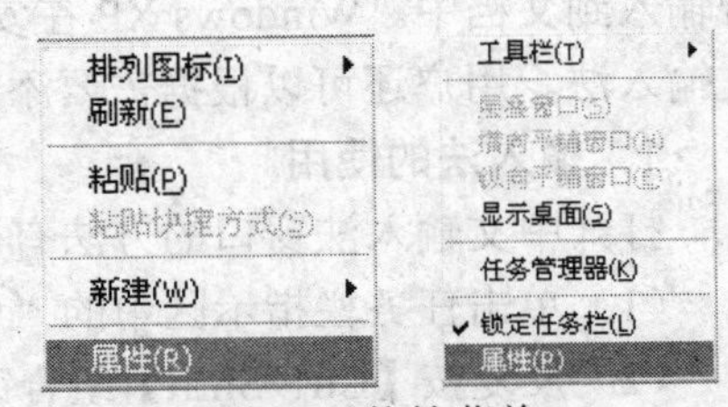

图 2-9　快捷菜单

2.1.5　任务栏操作

任务栏是 Windows XP 桌面的一个重要的组成部分，用户通过它可以完成各种操作和管理任务。默认情况下任务栏总是在桌面的底部，通常包含有“开始”菜单、“快速启动”工具栏、显示有各种指示器（如音量、输入法等）的通知区域和当前活动程序按钮。

1. “开始”菜单

Windows XP 中绝大多数操作都可以通过“开始”菜单来启动和完成，它是一切工作的起点，同时又是系统维护和管理的中心。为了帮助用户更好地使用“开始”菜单，系统允许用户根据自己的喜好及需要定义“开始”菜单和任务栏。如果用户不喜欢 Windows XP 的“开始”菜单样式，可以转换成 Windows 9X 的“开始”菜单样式。

2．“快速启动”工具栏

“快速启动”工具栏位于任务栏的左边，紧挨“开始”按钮，在默认情况下有“IE 浏览器”、“显示桌面”和“媒体播放器”3 个图标按钮。单击这些按钮，可以快速启动相应的程序。

3．活动程序按钮

在 Windows XP 中已打开的任何程序，都会在任务栏中显示一个活动程序按钮，其中深色显示的为前台运行的程序。单击任一活动程序按钮，可以打开或最小化该程序。活动程序按钮一般可用来在当前运行的活动程序之间进行切换。当使用多个程序时，任务栏中就会挤满按钮。Windows XP 提供了“分组相似任务栏按钮”功能，可帮助用户管理大量打开的文档和程序项目。

4．指示器

（1）时间指示器：在任务栏最右边有一个数字时钟显示器，鼠标指向该指示器时将显示当前日期，双击指示器将显示“时间和日期属性”对话框，在此用户可以调整系统日期和时间。

（2）音量指示器：该指示器是一个喇叭图标，单击该图标将打开“扬声器音量调整”框。拖动滑块可以增大或降低音量。双击音量指示器，将打开“音量控制”对话框，用户可以对系统中的设备音量进行更为详细的设置。

（3）输入法指示器：用来帮助用户快速选择输入法。单击输入法指示器，将打开输入法选择菜单供用户选择需要的输入法。

2.1.6 汉字输入简介

在进行中文文字处理工作时经常要用到中文输入。用户可以通过不同的输入法将中文字符输入到文档中。Windows XP 在安装时提供了微软拼音、全拼、郑码、智能 ABC 等多种中文输入法。用户还可以根据需要添加或删除某种输入法。

1．输入法的使用

打开中文输入法窗口的方法有以下两种。

（1）单击任务栏指示区中的“中文”按钮，在弹出的快捷菜单中选择某种输入法。

（2）反复按【Ctrl+Shift】组合键，直到出现用户所需要的输入法图标。若再按下【Ctrl+空格】组合键，可关闭或打开中文输入法。

打开某种输入法后，出现如图 2-10 所示的输入法状态窗口。中文输入法状态窗口由“中英文切换”、“输入方式切换”、“全/半角切换”、“中英文标点切换”和“软键盘”5 个按钮组成。

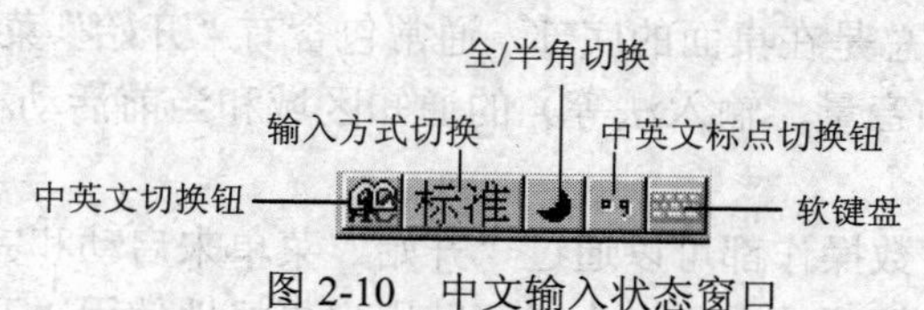

图 2-10 中文输入状态窗口

① 中英文切换：如果用户在输入中文时，需要加入英文，可单击此按钮（也可按下【Caps Lock】键），这时“中”改为“A”字样，切换至英文输入方式。英文输入完成，可再次单击此按钮，返回到中文输入状态。

② 输入方式切换：在某些输入法中，单击此按钮可切换到不同输入方式，例如智能 ABC 输入法就有标准和双打两种输入方式。

③ 全/半角切换：如果将英文字符看成一个中文字符大小，则需要全角方式输入，单击此按钮或按【Ctrl+空格】组合键可进行全/半角状态的切换。

④ 中英文标点切换：单击此按钮，或按【Ctrl+·（小数点）】组合键，可进行中文和英文标点状态的切换。

⑤ 软键盘：单击此按钮，可打开软键盘，单击软键盘上的键位，可将相应的字符插入到文档中，再次单击此钮，可关闭软键盘。

2．添加和删除中文输入法

安装中文输入法的操作步骤如下。

（1）右击任务栏指示区输入法图标，在弹出的快捷菜单中选择“设置”命令。打开“文字服务和输入语言”对话框，如图 2-11 所示。

（2）在“文字服务和输入语言”对话框的“默认输入语言”下拉列表框中，显示了当前正在使用的默认输入语言。在“已安装的服务”列表框中，显示了系统目前已经安装的各种输入法名称。

（3）如果要添加某种输入法，单击“添加”按钮，打开“添加输入语言”对话框，如图 2-12 所示。

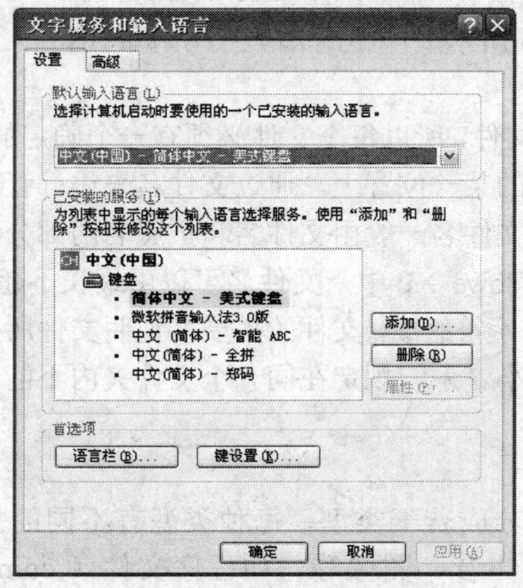

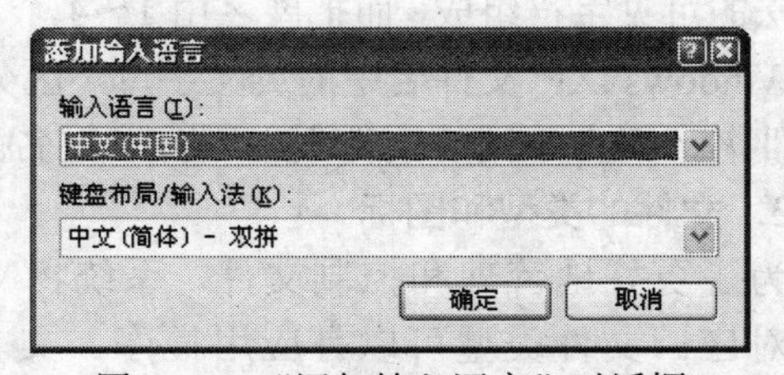

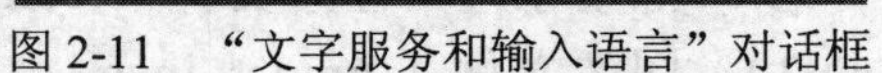
图 2-11　“文字服务和输入语言”对话框　　图 2-12　“添加输入语言”对话框

（4）在“输入语言”下拉列表框中选择“中文（中国）”。在“键盘布局/输入法”下拉列表框中选择要安装的输入法，如“中文（简体）-双拼”，然后单击“确定”按钮。

（5）Windows XP 在复制好必要的文件后，返回到“文字服务和输入语言”对话框。如果安装正确，在“已安装的服务”列表框中会显示用户新安装的输入法。单击“确定”按钮，完成安装。

删除某种输入法时，在“文字服务和输入语言”对话框中选中要删除的输入法，如郑码，然后单击“删除”按钮。

2.2 Windows XP 的文件管理

文件和文件夹是计算机中存放、管理各类信息的基本要素，Windows XP 将所有的软硬件资源都当作文件或文件夹，用统一的模式进行管理。

2.2.1 文件系统概述

文件是按一定形式组织的一个完整的、有名称的信息集合，是计算机系统中数据组织的基本存储单位。操作系统的一个基本功能就是数据存储、数据处理和数据管理，即文件管理。文件中可以存放应用程序、文本、多媒体数据等信息。

计算机中可以存放很多文件。为便于管理文件，把文件进行分类组织，并把有着某种联系的一组文件存放在磁盘中的一个文件项目下，这个项目称为文件夹或目录。一个文件夹就是存放文件和子文件夹的容器，文件夹中还可以存放子文件夹，这样逐级地展开下去，整个文件目录或称文件夹结构就呈现一种树状的组织结构，因此也称为“树形结构”。

资源管理器中的左窗格显示的文件夹结构就是树型结构。一棵树有一个根，在 Windows XP 中，桌面就是文件夹树形结构的根，根下面的系统文件夹有“我的电脑”、“我的文档”、“网上邻居”、“回收站”等，如图 2-13 所示。

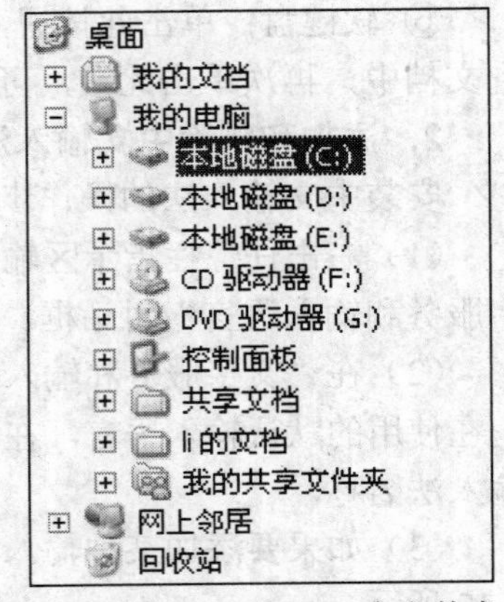

图 2-13 Windows XP 中文件夹结构组织图

1．文件的命名

在计算机中，系统以按名存取的方式来使用文件，所以每个文件必须有一个确定的名字。文件通常存放在软盘或硬盘等外部存储器介质中的某一位置上，通过文件名来进行管理。对一个文件的所有操作都是通过文件名来进行的。文件名一般由文件名和扩展名两部分组成。文件名和扩展名之间用小圆点“.”隔开。在 Windows XP 中，文件名可以由最长不超过 255 个合法的可见字符组成，而扩展名由 1～4 个合法字符组成，文件的扩展名说明文件所属的类别。Windows XP 文件名中的英文字母不区分大小。系统规定在同一个文件夹内不能有相同的文件名，而在不同的文件夹中则可以重名。

2．文件的类型和图标

为了更好地管理和控制文件，系统将文件分成若干类型，每种类型有不同的扩展名与之对应。文件类型可以是应用程序、文本、声音、图像等，如程序文件（.com、.exe 和.bat）、文本文件（.txt）、声音文件（.wav、.mp3）、图像文件（.bmp.、jpeg）、字体文件（.fon）、Word 文档（.doc）等。每种类型的文件都对应一种图标，因此区别一个文件的格式有两种方法：一种是根据文件的扩展名，另一种根据文件的图标。在 Windows XP 中，不同类型的文件在屏幕显示不同的图标。表 2-1 所示的是一些常见的扩展名及其所对应的图标。

表 2-1 文件类型及其对应的扩展名和图标

扩展名	图标	文件类型
.COM 或 EXE		命令文件或应用程序文件
.BAT		命令提示符下的批处理文件
.TXT		文本文件
.BMP		位图文件
.DOC		Word 文档文件
.XLS		Excel 电子簿文件
.PPT		PowerPoint 演示文稿
.HLP		帮助文件
.HTM		Web 网页文件
.MID		声音文件
—		代表一个文件夹
—		硬盘
—		软盘
—		光盘

3. 文件的属性

一个文件包括两部分内容，一是文件所包含的数据；二是有关文件本身的说明信息，即文件属性。每一个文件（夹）都有一定的属性，不同文件类型的“属性”对话框中的信息也各不相同，信息包括文件夹的类型、文件路径、占用的磁盘、修改和创建时间等。一个文件（夹）通常可以有只读、隐藏、存档等几个属性。

4. 路径

在多级目录的文件系统中，用户要访问某个文件时，除了文件名外，一般还需要知道该文件的路径信息，即文件放在什么盘的什么文件夹下。所谓路径是指从此文件夹到彼文件夹之间所经过的各个文件夹的名称，两个文件夹名之间用分隔符“\”分开。用户可以在资源管理器中的地址栏键入要查询文件（夹）或对象所在的地址，如“C:\Documents and Settings\user\My Documents”，按回车键后，系统即可显示该文件夹的内容。如果键入一个具体文件名，则可在相应的应用程序中打开一个文件。

5. 特殊的文件夹“我的文档”

“我的文档”是一个特殊的文件夹，它是在安装系统时建立的，用于存放用户的文件。一些程序常将此文件夹作为存放文件的默认文件夹。要打开“我的文档”，可以单击“开始”按钮，在展开的菜单中选择“我的文档”命令即可。

2.2.2 资源管理器的使用

1. 打开资源管理器

资源管理器是 Windows XP 中一个重要的文件管理工具。在资源管理器中可显示出计算机上的文件、文件夹和驱动器的树型结构，同时也显示了映射到计算机上的所有网络驱动器名称。使用 Windows XP 的资源管理器，可以复制、移动、重新命名以及搜索文件和文件夹。

打开资源管理器的操作方法如下。

（1）打开“开始”菜单，选择“程序”｜“附件”｜“资源管理器”命令，打开“资源管理器”窗口。

（2）右击“我的电脑”或其他任何一个文件夹图标，选择“资源管理器”命令。

（3）右击“开始”按钮，选择“资源管理器”命令。

（4）选择“开始”菜单中的“运行”命令，打开“运行”对话框。在“打开”文本框处输入“Explorer”并按回车键。

（5）按【⊞+E】组合键。

资源管理器如图 2-14 所示，除了包含 Windows XP 窗口的一般元素，如标题栏、菜单栏、状态栏等外，还有功能丰富的工具栏和地址栏。资源管理器的工作区由左右两个窗格组成。左窗格为文件夹列表框，系统中所有资源以树型结构显示出来，并清晰地展示出磁盘文件的层次结构。右窗格为文件夹内容列表框。左右窗格之间有一个分隔条，用鼠标拖动分隔条左右移动，可调整左右窗格框架的大小。

图 2-14　资源管理器窗口

2．利用资源管理器操作文件和文件夹

（1）展开和折叠文件夹

在文件夹列表窗格中，大部分文件夹前面有符号“⊞”或“⊟”，表明此文件夹中还有下一级子文件夹。利用这两个符号可以显示或关闭子文件夹的详细信息。单击符号“⊞”或按【Tab】键将光标定位到该文件夹后，按方向键【→】即可展开该文件夹。展开后的文件夹的符号“⊞”会自动变为“⊟”；单击符号“⊟”或将光标定位到该文件夹后按方向键【←】可将已展开的内容折叠起来，如图 2-15 所示。

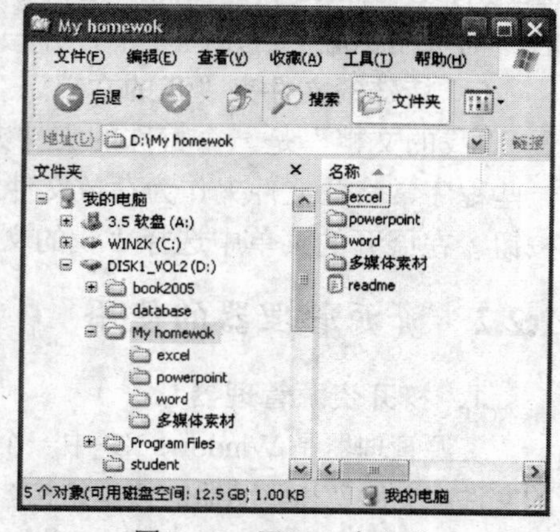

图 2-15　展开一个文件

（2）打开一个文件夹

将打开的文件夹即当前文件夹（包含文件及文件夹）内容在资源管理器的右窗格中显示出来，文件夹图标变为打开状态。通过菜单或工具栏的“查看”命令可以使文件（夹）的排列方式按用户的要求来排列。

（3）选定文件（夹）或对象

为了完成对一个文件（夹）或其他对象的操作，如创建、重命名、复制、移动和删除等，首先需要做选定操作，以明确操作对象。被选定的文件（夹）或对象的颜色呈高亮度显示。

（4）文件夹选项的设置

用户可用“文件夹选项”对话框对文件夹进行设置。打开“控制面板”，选择“文件夹选项”命令，打开“文件夹选项”对话框；或单击资源管理器中的“工具”菜单，在弹出的菜单中选择“文件夹选项”，也可打开“文件夹选项”对话框。

2.2.3 文件与文件夹的基本操作

文件与文件夹的管理是 Windows XP 的一项重要功能，包括新建一个文件(夹)、文件(夹)的重命名、复制与移动文件（夹）、删除文件（夹）、查看文件（夹）的属性等基本操作。

1．新建文件或文件夹

文件通常是由应用程序来创建，启动一个应用程序（如 Word）后就进入创建新文件的过程。或从应用程序的“文件”菜单选择“新建”命令新建一个文件。

在“我的电脑”、桌面或资源管理器的任一文件夹中都可以创建新的空文档文件或空文件夹。创建一个空文件或空文件夹有以下两种方法；

（1）在“我的电脑”、资源管理器或“我的文档”窗口中选中一个驱动器符号，双击打开该驱动器窗口，找到要创建文件的位置。然后选择“文件”菜单中的“新建”命令，在展开的下一级菜单中选择新建文件类型或新建一个文件夹。

（2）在桌面或者某个文件夹中右击，在弹出的快捷菜单中选择“新建”命令，并在下级菜单中选择文件类型或新建文件夹，如图 2-16 所示。新建文件（夹）时，一般系统会自动为新建的文件（夹）取一个名字，默认的文件名类似为：新建文件夹、新建文件夹（2）等，用户可以修改文件或文件夹的名称。

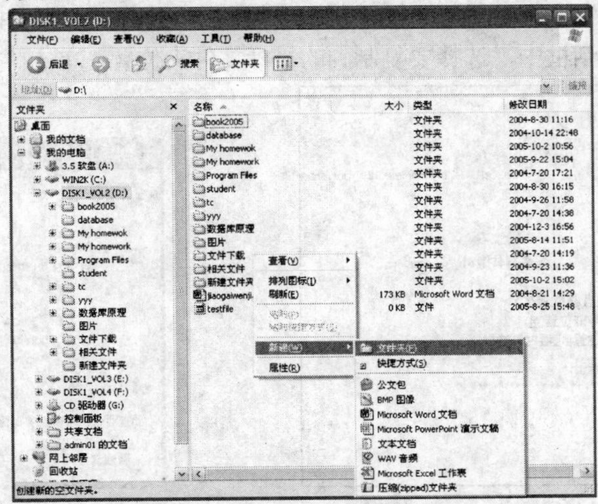

图 2-16　新建文件（夹）

要创建一个空文件夹，可先打开“我的电脑”或资源管理器窗口，打开“查看”菜单，选择“浏览器栏”|“文件夹”命令；或单击“文件夹”按钮。这时“我的电脑”窗口的左窗格变为“文件夹和文件夹任务”。通过该窗口，同样可实现新建文件夹。

使用上述方法创建新文件时，系统并不启动相应的应用程序。可双击文件图标，启动应用程序进行文件编辑工作。

2．文件（夹）的重命名

根据需要经常要对文件或文件夹重新命名，即重新给文件或文件夹取一个名称。重命名的方法有以下几种。

（1）单击要重新命名的文件（夹），选择“文件”菜单中的“重命名”命令。在文件（夹）名称输入框处出现一条不断闪动的竖线，即插入点，在这里直接输入名称。输入文件名后按回车键，或在其他空白处单击即可。

（2）选中文件（夹）后右击，在弹出的快捷菜单选择“重命名”命令。

（3）单击某文件（夹）名称处，稍停一会，再单击，即可进行重命名。

（4）选中要重命名的文件（夹），直接按【F2】键，也可进行重命名。

3．复制与移动文件（夹）

为了更好的管理和使用文件和文件夹，经常需要使用复制与移动文件（夹）的功能。即对文件进行备份或将一个文件（夹）从一个地方移动到另一个地方。

（1）复制文件或文件夹

复制文件或文件夹有以下几种方法。

① 使用剪贴板。选择要复制的文件或文件夹，选择“编辑”菜单中的“复制”命令（或右击后，在弹出的快捷菜单中选择“复制”命令，或按【Ctrl+C】组合键），再定位到文件复制的目标位置，选择“编辑”菜单中的“粘贴”命令（或右击后，在弹出的快捷菜单中选择“粘贴”命令，或按【Ctrl+V】组合键）。

② 选择要复制的文件或文件夹，按住鼠标右键并拖动到目标位置，释放鼠标，在弹出的快捷菜单中选择“复制到当前位置”命令，如图 2-17 所示。

③ 在资源管理器中选择要复制的文件或文件夹，按住【Ctrl】键拖动到目标位置。

④ 在“我的电脑”或资源管理器中，单击浏览器栏中的“复制到”按钮，然后在如图 2-18 所示的“复制项目”对话框中，选择要复制到的目标文件夹位置，单击“复制”按钮。

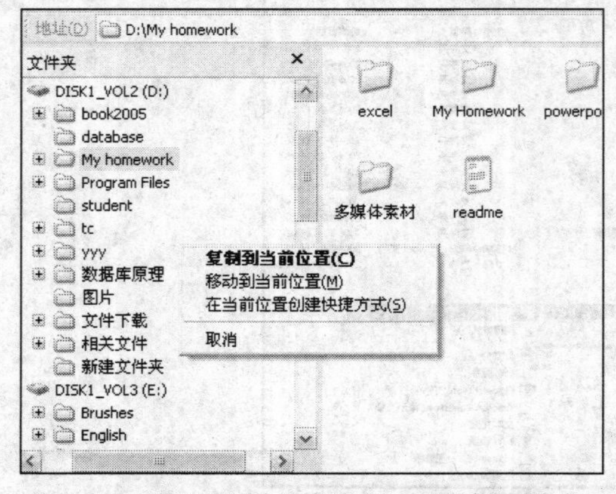

图 2-17 拖动复制文件（夹）到目标文件夹

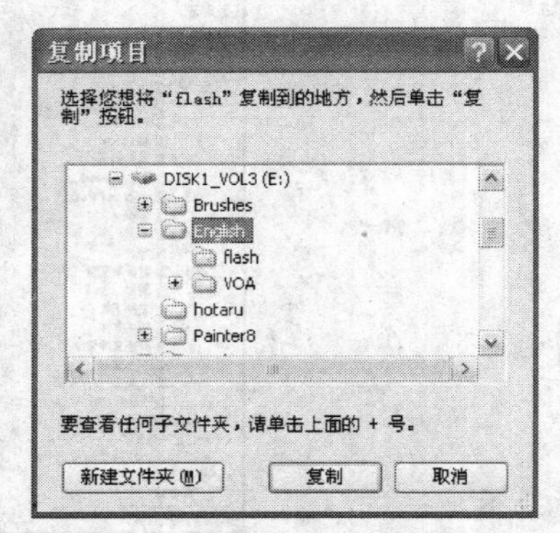

图 2-18 “复制项目”对话框

（2）移动文件或文件夹

移动文件或文件夹的步骤如下。

① 选择要移动的文件或文件夹。

② 选择“编辑”菜单中的“剪切”命令；或右击后，在弹出的快捷菜单中选择“剪切”命令；或按【Ctrl+X】键。

③ 定位到目标位置，选择“编辑”菜单中的“粘贴”命令；或右击后，在弹出的快捷菜单中选择“粘贴”命令；或按【Ctrl+V】键。

4．删除和恢复文件（夹）

删除文件（夹）的方法有以下几种。

（1）选择要删除的文件（夹），按【Delete】（Del）键。

（2）右击要删除的文件（夹），选择“删除”命令。

（3）选择要删除的文件（夹），选择“文件”菜单中的“删除”命令。

（4）在“我的电脑”或资源管理器中，单击浏览器栏中的“删除”这个文件（夹）按钮。

如果不小心误删除了文件(夹)，可以利用回收站进行补救，恢复删除的文件(夹)。在 Windows XP 中，系统在硬盘中专门开辟了一定的空间作为回收站使用。删除文件（夹）时，通常是将删除的文件（夹）放入到回收站。如果需要恢复此文件，还可以从回收站中将文件还原回去。但从软盘或网络驱动器删除的文件项目不受回收站保护，将直接被永久删除。

恢复文件（夹）时，单击资源管理器窗口中左窗格（文件夹树）的回收站图标，或双击桌面上的回收站图标。打开回收站窗口。选中要还原的文件或文件夹。单击“文件”菜单下的“还原”（或右击后在弹出的快捷菜单中选择“还原”命令），选中的文件（夹）就被恢复到原来的位置。

如果要真正删除一个文件（夹），可在回收站中选中一个或多个文件（夹），在右击弹出的快捷菜单中，选择“删除”命令（也可选择“文件”菜单中的“删除”命令）。

2.2.4　文件的搜索

在使用 Windows XP 的过程中，有时不知道某个文件或对象在什么地方，甚至不知道要查找的文件的全名。这时可利用 Windows XP 中提供的搜索功能来查找文件。Windows XP 中的搜索功能十分强大，不仅可以搜索文件和文件夹，还可搜索到网络上的某台计算机或某个用户名等。

1．打开搜索窗口

要进行搜索，必须打开搜索窗口。可用下面的方法打开搜索窗口。

（1）打开“我的电脑”或资源管理器窗口，在窗口的工具栏上单击“搜索”按钮搜索。

（2）在“我的电脑”或资源管理器中的某一文件夹上右击，在弹出的快捷菜单中选择“搜索”命令。

（3）单击“开始”按钮，在展开的菜单中选择“搜索”命令。

（4）按【⊞+F】键。

2．搜索文件或文件夹

如果仅仅知道文件（夹）名称的一部分，在“你要查找什么”中选择“所有文件和文件夹”选项将其输入到“全部或部分文件名”文本框中。在“文件中的一个字或词组”文本框中输入文件中出现的单词。然后在“在这里寻找”下拉列表框中选择磁盘，告诉计算机在此寻找。选择“我的电脑”，则搜索整个计算机，如图 2-19 所示。

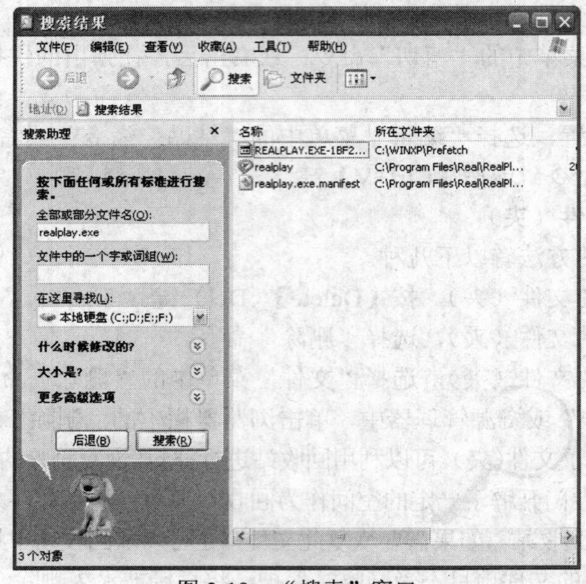

图 2-19 “搜索”窗口

用户还可以通过设置一些高级选项来缩小查找范围，如“什么时候修改？”、“大小是？”及“更多高级选项”。

检索出来的文件或文件夹显示在窗口的右窗格，双击其中的文件或文件夹可以打开这些文件（夹）。

3. 搜索计算机

只有在网络上工作的计算机才能搜索计算机，选择“开始”菜单中的“搜索”命令，在“你要查找什么”中选择“计算机或人”选项，然后选择“网络上的一个计算机”选项，最后在“计算机名”文本框中输入计算机的名称或计算机的 IP 地址即可。

如果不知道计算机名，只要单击“搜索”按钮，就会出现能够与本机连接的计算机列表。

2.3 Windows XP 的程序与任务管理

Windows XP 除了完成程序和硬件之间的通信、内存管理等基本功能外，还要为其他应用程序提供一个基础工作环境。几乎用户的所有工作都是通过各种应用程序完成的。

2.3.1 运行程序

除了从“开始”菜单的“所有程序”中启动应用程序外，还可用以下几种方法启动应用程序。

（1）双击桌面或文件夹中的应用程序图标。

（2）选择“开始”菜单中的“运行”命令，如图 2-20 所示。在“运行”对话框中，输入程序的路径名、

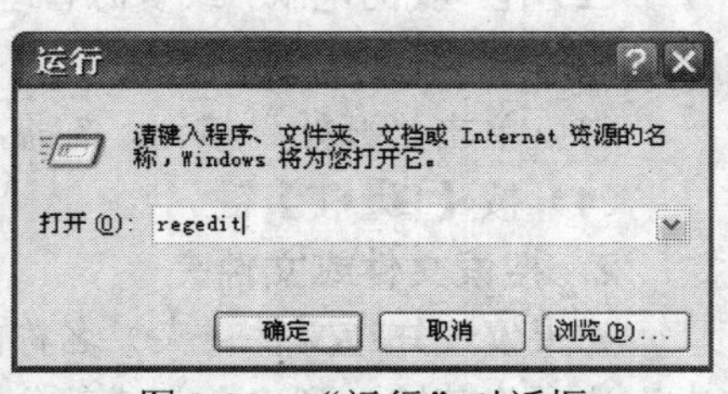

图 2-20 “运行”对话框

文件名，然后单击“确定”按钮。

（3）双击一个文档，可直接打开编辑该文档的应用程序和该文档。

（4）在任务管理器的“应用程序”选项卡中单击“新任务”按钮，在“创建新任务”对话框中输入程序名或单击“浏览”按钮查找应用程序。

2.3.2　关闭程序

关闭程序的操作方法如下。

（1）单击程序窗口的“关闭”按钮，或选择“文件”菜单中的“退出”命令。

（2）按【Alt+F4】组合键。

2.3.3　任务管理

Windows XP 中的任务管理器显示计算机上所运行的程序和进程的详细信息，并为用户提供有关计算机性能的信息，如 CPU 和内存使用情况等。如果计算机已联网，还可以使用任务管理器查看网络状态。这里介绍应用程序的管理功能，如结束一个程序或启动一个程序等功能。

1．启动任务管理器

启动任务管理器的操作方法是：同时按【Ctrl+Alt+Del】组合键，或右击任务栏上的空白区域，然后在弹出的快捷菜单中选择任务管理器命令，就会打开“Windows 任务管理器”窗口，如图 2-21 所示。

2．管理应用程序

在任务管理器窗口中，选择“应用程序”选项卡，用户可看到系统中已启动的应用程序及当前状态。在该窗口中，可以关闭正在运行的应用程序或切换到其他应用程序及启动新的应用程序。

（1）结束任务：选中一个任务后单击“结束任务”按钮，可关闭一个应用程序。如果一个程序停止响应，可用该方法来终止它。

（2）切换任务：单击选中一个任务，如选中图 2-21 中的“minidump”，单击“切换至”按钮，系统切换到显示“minidump”的资源管理器窗口。

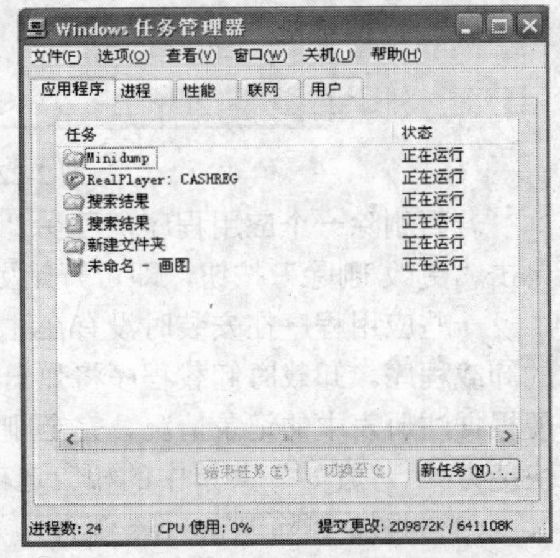

图 2-21　Windows 任务管理器

（3）启动新任务：单击“新任务”按钮（或选择“文件”菜单中的“新建任务”命令），打开“创建新任务”对话框。在“创建新任务”对话框的“打开”文本框处，输入要运行的程序，如 Realplay.exe，然后单击“确定”按钮，打开应用程序。

2.3.4　程序的安装与卸载

控制面板提供了一个添加和删除应用程序的工具“添加/删除程序”。该工具的优点是保持 Windows XP 对更新、删除和安装过程的控制，不会因为误操作而造成对系统的破坏。“添加/删除程序”可以帮助用户管理计算机上的程序和组件。

通过“添加/删除程序”，用户可以完成以下工作。

（1）添加新程序

通过“添加/删除程序”可以从光盘安装新的应用程序，或者从因特网上添加 Windows 的新功能、设备驱动程序和系统更新。

（2）更改或删除程序

打开控制面板窗口，双击“添加或删除程序”图标，打开如图 2-22 所示的“添加或删除程序”窗口，系统默认显示“更改或删除程序”的界面。

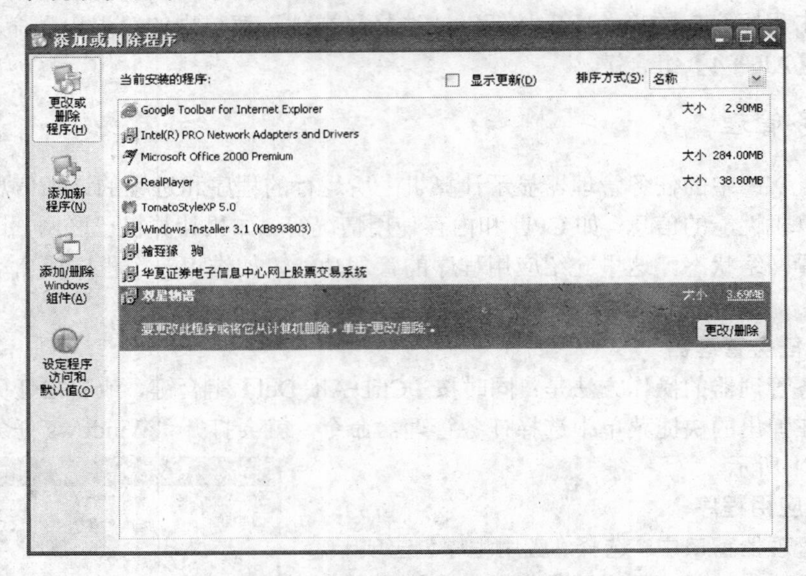

图 2-22 “添加或删除程序”窗口

若要删除一个应用程序，可在“当前安装的程序”列表框中选择要删除的程序名，然后单击“更改/删除”按钮，即可开始更改或删除这个程序。

一些应用程序在安装时没有在注册表中注册自带的安装和卸载程序，它将使用系统提供的卸载程序。卸载时卸载程序将弹出一个删除确认对话框，如果单击“是”按钮，卸载程序便根据注册表中的记录情况，完全删除应用程序在系统中的所有文件、文件夹、应用程序的快捷方式、“开始”菜单中的相应选项等。

（3）添加/删除 Windows 组件

Windows XP 为用户提供了丰富且功能齐全的组件，而在安装 Windows XP 的过程中，考虑到用户的需求和其他限制条件，往往没有把这些组件一次性全部安装。在使用过程中，用户可根据需要再安装某些组件。如果这些组件不再需要，则可以删除。单击“添加/删除 Windows 组件”按钮，系统将弹出一个安装 Windows 组件的向导，用户可按向导的提示进行安装或删除。

2.4 Windows XP 的系统管理

要使计算机处于一种良好的工作状态，需要经常对系统做一些管理工作，在执行某些管理任务时，可能需要以 Administrators 组成员身份登录。通过一个统一的桌面工具，即“计算机管理”帮助用户管理本地或远程计算机，它将多个 Windows 管理工具合并到一个控制台树中，使用户可以轻松地访问特定计算机的管理属性和工具。

2.4.1　用户管理

Windows XP 是一个多任务多用户的操作系统，但在某一时刻只能有一个用户使用计算机，也就是说一个单机可以在不同的时刻供多人使用。因此，不同的人可建不同的用户账户及密码。用户账户定义了用户可以在 Windows 中执行的操作。即用户账户确定了分配给每个用户的特权。Windows XP 有 3 种类型的用户账户：管理员账户、来宾（Guest）账户和受限账户。管理员可对计算机进行系统范围内的更改，可以安装程序并访问计算机上所有文件，拥有创建、更改和删除账户的权限。

受限账户可操作计算机，可以查看和修改自己创建的文件，查看共享文档文件夹中的文件，更改删除自己的密码，更改属于自己的图片、主题及桌面设置。但不能安装程序或对系统文件及设置作更改。

来宾账户为那些没有用户账户临时使用计算机的人所设置。

在 Windows XP 中的每一个文件都有一个所有者，即创建该文件的账户名，而其他人不能对不属于自己的文件进行非法操作。管理员可以看到所有用户的文件，受限用户和来宾则只能看到和修改自己创建的文件。

创建新用户的方法：在“控制面板”中选择“用户账号”图标，出现“用户账号”对话框。选择“创建一个新账户”选项，然后输入账户名，指定账户的类型为受限账户或计算机管理员。账户建立后在“用户账号”对话框中双击该账户名（图标）即可对账户的信息（如密码等）进行设置和更改操作。

在 Windows XP 中，所有用户账户可以在不关机的状态下随时登录。用户也可以同时在一台计算机上打开多个账户，并在打开的账户之间进行快速切换。注销和切换账户的方法：选择“开始”菜单中的“注销”命令，在打开的“注销 Windows”对话框中单击“切换用户”按钮可切换账户。

2.4.2　设备管理

在使用计算机时，经常要给计算机增加新设备（如打印机、网卡等），或要重装操作系统，这些都涉及硬件设备的安装。硬件设备一般都带有自己的驱动程序，硬件设备的驱动程序在操作系统与该设备之间建立起一种链接关系，使操作系统能指挥硬件设备完成指定任务。在安装“即插即用”设备时，Windows 会自动配置该设备，它能和计算机上安装的其他设备一起正常工作。

在安装非“即插即用”设备时，设备的资源设置不是自动配置的。通常操作系统自带了多数厂家的各种常用硬件设备的驱动程序。在安装系统时，安装程序会自动找到并安装这些设备的驱动程序。如果系统找不到相应的驱动程序，用户就要根据所安装设备的类型，手动配置这些设置及相应的驱动程序。

一般的硬件设备附带的光盘及手册都提供了该设备的驱动程序及如何进行配置安装操作的指导说明。用户只需将光盘插入驱动器，就启动了驱动程序的安装向导，然后按提示顺序执行即可完成安装。

也可以利用“控制面板”的“添加硬件”工具来完成硬件驱动程序的安装。

选择“控制面板”的“添加硬件”后，出现“添加硬件向导”对话框，系统自动搜索最近连接到计算机但未安装的硬件，或没有正确安装驱动程序的硬件。检测结束后，可以在“已安装的硬件”列表框中选择“添加新的硬件设备”选项，如图 2-23 所示，单击“下一步”按钮，选择“安装我手动从列表选择的硬件”单选按钮，然后再单击“下一步”按钮，在“常见硬件类型”列表框中选择要安装的硬件类型（如图 2-24 所示），选择安装磁盘的盘号，系统自动找到驱动程序并安装。

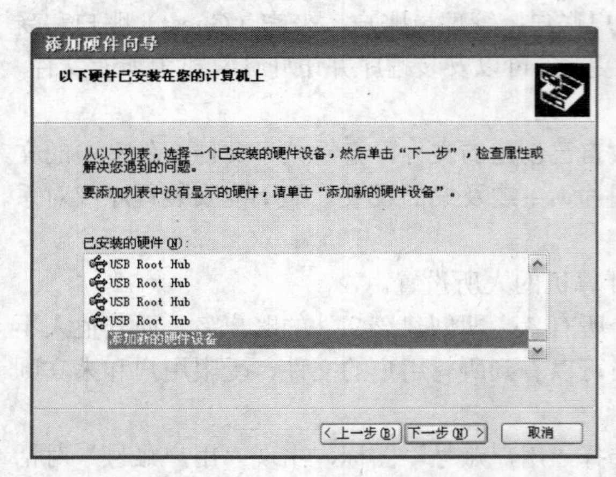

图 2-23 “添加硬件向导”添加一个硬件设备

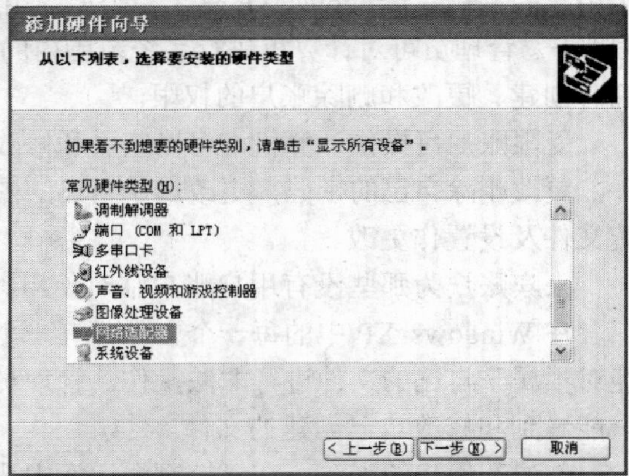

图 2-24 “常用硬件类型”列表框

2.4.3 磁盘管理

在使用磁盘的过程中，用户经常要创建和删除文件及文件夹、安装新软件或从 Internet 下载文件。经过一段时间后，磁盘上就会形成一些物理位置不连续的文件，这就形成了磁盘碎片。通常情况下，计算机存储文件时会将文件存放在足够大的第一个连续可用的存储空间上。如果没有足够大的可用空间，计算机会将尽可能多的文件数据保存在最大的可用空间上，然后将剩余数据保存在下一个可用空间上。用户在使用的过程中，需要对磁盘进行必要的管理。

1．查看磁盘的属性

如果要了解磁盘的有关信息，可查看磁盘的属性。磁盘的属性包括磁盘的类型、文件系统类型、卷标、容量大小、已用和可用的空间、共享设置等。

查看磁盘属性的操作方法如下。

（1）打开“我的电脑”或资源管理器窗口，选择要查看属性的磁盘符号（如 D:）。

（2）选择“文件”菜单中的“属性”命令（或右击，在弹出的快捷菜单中选择“属性”命令），打开“磁盘属性”对话框。

在“磁盘属性”对话框中，用户可以详细地查看该磁盘的使用信息，如该磁盘的已用空间、可用空间以及文件系统的类型，还可进行一些设置，如更改卷标名、设置磁盘共享等。

2．磁盘清理

在计算机使用过程中，由于各种原因，系统将会产生许多垃圾文件，如系统使用的临时文件、回收站中已删除文件、Internet 缓存文件以及一些可删除的不再需要的文件等。随着时间的推移，这些垃圾文件越来越多，它们占据了大量的磁盘空间并影响计算机的运行速度，因此必须定期清除。磁盘清理程序就是系统为清理垃圾文件而提供的一个实用程序。

磁盘清理程序的操作步骤如下。

（1）打开“开始”菜单，依次选择“所有程序”→“附件”→“系统工具”命令，最后选择“磁盘清理”命令，打开“选择驱动器”对话框，如图 2-25 所示。

（2）在“驱动器”下拉列表框，选择一个要清理的驱动器符号（如 C:），单击“确定”按钮，打开“磁盘清理”对话框，如图 2-26 所示。

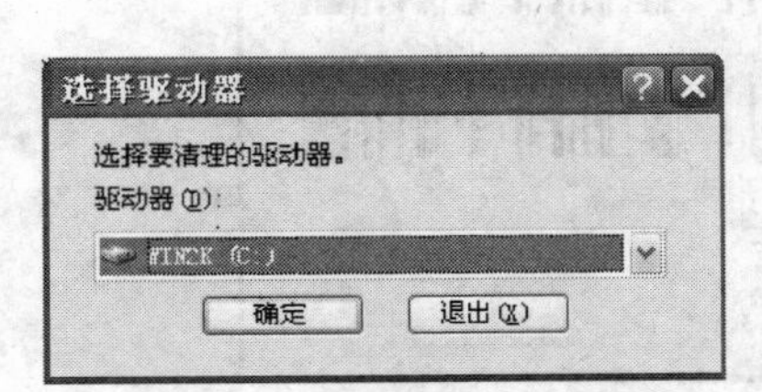

图 2-25　“选择驱动器”对话框

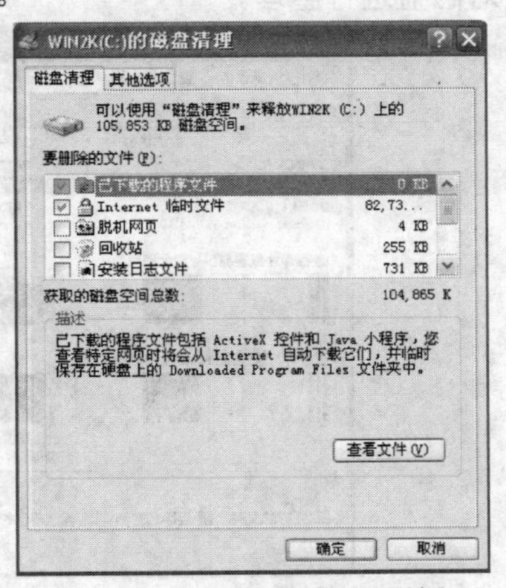

图 2-26　“磁盘清理”对话框

（3）在“磁盘清理”对话框中，选择要清理的文件（夹）。单击“查看文件”按钮，用户可以查看文件的详细信息。

（4）单击“确定”按钮，打开“磁盘清理”确认对话框，单击“确定”按钮，系统开始清理并删除不需要的垃圾文件（夹）。

用户也可右击磁盘盘符，选择“属性”命令。在“属性”对话框中，选择“常规”选项卡，单击“磁盘清理”按钮，同样出现“磁盘清理”对话框。然后单击“确定”按钮，完成磁盘清理操作。

3. 磁盘碎片整理

当磁盘中的大部分空间都被用作存储文件和文件夹后，有些新文件则被存储在磁盘的碎片中。删除文件后，在存储新文件时剩余的空间将随机填充。磁盘中的碎片越多，计算机的文件输入/输出系统性能就越低。

磁盘碎片整理程序可以分析磁盘、合并碎片文件和文件夹，以便每个文件或文件夹都可以占用单独而连续的磁盘空间，并将最常用的程序移到访问时间最短的磁盘位置。这样系统就可以更有效地访问文件和文件夹，以及更有效地保存新的文件和文件夹。以便提高程序运行、文件打开和读取的速度。

使用磁盘碎片整理程序的方法有下列几种。

（1）打开“开始”菜单，依次选择“所有程序”→“附件”→“系统工具”命令，最后选择“磁盘碎片整理程序”命令。

（2）单击“开始”按钮，将指针指向“我的电脑”并右击，在弹出的快捷菜单中选择“管理”命令。在“计算机管理”窗口中，单击“磁盘碎片整理程序”选项。

（3）打开“我的电脑”或资源管理器窗口，在该窗口中找到要进行碎片整理的磁盘（如 D:）。选择“属性”命令，打开“属性”窗口，在“工具”选项卡中单击“开始整理”按钮。

使用前两种方法，打开如图 2-27 所示的“磁盘碎片整理程序”窗口。选中要分析或整理的磁盘，如选择 D 盘，单击“碎片整理”按钮，系统开始整理磁盘。磁盘碎片整理的时间比较长，在整理磁盘前一般要先进行分析以确定磁盘是否需要进行整理。单击“分析”按钮，系统开始对当前磁盘的分析，分析完成后出现磁盘分析对话框，用户可以看到分析结果，并决定是否对磁盘进行整理。

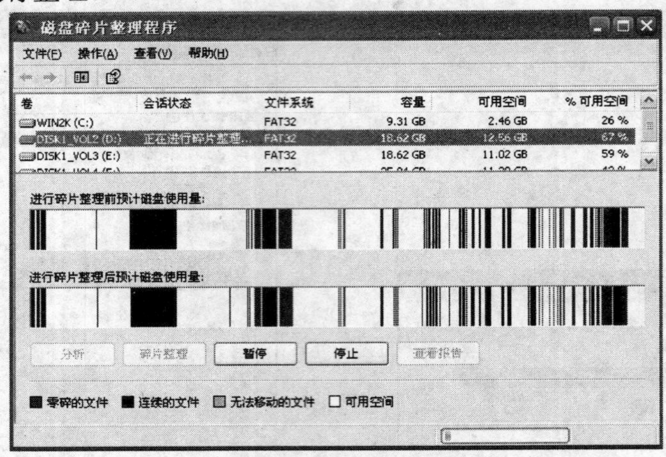

图 2-27 “磁盘碎片整理程序”窗口

2.4.4 系统注册表

注册表中包含了有关计算机如何运行的信息。注册表数据库包含了应用程序和计算机系统的配置、Windows XP 系统和应用程序的初始化信息、应用程序和文档文件的关联关系、硬件设备的说明状态和属性、计算机性能记录和底层的系统状态信息以及其他数据等。在系统启动时，系统从注册表中读取各种设备的驱动程序及其加载顺序信息，而设备驱动程序从注册表中获得配置参数，同时系统还要收集动态的硬件配置信息并保存在注册表中。

注册表编辑器是用来查看和更改系统注册表设置的高级工具，Windows 将它的配置信息存储在以树状组织的数据库（注册表）中。注册表的路径用来说明某个键值在注册表中的位置。它与文件系统中的文件路径类似，一个完整的路径是从根键开始的。注册表编辑器的定位区域显示文件夹，每个文件夹表示本地计算机上的一个预定义的项。访问远程计算机的注册表时，只出现两个预定义项：HKEY_USERS 和 HKEY_LOCAL_MACHINE。

注册表的根键如表 2-2 所示。

表 2-2 注册表的根键

文件夹/预定义项	说　明
HKEY_CURRENT_USER	包含当前登录用户的配置信息的根目录。用户文件夹、屏幕颜色和“控制面板”设置存储在此处。该信息被称为用户配置文件
HKEY_USERS	包含计算机上所有用户的配置文件的根目录。HKEY_CURRENT_ USER 是 HKEY_USERS 的子项
HKEY_LOCAL_MACHINE	包含针对该计算机（对于任何用户）的配置信息
HKEY_CLASSES_ROOT	是 HKEY_LOCAL_MACHINE\Software 的子项。此处存储的信息可以确保当使用 Windows 资源管理器打开文件时，将打开正确的程序
HKEY_CURRENT_CONFIG	包含本地计算机在系统启动时所用的硬件配置文件信息

选择“开始”菜单中的“运行”命令，在“运行”对话框中输入“regedit”，然后单击“确定”按钮即可打开“注册表编辑器”窗口，如图 2-28 所示。图中文件夹表示注册表中的根键（项），并显示在注册表编辑器窗口左侧的定位区域中。在右侧的主题区域中，则显示项中的键值项（值项）。这些值从默认值开始，按字母顺序排列，当前所选键名称显示在状态栏上，双击键值项（值项）时，将打开编辑对话框。

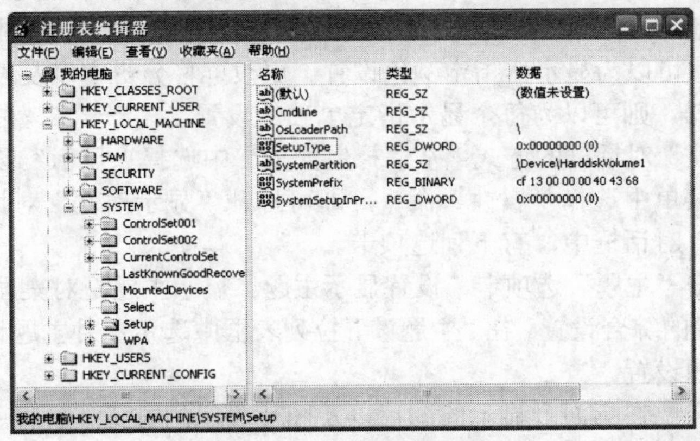

图 2-28　注册表编辑器

在对注册表中的值进行编辑时要注意，系统对用户的修改即时生效，而不会给任何提示，因此特别要小心。一般高级用户能够编辑和还原注册表，高级用户可以安全地使用注册表编辑器清除重复项或删除已被卸载或删除的程序项。

尽管可以用注册表编辑器查看和修改注册表，但是要注意不要轻易地更改注册表，因为编辑注册表不当可能会严重损坏系统，导致系统彻底瘫痪，不得不重装系统。如果一定要修改，在更改注册表之前，应备份计算机上任何有价值的数据和备份注册表。

备份注册表的操作步骤如下。

（1）选择“开始”菜单中的“运行”命令，输入“regedit”命令，按“确定”按钮打开注册表编辑器。

（2）选择“文件”菜单中的“导出”命令，打开“导出注册表文件”对话框。

（3）在对话框中选择注册表备份存放的磁盘路径，输入注册表备份文件的名称，单击“保存”按钮，即可完成注册表的备份操作。

恢复注册表时，打开注册表编辑器，选择“文件”菜单中的“导入”命令，然后找到原来保存的注册表文件进行恢复即可。

2.5　Windows XP 的环境设置

在 Windows 中，用户可以根据自己的工作习惯和个人喜好自定义计算机的工作环境，如更改屏幕的显示外观，鼠标和键盘的操作习惯，改变 Windows 颜色方案，或设置用鼠标打开文件的方式是单击而不是双击。除此而外，还可以从桌面和“开始”菜单中添加及删除项目。将快捷方式放在桌面上或在“开始”菜单中，以便对经常使用的文件和程序进行快速访问。

Windows XP 将明亮鲜艳的新外观与简单易用的设计结合在一起。桌面和任务栏更加简洁。“开始”菜单使用户更容易访问程序，并且可以显示谁已登录。可以自动地将使用最频繁的程序添加到菜单顶层。Windows XP 还为用户提供了有更多的选项来自定义桌面环境。

2.5.1 显示属性设置

显示属性设置工具用于改善用户界面的总体外观，如桌面主题、自定义桌面、修改各种显示设置等。主题决定了背景、屏幕保护程序、窗口字体、在窗口和对话框中的颜色和三维效果、图标和鼠标指针的外观和声音。用户也可以更改各个元素来自定义主题。

用户可以用其他方式来自定义桌面，例如，将 Web 内容添加到背景中，或者选择想要显示在桌面上的图标。可以为显示器指定颜色设置、更改屏幕分辨率以及设置刷新频率。如果同时使用多个显示器，则可以为每个显示指定单独的设置。

打开“显示属性”对话框的方式：从“控制面板”中选择“显示”图标，或在桌面上右击，在弹出的快捷菜单中选择“属性”命令，即可打开“显示属性”对话框。

在“显示属性”对话框中，有下列选项卡。

（1）主题。单击“主题”选项卡，设置显示主题。显示主题是对桌面的背景、声音、鼠标形状、窗口格式等的综合设置。在“主题”下拉列表框中选定一种主题设置，然后单击“确定”按钮，完成主题设置。

（2）桌面。指定要在桌面上显示的图片以及图片显示的方式（拉伸、居中或平铺），也可以更改背景的颜色。

用户可以使用个人图片作为背景。所有位于“图片收藏”文件夹中的个人图片都在“背景”列表框中按照名称列出。用户也可以将网站上的图片保存为背景。右击该图片，然后单击“设置为背景”命令即可。

自定义桌面：在“桌面”选项卡中单击“自定义桌面”按钮，打开“桌面项目”对话框，如图 2-29 所示。这时，可设置桌面上出现哪些图标，并可修改图标的样式，单击“确定”按钮，设置完成。

（3）屏幕保护程序。选择了屏幕保护程序后，如果计算机空闲了一定的时间（在“等待”微调框中指定的时间），屏幕保护程序就会自动启动。要结束屏幕保护程序，移动一下鼠标或按任意键即可。“屏幕保护程序”选项卡如图 2-30 所示。要查看特定屏幕保护程序的设置选项，单击“屏幕保护程序”选项卡中的“设置”按钮。单击“预览”按钮查看所选屏幕保护程序在监视器上的显示方式。移动鼠标或按任意键结束预览。单击“电源”按钮，可调整监视器的电源设置以节能。

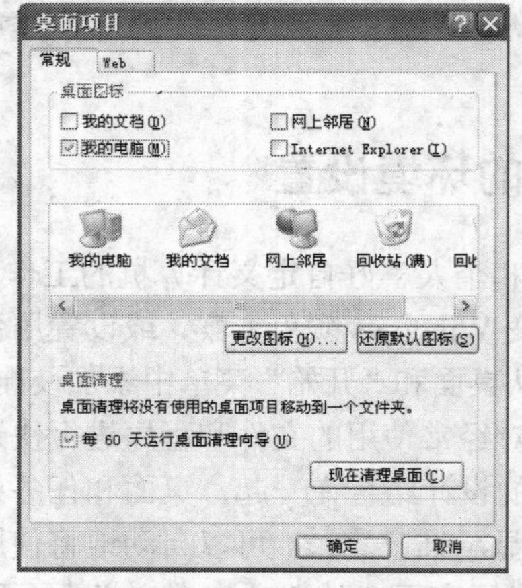

图 2-29 “桌面项目”对话框

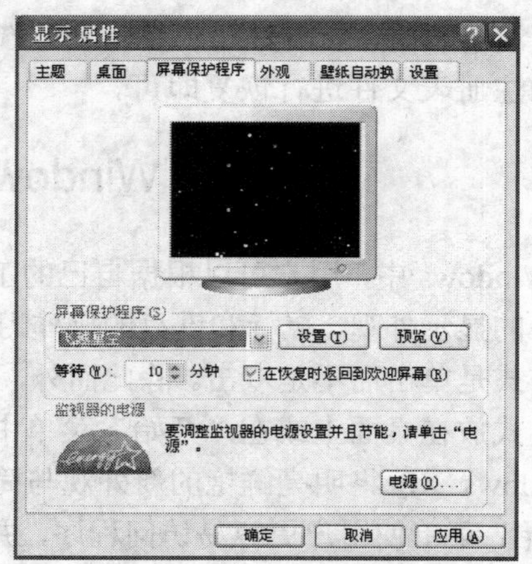

图 2-30 “屏幕保护程序”选项卡

（4）外观。用于设置桌面上各种元素的外观。该选项能够增大窗口标题、图标标签和菜单的字体。字体大小选项基于当前主题、视觉样式和配色方案。而对于某些主题、样式或方案，用户可能只有一种字体大小可以选择。

（5）壁纸自动换。用户可用于在桌面上设置轮流显示某个文件夹下的图片。

（6）设置。在“设置”选项卡中，用户可设置显示器的分辨率和颜色。屏幕分辨率决定了显示器显示的信息量。设置较低的分辨率（如 800×600），屏幕内容显示的信息量相对较少，但内容本身（文本、照片等等）显示较大。高分辨率设置可以显示更多的信息，但屏幕项目却显示为较小。在“屏幕分辨率”选项区域中拖动滑块，可设定屏幕的分辨率，滑块的下方显示设定的分辨率。

2.5.2 日期和时间设置

用户可以双击任务栏上的时钟打开“日期和时间属性”对话框。或者双击打开“控制面板”窗口，选择“日期和时间”图标同样可以打开“日期和时间属性”对话框。“日期和时间属性”对话框如图 2-31 所示。通过它用户可以做如下操作。

（1）在“日期”选项区域中更改系统的日期：从月份下拉列表框中选取正确的月份；通过年份文本框后面的微调按钮调整年份，也可直接在文本框中输入年份值；在日历框中找到当前日期值，然后单击它。

（2）在“时间”选项区域中更改系统的时间：单击时间文本框中的时、分或秒数值，然后通过微调按钮改变相应的数值，或者单击时间微调框中的某处数字，再直接输入相应的数值即可。

图 2-31 “日期和时间属性”对话框

（3）单击“时区”选项卡，可以修改时区值。

（4）单击“Internet 时间”选项卡，可以设置计算机与某台 Internet 时间服务器同步。

2.5.3 “开始”菜单和任务栏设置

在 Windows XP 中，“开始”菜单是系统维护和管理的中心。为帮助用户更好地使用“开始”菜单，系统允许用户根据自己的需要自定义“开始”菜单和任务栏，例如用户不喜欢 Windows XP 的“开始”菜单，可以切换主题、自定义主题或恢复到 Windows 经典外观。

1. 设置“开始”菜单

设置“开始”菜单的操作步骤如下。

（1）打开“控制面板”窗口双击“任务栏和「开始」菜单”图标，即打开“任务栏和「开始」菜单属性”对话框，或右击任务栏的空白处，在弹出的快捷菜单中选择“属性”命令。

（2）在“任务栏和「开始」菜单属性”对话框中单击“「开始」菜单”选项卡，如图 2-32 所示。在该选项卡中，用户可以将当前所使用的“开始”菜单设置为标准的 Windows XP 类型的“开始”菜单或经典“开始”菜单。

（3）单击“自定义”按钮，打开“自定义「开始」菜单”对话框，如图 2-33 所示。系统默认打开的是“常规”选项卡。

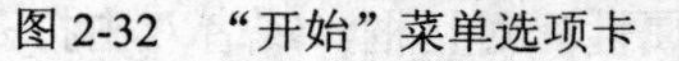

图 2-32 “开始”菜单选项卡

图 2-33 “自定义「开始」菜单”对话框

（4）在“为程序选择一个图标大小”选项区域中，选择“小图标”单选按钮，则可以在“开始”菜单中以较小的图标显示各程序项。

（5）在“程序”选项区域中，可以指定在“开始”菜单中显示用户常用的快捷方式程序的个数，系统默认为6个。单击其中的“清除列表”按钮，可以清除开始菜单中所有的快捷方式。

（6）在“在「开始」菜单上显示”选项区域中，可以分别在“Internet”和“电子邮件”下拉列表框中指定所使用的程序。

（7）在“高级”选项卡中，用户可以指定当前“开始”菜单中显示的内容。

2. “任务栏”的设置管理

打开“控制面板”窗口，双击“任务栏和「开始」菜单”图标，打开“任务栏和「开始」菜单属性”对话框，也可以右击任务栏的空白处，选择快捷菜单中的“属性”命令。

在“任务栏”选项卡的“任务栏外观”选项区域中，用户可做以下选择。

（1）隐藏任务栏：有时需要将任务栏进行隐藏，以使桌面显示更多的信息。若要隐藏任务栏，选中“自动隐藏任务栏”复选框。

（2）移动任务栏：如果用户希望将任务栏移动到其他位置，则需取消选中“锁定任务栏”复选框，以解除锁定，然后再将鼠标指向任务栏空白处，按住鼠标拖动。

（3）改变任务栏的大小：若要改变任务栏的大小，可将鼠标移动到任务栏的边上，当鼠标指针变为双箭头形状时，按下并拖动鼠标至合适的位置。

（4）添加工具栏：在任务栏中，除了“快速启动”工具栏外，系统还为用户定义了3个工具栏：地址、链接和桌面工具栏。如果希望在任务栏中显示，可右击任务栏的空白处，打开任务栏的快捷菜单，然后选择“工具栏”菜单项，在展开的“工具栏”子菜单中选择相应的选项，如图2-34所示。

（5）创建工具栏：在 Windows XP 中，用户可以在任务栏内定义个人的工具栏。要在任务栏内创建工具栏，可在任务栏的快捷菜单中，单击“工具栏”→“新建工具栏”命令，打开如图2-35所示的对话框。在列表框中选择用于新建工具栏的文件夹，也可以在文本框中输入 Internet 地址，选择好后，单击“确定”按钮，即可在任务栏上创建个人的工具栏。

创建新的工具栏之后，再打开任务栏的快捷菜单，在“工具栏”菜单可以发现新建工具栏名称，且名称前有标记“√”。

图 2-34　任务栏的快捷菜单

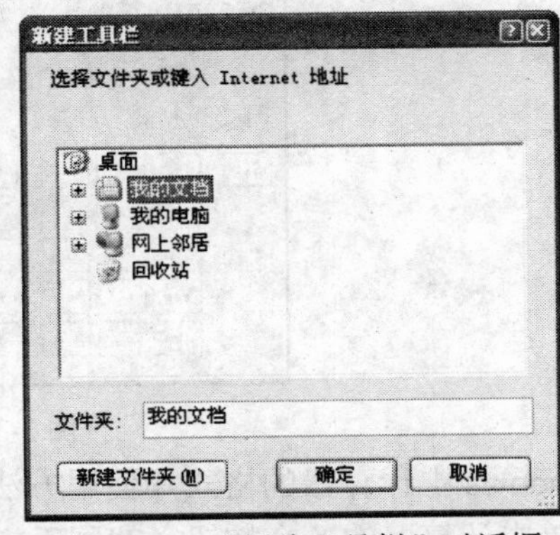

图 2-35　“新建工具栏”对话框

2.6　Windows XP 的实用工具

Windows XP 提供了大量实用工具，其中包括两个字处理程序：记事本和写字板。

2.6.1　记事本

记事本是一个纯文本编辑器，它可用于编辑简单的文档或创建网页，但不能设置字体的大小、类型、行距和字间距等格式。要创建和编辑带格式的文件，可以使用写字板。记事本是一种基本的文本编辑器，通常用来查看或编辑文本文件。例如，自动批处理文件 Autoexe.bat、系统配置文件 Config.sys 和 Windows 软件中提供的 Readme.txt 文件。如果要和使用其他操作系统（例如 Macintosh 或 UNIX）的用户共享文档，则纯文本文件非常重要。

2.6.2　写字板

写字板是 Windows XP 系统在“附件”中提供的另一个文本编辑器，使用写字板可以创建比较复杂的文档，可创建和编辑带格式的文件，可以提供字处理器的大部分功能。如更改整个文档或文档中某个字的字体。在写字板中可以在文本中插入项目符号，或者将段落左对齐或右对齐。

2.6.3　计算器

使用计算器可以完成任意手持计算器可以完成的标准运算。计算器可用于基本的算术运算。同时它还具有科学计算器的功能，比如对数运算和阶乘运算等。用户在运行其他 Windows 应用程序过程中，如需要进行相关运算，可以随时调用计算器。若要把计算结果直接调到相关的应用程序中，在“计算器”窗口中选择“编辑”菜单中的“复制”命令，然后转到目标应用程序窗口，将插入点移到准备插入计算结果的位置，选择“编辑”菜单中的“粘贴”命令。

打开“开始”菜单，选择“所有程序”|“附件”|“计算器”命令，打开“计算器”窗口。选择“查看”菜单中的“科学型”命令，则呈现科学型的计算器窗口，用户可以进行如统计、对数、阶乘等运算，如图 2-36 所示。

图 2-36 科学型计算器

Windows 中计算器的格式和使用方法与一般计算器基本相同。例如，在标准型计算器中，用鼠标单击计算器的各个按钮，就同手指在一般计算器上按键操作相同。用户也可使用小键盘进行输入。

2.6.4 画图

在 Windows XP 中，系统提供了一个位图绘制程序，称为画图或画板。用户可以用它创建简单而精美的图画。这些图画可以是黑白或彩色的，并可以存为位图文件。利有画图还可以查看和编辑扫描好的照片，可以创建商业图形、公司标志、示意图以及其他类型的图形等，可以处理其他格式的图片，例如 JPG、GIF 或 BMP 格式的文件。用户可以将“画图”中的图片粘贴到其他已有文档中，也可以将其用作桌面背景。

1. 画图的启动

打开“开始”菜单，依次选择“所有程序”|“附件”|“画图”命令，打开如图 2-37 所示的“画图”窗口。用户也可在资源管理器中，找到一个位图文件，双击该文件，也可打开“画图”窗口。

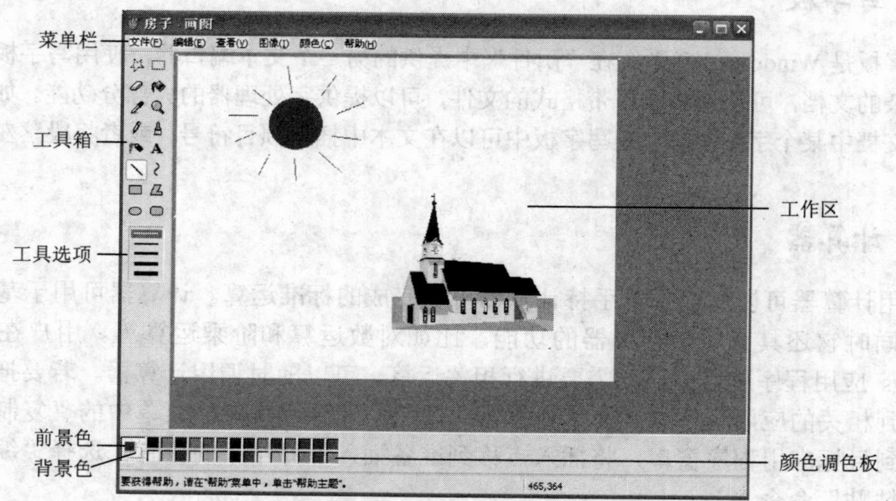

图 2-37 “画图”窗口

2. 新建一个图片文件

进入“画图”窗口后，用户即开始创建一个新的位图文件。如果要再新建一个文件，可选择“文件”菜单中的“新建”命令。在新建一个位图文件时，如果画图有未保存过的内容，则系统将提示位图文件是否保存。如果要对一个旧位图文件进行编辑，可选择“文件”菜单中的“打开”命令。

3．画图工作区窗口

画图主窗口中有一白色区域，称为画布。将鼠标移动到右、下或右下角处，指针变为“↔”、“↕”或“↘”形状，按住鼠标左键不放，拖动即可改变画布的大小。当画布大小确定后，用户可用画图工具画图。使用“图像”中的“属性”命令，也可调整画布尺寸。

4．调色板

在“画图”窗口底部有一组颜色栅格称为调色板。单击某一颜色栅格，该颜色就会出现在调色板左边的颜色选择框的框内，那么该颜色为前景色；右击某种颜色，这种颜色称为背景色，出现在背景色框中。

5．画图工具框

在打开的画图窗口左侧，有两列称为画图工具框的图形列表。工具框中提供了 16 种用来在画布上绘制各种图形及对图形作各种处理的工具。单击其中的某一图形，即选中该工具，然后指向画布，用户就可通过单击或拖动鼠标来绘制出相应的图形。

2.7　Windows XP 的联机帮助

在 Windows XP 中，系统也为用户提供了一个帮助学习使用 Windows XP 的完整资源，它包括各种实践建议、教程和演示。用户可使用搜索特性、索引或目录查看所有 Windows 的帮助资源，甚至包括 Internet 上的资源。Windows XP 中的帮助系统以 Web 页面风格显示帮助内容，具有一致性的帮助系统的风格、组织和术语，拥有更少的层次结构和更大规模的全面索引，对于每一个问题还增加了“相关主题”的链接查询等功能。

1．打开帮助和支持中心

选择“开始”菜单中的“帮助和支持”命令（或按下【F1】键），即可打开“帮助和支持中心”窗口，如图 2-38 所示。另外，在 Windows XP 的很多窗口，如资源管理器、网上邻居等的“帮助”菜单下，选择“帮助和支持中心”命令，都可以打开该窗口。

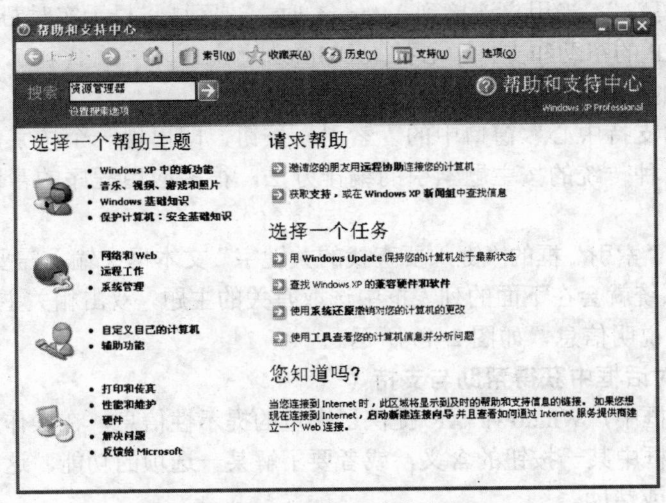

图 2-38　帮助和支持中心

“帮助和支持中心”窗口主要由以下部分组成。

（1）“搜索”文本框：在“搜索”文本框中输入要搜索的字词，如网上邻居，然后单击“开始搜索”按钮，搜索完毕后，在出现的相关内容处单击，出现如图2-39所示的结果画面。

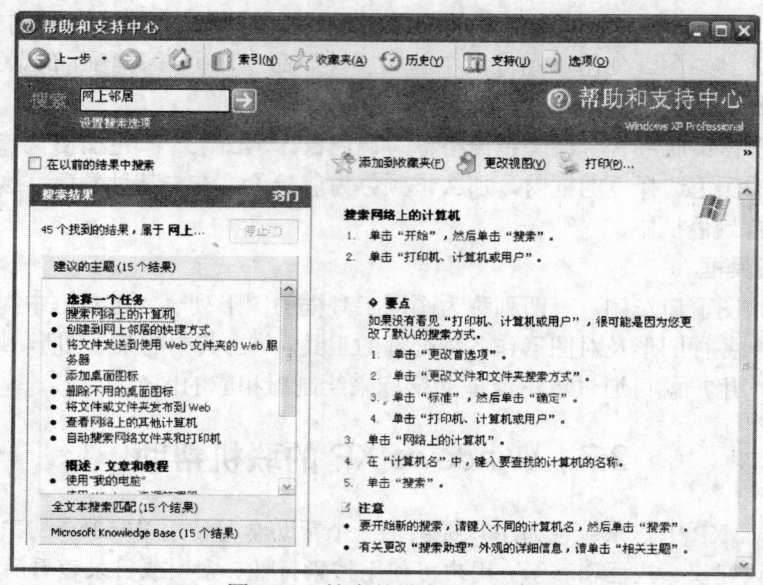

图2-39 搜索关键字词的结果

（2）“选择一个帮助主题”：该方式采用Web浏览方式为用户全面介绍Windows XP的功能特点。

（3）“请求帮助”：在联网的情况下，Windows XP允许用户使用远程协助功能获得朋友或者计算机专家的在线指导，实时地解决操作中遇到的问题。

（4）“选择一个任务”：Windows XP允许用户边操作边获得即时的帮助，引导用户一步一步地完成各种任务。

（5）“您知道吗？”：当用户连接到Internet时，该区域将显示实时帮助和支持信息的链接，把Windows XP的帮助和支持中心扩大到Internet上。

2．索引形式的联机帮助

单击“帮助和支持中心”窗口中的“索引”按钮，即出现一个按字母顺序列出的主题条目列表，这是一种传统的按主题索引的编排方法，很多应用程序的帮助系统大多采用了该方式。

在窗口左边的“索引”框的“键入要查找的关键字”文本框中输入需要帮助的问题主题，如“网上邻居”，系统就会在下面的列表框中选取有关的主题，双击相关主题，窗口右边则会进入该帮助主题的说明信息，如图2-40所示。

3．在窗口或对话框中获得帮助与支持

在窗口或对话框中，Windows XP提供了大量的提示性信息，在操作过程中，用户可能不明白窗口或对话框中某一按钮的含义，或者要了解某一选项的功能，这时只需进行简单的操作就可获得提示或帮助。

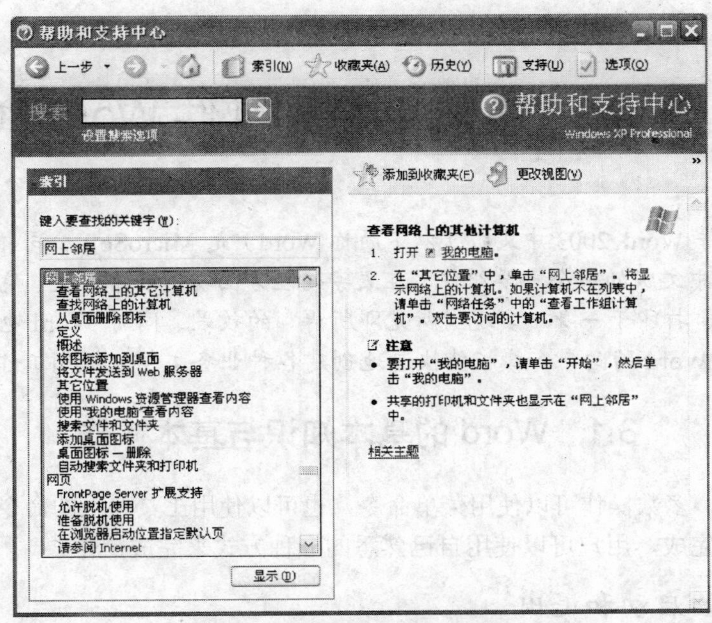

图 2-40　索引形式的联机帮助

（1）显示提示性帮助信息：将鼠标指向某一对象，稍等一会，系统就会显示出该对象的简单说明。

（2）用问号标记获得帮助信息：在 Windows XP 中几乎每一个对话框窗口右上角都有一个“帮助”按钮?。单击该按钮后，鼠标箭头变为?，此时单击对话框中需要获得帮助的具体项目，就会弹出一个提示框，其中的内容就是关于该项目的介绍。

（3）右击获得帮助：在对话框中，将鼠标指向要获得帮助的具体项目，右击，弹出一个“这是什么？”命令，单击它系统将弹出与该项目有关的提示信息。

思考题二

1. 文件的概念是什么？如何定义文件名和文件扩展名？
2. 文件夹的概念是什么？文件在 Windows XP 中是以什么形式组织的？
3. 为什么要使用“控制面板”的“添加/删除程序”工具来安装和卸载应用程序？
4. 对磁盘可以进行哪些管理操作？这些管理工具各有什么作用？
5. 在 Windows XP 中，应用程序之间交换数据有些什么形式及每种形式的特点？
6. 简述 Windows XP 注册表的功能。如何备份注册表？

第3章 文字处理软件 Word 2003

文字处理软件 Word 2003 中文版（以下简称 Word）是 MicroSoft 公司推出的办公自动化套件 Office 2003 中文版的一个重要组件，在文字处理方面功能非常强大。它集文字输入、显示、编辑、排版、打印于一身，实现“所见即所得”的效果。同时 Word 也拥有强大的网络功能。用户利用 Word 的向导和模板能快速地创建各种业务文档，提高工作效率。

3.1 Word 的基本知识与基本操作

在 Word 中，多数操作可以使用菜单命令，也可以使用工具栏上的命令按钮，还可以使用快捷键命令来完成，用户可以使用自己熟悉的一种方式来完成操作。

3.1.1 Word 的启动和退出

1. Word 的启动

（1）从“开始”菜单中启动 Word

打开“开始”菜单，选择“所有程序”|“Microsoft Office”|“Microsoft Word 2003”命令，即可启动 Word。

（2）快捷方式启动 Word

如果桌面上已有 Word 的快捷图标，可以使用快捷方式启动 Word，双击桌面上的 Word 快捷方式图标启动 Word。

启动 Word 以后，系统自动打开“文档 1”空白文档，如图 3-1 所示。

2. Word 的退出

退出 Word，返回到 Windows 系统下，可采用以下任何一种方法。

（1）单击 Word 应用程序窗口标题栏右上角的“关闭”按钮。

（2）选择“文件”菜单中的“退出”命令。

（3）按【Alt+F4】组合键。

3.1.2 Word 窗口的组成与操作

Word 的窗口主要由标题栏、菜单栏、工具栏、标尺、文档编辑区、滚动条、状态栏和任务窗格等组成，如图 3-1 所示。

（1）标题栏

标题栏显示应用程序名称和当前文档的文件名，用户利用标题栏可以对当前窗口进行关闭、缩放、移动等操作。

（2）菜单栏

菜单栏包括文件、编辑、视图、插入、格式、工具、表格、窗口和帮助 9 个下拉菜单。单击某个下拉菜单内的“菜单项”图标，将展开该下拉菜单中的全部菜单项。

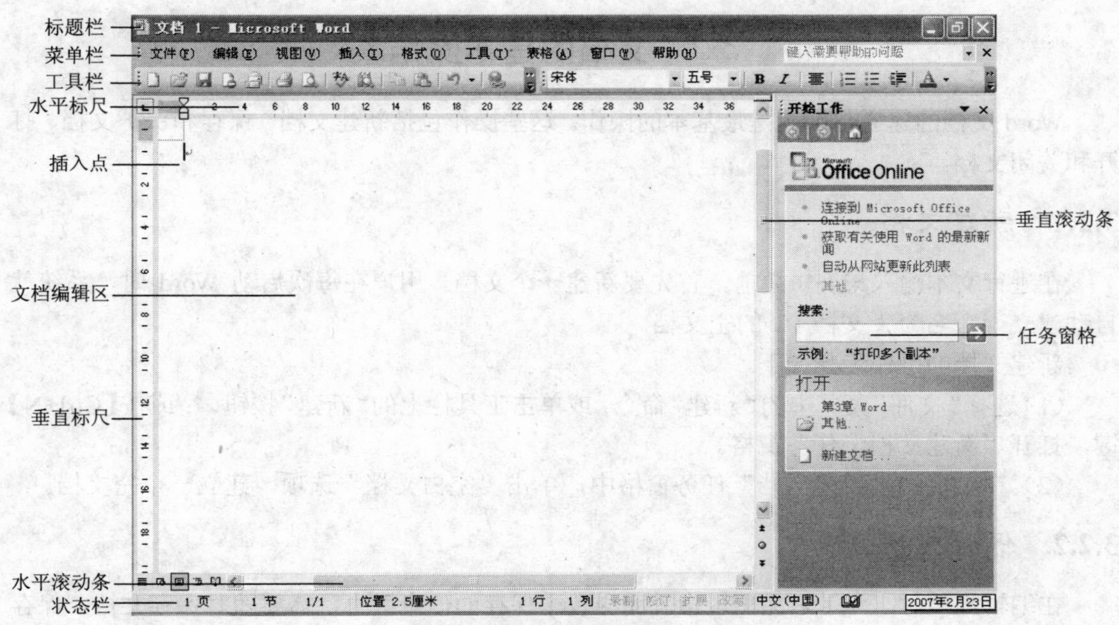

图 3-1　Word 界面组成

（3）工具栏

工具栏以按钮的形式集合了一些 Word 常用的命令按钮。Word 默认情况下只显示“常用”工具栏和“格式”工具栏。“常用”工具栏中包括一些有关文档的常用命令按钮，“格式”工具栏中包括一些与文本和段落修饰排版有关的命令按钮。工具栏的主要控制操作如下。

① 选择“视图”菜单中的“工具栏”命令，在出现的子菜单中，可以显示或隐藏工具栏。

② 右击工具栏的任意区域，在弹出的快捷菜单中，可显示或隐藏工具栏。

③ 鼠标移动到工具栏的左侧，变成双向十字箭头✥，此时拖动鼠标可以移动工具栏。

④ 鼠标指针指向工具栏上的某个按钮，停留片刻，可以看到关于该按钮的简单提示。

⑤ 单击工具栏右侧的“显示隐藏命令”按钮，可以显示工具栏中的隐藏命令按钮。

（4）标尺

标尺是格式化文档的重要辅助工具，Word 窗口中有水平标尺和垂直标尺。

（5）文档编辑区

文档编辑区是文档的输入、编辑和排版的工作区域。文档编辑区中有一个不断闪烁的竖条，称为插入点。

（6）滚动条

滚动条用来显示在文档窗口以外的内容，Word 窗口中有水平滚动条和垂直滚动条。

（7）状态栏

状态栏用来显示文档的基本信息和编辑状态。

（8）任务窗格

任务窗格不仅向用户展示了应用程序最常用的功能，同时简化了实现这些功能的操作步骤。任务窗格还会根据用户的需要及时出现和隐藏。例如，当用户启动程序时，新建文档的任务窗格会出现；但用户打开已有的文档时，则不会弹出任务窗格。

3.2 文档的基本操作

Word 文档的建立与编辑是最基本的操作。这些操作包括新建文档、保存和保护文档、打开和关闭文档。

3.2.1 新建文档

在进行文本输入与编辑之前，首先要新建一个文档。用户在每次启动 Word 时，系统就自动建立一个名为“文档 1”的空文档。

新建文档的操作步骤如下。

（1）选择“文件”菜单中的“新建”命令；或单击工具栏上的“新建”按钮；或按【Ctrl+N】键，打开“新建文档”任务窗格。

（2）在出现的“新建文档”任务窗格中，单击“空白文档”选项，建立一个空文档。

3.2.2 保存文档

在编辑文档时，为了避免出现意外而导致未保存的信息丢失，需要随时保存文档。保存文档就是将文档从内存写到外存。

1. 保存未命名的文档

（1）选择“文件”菜单中的“保存”命令；或单击“常用”工具栏的“保存”按钮；或按【Ctrl+S】组合键，打开“另存为”对话框，如图 3-2 所示。

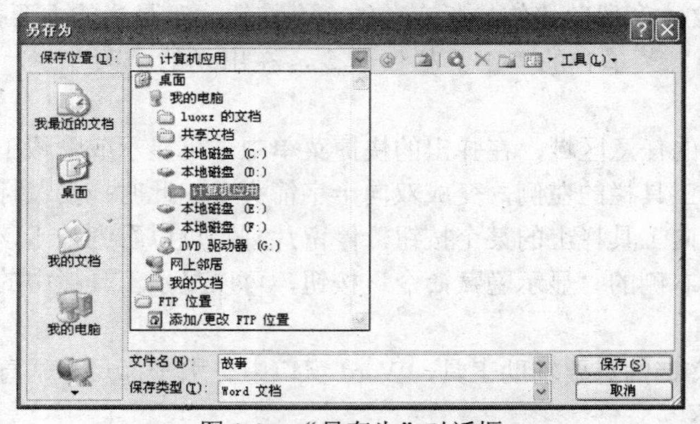

图 3-2 “另存为”对话框

（2）在“另存为”对话框的“保存位置”下拉列表框中，选择保存位置；在“文件名”文本框中，输入文件名，例如“故事”，最后单击“保存”按钮，保存文档。

2. 保存已有的文档

保存已有文档的操作方法与保存未命名文档类似，但不再出现“另存为”对话框。

3. 将已有文档保存为其他的文件名

选择“文件”菜单中的“另存为”命令，打开“另存为”对话框，如图 3-2 所示。其他操作步骤同保存未命名的文档。

4. 设置自动保存文件

设置自动保存文档后，系统会按设定的时间间隔来自动保存文档。

设置自动保存文档的操作步骤如下。

（1）选择“工具”菜单中的“选项”命令，打开“选项”对话框，如图 3-3 所示，然后单击“保存”选项卡。

（2）选中“自动保存时间间隔”复选框，在其右侧的“分钟”微调框中输入两次保存之间的时间间隔，单击“确定”按钮。

3．保护文档

用户可以设置文档的安全性来保护文档。设置安全性时，可以设置打开文档的密码和修改文档的密码。

保护文档的操作步骤如下。

（1）选择“工具”菜单中的“选项”命令，打开“选项”对话框，然后单击“安全性”选项卡，如图 3-4 所示。

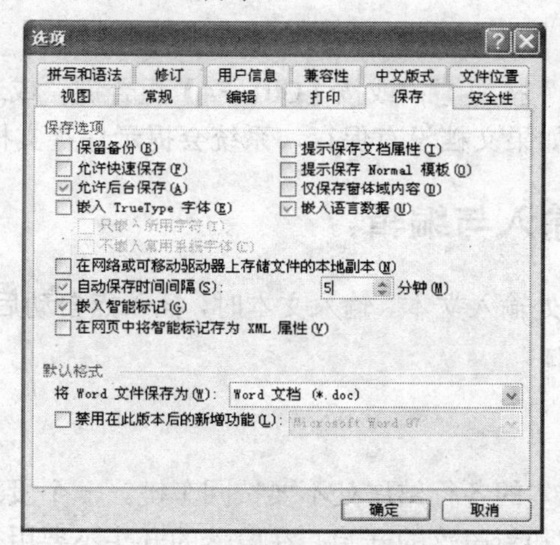

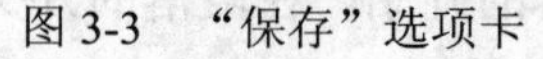
图 3-3　“保存”选项卡

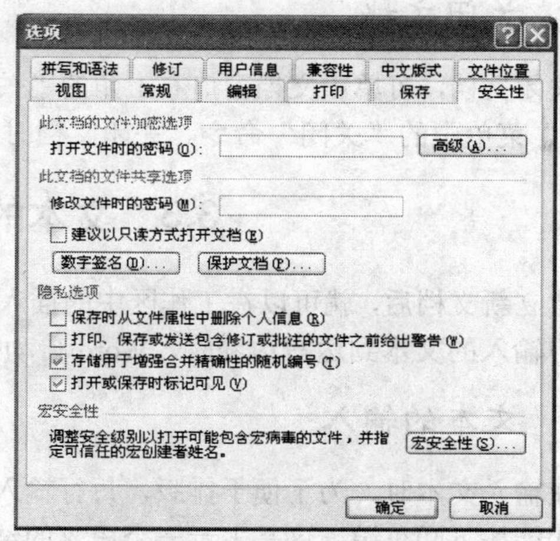

图 3-4　“安全性”选项卡

（2）在“打开文件时的密码”文本框中，可以输入打开文档的密码。密码可以是字母、数字和符号。设置打开权限的密码后，在下次打开文档时，Word 首先要提示输入密码，密码正确才能打开文档。

（3）在“修改文件时的密码”文本框中，可以输入修改文档的密码。设置修改权限的密码后，在下次打开文档时，Word 首先要提示输入密码，密码正确后才能修改文档，否则用户只能以只读方式打开文档。

3.2.3　打开文档

打开文档就是将外存上保存的文档读入到内存中并打开。

打开文档的操作方法有以下几种。

（1）打开“文件”菜单，选择“文件”菜单底部的最近使用过的文档，可以快速打开最近使用的文档。

（2）选择“文件”菜单中的“打开”命令；或单击“常用”工具栏上的“打开”按钮；或按【Ctrl+O】键，出现“打开”对话框，如图 3-5 所示。在“查找范围”下拉列表框中，选择文档所在的文件夹，在文档列表中双击文档名，打开文档。

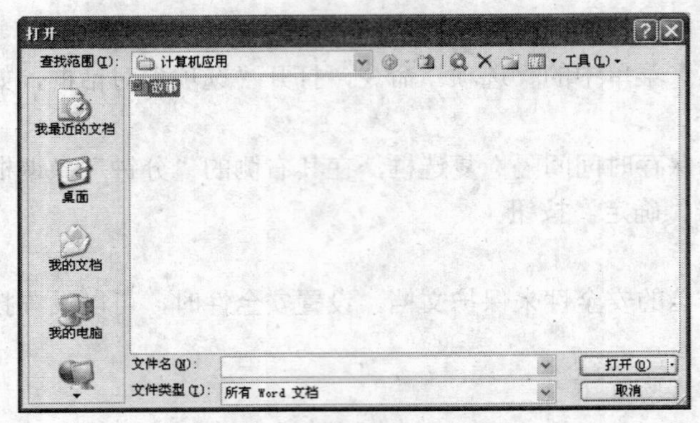

图 3-5 “打开”对话框

3.2.4 关闭文档

关闭文档，可单击文档窗口右上角的“关闭”按钮；或按【Ctrl+F4】组合键；或选择“文件”菜单中的“关闭”命令。关闭文档时，如果文档没有保存，系统会提示保存文档。

3.3 文本的输入与编辑

建立新文档后，就可以在工作区中的插入点处输入文本。输入文本时，插入点自动后移。当用户输入的文本到达右边界时，Word 自动换行。

3.3.1 文本的输入

在输入文本时，为了便于排版，每行输入文本的各行结尾处不要按回车键。一个段落结束时才能按下回车键，这是表示一个段落的结束和新段落的开始。在段落的开头不要用空格键，而应该采用缩进方式对齐文本。

在默认状态下，输入文本是“插入”状态，即将已有的文本右移，以便插入输入的字符。用户可以切换到“改写”状态，使新输入的文本替换已有的文本。用户可按【Insert】键在“插入”和“改写”状态之间切换。

1．中文输入

Word 的默认输入状态为英文输入状态。按【Ctrl+Space】组合键，可在中文和英文输入法之间进行切换。在中文输入状态下，单击语言栏中的按钮；或按【Ctrl+Shift】组合键，可以进行输入法的切换；单击语言栏中的按钮，可以进行中文标点符号输入和英文标点符号输入的切换。

2．英文输入

若在 Word 中输入英文，系统会启动自动更正功能。例如，用户输入“i am a student”，系统会自动更正为“I am a student”。在英文输入状态下，用户可以快速更正已经输入的英文字母或英文单词的大小写。

操作步骤如下。

（1）选定要更新的文本。

（2）按住【Shift】键的同时，反复按【F3】键。每次按【F3】键时，英文单词的格式会在“全部大写”、“单词首字母大写”和“全部小写”格式之间进行切换。

3．特殊符号的输入

Word 中允许输入一些特殊的符号，如☎、☺、Φ、Ω等。

操作步骤如下：

（1）光标定位到插入字符的位置。

（2）选择“插入”菜单中的“符号”命令，打开“符号”对话框，如图 3-6 所示。单击“符号”选项卡，在“字体”下拉列表框中选择符号集。在选定的符号集中，又可以选择不同的子集。

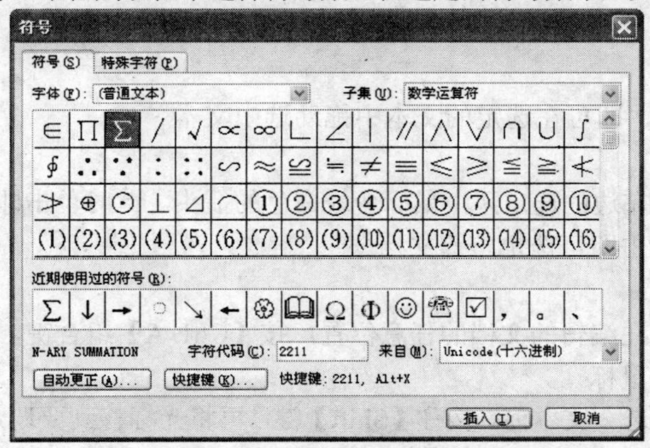

图 3-6　“符号”对话框

（3）选择要插入的字符，单击“插入”按钮，即可在文档的光标处插入字符。

如果要插入常用的印刷符号，如©、§、¶等，可以在“符号”对话框的“特殊字符”选项卡中选择。

4．日期和时间的输入

在文档中可插入固定的日期和时间，也可插入自动更新的日期和时间。例如，文档创建日期、最后打开的日期或保存日期等信息。操作步骤如下：

（1）单击要插入的日期和时间的位置。

（2）选择“插入”菜单中的“日期和时间”命令，打开“日期和时间”对话框，如图 3-7 所示。

（3）在“可用格式”列表框中，选择一种要用的格式。

（4）如果选中“自动更新”复选框，可在打印文档时自动更新日期和时间。

（5）单击“确定”按钮。

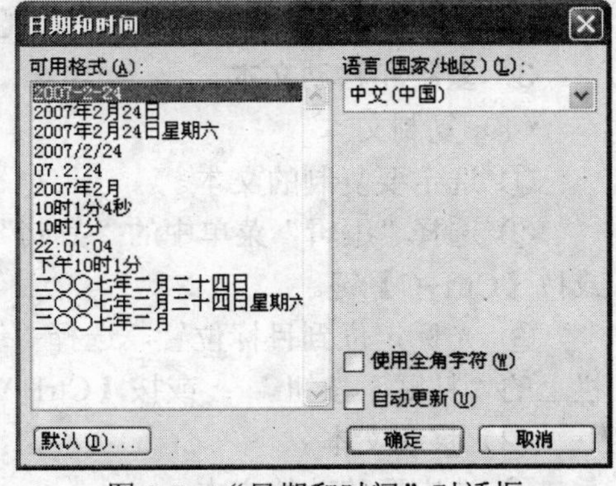

图 3-7　“日期和时间”对话框

【例 3.1】在“故事”文档中输入下列文本，如图 3-8 所示。

蜗牛和玫瑰树
The Snail and the Rose-tree
[丹麦] 安徒生（1861）
这篇小故事发表于 1862 年在哥本哈根出版的《新的童话和故事集》第二卷第二辑里。它是作者 1861 年 5 月在罗马写成的。故事的思想来源于安徒生个人的经验。
园子的四周是一圈榛子树丛，像一排篱笆。外面是田野和草地，有许多牛羊。园子的中间有一棵花繁的玫瑰树，树下有一只蜗牛，他体内有许多东西，那是他自己。
故事更新时间：2007-2-25

图 3-8　文本输入的内容

3.3.2 文本的编辑和修改

文本输入之后，需要多次进行修改和编辑。这些操作包括：文本的选定、复制、移动、删除、撤销、恢复以及重复等。

1．选定文本

选定文本是对文本进行编辑和修饰的前提。

选定文本的操作方法如下。

（1）鼠标拖动

当鼠标变成I形，即可在选定的文本中拖动选中文本。

（2）使用选定区

将鼠标移到文档左边的选定区，鼠标变成白色的箭头。此时单击即可选定一行；双击即可选定一个段落；三击即可选定整篇文档。

（3）使用快捷键

将光标定位到正在编辑的文档的任意位置，按【Ctrl+A】组合键，即可选定整篇文档。

（4）使用键盘和鼠标

将光标定位到要选一文本前，按住【Shift】键，再将光标移到要选定文本的末尾处单击，放开【Shift】键即可选定所需文本。

（5）选定矩形文本

将光标定位到要选定文本前，按住【Alt】键不放，再将鼠标移到定位的文本处按下鼠标左键拖动即可选定矩形文本。

2．删除文本

可以使用【BackSpace】键删除光标之前的一个字符；也可以使用【Delete】键删除光标之后的一个字符；如果选定文本，按【Delete】键，可以删除选定文本。

3．复制和移动文本

（1）复制文本

① 选定要复制的文本。

② 选择“编辑”菜单中的“复制”命令，或单击“常用”工具栏上的“复制”按钮，或按【Ctrl+C】键。

③ 光标定位到目标位置。选择“编辑”菜单中的“粘贴”命令；或单击“常用”工具栏上的“粘贴”按钮；或按【Ctrl+V】组合键。此时，将选定的文本复制到目标位置。

（2）移动文本

① 选定要移动的文本。

② 选择“编辑”菜单中的“剪切”命令；或单击“常用”工具栏上的“剪切”按钮；或按【Ctrl+X】键。

③ 把光标定位到目标位置。选择“编辑”菜单中的“粘贴”命令；或单击“常用”工具栏上的“粘贴”按钮；或按【Ctrl+V】组合键，将选定的文本移动到目的位置。

4．撤销、恢复和重复操作

（1）撤销选择

“编辑”菜单中的“撤销”命令；或单击“常用”工具栏上的“撤销”按钮；或按

【Ctrl+Z】组合键。

（2）恢复

选择“编辑”菜单中的“恢复”命令；或单击“常用”工具栏上的“恢复”按钮；或按【Ctrl+Y】组合键。

（3）重复

选择“编辑”菜单中的“重复”命令；或按【Ctrl+Y】组合键，则重复输入上一次键入的文本。

3.4　文本格式编排

文本的格式编排包括字符格式、段落格式、边框底纹、格式刷、查找替换等功能。

3.4.1　设置字符格式

字符格式包括字体、字符大小、形状、颜色以及特殊的阴影、阳文、动态效果等。如果用户在没有设置格式的情况下输入文本，Word 则按照默认格式自动设置。

设置字符格式的方法如下。

（1）选定文本，单击“格式”工具栏上的命令。“格式”工具栏上的字符格式设置的令如图 3-9 所示。

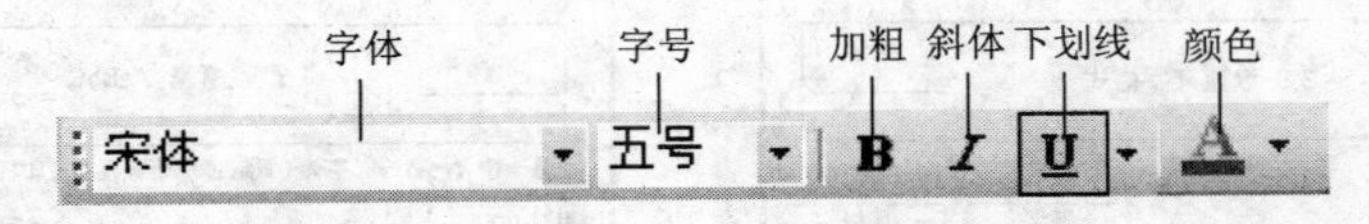

图 3-9　“格式”工具栏

（2）选定文本，选择“格式”菜单中的“字体”命令，打开“字体”对话框，如图 3-11 所示。在该对话框中可以进行格式的设置。

（3）选定文本，使用快捷键。例如：

快捷键【Ctrl+B】：设置加粗。

快捷键【Ctrl+I】：设置斜体。

快捷键【Ctrl++】：设置下标。

快捷键【Ctrl+Shift++】：设置上标。

【例 3.2】将例 3.1 中的前 3 行的文本设置为如图 3-10 所示的格式。其中设置“蜗牛和玫瑰树”的格式为幼圆、四号、加粗、下划线，设置“The Snail and the Rose-tree”的动态效果为为“赤水情深”效果。

蜗牛和玫瑰树
The Snail and the Rose-tree
[丹麦] 安徒生 1861

图 3-10　文本格式的设置效果

操作步骤如下。

（1）选定文本“蜗牛与玫瑰树”，在“格式”工具栏上，单击“字体”下拉列表框，选择“幼圆”；单击“字号”下拉列表框，选择“四号”；单击“加粗”按钮；单击“下划线”按钮。

（2）选定文本“(1861)”，在英文输入状态下按【Ctrl+Shift++】组合键。

（3）选定文本“The Snail and the Rose-tree”，选择“格式”菜单中的“字体”命令，打开“字体”对话框。在“文字效果”选项卡中，单击“动态效果”列表框中的“赤水情深”，单击“确定”按钮。

【例 3.3】在文档中利用字符间距输入一个字“曌”。

操作步骤如下：

（1）在光标处输入文本“明空”，选定“明空”，设置字号为“六号”。

（2）选定“明”，打开“字体”对话框（如图 3-11 所示），单击“字符间距”选项卡，如图 3-12 所示。在“位置”下拉列表框中选择“提升”，在“磅值”微调框中选择“7 磅”，单击“确定”按钮，将“明”字提升 7 磅。

（3）选定“明空”，打开“字体”对话框，单击“字符间距”选项卡，在“间距”下拉列表框中选择“紧缩”，在间距“磅值”微调器中输入“10”。单击“确定”按钮，将“明”字和“空”字的间距紧缩 10 磅。

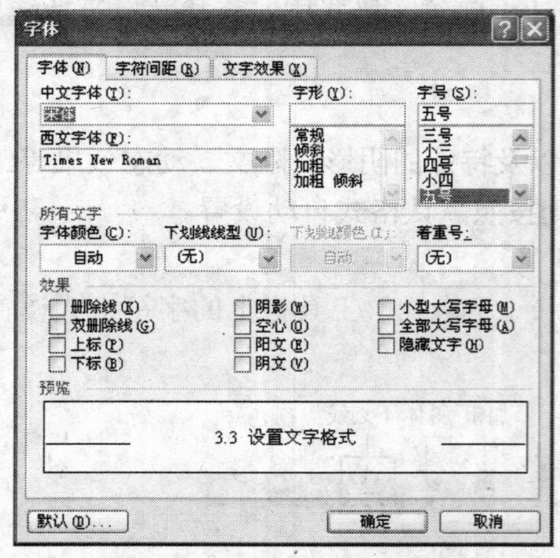

图 3-11 “字体”对话框

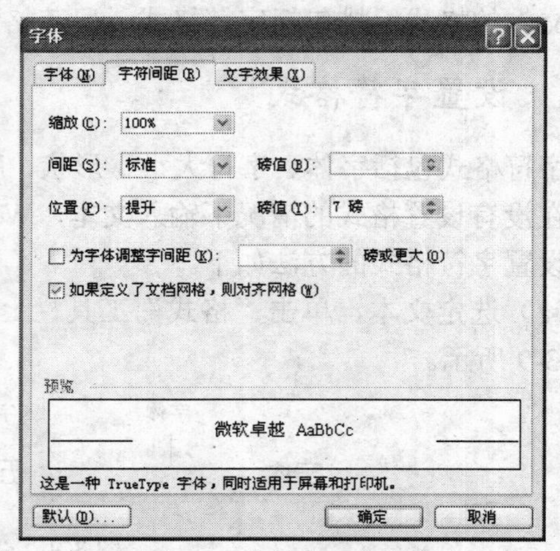

图 3-12 “字符间距”选项卡

3.4.2 设置中文版式

在排版文档时，某些格式是中文特有的，例如给中文加拼音、字符合并、双行合一等。

【例 3.4】给例 3.2 中的第 1 行文本“蜗牛与玫瑰树”加注拼音，将“新的童话和故事集”排版为新的童话和故事集。

操作步骤如下。

（1）选定文本“蜗牛与玫瑰树”，打开“格式”菜单。选择“中文版式”命令，选择“拼音指南”命令，然后在对话框中单击“确定”按钮。

（2）选定文本“新的童话和故事集”，打开“格式”菜单，选择“中文版式”命令，选择“双行合一”命令，然后在对话框中单击“确定”按钮。

3.4.3 设置段落格式

段落格式是以段落为单位的格式设置。设置一个段落的格式之前不需要选定段落，只需要将光标定位在某个段落即可。如果要设置多个段落的格式，则需要选定多个段落。

1．段落缩进

在 Word 中，可以利用水平标尺设置段落的首行缩进、左缩进、右缩进、悬挂缩进，如图 3-13 所示。

功能如下。

首行缩进▽：拖动该滑块可调整首行文字的开始位置。

悬挂缩进△：拖动该滑块可调整段落中首行以外其余各行的起始位置。

左缩进□：拖动该滑块可同时调整段落首行和其余各行的开始位置。

右缩进△：拖动该滑块可调整段落右边界。

另外，可以单击“格式”工具栏上的“减少缩进量”按钮或者“增加缩进量”按钮，所选文本段落的所有行将减少或增加一个汉字的缩进量。

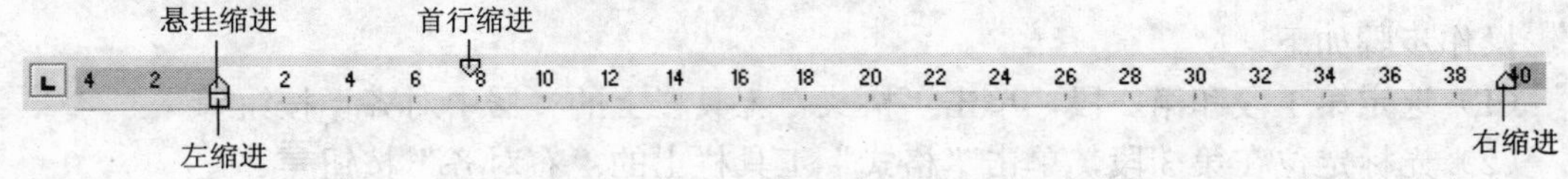

图 3-13　标尺中各缩进标志的作用

2．段落对齐

水平对齐方式决定段落边缘的外观和方向，Word 中有左对齐、居中对齐、右对齐和两端对齐 4 种方式，并在“格式”工具栏上设置了对应的对齐按钮。

3．段落间距和行距

段落间距决定段落前后空白距离的大小。行距决定段落中各行文本间的垂直距离，其默认值是单倍行距。

设置段落间距和行距的方法如下。

选择“格式”菜单中的“段落”命令，打开“段落”对话框，如图 3-14 所示。选择“缩进和间距”选项卡，在“间距”选项区域可以设置段前间距和段后间距。在“行距”下拉列表框，可以设置行距的类型和设置值。

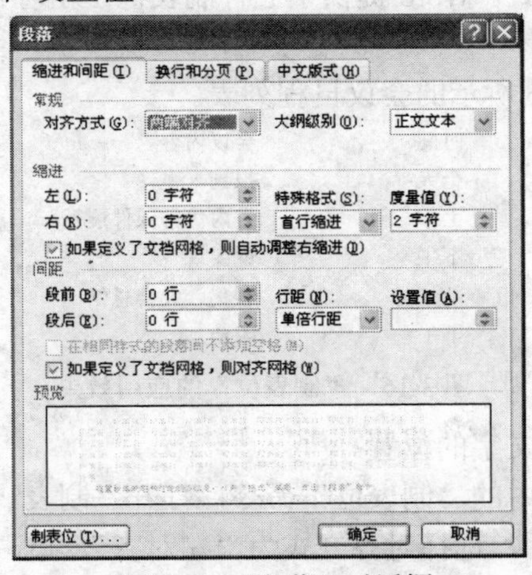

图 3-14　“段落”对话框

4．段落的其他格式

在“段落”对话框的“换行和分页”选项卡中，可以控制换行和分页。例如，是否段前分页、是否确定段中不分页等。在“段落”对话框的“中文版式”选项卡中，可以设置中文段落的格式，例如，段落换行方式和段落字符间距的自动调整方式等。

【例 3.5】 对例 3.1 中的文本进行下列设置：将第 1 段和第 2 段设置为“居中对齐”，第 3 段设置为“右对齐”，第 4 段的段后设置为 0.5 行，第 4 段和第 5 段设置为首行缩进两个汉字，如图 3-15 所示。

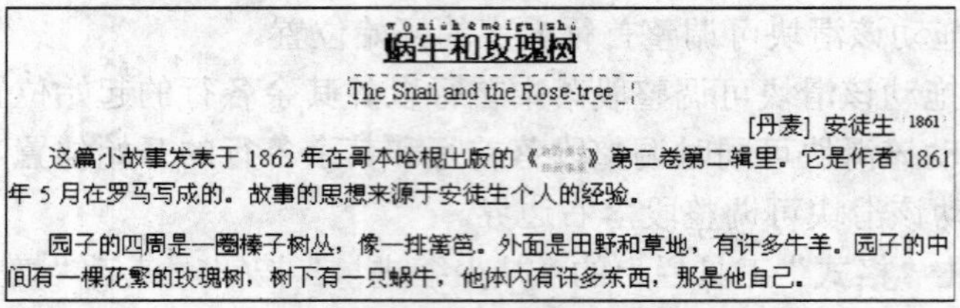

蜗牛和玫瑰树

The Snail and the Rose-tree

[丹麦] 安徒生 1861

这篇小故事发表于1862年在哥本哈根出版的《[illegible]》第二卷第二辑里。它是作者1861年5月在罗马写成的。故事的思想来源于安徒生个人的经验。

园子的四周是一圈榛子树丛，像一排篱笆。外面是田野和草地，有许多牛羊。园子的中间有一棵花繁的玫瑰树，树下有一只蜗牛，他体内有许多东西，那是他自己。

图3-15 段落格式的设置效果

操作步骤如下。

（1）选定第1段和第2段，单击“格式”工具栏上的“居中对齐”按钮。

（2）光标定位在第3段，单击“格式”工具栏上的“右对齐”按钮。

（3）选定第4段和第5段，将“水平标尺”的“首行缩进”按钮▽向右拖动两个汉字。

（4）光标定位在第4段，选择“格式”菜单中的“段落”命令。在“段落”对话框的“间距”选项区域中的“段后”微调框中输入0.5。

5．项目符号和编号

在Word中，可以为段落添加项目符号和编号。操作步骤如下。

（1）将光标定位到要添加项目符号段落。

（2）选择“格式”菜单中的“项目符号和编号”命令，打开“项目符号和编号”对话框。单击“项目符号”选项卡，选择一种项目符号样式，然后单击“确定”按钮，给该段落添加项目符号。

6．制表位

制表位是段落格式的一部分，它决定了每次按下【Tab】键时插入点移动到的位置和两个【Tab】键之间的文字对齐方式。Word提供了五种制表位：左对齐、居中对齐、右对齐、小数点对齐和竖线。

【例3.6】制作如图3-16所示的会议日程列表。

日期	时间	会议内容	会议主持人
10月27日	全天	报到	刘兰
10月28日	上午	省内优秀课件展示	李阳
10月28日	下午	说课	丁锋
10月29日	上午	颁奖、大会总结	李阳
10月29日	下午	闭会	李军

图3-16 “制表位”的应用效果

（1）光标定位在要输入文字的位置。

（2）选择“格式”菜单中的“制表位”命令，打开“制表位”对话框，如图3-17所示，选择对齐方式为“左对齐”，单击“确定”按钮。在这里还可以设置制表位的位置。

（3）在水平标尺上的2，10，16，28处单击，设定制表位。如图3-18所示。注意：再次单击制表位，可以取消制表位的设置。

（4）输入第一行文本，注意“日期”、“时间”、“会议内容”、“会议主持人”之间以【Tab】键分隔，依次输入各行文本，文本中的各列会按照制表位设置的位置自动左对齐。

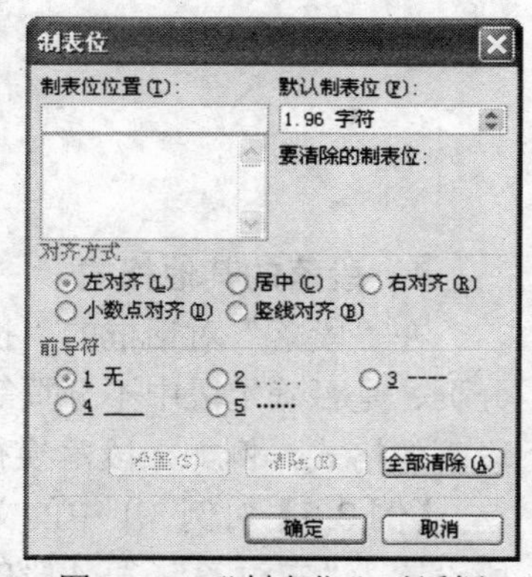

图3-17 “制表位”对话框

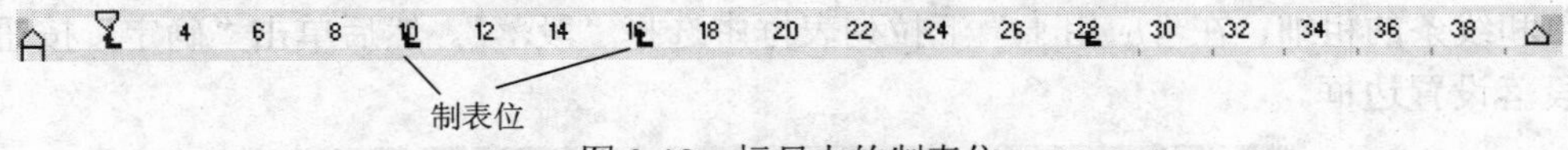

图 3-18　标尺上的制表位

7．分栏

在 Word 中，可以将文本分为多栏显示。设置分栏的操作步骤是如下。

（1）选定要分栏的段落。

（2）选择“格式”菜单中的“分栏”命令，打开“分栏”对话框，如图 3-19 所示。

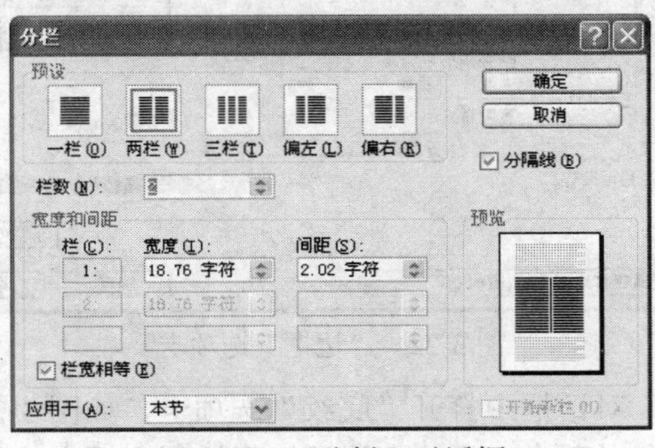

图 3-19　“分栏”对话框

（3）在“分栏”对话框中，在“预设”选项区域选择分栏格式；在“宽度和间距”选项区域可以设置各栏的宽度和间距。如果选中“栏宽相等”复选框，则每个分栏宽度相同；如果选中“分隔线”复选框，则各栏之间有一分隔线，单击“确定”按钮完成设置。分栏效果如图 3-20 所示。

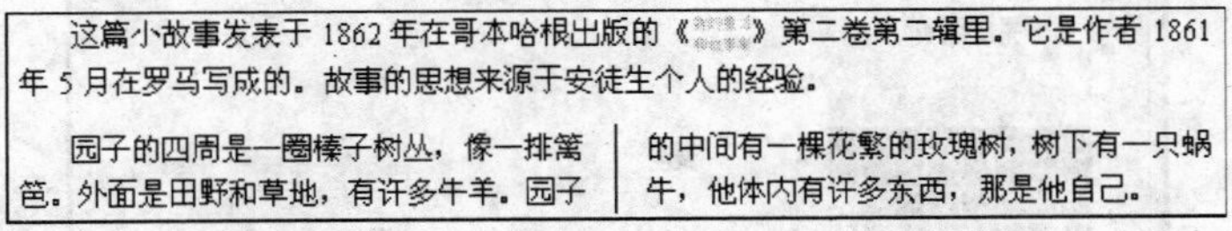

这篇小故事发表于 1862 年在哥本哈根出版的《[illegible]》第二卷第二辑里。它是作者 1861 年 5 月在罗马写成的。故事的思想来源于安徒生个人的经验。

园子的四周是一圈榛子树丛，像一排篱笆。外面是田野和草地，有许多牛羊。园子的中间有一棵花繁的玫瑰树，树下有一只蜗牛，他体内有许多东西，那是他自己。

图 3-20　“分栏”效果

3.4.4　设置边框和底纹

在 Word 中，可以对文本和段落设置边框和底纹。设置边框和底纹的方法如下。

- 单击“格式”工具栏上的“边框”按钮 A 和“底纹”按钮 A 。
- 选择“格式”菜单中的“边框和底纹”命令，在“边框和底纹”对话框中进行设置。

【例 3.7】将例 3.6 中的第 5 段设置成如图 3-21 所示的格式。

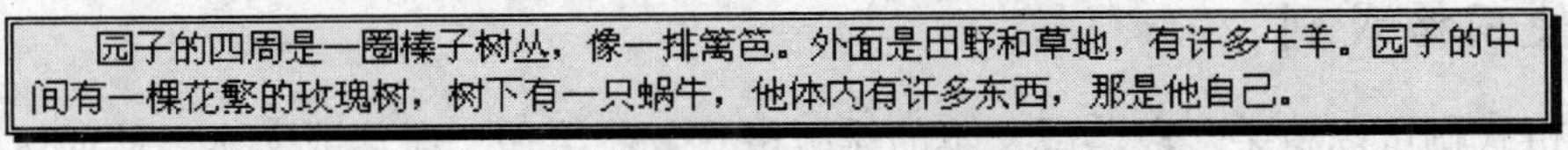

园子的四周是一圈榛子树丛，像一排篱笆。外面是田野和草地，有许多牛羊。园子的中间有一棵花繁的玫瑰树，树下有一只蜗牛，他体内有许多东西，那是他自己。

图 3-21　边框和底纹设置的效果

操作步骤如下。

（1）光标定位在第 5 段。

（2）打开“边框和底纹”对话框，如图 3-22 所示。在“边框和底纹”对话框中，打开“边框”选项卡，在“设置”样式中选择边框样式为“阴影”，选择线型为“═══”，选择线型的颜色和线条的粗细，在“应用于”下拉列表框中选择“段落”。然后单击“确定”按钮即可给该段落设置边框。

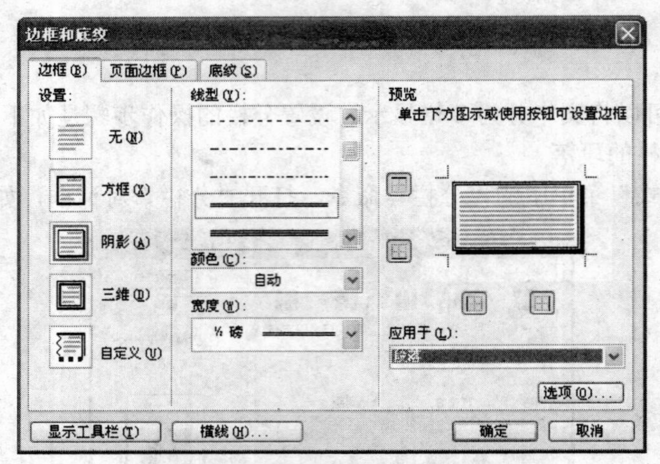

图 3-22　“边框”选项卡

（3）在“边框和底纹”对话框中打开“底纹”选项卡，如图 3-23 所示。在“填充”样式中的调色板内选择一种底纹的颜色，在“应用于”下拉列表框中选择“段落”，然后单击“确定”按钮即可给该段落添加底纹。

如果在“应用于”下拉列表框中选择“文本”，则只对所选定的文本设置边框和底纹。

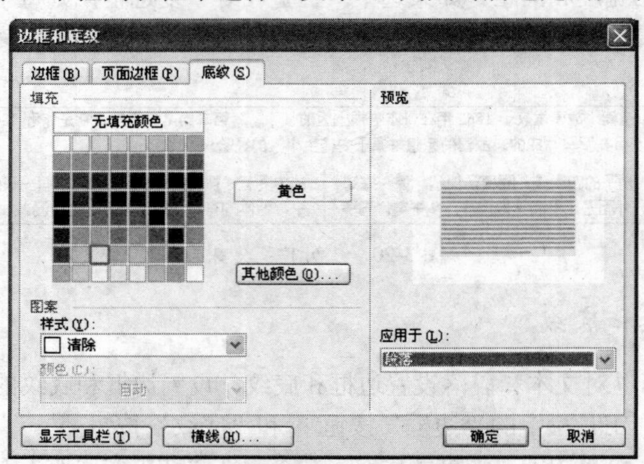

图 3-23　“底纹”选项卡

3.4.5　使用格式刷

通过格式刷可以将某一段落或文本的排版格式复制给另一段落或文本，从而达到将所有的段落或文本均设置为一种格式的目的。

操作步骤如下。

（1）选定要复制格式的段落的段落符号“↵”或文本。

（2）单击“常用”工具栏上的“格式刷”按钮，此时鼠标指针变成一把小刷子。

（3）选定要设置格式的段落的段落符号“↵”或文本，完成格式复制。

3.4.6　查找和替换

1．一般查找和替换

查找和替换是 Word 中非常有用的工具。查找功能能检查某文档是否包含所查找内容。替换以查找为前提，可以实现用一些文本替换文档中指定文本的功能。

【例 3.8】 将例 3.1 中输入的文本中的“玫瑰”替换为“Rose”。

操作步骤如下。

（1）选择“编辑”菜单中的“替换”命令，打开“查找和替换”对话框，如图 3-24 所示。

（2）单击“替换”选项卡，在“查找内容”文本框中，输入要查找的文本“玫瑰”，在“替换为”文本框，输入要替换的文本“Rose”，单击“全部替换”按钮。注意：如果单击“替换”按钮，则仅替换最近查找的文本。

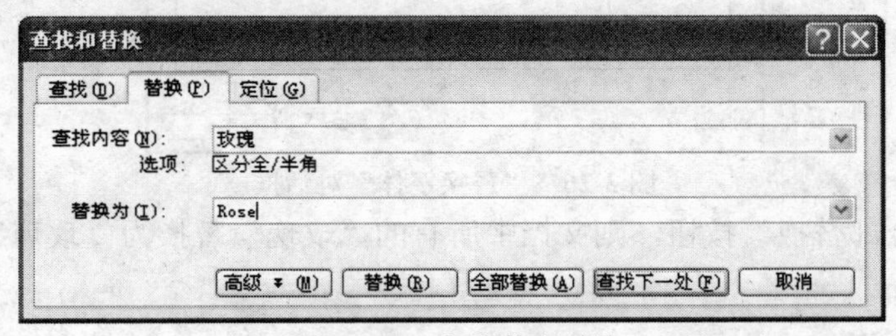

图 3-24　一般查找和替换

2．特殊查找和替换

在 Word 中，可以使用高级查找替换功能，实现特殊字符的替换和格式的替换等功能。

【例 3.9】 将例 3.1 的文本中的“玫瑰”替换为“玫瑰”（格式：红色，加上着重号）。

操作步骤如下。

（1）选择“编辑”菜单中的“替换”命令，打开“查找和替换”对话框，如图 3-25 所示。

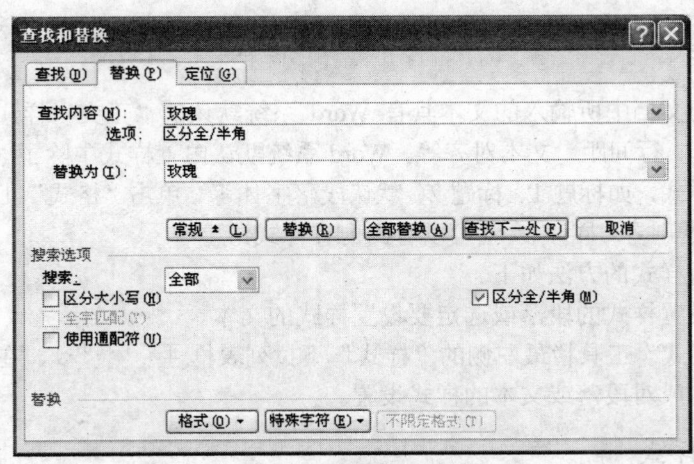

图 3-25　特殊查找和替换

（2）在“查找内容”文本框中输入“玫瑰”，在“替换为”文本框中输入“玫瑰”。

（3）单击“高级”按钮，出现“搜索选项”选项区域。单击“格式”按钮，在弹出的菜单中单击“字体”命令。在“替换字体”对话框中，选择字体颜色为“红色”，选择着重号样式，单击“确定”按钮，如图 3-26 所示。返回“查找和替换”对话框。

图 3-26 “替换字体”对话框

（4）单击“全部替换”按钮，则文档中所有的“玫瑰”替换为“玫瑰”（格式：红色，加上着重号）。

3.5 使用样式

样式是字体、字号和缩进等格式设置特性的组合。样式根据应用的对象不同，可以分为字符样式和段落样式两种。字符样式是只包含字符格式的样式，用来控制字符的外观；段落样式是同时包含字符、段落、边框与底纹、制表位、语言、图文框、项目列表符号和编号等格式的样式，用于控制段落的外观。另外，样式根据来源不同，分为内置样式和自定义样式。

3.5.1 应用样式

用户在新建的文档中所输入的文本具有 Word 系统默认的“正文”样式，该样式定义了正文的字体、字号、行间距、文本对齐等。Word 系统默认内置样式中除了“正文”样式，还提供了其他内置样式，如标题 1、标题 2、默认段落字体等。单击“格式”工具栏的最左侧的“样式”下拉列表框 正文 + 居中 ，就可以看到内置样式。

在文档中应用样式的方法如下。

（1）单击要设置样式的段落或选定要设置样式的文本。

（2）单击“格式”工具栏最左侧的“样式”下拉列表框 正文 + 居中 ，在下拉列表框中单击一种样式，即完成对段落或文本的样式设置。

3.5.2 创建新样式

在编辑文档过程中，经常需要使一些文本或段落保持一致的格式，如章节标题、字体、字号、对齐方式、段落缩进等。如果将这些格式预先设定为样式，再进行命名，并在编辑过程中应用到所需的文本或段落中，可使多次重复的格式化操作变得简单快捷，且可保持整篇文档的格式协调一致，美化了文档外观。

下面以一个具体的例子来说明如何创建样式。

【例 3.10】在撰写毕业论文的时候，创建一个名字为“小节”的段落样式，要求基准样式是“标题 3”，后续段落样式为“正文”，字体为“黑体”，字号是“小三”，段落格式段前 13 磅，段后 6 磅，对齐方式是“左对齐”，行距是“单倍行距”。操作步骤如下。

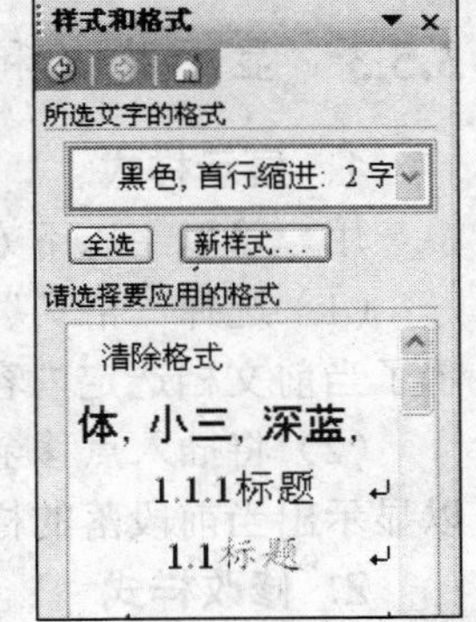

图 3-27　“样式和格式”任务窗格

（1）选择“格式”菜单中的“样式和格式”命令，在窗口的右边出现“样式和格式”任务窗格，如图 3-27 所示。

（2）单击“新样式”按钮，打开“新建样式”对话框，如图 3-28 所示。

（3）在“名称”文本框内键入新建样式的名字“小节”。

（4）单击“样式类型”下拉列表框，有“段落”和“字符”两个选项，分别用来定义段落样式和字符样式。这里选择“段落”。

（5）在“样式基于”下拉列表框中选择一种样式作为基准。默认情况下，显示的是“默认段落字体”样式。这里选择“标题 3”。

（6）如果创建“段落”样式，则可在“后续段落样式”下拉列表框为所创建的样式指定后续段落样式。后续段落样式指应用该样式的段落的后续一个段落的默认段落样式。这里选择“正文”样式。

（7）在“格式”选项区域，设置字体为“黑体”，字号为“小三”。

（8）单击“格式”按钮，出现一个菜单，选择“段落”命令，出现“段落”对话框，如图 3-29 所示。

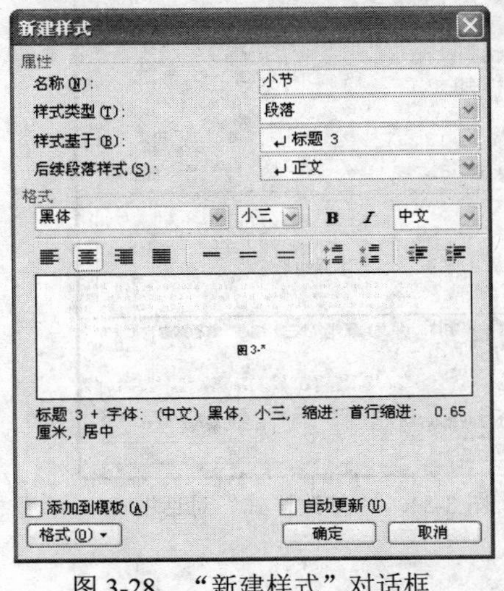

图 3-28　“新建样式”对话框

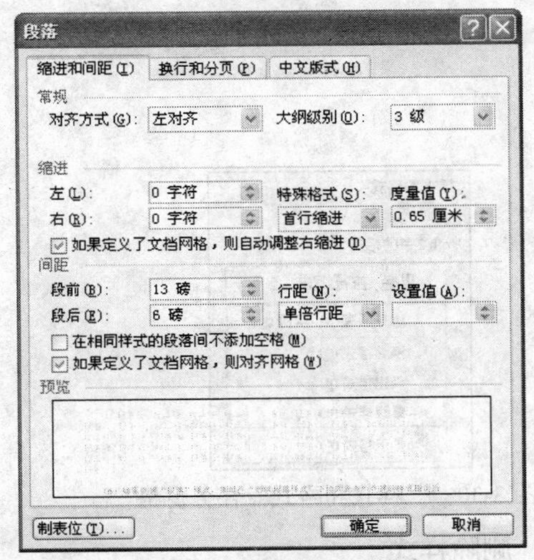

图 3-29　“段落”对话框

（9）在“段落”对话框中，设置对齐方式为“左对齐”，设置段前为“13 磅”，段后为“6 磅”，设置行距为“单倍行距”。在“预览”区域和“预览”区域下的说明可看到所设置字体的效果。

（10）单击“确定”按钮，返回到“新建样式”对话框中。单击“确定”按钮，返回到文档中。

创建好了“小节”样式后，在输入文档的时候，遇到小节标题，就可以使用自定义的“小节”样式进行格式的设置。

3.5.3 显示样式和管理样式

1．显示样式

用户可以用以下方法显示文档中已应用的样式。

（1）选择“格式”菜单中的“显示格式”命令，打开“显示格式”任务窗格。窗格中显示了当前文档选定内容中已应用的各种样式。

（2）将插入点移至段落中的任意处，单击“格式”工具栏上的“样式”下拉列表框，可以显示出当前段落的样式。

2．修改样式

如果对某一已应用于文档的样式进行修改，那么文档中所有应用该样式的字符或段落也将随之改变格式。修改样式的操作步骤如下。

（1）选中含有该样式的字符或段落，选择“格式”菜单中的“样式和格式”命令，这时“样式和格式”任务窗格中会突出显示当前使用中的样式。

（2）单击该样式右侧的下三角按钮▼图标，在弹出的下拉列表框中选择“修改样式”命令，如图 3-30 所示。打开“修改样式”对话框，如图 3-31 所示。在对话框中可对样式进行修改。修改完毕，单击“确定”按钮退出。

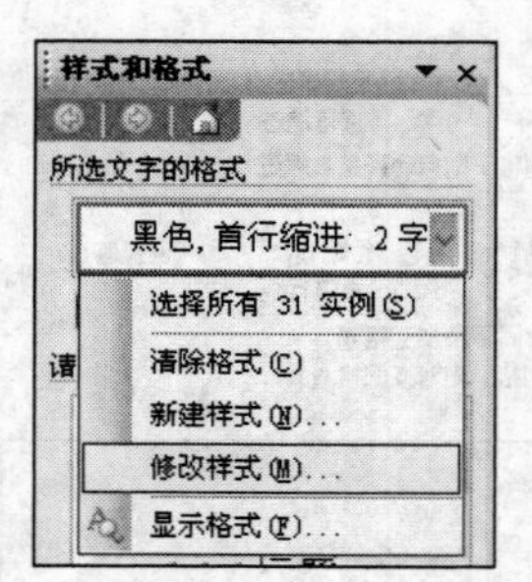

图 3-30 “样式和格式”任务窗格

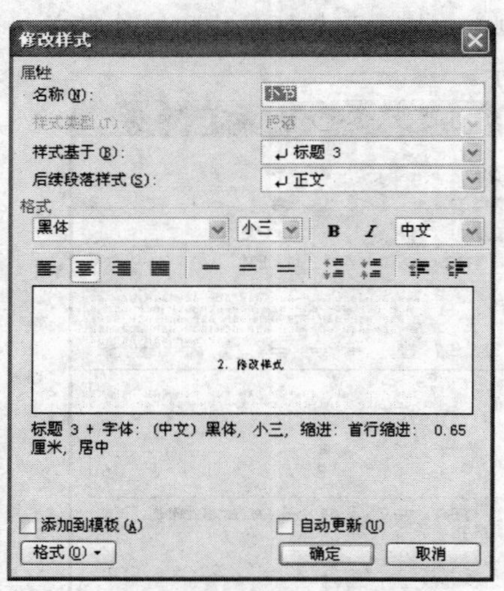

图 3-31 “修改样式”对话框

3．删除样式

用户自定义的样式可以删除。在“样式和格式”任务窗格中选中要删除的样式，单击其右侧的下三角按钮▼图标，在弹出的下拉列表框中选“删除”，这时会出现屏幕提示，单击“是”按钮，当前样式便被删除。这时，文档中所有应用此样式的段落会自动应用“正文”样式。

3.6 图文混排

Word 是一个图文混排的文字处理软件，在文档中插入图形，可以增加文档的可读性，使文档变得生动有趣。在 Word 中，可以使用两种基本类型的图形：图形对象和图片。图形对象包括自选图形、图表、曲线、线条和艺术字图形对象。这些对象都是 Word 文档的一部分。图片是由其他文件创建的图形，它们包括位图、扫描的图片、照片以及剪贴画。

3.6.1 插入图片或剪贴画

在 Word 中，向文档插入图片的方法有两种：插入剪贴画和插入来自文件的图片。

1．插入剪贴画

剪贴画是一种矢量图形。这种图形的特点是图形的比例大小发生改变时，图形的显示质量不会发生改变。在文档中插入剪贴画的操作步骤如下。

（1）鼠标定位在要插入图片的位置。

（2）打开“插入”菜单，选择“图片”命令，选择“剪贴画”命令，出现“剪贴画”任务窗格，如图 3-32 所示。

（3）在“剪贴画”任务窗格的“搜索文字”文本框中，输入描述所需剪贴画的单词或词组，例如“植物”，或键入剪贴画的全部或部分文件名。可使用通配符代替一个或多个字符。使用星号（*）可以代替文件名中的一个或多个字符。使用问号（?）可以代替文件名中的单个字符。

（4）单击“搜索”按钮。在“结果”框中，单击某个剪贴画，将剪贴画插入在文件中。

2．插入图片

从文件中插入图片的操作步骤如下。

（1）单击要插入图片的位置。

（2）选择“插入”｜“图片”｜“来自文件”命令，打开“插入图片”对话框，如图 3-33 所示。

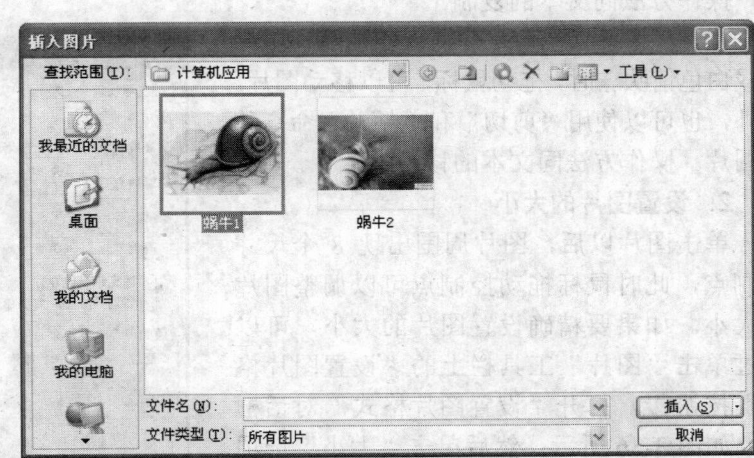

图 3-32　“剪贴画”任务窗格　　图 3-33　“插入图片”对话框

（3）单击“查找范围”下拉列表框，选择要插入图片所在的位置，定位到要插入的图片。例如“蜗牛 1”。

（4）双击需要插入的图片。

插入剪贴画和图片以后的效果如图 3-34 所示。

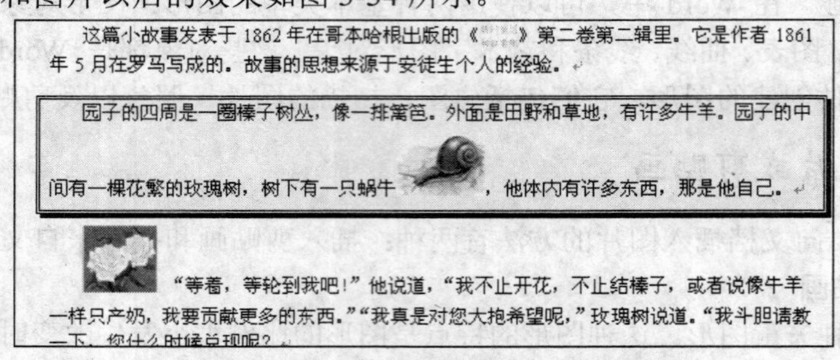

图 3-34　插入剪贴画和图片的文档效果

3.6.2　设置图片格式

在文档中插入图片后，单击图片，显示“图片”工具栏。“图片”工具栏上的按钮如图 3-35 所示。

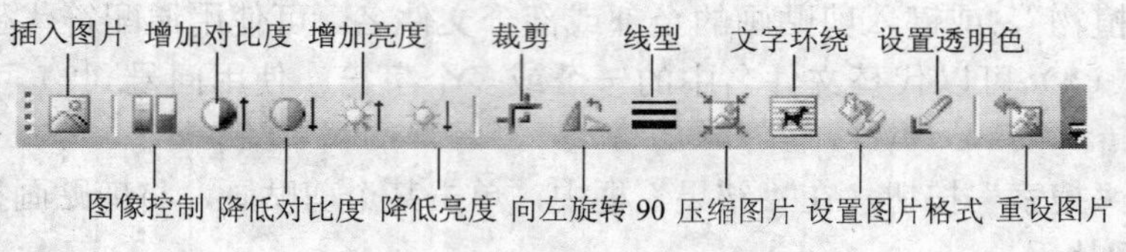

图 3-35　“图片”工具栏

1. 复制和移动图片

在文档中插入图片以后，单击图片，鼠标变成白色箭头时，按下【Ctrl】键，拖动鼠标到目的位置，可以将图片复制到目的位置。另外，可以使用“复制”和“粘贴”命令复制图片，操作方法同文本的复制。

在文档中插入图片以后，单击图片，鼠标变成白色箭头时，拖动鼠标，可以移动图片。另外，也可以使用“剪切”和“粘贴”命令移动图片。操作方法同文本的移动。

2. 设置图片的大小

单击图片以后，图片周围出现 8 个尺寸控制点，此时鼠标拖动控制点可以调整图片的大小。如果要精确设置图片的大小，可以通过单击“图片”工具栏上的“设置图片格式”按钮，打开“设置图片格式”对话框中，如图 3-36 所示。然后单击“大小”选项卡，设置图片的大小。

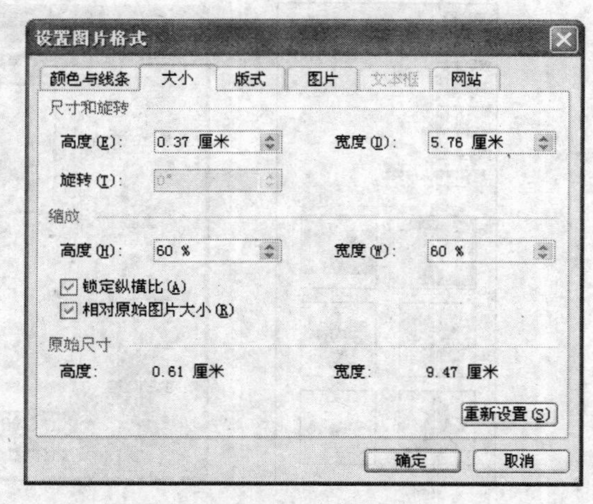

图 3-36　“设置图片格式”对话框

3. **设置图片的环绕**

在 Word 中，系统默认的正文环绕方式是“嵌入环绕”。用户可以设置其他环绕类型。操作步骤如下：在文档中单击图片，单击“图片”工具栏上的“设置图片环绕”按钮，在出现的下拉菜单中选择环绕类型对文字的环绕方式进行设置，如图 3-37 所示。常见的几种文字环绕效果如图 3-38 所示。

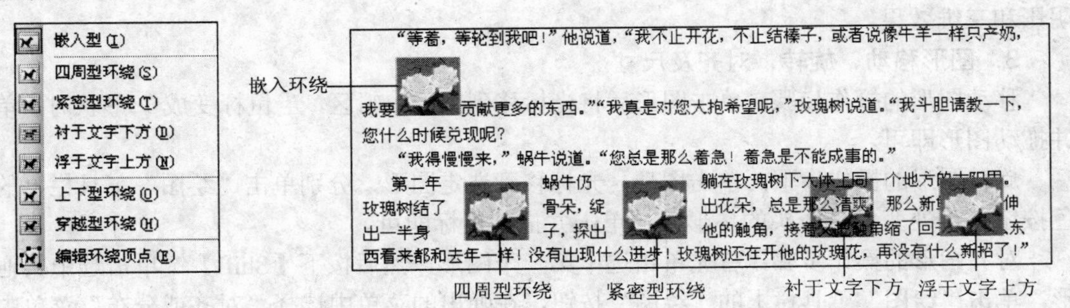

图 3-37　文字环绕的方式　　　　图 3-38　文字环绕的效果

3.6.3　绘制图形

Word 提供了专门的绘图工具，主要用于绘制新的图形对象，如线条，椭圆，立方体等。

1. **绘图画布**

在 Word 中插入一个图形对象（艺术字除外）时，图形对象的周围会放置一块画布，画布会自动嵌入文档文本。绘图画布帮助用户在文档中安排图形的位置。当图形对象包括几个图形时，绘图画布可将图形中的各部分整合在一起。绘图画布还在图形和文档的其他部分之间提供一条类似图文框的边界和黑色控制点，如图 3-39 所示。

2. **绘制图形**

在文档中可以绘制线条、矩形、椭圆等基本形状，还可以绘制自选图形。下面通过一个具体例子说明如何绘制图形。

【例 3.11】在文档中绘制如图 3-40 所示图形。

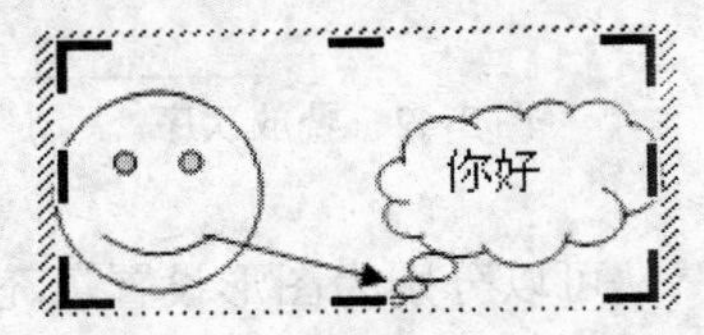

图 3-39　绘图画布控制点

图 3-40　绘制图形

绘制图形的操作步骤如下。

（1）单击文档中要创建绘图的位置。

（2）打开“插入”菜单，选择“图片”命令，选择“绘制新图形”命令，将绘图画布插入到文档中。

（3）使用“绘图”工具栏添加所需的图形或图片。单击“绘图”工具栏上“自选图形”按钮，在弹出的菜单中选择“基本形状”。单击“笑脸”图形☺，在绘图画布中拖动。单击“绘图”工具栏上“自选图形”按钮，在弹出的菜单中选择“标注”。单击“云形标注”图形，在绘图画布中拖动。单击“绘图”工具栏“箭头”按钮，在绘图画布上拖动。

（4）右击绘图画布上的“云形标注”图形，在弹出的快捷菜单中单击“添加文字”命令，输入“你好”，在图形中添加文字。

（5）拖动绘图画布周围的控制点，调整画布大小。

选定图形，分别单击“绘图”工具栏上的按钮，可分别设置图形的线型，虚线线型和箭头样式。选定图形，分别单击“绘图”工具栏上的按钮，可分别设置图形的阴影和三维效果。

3．图形移动、旋转、对齐及尺寸

移动图形的操作步骤：单击图形后将光标移到图形编辑区，当鼠标变成形状时，单击并拖动图形即可。

旋转图形的操作步骤：单击图形，光标移到选定图形，分别单击“绘图”工具栏上的绿色按钮圆点处变成带箭头的环形后，单击并拖动鼠标即可。

对齐图形的操作步骤：首先单击选中第一个图形，然后按下【Shift】键单击选中其他图形，单击“绘图”工具栏上的“绘图”按钮，在弹出的菜单中选择“对齐或分布”菜单中的命令项可，如图 3-41 所示。

调整图形的尺寸的操作步骤：单击图形，图形周围出现 8 个控制点，将光标移到这些控制点，光标变成双向箭头形状，单击并拖动鼠标即可调整图形尺寸。

4．调整图形的叠放次序

通过调整图形的叠放次序，可以获得更灵活的图形效果。调整图形和图形之间的叠放次序的操作步骤：右击选定图形，在弹出的快捷菜单中选择“叠放次序”菜单项中子菜单项即可，如图 3-42 所示。

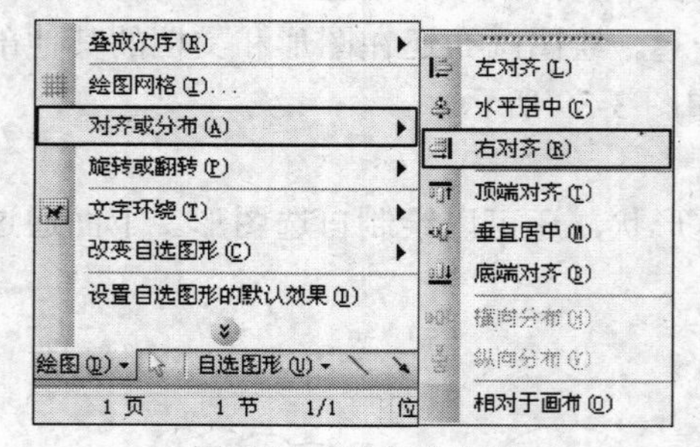

图 3-41　对齐或分布

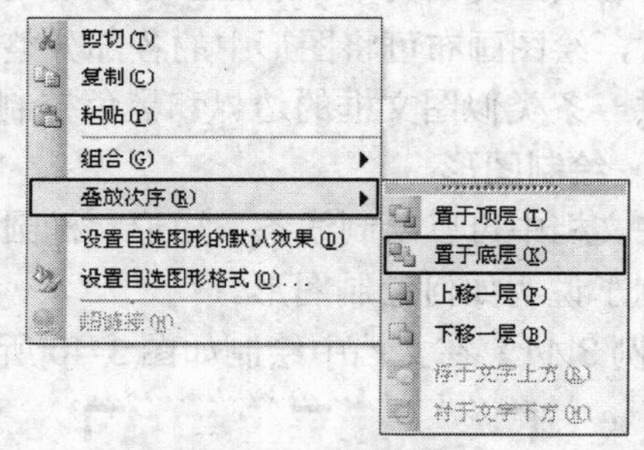

图 3-42　叠放次序

5．设置图形的填充、边框及文字的颜色

在“绘图”工具栏上，分别单击按钮，可以分别为图形设置填充颜色、边框颜色及文字颜色。

3.6.4　插入艺术字

艺术字具有特殊效果，Word 把艺术字作为一种图形来处理，除了可以设置颜色、字体格式外，还可以设置位置、形状、阴影、三维、倾斜、旋转等。Word 提供的艺术字功能，可以制作出精美绝伦的艺术字体。

【例 3.12】在文档中插入如图 3-43 所示的艺术字。

操作步骤如下。

（1）将光标定位到要插入艺术字位置。

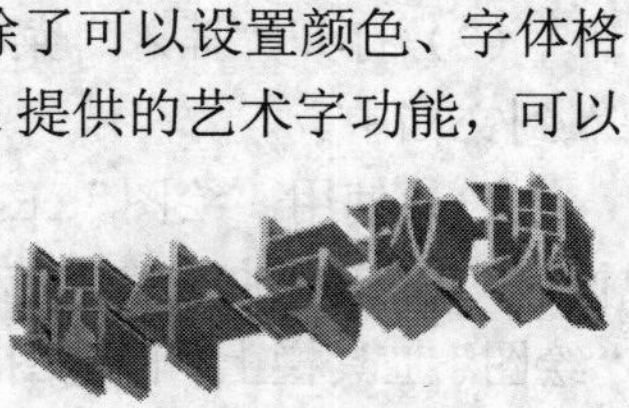

图 3-43　艺术字效果

（2）单击“绘图”工具上的“插入艺术字”按钮，打开“艺术字库”对话框，如图 3-44 所示。在“请选择艺术字样式”列表框中，选择一种要插入艺术字的样式，单击“确定”按钮。

（3）在“编辑‘艺术字’文字”对话框中选择一种字体、字号，在文字框中输入要插入艺术字的内容“蜗牛与玫瑰”，单击“确定”按钮，即可在文档中插入艺术字，如图 3-45 所示。

图 3-44　“艺术字库”对话框

图 3-45　“编辑艺术字文字”对话框

（4）单击艺术字，在“艺术字”工具栏上选择“艺术字”形状按钮，选择一种形状。

3.6.5　文本框和文字方向

单击工具栏上的“横向文本框”按钮或“竖排文本框”按钮，可以在文本框中输入文本或竖排文本。效果如图 3-46 所示。

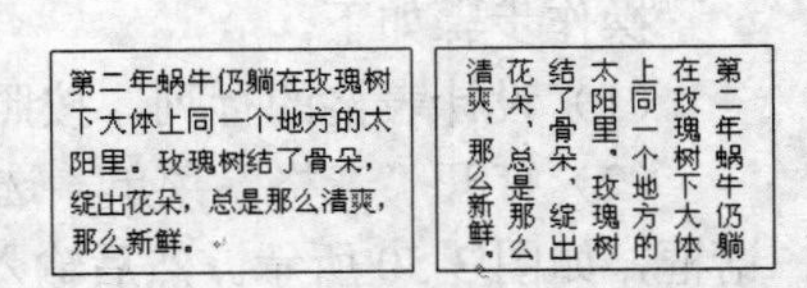

图 3-46　文本框和竖排文本框效果

3.6.6　首字下沉

首字下沉也称为花式首字母，利用它可以将段落的第一个字符变成大号字，从而使版面美观。被设置为首字下沉的文字实际上已成为文本框中的独立段落。操作步骤如下。

（1）将光标定位到要设置首字下沉的段落。

（2）选择“格式”菜单中的“首字下沉”命令，打开“首字下沉”对话框中，如图 3-47 所示。选择下沉的样式、字体、下沉行数、距正文的距离。设置完毕后，单击“确定”按钮。

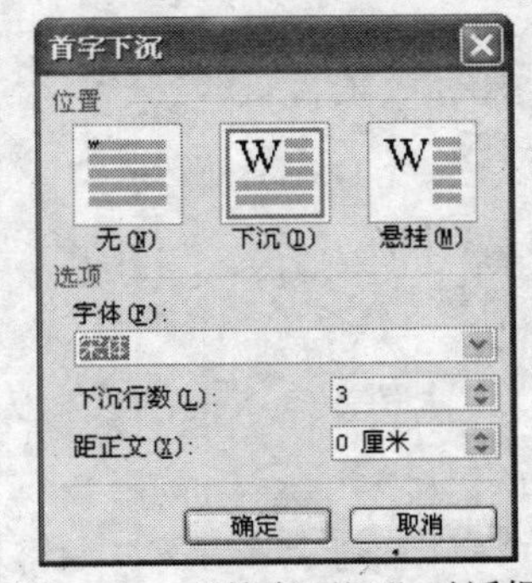

图 3-47　“首字下沉”对话框

3.7　Word 表格的制作

表格具有严谨的外观和直观的效果，可以使输入的文本更简明清晰。如图 3-48 所示是一个常见表格示例。

姓名		性别		照片
民族		年龄		
学历		政治面貌		
婚否				
学习经历	合并和拆分			
主要兴趣				
联系方式	☎		E-MAIL	

图 3-48　表格案例

3.7.1　表格的创建

在 Word 中，选择“表格”｜“插入”｜“表格”命令，可以方便的创建表格。

【例 3.13】创建如图 3-49 所示的表格。

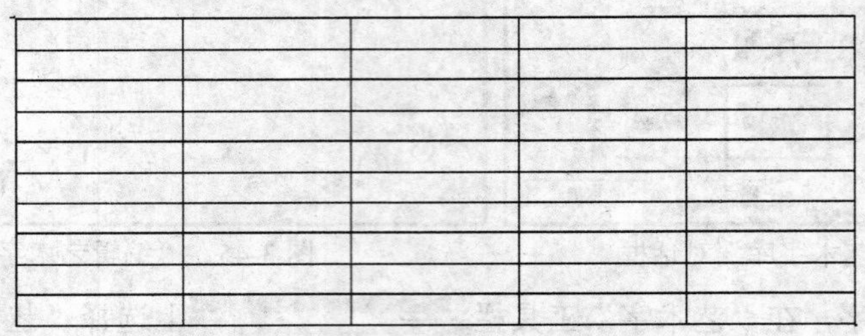

图 3-49　创建一个 5 列 10 行的表格

操作步骤如下。

（1）设计表格的行列，按照整个表格的最大行数和最大列数来设计，需要 5 列 10 行。

（2）打开“表格”菜单，选择“插入”命令，选择“表格”命令，打开“插入表格”对话框，如图 3-50 所示。然后输入列数“5”和行数“10”，单击“确定”按钮，即创建了一个 5 列 10 行的表格。

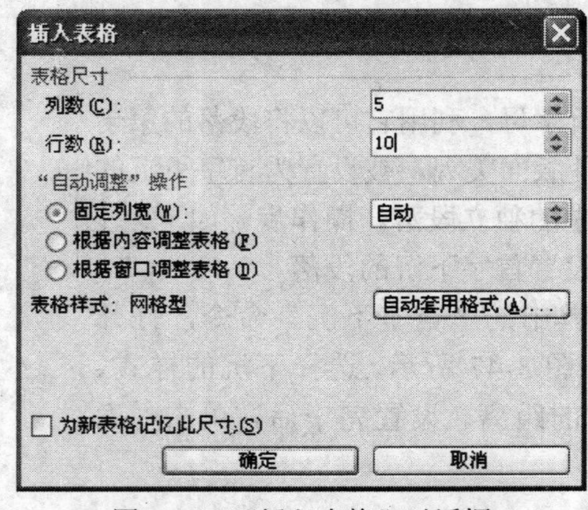

图 3-50　“插入表格”对话框

3.7.2　表格的编辑

1．选定表格

对表格进行编辑操作之前，需要选定单元格、行或列。

选定一个单元格的方法是：将光标置于单元格前，等光标变成↗时单击即可选定单元格。

选定一行单元格的方法是：将光标置于一行单元格左侧，等光标变成↗形状，单击就可选定一行单元格。

选定一列单元格的方法是：将光标置于一列单元格上方，等光标变成↓形状，单击就可选定一列。

选定相邻几个单元格的方法是：当鼠标变成I形，使用鼠标拖动相邻几个单元格即可。

选定整个单元格的方法是：鼠标置于表格的左上角，当鼠标变成⊞形状时，单击即可。

2．插入和删除单元格

删除单元格的方法：选定表格中的单元格或整个表格，选择“表格”菜单中的“删除”命令，然后选择菜单中的相应菜单项就可以删除相应的单元格。

插入单元格的操作步骤如下。

（1）选定要插入单元格的位置。这里可以选定多个单元格。选定的单元格数目与插入单元格的数目相等。

（2）选择“表格”菜单中的“插入”命令，在下拉菜单中选择相应选项即可。

3．合并和拆分单元格

合并单元格就是将两个或两个以上的单元格合并成一个单元格；拆分单元格就是将一个单元格拆分成若干小的单元格。

【例 3.14】将图 3-49 所示表格调整为图 3-48 所示的表格格式。

操作步骤如下。

（1）选择如图 3-51 所示表格的①区，选择“表格”菜单中的“合并单元格”命令。

（2）选择如图 3-51 所示表格的②区，选择“表格”菜单中的“合并单元格”命令。

（3）选择如图 3-51 所示表格的③区，选择“表格”菜单中的“拆分单元格”命令，打开“拆分单元格”对话框，输入“1”列和“4”行，然后单击“确定”按钮。

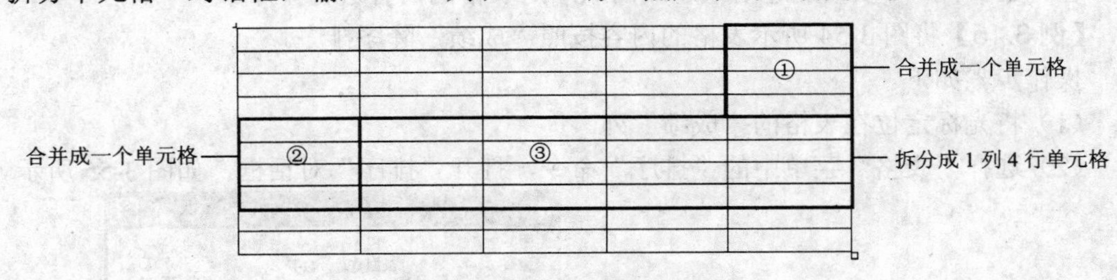

图 3-51　表格的合并和拆分

（4）设置其他区域单元格的合并和拆分。

4．表格中文本的处理

表格设计好以后，就可以在表格中输入文本。表格中文本的格式设置同文档中文本格式设置的方法一致。这里简单介绍表格的文字方向和单元格的对齐方式。

右击要设置格式的单元格，在快捷菜单中选择“文字方向”命令，在“文字方向”对话框中可以设置竖排文字。

右击要设置格式的单元格，在快捷菜单中选择“单元格对齐方式”命令，可以设置单元格中文字的水平对齐和垂直对齐方式。如图 3-48 所示的“学习经历”单元格的文字就是设置了“垂直居中”和“水平居中”的效果。

3.7.3 表格的修饰

表格的修饰主要指设置表格的边框和底纹等效果。表格修饰的方法有。

（1）使用“表格自动套用格式”命令。选择“表格”菜单中的“表格自动套用格式”命令，打开“表格自动套用格式”对话框，如图 3-52 所示。选择已有的一种表格格式，然后单击“应用”按钮。

（2）右击表格，在快捷菜单中选择“边框和底纹”命令，可以对表格中的单元格或整个表格的边框和底纹进行修饰，如图 3-53 所示。

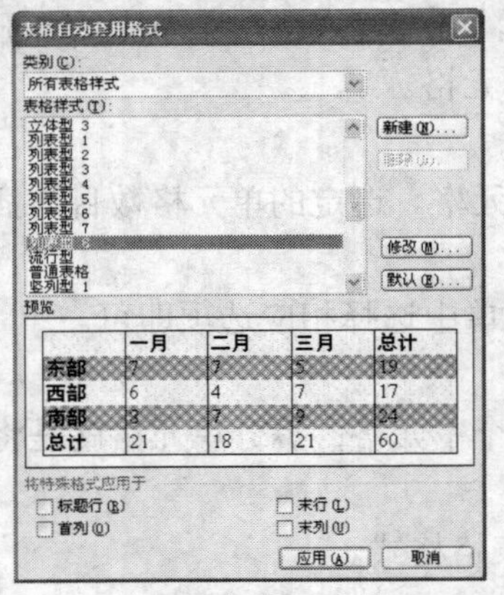

图 3-52 “表格自动套用格式”对话框

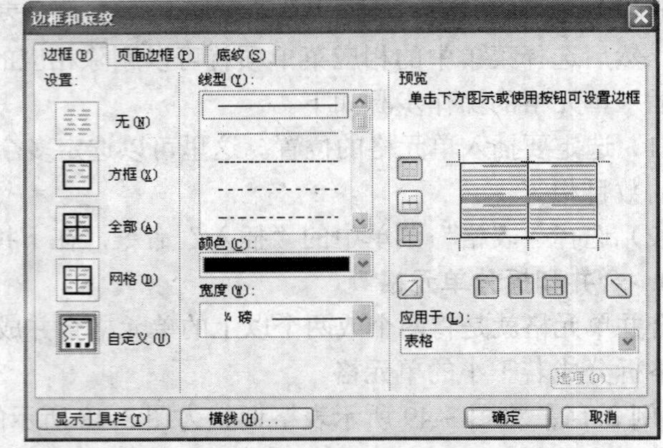

图 3-53 “边框和底纹”对话框

3.7.4 表格的计算和排序

1．表格的排序

在 Word 中，可以按照递增或递减的顺序对表格的内容进行排序。

【例 3.15】将图 3-54 所示表格的内容按照“成绩”降序排序。

操作步骤如下。

（1）将光标定位在表格的“成绩”列。

（2）选择“表格”菜单中的“排序”命令，打开“排序”对话框，如图 3-55 所示。

课程名	成绩	学分
英语	67	3
货币银行学	78	2
政治	78	3
保险学原理	86	2
金融学	89	2
语文	89	2
会计学原理	90	2

图 3-54 待排序的表格

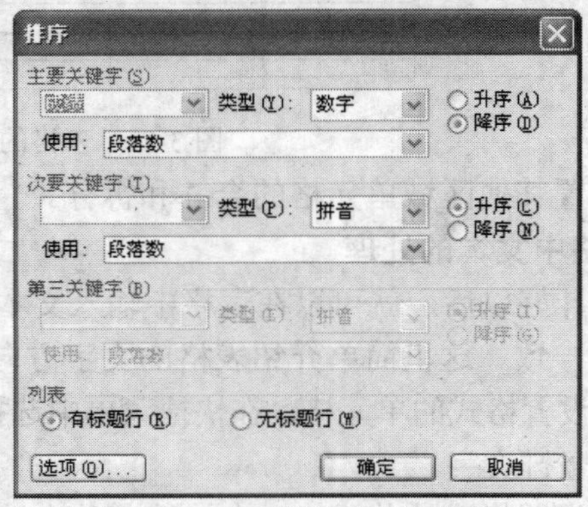

图 3-55 “排序”对话框

（3）在“主要关键字”下拉列表框中选择“成绩”，选中“降序”单选按钮，选中“有标题行”单选按钮，最后单击“确定”按钮，返回文档窗口，则表格按照“成绩”降序排序。

说明：这里还可以指定次要关键字排序和第三关键字排序。

另外，排序可能会使表格的内容发生很大的改变，如果要取消排序，可以按【Ctrl+Z】组合键，取消操作。

2．表格的计算

在表格中可以对表格的数据进行简单的运算。

【例 3.16】将图 3-56 所示表格的内容计算合计。

操作步骤如下。

（1）光标定位在“成绩”列的“合计”行单元格。

（2）右击工具栏的任何区域，在弹出的快捷菜单中选择“表格和边框”命令，出现“表格和边框”工具栏。

（3）在“表格和边框”工具栏上单击“自动求和”按钮 Σ，在光标所在单元格计算出数字“577”。

（4）同理，在“学分”列的“合计”行单元格计算出数字“16”。

课程名	成绩	学分
会计学原理	90	2
金融学	89	2
语文	89	2
保险学原理	86	2
货币银行学	78	2
政治	78	3
英语	67	3
合计		

图 3-56　待计算的表格

3.8　文档版式设置

在实际工作中，用户可能需要将文档划分为若干节（例如，毕业论文分为多章，每一章就可以单独设置为一节），以便为各节设置不同的页眉、页脚和版式。

3.8.1　分页和分节

一般情况下，系统会对编辑的文档自动分页。但是用户也可以根据需要对文档进行强制分页。

在 Word 中，节是文档格式化的最大单位，只有在不同的节中，才能设置不同的页眉、页脚，页边距等。用户需要插入分节符才能对文档进行分节。

插入分页符和分节符的步骤如下。

（1）选择“插入”菜单中的“分隔符”命令，打开“分隔符”对话框，如图 3-57 所示。

（2）如果选择分隔符类型为“分页符”，则在文档中从光标处强行分页。

（3）如果选择了分节符类型，则插入分节符。

（4）单击“确定”按钮。

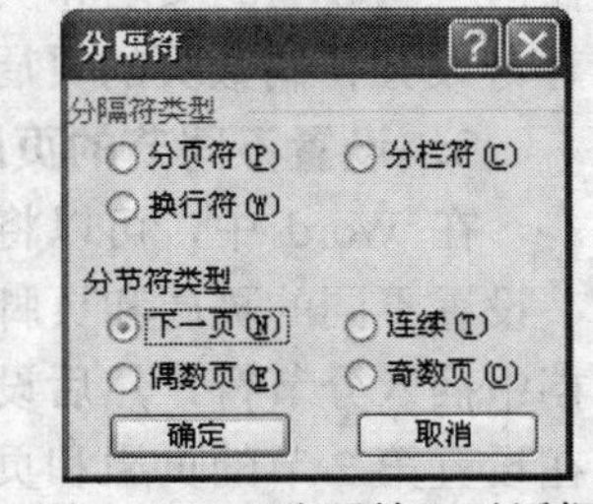

图 3-57　“分隔符”对话框

3.8.2　页眉和页脚

1．创建页眉和页脚

页眉和页脚出现在每一页的上页边区和下页边区。编辑页眉和页脚时不能编辑正文，反之，编辑正文时就不能编辑页眉和页脚。插入页眉和页脚的操作步骤如下。

（1）将光标定位到要添加页眉和页脚的任意位置。

（2）选择“视图”菜单中的“页眉和页脚”命令，弹出“页眉”编辑框，如图 3-58 所示。在“页眉”编辑框中，输入页眉的内容，如页码，页数等。

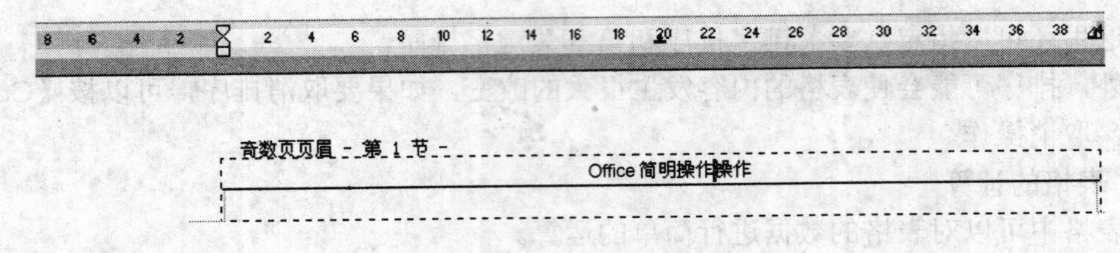

图 3-58 “页眉”编辑框

（2）单击“页眉和页脚”工具栏上的“在页眉和页脚间切换”按钮，即可切换到“页脚”编辑框内进行页脚的编辑，如图 3-59 所示。

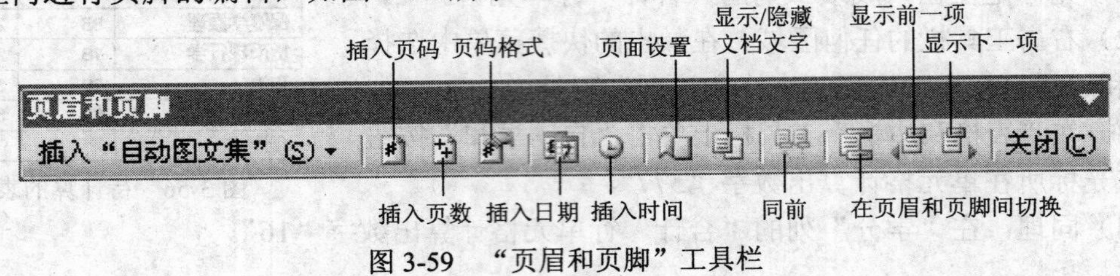

图 3-59 “页眉和页脚”工具栏

2. 设置奇偶页不同

在文档中，可以设置奇数页的页眉页脚与偶数页的页眉页脚不相同。操作步骤如下。

（1）选择“视图”菜单中的“页眉和页脚”命令，在“页眉和页脚”工具栏上，单击“页面设置”按钮，打开“页面设置“对话框，单击“版式”选项卡，如图 3-60 所示。

（2）在“页眉和页脚”选项区域选中“奇偶页不同”复选框，单击“确定”按钮。

（3）设置文档中任何一奇数页的页眉和页脚，任何一偶数页的页眉和页脚。那么，在文档中，所有奇数页和偶数页的页眉页脚就自动区分了。

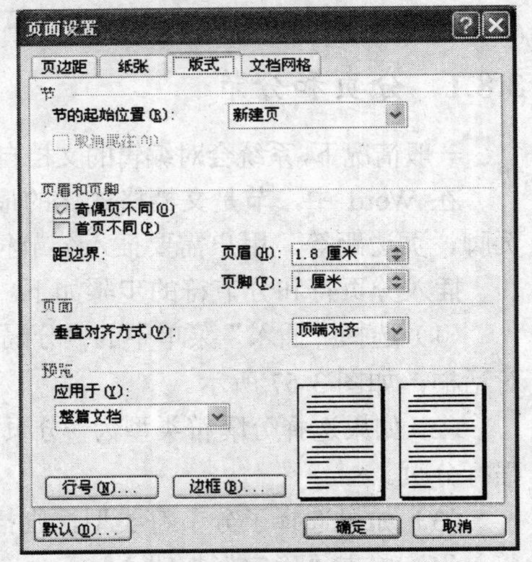

图 3-60 “页面设置”对话框

3. 设置不同节的页眉和页脚

在 Word 中，可以将文档分成若干节，对每一节设置不同的页眉和页脚。具体方法是：首先在文档中插入分节符，然后设置第 1 节的页眉和页脚。在设置第 2 节的页眉和页脚的时候，系统默认后续的节和前面一节的页眉和页脚相同。此时，取消选中“页眉和页脚”工具栏上的“同前”按钮，就可以取消同前一节相同的页眉和页脚。然后输入第 2 节的页眉和页脚，则第 2 节的页眉和页脚同第 1 节的页眉和页脚就不同了，后续节的页眉和页脚的设置如法炮制即可。

【例 3.17】设文档中有 30 页，其中 1—10 页为第 1 章，11—20 页为第 2 章，21—30 页为第 3 章。要求设置文档的页眉和页脚的样式为：整个文档的奇数页的页眉是“Office 简明操作手册”，第 1 章的偶数页的页眉是“Word 操作手册”，第 2 章的偶数页的页眉是“Excel 操作手册”，第 3 章的偶数页的页眉是“PowerPoint 操作手册”。

操作步骤如下。

（1）在“页面设置”对话框的“版式”选项卡中，选中“奇偶页不同”复选框。

（2）插入分节符。光标定位在第 10 页的末尾，选择“插入”菜单中的“分隔符”命令，选择分节符类型为“下一页”，单击“确定”按钮。光标定位在第 20 页的末尾，打开“插入”菜单，选择“分隔符”命令，选择分节符类型为“下一页”，单击“确定”按钮。这样，文档中 1 到 10 页为第 1 节，11 到 20 页为第 2 节，21 到 30 页为第 3 节。

（3）输入奇数页的页眉。光标定位奇数页的任何位置，例如第 1 页，选择“视图”菜单中的“页眉和页脚”命令，在“页眉”编辑框框中输入“Office 简明操作手册”。

（4）输入第 1 节偶数页的页眉。光标定位在第 2 页，在“页眉”编辑框框中输入“Word 操作手册”。

（5）输入第 2 节偶数页的页眉。光标定位在第 12 页，在“页眉和页脚”工具栏上，取消选中“同前”按钮，取消同前一节相同的页眉设置，输入页眉“Excel 操作手册”。

（6）输入第 3 节偶数页的页眉。光标定位在第 22 页，在“页眉和页脚”工具栏上，取消选中“同前”按钮，取消同前一节相同的页眉设置，输入页眉“PowerPoint 操作手册”。

（7）单击“页眉和页脚”工具栏上的“关闭”按钮，返回到文档窗口。

3.8.3　页面设置

页面设置可以直接影响打印的效果。页面设置主要包括设置纸型、纸张来源、版式、页边距和文档网格等。

1．页边距

页边距是文本到页边界的距离。在 Word 中，设置页边距的步骤如下。

（1）选择“文件”菜单中的“页面设置”命令，打开“页面设置”对话框，如图 3-61 所示。单击“页边距”选项卡。

（2）如果要改变页边距，可以通过在“上”、“下”、“内侧”、“外侧”微调框中输入页边距的尺寸来改变；如果需要设置装订线，则要指定装订线的位置和装订线的边距。

（3）选择打印效果方向为“纵向”或“横向”。

（3）选择“多页”下拉列表框的“对称页边距”选项，则在双面打印时，内侧页边距和外侧页边距都等宽。

（4）设置完成后，可在“预览”区看到设置的效果，单击“确定”按钮返回。

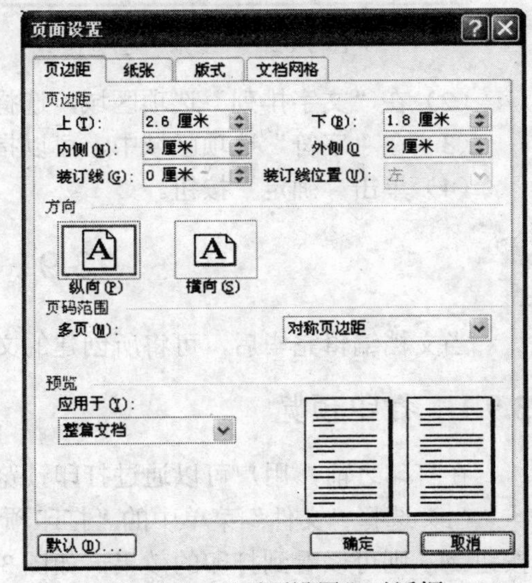

图 3-61　“页面设置”对话框

2．纸张的设置

设置纸张的具体操作步骤如下。

（1）选择“文件”菜单中的“页面设置”命令，打开“页面设置”对话框，单击“纸张”选项卡，如图 3-62 所示。

（2）在“纸张大小”下拉列表框中选择一种纸张。也可以选择“自定义大小”选项，在“宽度”和“高度”微调框中输入纸张的高度和宽度。

（3）在“应用于”下拉列表框中选择纸张应用的范围。

（4）设置完毕后，单击“确定”返回。

3．文档网格

在 Word 中，可以设置文档网格，指定每行的字数和每列的字数。具体操作步骤如下。

（1）选择“文件”菜单中的“页面设置”命令，打开“页面设置”对话框，单击“文档网格”选项卡，如图 3-63 所示。

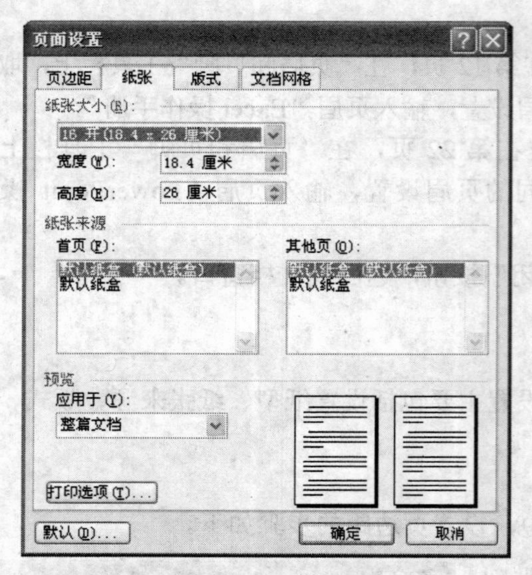

图 3-62 “纸张”选项卡

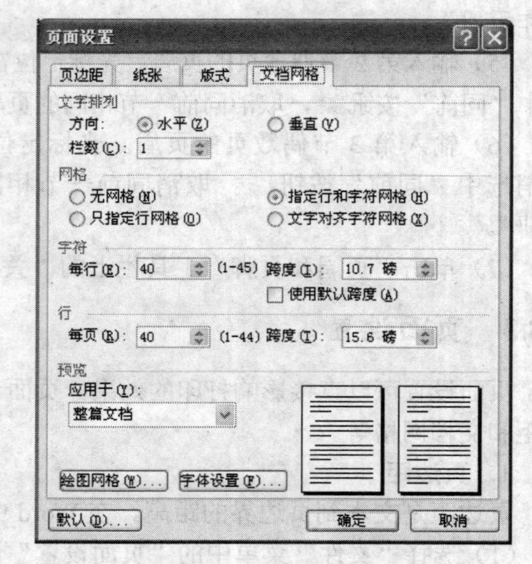

图 3-63 “文档网格”选项卡

（2）在“文字排列”选项区域，选择方向为“水平”或“垂直”。

（3）在“字符”选项区域中，可以指定每行的字符数和每列的字符数。

（4）单击“确定”按钮。

3.9 文 档 打 印

当文档编辑完毕后，可将所创建的文档打印出来。

3.9.1 打印预览

在打印之前，用户可以通过打印预览先看看文档的打印效果。操作步骤如下：

（1）选择“文件”菜单中的“打印预览”命令，或单击“常用”工具栏上的“打印预览”按钮，则可以看到打印的效果，如图 3-64 所示。

（2）单击“打印预览”工具栏上的“多页”按钮，可以在窗口显示多个页面。

（3）单击“打印预览”工具栏上的“放大镜”按钮，鼠标变成放大镜形状，在预览窗口单击，可以放大或缩小预览的页面。

（4）单击“关闭”按钮，返回文档编辑窗口。

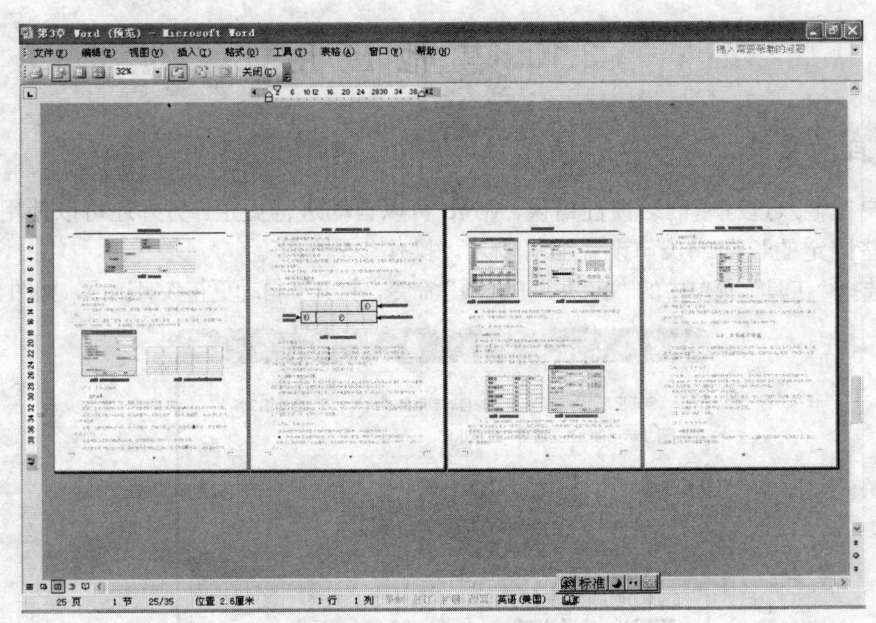

图 3-64　“打印预览”窗口

3.9.2　打印文档

在 Word 中，可以打印全部文档，还可以打印部分文档和打印多份文档。打印文件的步骤如下。

（1）选择“文件”菜单中的“打印”命令，打开“打印”对话框，如图 3-65 所示。

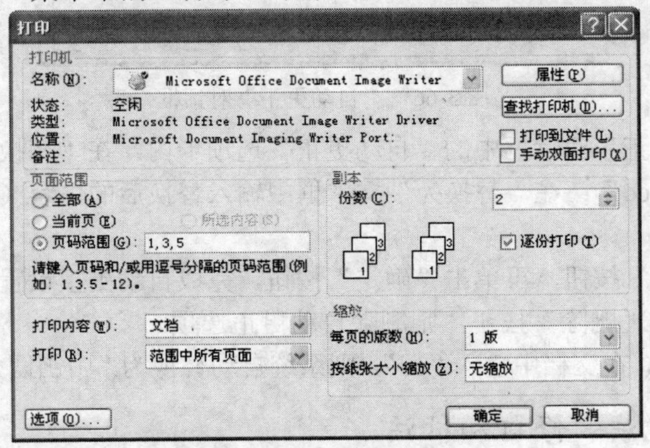

图 3-65　“打印”对话框

（2）在打印机“名称”下拉列表框中选择当前可用的打印机。如果本机没有连接打印机，可以选择网络中共享的一台打印机。

（3）在“页面范围”选项区域中可以选择打印范围。选择“全部”单选按钮表示打印全部文档；选择“当前页”单选按钮表示只打印光标所在的页；在“页码范围”文本框中可以输入页码，页码之间以逗号分隔，例如，1，3，5-12。

（4）在“副本”选项区域可以输入打印份数，再选中“逐份打印”复选框，可以一次打印多份相同的文档。

（5）单击“确定”按钮，开始打印文档。

3.10 其他应用

3.10.1 自动更正

对用户在输入过程中的习惯性错误，Word 可以自动进行更正。另外还可以使用自动更正功能为一些固定的长词或长句设置缩写输入。操作步骤如下。

（1）选择“工具”菜单中的“自动更正选项”命令，打开“自动更正”对话框，如图 3-66 所示。

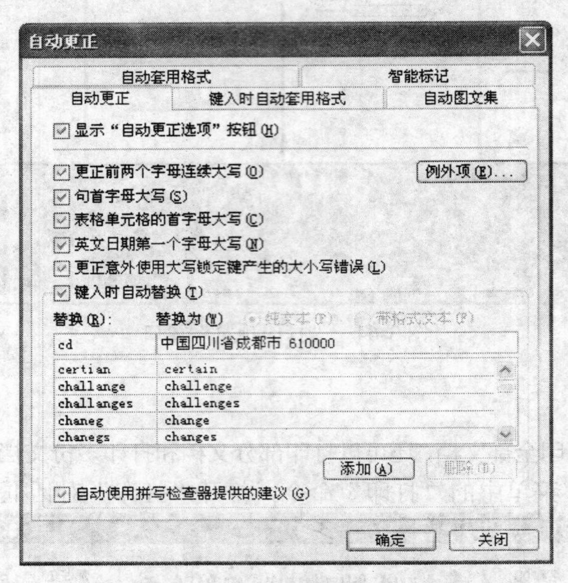

图 3-66 “自动更正”对话框

（2）在“自动更正”对话框中的“自动更正”选项卡内，在“替换”文本框中输入要替换的缩写内容（如“cd”）；在“替换为”文本框中输入替换后的内容（如“中国四川省成都市 610000”）。

（3）单击“添加”按钮，再单击“确定”按钮，完成自动更正设置。如果选择列表中的自动更正选项，单击“删除”按钮，则删除自动更正选项。

（4）添加完成后，在文档中输入“cd”，则系统自动替换为“中国四川省成都市 610000”。

3.10.2 脚注、尾注、修订和批注

1. 插入脚注和尾注

在撰写论文时，有时需要对正文的某些内容加上脚注和尾注。这样有利于合理的布局和排版，如图 3-67 所示。

对用户在输入的过程中的习惯性错误，Word 可以自动进行更正。另外还可以使用自动更正为一些固定的长词或长句，设置缩写输入。具体操作步骤如下：

（1） 打开“工具”菜单，单击“自动更正选项”命令，弹出“自动更正”对话框。如

[1] 自动更正可以加快录入的速度

图 3-67 插入脚注的效果

插入脚注和尾注的操作步骤如下。

（1）选定需要加上脚注和尾注的文本。

（2）选择“插入”菜单中的“引用”命令，在出现的菜单中单击“脚注和尾注”命令，打开“脚注和尾注”对话框，如图 3-68 所示。

（3）单击“脚注”单选按钮，则插入所选文本的脚注；单击“尾注”单选按钮，则插入所选文本的尾注。在“格式”选项区域设置相应的格式，单击“确定”按钮。

（4）在出现的脚注或尾注编辑框中输入脚注的文本即可。

要删除脚注或尾注文本，只需要删除正文中的脚注或尾注的编号即可。

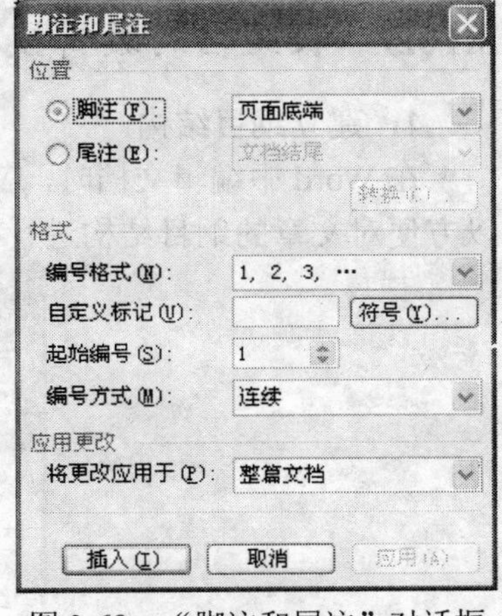

图 3-68　“脚注和尾注”对话框

2. 批注和修订

启用修订/关闭功能时，用户的每一次插入、删除或更改格式都会被标记出来。如图 3-69 所示。

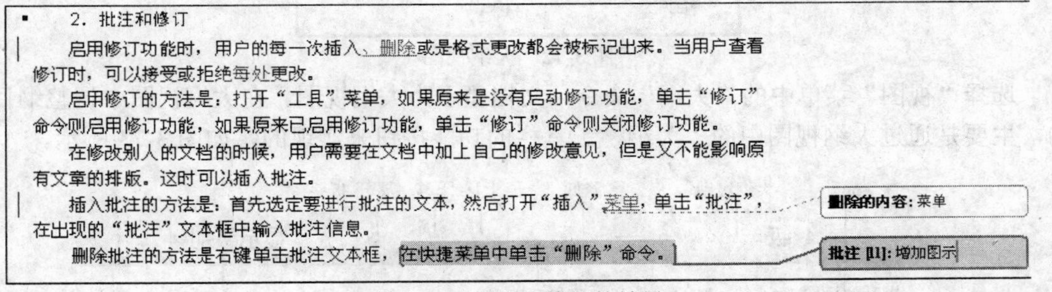

图 3-69　批注和修订的效果

启用修订的操作方法如下：打开“工具”菜单，如果原来没有启动修订功能，单击“修订”命令，启用修订功能。如果原来已启用修订功能，单击“修订”命令，则关闭修订功能。

当用户查看修订时，可以接受或拒绝每处更改。操作方法如下：右击修订的文本，在下拉菜单中选择“接受删除”或“拒绝删除”命令即可，如图 3-70 所示。

在修改别人的文档的时候，用户需要在文档中加上自己的修改意见，但是又不能影响原有文章的排版。这时可以插入批注，如图 3-69 所示。

插入批注的操作方法如下：首先选定要进行批注的文本，然后打开“插入”菜单，单击“批注”命令，在出现的“批注”文本框中输入批注信息。

删除批注的操作方法如下：右击“批注”文本框，在快捷菜单中单击“删除批注”命令，如图 3-71 所示。

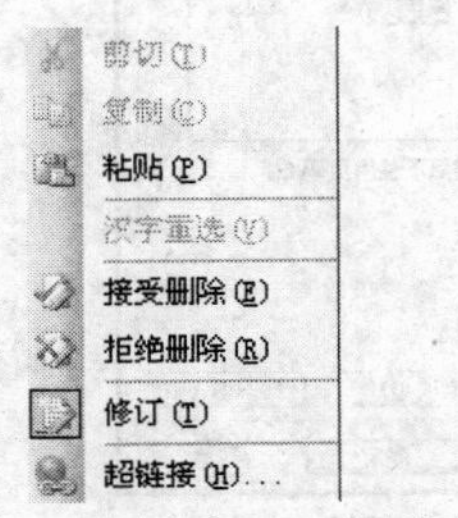

图 3-70　“修订”命令

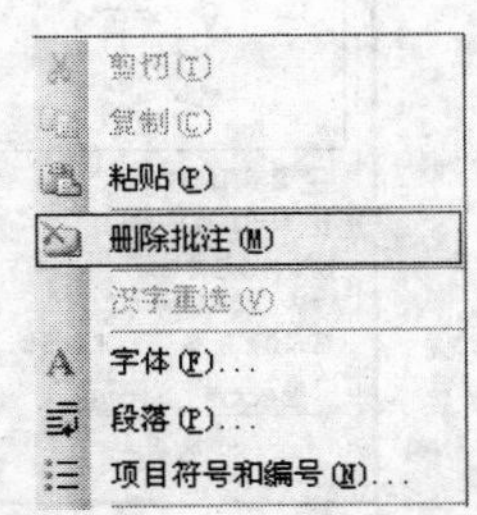

图 3-71　“删除批注”命令

3.10.3 长文档的编辑技巧

1．建立纲目结构

在 Word 中编辑文档时，应用程序为用户提供了能识别文章中各级标题样式的大纲视图，以方便对文章的纲目结构进行有效调整，如图 3-72 所示。

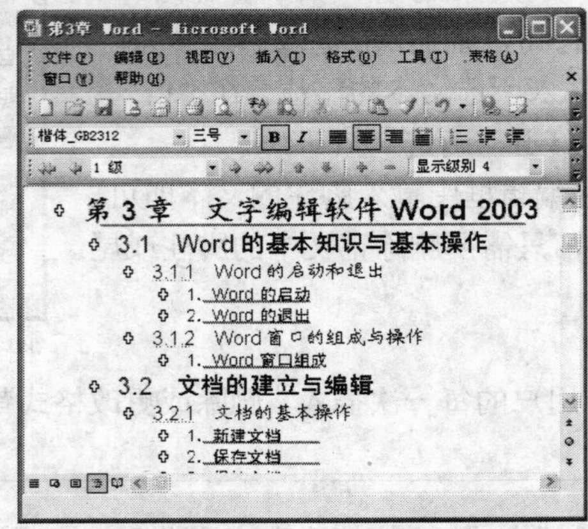

图 3-72 大纲视图

选择“视图”菜单中的“大纲”命令，文档显示为大纲视图。在大纲视图中调整纲目结构，主要是通过大纲视图中的“大纲”工具栏的功能按钮来实现的，如图 3-73 所示。

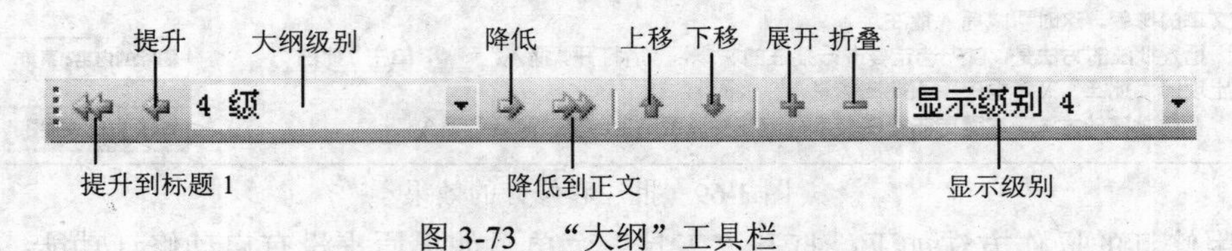

图 3-73 “大纲”工具栏

2．生成目录

编制目录最简单的方法是使用内置的标题样式。如果已经使用了内置标题样式，可以按下列步骤操进行生成目录。

（1）单击要插入目录的位置。

（2）打开“插入”菜单，选择“引用”｜“索引”｜“目录”命令，打开“索引和目录”对话框，如图 3-74 所示。

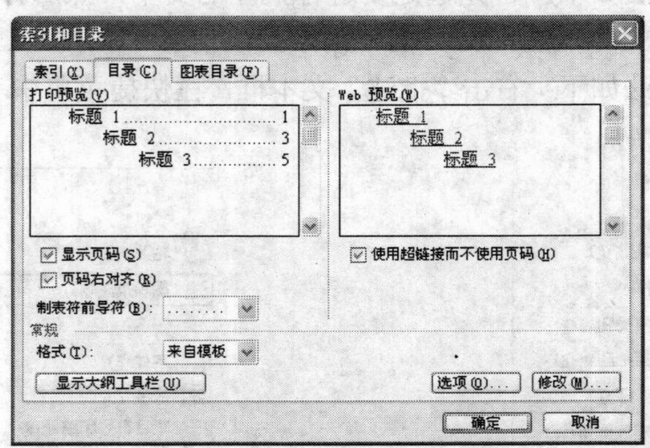

图 3-74 “索引和目录”对话框

（3）单击“目录”选项卡，选中“显示页码”和“页码右对齐”复选框，单击“确定”按钮，则系统在光标所在位置插入目录。

对已经生成的目录可以做以下操作。

- 按住【Ctrl】键的同时，单击目录中的某一行，光标就会定位到正文相应的位置。
- 如果正文的内容有所修改，需要更新目录，则右击目录，在弹出的快捷菜单中选择“更新域”命令。在“更新目录”对话框中选择“更新整个目录”单选按钮，单击“确定”按钮，则可以更新目录，如图 3-75 所示。

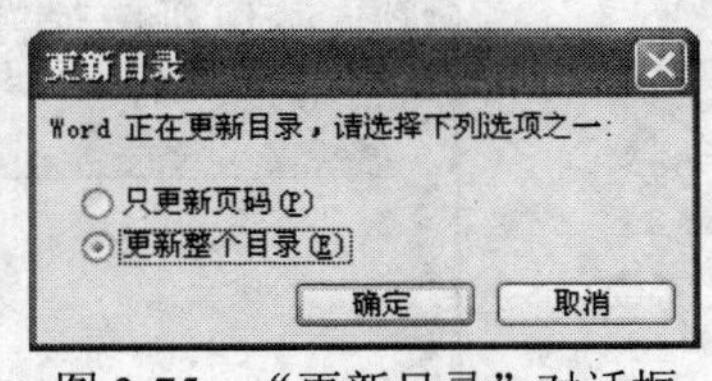

图 3-75 “更新目录”对话框

3.10.4 公式编辑器的使用

在书写论文时经常要用到数学、物理公式或符号，在 Word 中，利用公式编辑器（Microsoft 公式 3.0）可方便地对公式进行编辑，并能自动调整公式中各元素的大小、间距和格式编排等。产生的公式也可以用图形处理方法进行各种图形编辑操作。

【例 3.18】利用公式编辑器编排以下数学公式：

$$S=\prod\sqrt{x_i^2-y_i^2}+\frac{\pi}{x_i^2+y_i^2}-\int_3^9\int_5^8 x_i y_i \mathrm{d}x\mathrm{d}y$$

操作步骤如下。

（1）将插入点定位于要加入公式的位置，单击“插入”菜单中的“对象”命令，打开“对象”对话框，如图 3-76 所示。

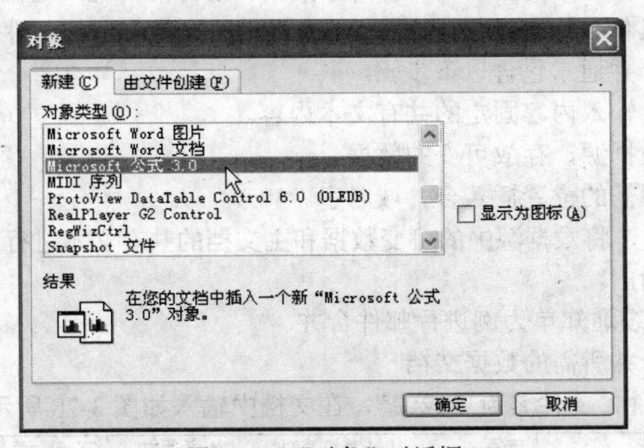

图 3-76 “对象”对话框

（2）从“对象”中的“新建”选项卡中，选中“Microsoft 公式 3.0”选项，然后单击“确定”按钮，进入公式编辑状态并弹出公式编辑器工具箱，如图 3-77 所示。

其中，“公式”工具栏上一行是符号，可以插入各种数学字符；下一行是公式模板，模板是一个或多个空插槽，可插入积分、矩阵等公式符号。

（3）用户可以根据需要在工具栏的符号和模板中选择相应的内容。公式建立结束后，单击工作区以外的区域可返回到 Word 编辑环境。

公式作为“公式编辑器”的一个对象，可以如同处理其他对象一样处理，如进行移动、缩放等操作。若要修改公式，可双击公式对象，弹出“公式”工具，并进入公式编辑状态，即可对公式进行修改。

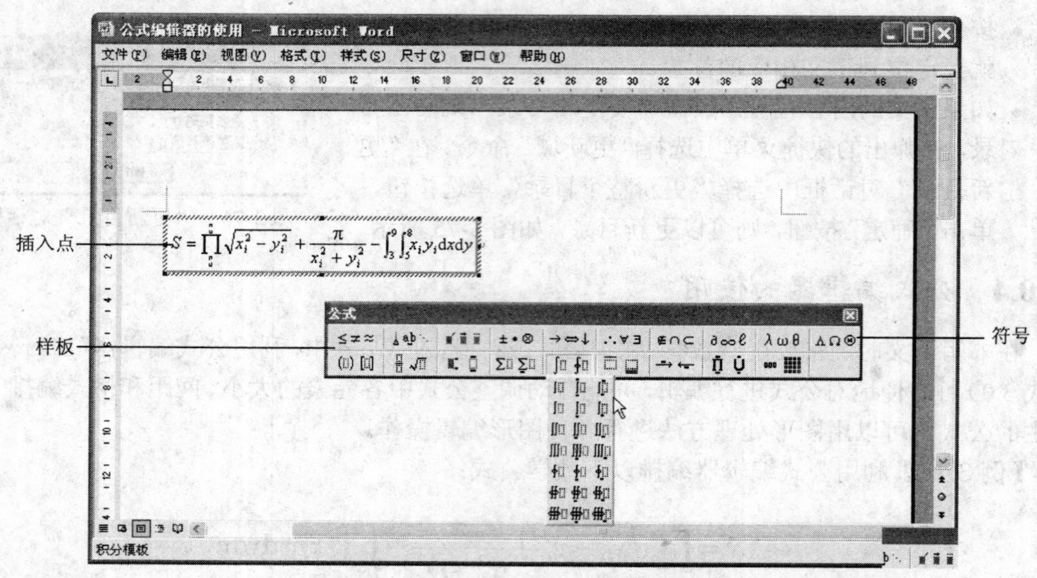

图 3-77 “Microsoft 公式 3.0”公式编辑器的屏幕显示界面

3.10.5 邮件合并

在实际工作中，常遇到需要处理大量日常报表和信件的情况。这些报表和信件的主要内容基本相同，只是具体数据有变化。为此 Word 提供了非常有用的邮件合并功能。

创建一个邮件合并通常包含以下步骤。

- 创建主文档，输入内容固定的共有文本内容。
- 创建或打开数据源，存放可变的数据。
- 在主文档中所需的位置插入合并域名字。
- 执行合并操作，将数据源中的可变数据和主文档的共有文本进行合并，生成一个合并文档或打印输出。

【例 3.19】以成绩通知单为例进行邮件合并。

（1）建立邮件合并所需的数据文档

① 新建一个文件，文件名为“成绩”，在文档中输入如图 3-78 所示的表格数据。

姓名	英语	计算机基础	大学语文	高等数学
张三	89	89	90	78
李四	90	78	67	78
王五	67	90	78	90
赵六	56	67	67	56

图 3-78 邮件合并数据源

② 保存“成绩”文档，并且关闭该文档。

（2）创建邮件合并需要的主文档

① 新建一个文件，文件名为“通知主文档”，在文档中输入如图 3-79 所示的文本。

同学的家长：

你好！现将同学本学期的成绩单发送给你，以便你了解同学的学习进展。

课程	英语	计算机基础	大学语文	高等数学
成绩				

经济信息工程学院

2007 年 1 月 8 日

图 3-79　邮件合并主文档

② 选择“文件”菜单中的“页面设置”命令，打开“页面设置”对话框。单击“纸张”选项卡，设置纸张大小为“自定义”，宽度设置为“21 厘米”，高度设置为“13 厘米”。

③ 保存文档。

（3）进行邮件合并

① 打开“工具”菜单，选择“信函与邮件”命令，选择“邮件合并”命令。在“邮件合并”任务窗格中，在“正在使用的文档使什么类型？”选项区域中选中“标签”单选按钮，单击“下一步：正在启动文档”链接。

② 在“想要如何设置邮件标签”选项区域中选择“更改文档版式”单选按钮，单击“下一步：选取收件人”链接。

③ 在“标签选项”对话框中选择产品编号为“3263-明信片”，单击“确定”按钮，如图 3-80 所示。

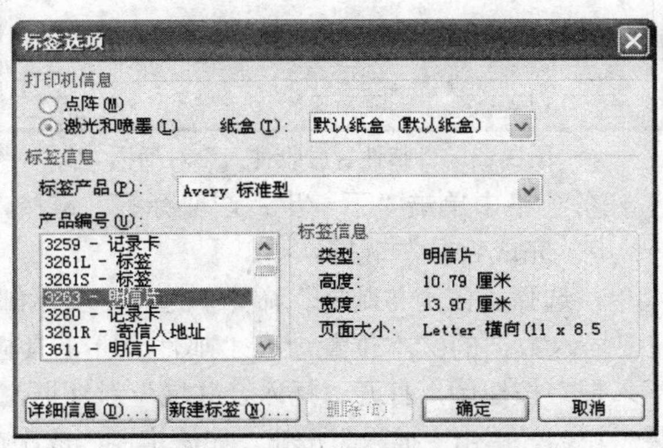

图 3-80　“标签选项”对话框

④ 在“邮件合并”对话框中单击“取消”按钮，如图 3-81 所示。

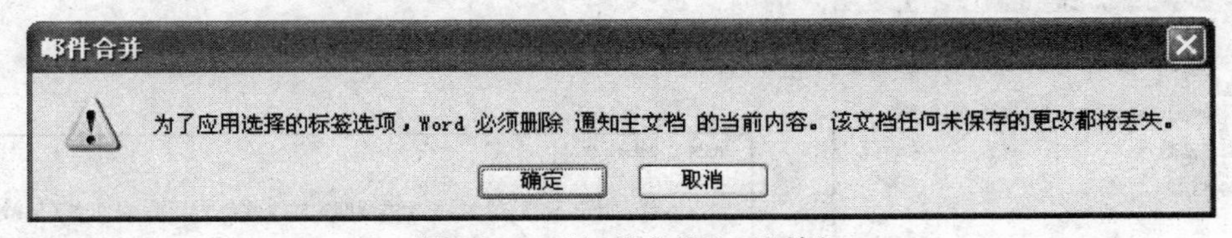

图 3-81　“邮件合并”对话框

⑤ 在“邮件合并”任务窗格，单击“下一步：选取标签”链接，在出现的“选取数据源”对话框中，选择文件“成绩.doc”作为数据源，单击“打开”按钮，如图 3-82 所示。

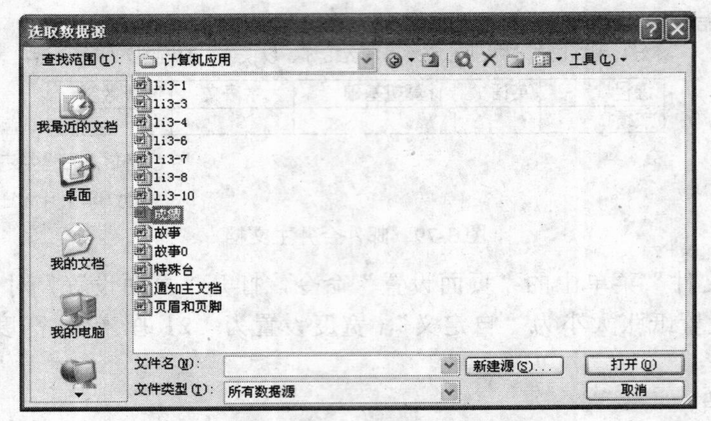

图 3-82 “选取数据源”对话框

⑥ 在“邮件合并收件人”对话框中单击“确定”按钮，如图 3-83 所示。

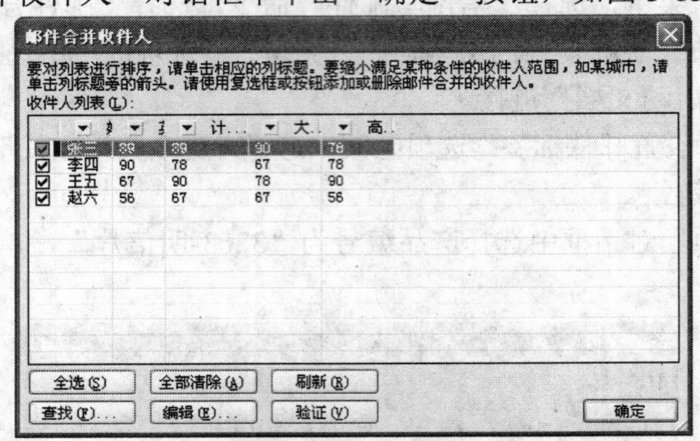

图 3-83 “邮件合并收件人”对话框

⑦ 在“邮件合并”任务窗格中单击“下一步：选取标签”链接，单击“下一步：预览标签”链接，单击“下一步：完成合并”链接。

⑧ 打开“工具”菜单，选择“信函与邮件”命令，选择“显示邮件合并工具栏”命令。将光标定位在文档中需要插入数据的文本位置。在“邮件合并工具栏”上选择紧挨“插入WORD 域”左边的“插入域”按钮，打开“插入合并域”对话框，如图 3-84 所示。单击“域”列表框中列出的某个域名，单击“插入”按钮。如法炮制，依次在主文档的相应位置插入数据域，如图 3-85 所示。

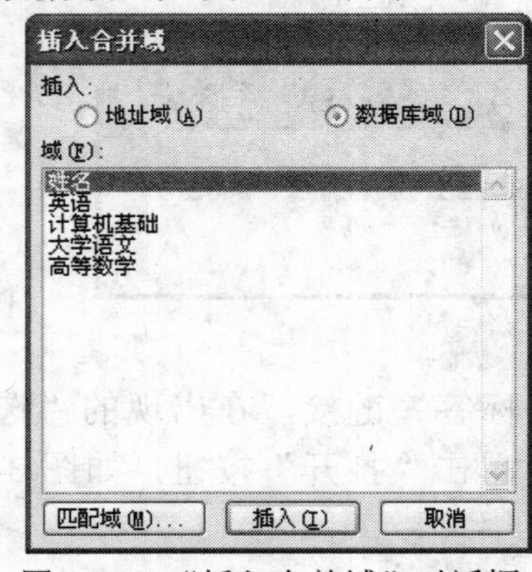

图 3-84 “插入合并域”对话框

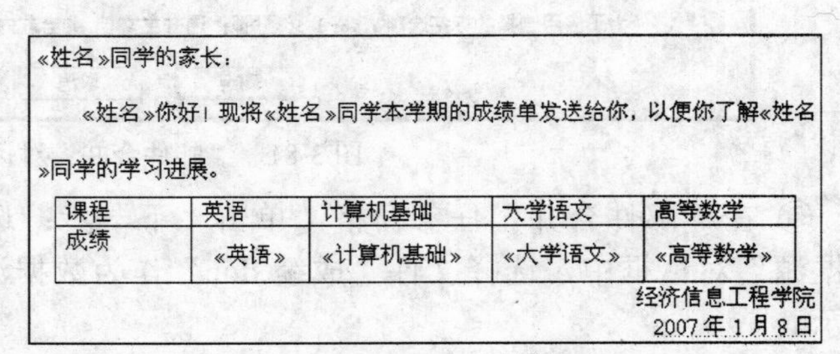

«姓名»同学的家长：

«姓名»你好！现将«姓名»同学本学期的成绩单发送给你，以便你了解«姓名»同学的学习进展。

课程	英语	计算机基础	大学语文	高等数学
成绩	«英语»	«计算机基础»	«大学语文»	«高等数学»

经济信息工程学院
2007 年 1 月 8 日

图 3-85 插入合并域的主文档

⑨ 在“邮件合并”工具栏上单击“合并到新文档”按钮，在“合并到新文档”对话框单击“全部”单选按钮，单击“确定”按钮，如图 3-86 所示。

⑩ 在弹出的新的标签文档中预览文档，可以看到合并以后的文档的效果，如图 3-87 所示。文档可以打印输出，也可以保存新的标签文件。

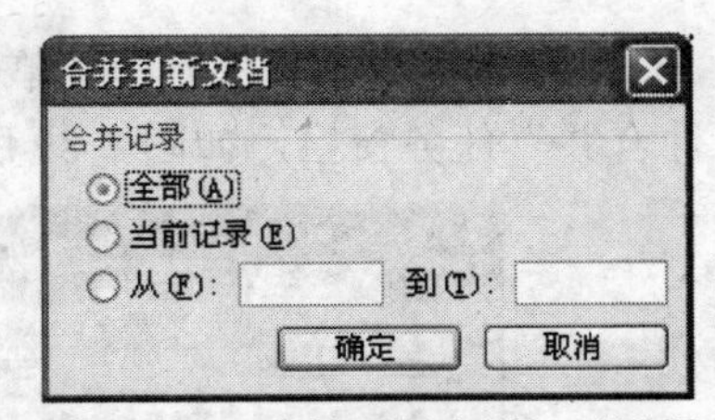

图 3-86　“合并到新文档”对话框

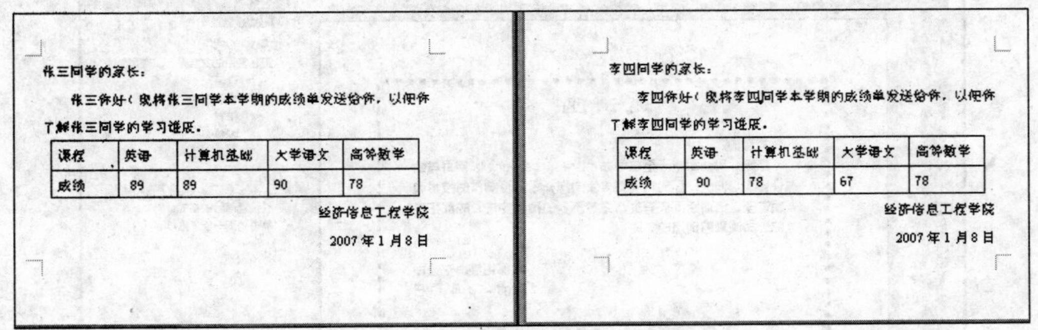

张三同学的家长：

张三你好！现将张三同学本学期的成绩单发送给你，以便你了解张三同学的学习进展。

课程	英语	计算机基础	大学语文	高等数学
成绩	89	89	90	78

经济信息工程学院

2007 年 1 月 8 日

李四同学的家长：

李四你好！现将李四同学本学期的成绩单发送给你，以便你了解李四同学的学习进展。

课程	英语	计算机基础	大学语文	高等数学
成绩	90	78	67	78

经济信息工程学院

2007 年 1 月 8 日

图 3-87　合并到新文档的实际效果

【例 3.20】利用如表 3-1 所示的部分培训人员的信息资料，创建一个培训邀请函，邀请函的样式如图 3-88 所示。

表 3-1　部分培训人员的信息资料

姓　名	称　谓	时　间　1	时　间　2	地　点
陈东	先生	2007 年 5 月 10 日	2007 年 5 月 12 日	成都
李雯	女士	2007 年 5 月 10 日	2007 年 5 月 12 日	成都
张名	先生	2007 年 5 月 10 日	2007 年 5 月 12 日	成都
赵云	女士	2007 年 5 月 10 日	2007 年 5 月 12 日	成都

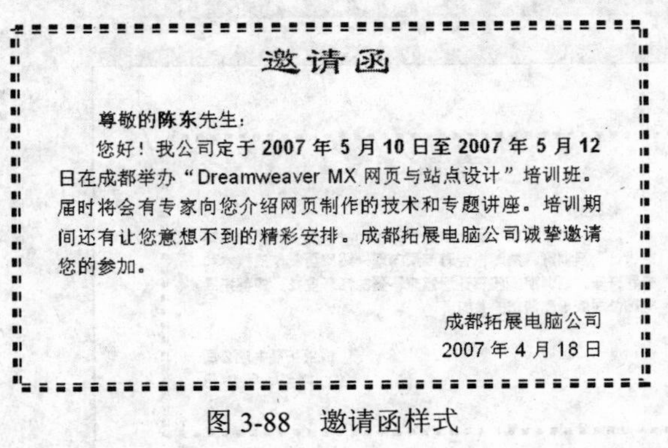

邀请函

尊敬的陈东先生：

您好！我公司定于 **2007 年 5 月 10 日至 2007 年 5 月 12** 日在成都举办“Dreamweaver MX 网页与站点设计”培训班。届时将会有专家向您介绍网页制作的技术和专题讲座。培训期间还有让您意想不到的精彩安排。成都拓展电脑公司诚挚邀请您的参加。

成都拓展电脑公司

2007 年 4 月 18 日

图 3-88　邀请函样式

操作步骤如下。

（1）启动 Word 应用程序窗口，单击“常用”工具栏上的“新建”按钮，新建一空白文档，然后将表 3-1 所示的培训人员的信息资料生成一张表格。表格生成后，以“培训人员.doc”为文件名保存，并关闭培训人员.doc。

（2）单击“常用”工具栏上的“新建”按钮，新建另一空白文档，然后设计好如图 3-88 所示的主控文档。

（3）单击选择“工具”菜单中的“信函与邮件”菜单，选择“邮件合并”命令，打开“邮件合并”任务窗格，如图 3-89 所示。

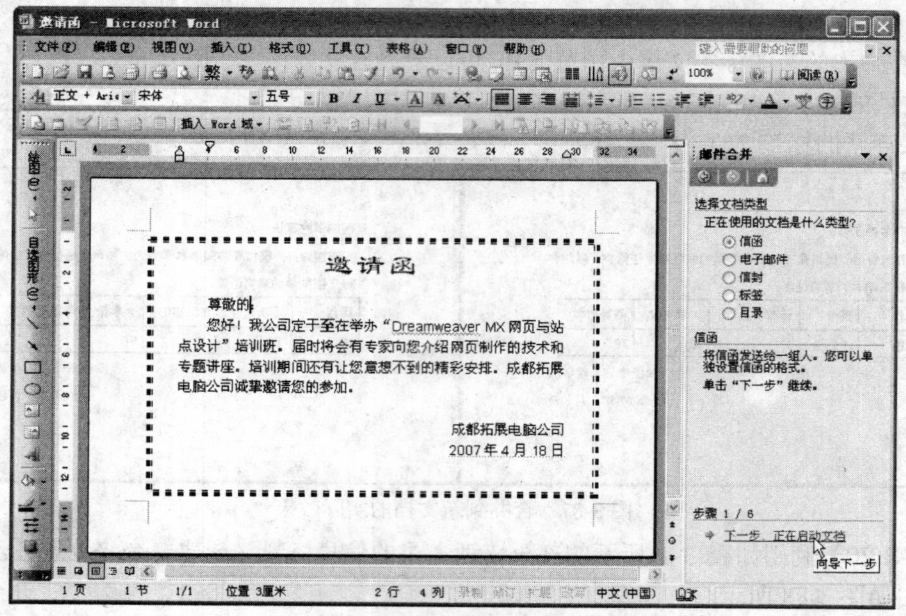

图 3-89　选择文档类型

（4）在“选择文档类型”选项区域中，选择“信函”单选按钮，然后单击“下一步：正在启动文档”链接，进入“邮件合并”任务窗格第二步，如图 3-90 所示。

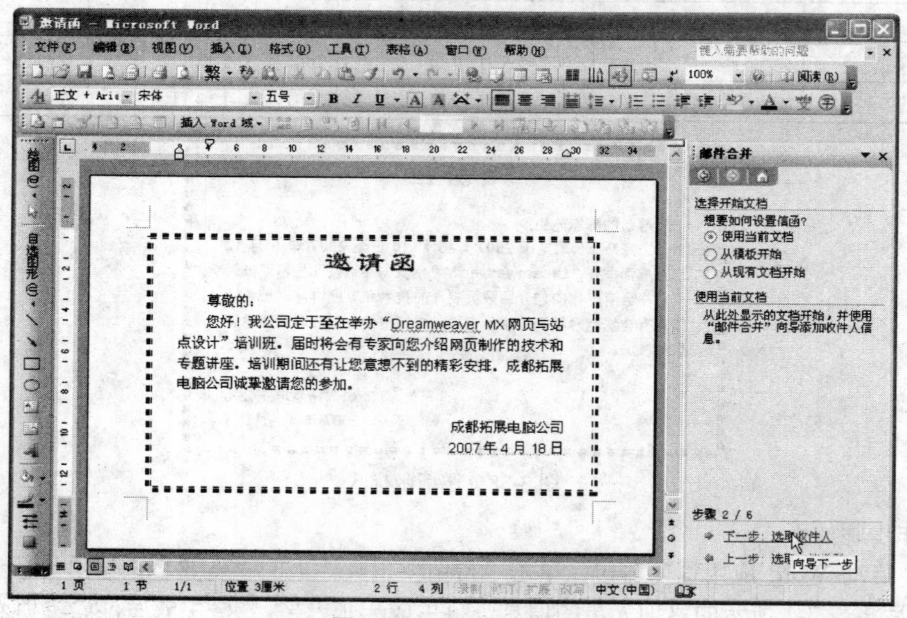

图 3-90　选择开始文档

（5）在“选择开始文档”选项区域中，选择“使用当前文档”单选按钮，然后单击“下一步：选取收件人”链接，系统进入“邮件合并”任务窗格第三步，如图 3-91 所示。

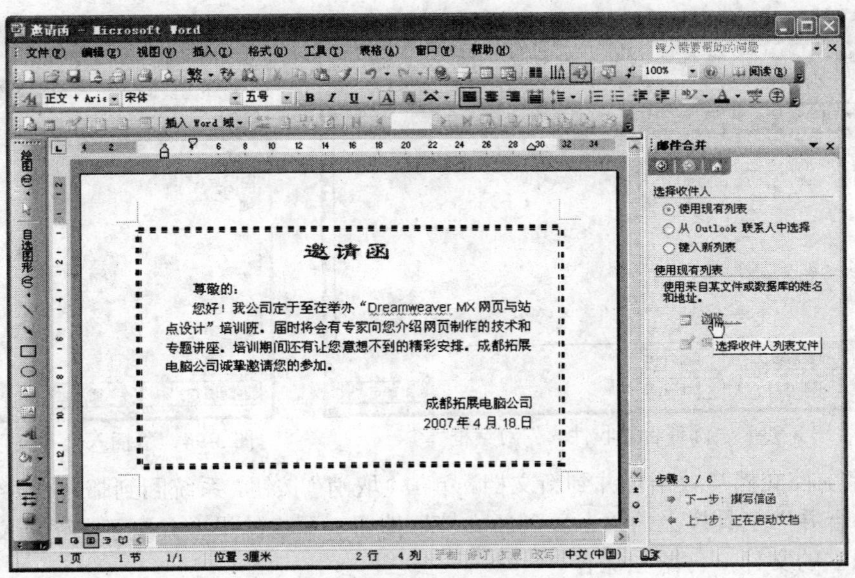

图 3-91　选择收件人

（6）在“选择收件人”选项区域中，选择“使用现有列表”单选按钮，然后单击“浏览”链接，打开“选取数据源”对话框，如图 3-92 所示。

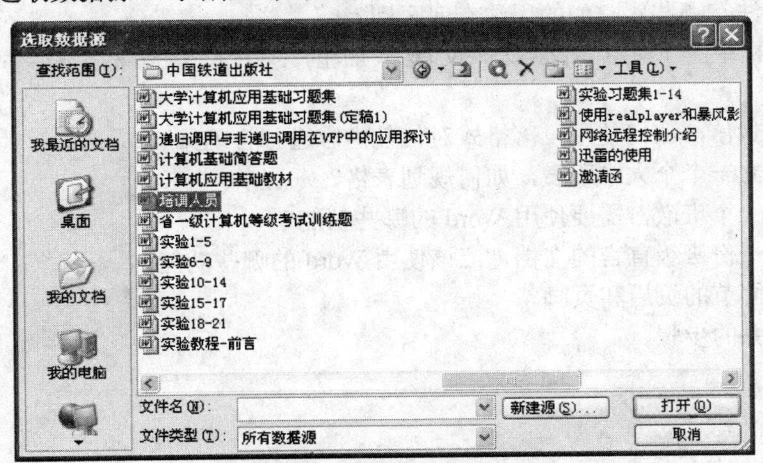

图 3-92　“选取数据源”对话框

（7）在“文件类型”列表框中选择“所有数据源”，然后找到所需的数据文件“培训人员.doc”，单击“打开”按钮，打开“邮件合并收件人”对话框，如图 3-93 所示。

（8）选取所需的数据范围之后，单击“确定”按钮，系统回到邮件合并编辑状态（也称主控文档）。在“格式”工具栏上右击，在弹出的快捷菜单中，选择“邮件合并”命令，“邮件合并”工具栏即被打开。

（9）将光标移动到所需位置，然后在“邮件合并”工具栏上单击“插入域”按钮，打开如图 3-94 所示的“插入合并域”对话框。

（10）将在“域”列表框中选择域名并单击“插入”按钮，文档中将出现“《》”括住的合并域。依次，将所需要的域插入到所有所需要处，打印时，这些域将用数据源的域值代替。

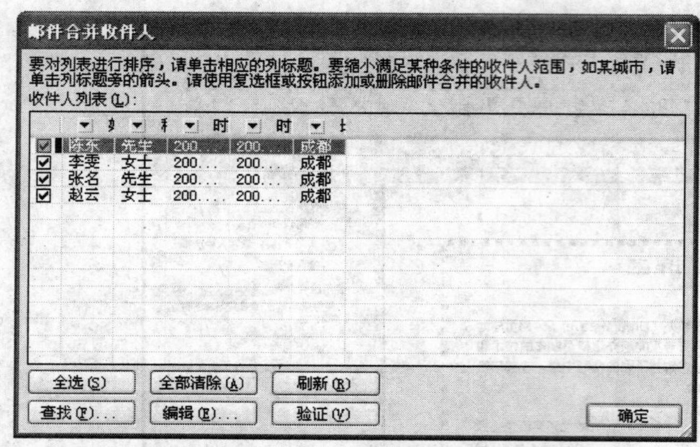

图 3-93 “邮件合并收件人”对话框

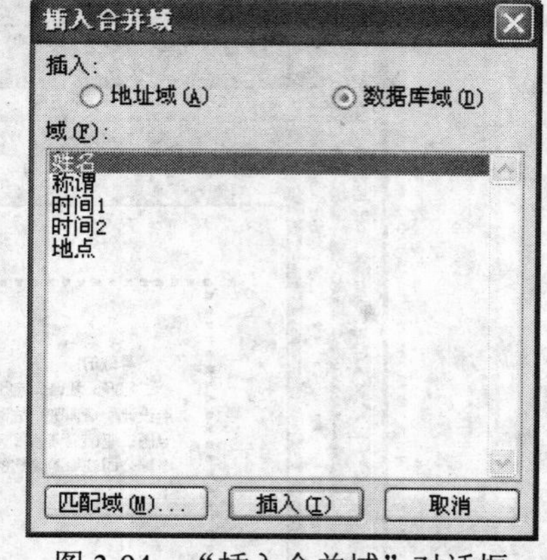

图 3-94 “插入合并域”对话框

（11）将主控文档与数据合并到新文档。单击“取消”按钮，系统回到邮件合并编辑状态。单击“邮件合并”工具栏上的“合并到新文档”按钮，即将结果合并到了一个新文档。新文档是一个独立的文件，可单独保存。

思考题三

1. 保存文件方法有哪些？它们的用法有何区别？
2. 要将全篇文档中的“文章”替换为“文章”（加粗，隶书），可以采用哪些方法，哪种方法更简单？
3. 给朋友写一封信，如何使用段落格式对信件内容进行合理排版？
4. 利用表格建立一个个人求职表，如何规划表格？
5. 为班级设计一个班徽，需要使用 Word 的哪些功能？
6. 帮班长修改一份班级宣言的文档，应该使用 Word 的哪些功能？
7. 如何设计不同节的页眉和页脚？
8. 简述邮件合并的步骤。

第4章 电子表格软件 Excel 2003

Excel 2003 中文版（以下简称 Excel）不仅可以制作各种的表格，而且还可以对表格数据进行综合管理、统计计算、制作图表，同时它还提供了数据清单（数据库）操作，广泛应用于财务、统计、金融、审计等各个领域。

4.1 Excel 2003 基础知识

启动 Excel 后，其操作界面如图 4-1 所示。Excel 的窗口主要包括标题栏、菜单栏、工具栏、编辑栏、工作表、状态栏和任务窗格等。

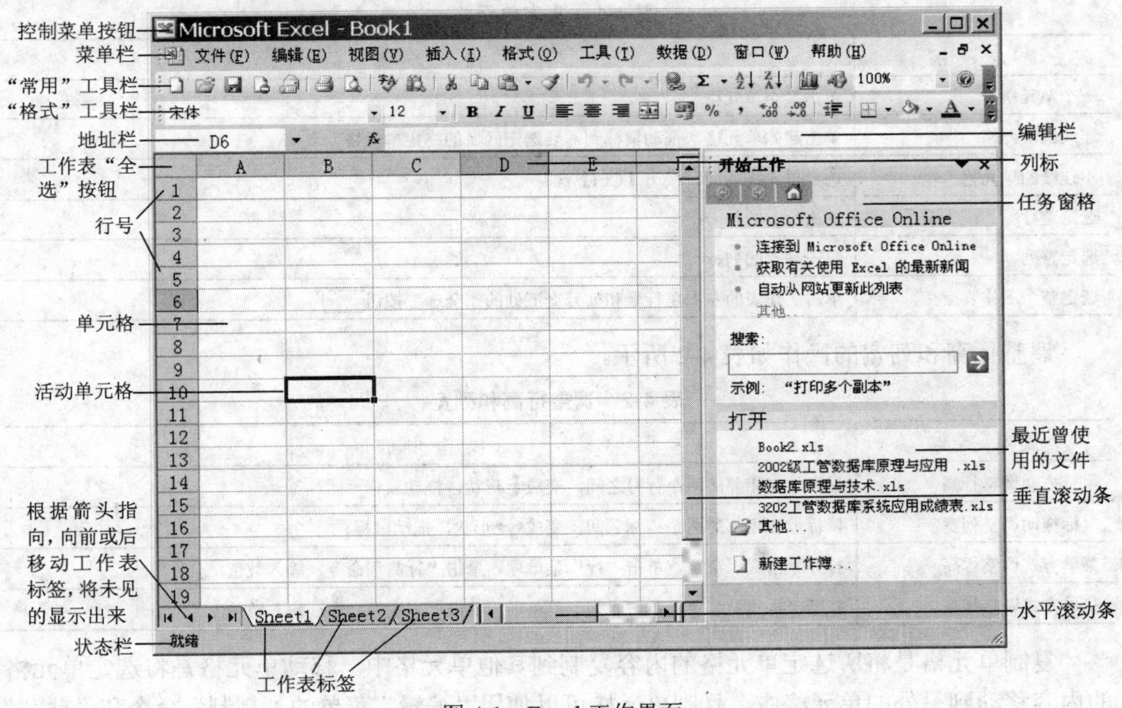

图 4-1 Excel 工作界面

1. 工作簿

在 Excel 中创建的文件叫做工作簿，其扩展名是.xls。启动 Excel 后，系统自动建立默认名为 book1.xls 的工作簿。每一个工作簿包含若干的工作表。新建的工作簿只包含 3 个工作表：sheet1、sheet2、sheet3，以后可以根据需要增加。工作表个数原则上仅受限于内存。

2. 工作表

工作表位于工作簿窗口的中央区域，由行号、列标和网格线组成。位于工作表左侧区域的灰色编号区为各行的行号，位于工作表上方的灰色字母区域为各列的列标。行和列相交形成单元格。一个工作表最多有 65 536 行、256 列。工作表由工作表标签加以区别，如 sheet1、sheet2 等。

3. 单元格

每一张工作表由若干单元格组成。单元格是存储数据和公式以及进行计算的基本单位。在Excel中，用列标行号来表示某个单元格，称为单元格的地址，例如：B5表示5行B列的单元格。光标所在的由粗线包围的一个单元格称为活动单元格或当前单元格。单击某个单元格，该单元格就称为活动单元格。此时，可以在编辑框中输入、修改或显示活动单元格的内容。

4.2 Excel 2003 的基本操作

在Excel中，可以选定、插入、删除、复制、移动单元格，还可以调整单元格的行高和列宽。

4.2.1 编辑单元格

在插入单元格、行或列之前，需要选定单元格。插入单元格的个数、行数或列数与选定单元格的个数、行数或列数一致。选定单元格的方法如表4-1所示。

表4-1 选定单元格

选 定 范 围	操 作 步 骤
一个单元格	单击某个单元格
连续的单元格	单击起始单元格，拖动鼠标到需要选定区域的终止单元格
不连续的单元格	选定单元格的同时按下【Ctrl】键
选定整行	单击行首的行号
选定整列	单击列首的列标
选定整个工作表	单击工作表的左上角行号和列号交汇处的“全选”按钮

调整行高和列宽的操作如表4-2所示。

表4-2 调整行高和列宽

操 作 要 点	操 作 步 骤
鼠标拖动调整行高	鼠标放在相邻的两个行号之间，变成✛形状，拖动鼠标
鼠标拖动调整列宽	鼠标放在相邻的两个列标之间，变成✛形状，拖动鼠标
菜单方式调整行高	打开“格式”菜单，单击“行”菜单项，单击“行高”命令，输入数值
菜单方式调整行高	打开“格式”菜单，单击“列”菜单项，单击“列宽”命令，输入数值

复制单元格是将所选定单元格的内容复制到其他单元格中。移动单元格是将选定单元格的内容移动到另外的单元格中。复制单元格可以使用“编辑”菜单的“复制”命令和“粘贴”命令来完成。移动单元格可以使用“编辑”菜单的“剪切”和“粘贴”命令来完成。其操作同Word中复制和移动命令。

4.2.2 工作表数据的录入

在Excel中，根据输入的数据性质，可以将数据分为数值型数据、日期型数据、文本型数据、逻辑型数据等几种。数值型数据可以进行算术运算。日期型数据表示日期，由年月日组成。文本型数据由可以输入的字符组成，表示文本信息。逻辑型表示TRUE和FALSE两种状态，其中，TRUE表示真，FALSE表示假。

本节内容所需要录入的数据是“某公司一月份的工资表”，工作簿的名称是工资.xls，工作表的名称是 Sheet1，数据如图 4-2 所示。

	A	B	C	D	E	F	G	H	I	J	K
1	某公司一月份的工资表										
2	财务部制										
3	编号	发放时间	姓名	部门	基本工资	奖金	住房补助	应发金额	其他扣款	所得税	实发工资
4	10932	2007-1-2	张珊	管理	1500	4000	230		30		
5	10933	2007-1-2	李思	软件	1200	5000	260		40		
6	10934	2007-1-2	王武	财务	1100	2000	250		50		
7	10935	2007-1-2	赵柳	财务	1050	1000	270		30		
8	10936	2007-1-2	钱棋	人事	1020	2000	240		60		
9	10941	2007-1-2	张明	管理	1360	4000	210		30		
10	10942	2007-1-2	赵敏	人事	1320	2500	230		40		
11	10945	2007-1-2	王红	培训	1360	2600	230		40		
12	10946	2007-1-2	李萧	培训	1250	2800	240		50		
13	10947	2007-1-2	孙科	软件	1200	3500	230		30		
14	10948	2007-1-2	刘利	软件	1420	2500	220		40		

Sheet1 / Sheet2 / Sheet3

图 4-2　工资表的数据

1．数据输入的一般过程

在 Excel 中，输入数据的方法如下。

（1）选定要输入数据的单元格。

（2）从键盘上输入数据。

（3）按回车键，或单击编辑栏上的“确定”按钮✓后确定输入。如果按【Esc】键，或单击编辑栏上的“取消”按钮✕可以取消输入。

注意： *在输入数据时，应考虑数据的类型。*

① 数值型数据

数值型数据包括数字、正号、负号和小数点。科学记数法的数据表示形式的输入格式是“尾数 E 指数”，分数的输入形式是“分子/分母”。例如：234，12E3，-234，2/3。

② 文本型数据

字符文本应逐字输入。数字文本以=“数字”的格式输入，或直接输入。例如：输入文本 32，可输入：=“32”或输入：'32。

数值型数据 32 和数字文本 32 是有区别的，前者可以进行算术计算，后者则只表示字符 32。

③ 日期型数据

日期型数据的输入格式是：yy-mm-dd 或 mm-dd，例如：06-12-31，3-8。通过格式化得到其他形式的日期，可减少数据的输入。

④ 逻辑型数据

逻辑型数据的输入只有 TRUE 和 FALSE，其中，TRUE 表示真，FALSE 表示假。

2．输入相同的数据

可以使用填充柄在一行或一列中输入相同的数据。

【例 4.1】在工资.xls 的 Sheet1 工作表中，在 B4 单元格到 B14 单元格内输入数据“2007-1-2”。

操作步骤如下。

（1）在一行或一列的开始单元格 B4 中输入数据“2007-1-2”。

（2）将鼠标放在 B4 单元格右下角，鼠标变成实心的“十”字形状（即填充柄）。

（3）按住【Ctrl】键，拖动鼠标到 B14 单元格，则在 B4 单元格到 B14 单元格内输入了相同的数据“2007-1-2”。

3. 采用自定义序列自动填充数据

在 Excel 中，可以使用自定义序列填充数据。系统中，有一些默认的自定义序列。选择“工具”菜单中的“选项”命令，单击“自定义序列”选项卡，可以看到系统默认的自定义序列，如图 4-3 所示。

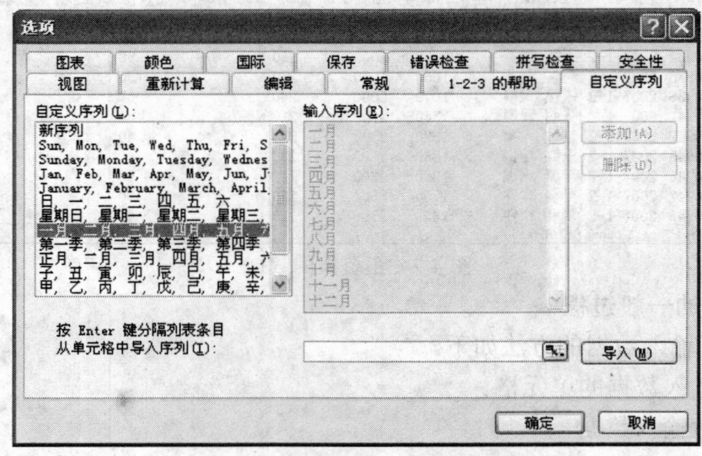

图 4-3 系统默认的自定义序列

（1）使用默认序列

① 在单元格中输入自定义序列中的一项数据，如“一月”。

② 将鼠标放在单元格右下角，鼠标变成实心的“十”字形状（即填充柄）。

③ 拖动鼠标，就可以在拖动范围内的单元格依次输入自定义序列的数据，例如，一月，二月，三月……，如图 4-4 所示。

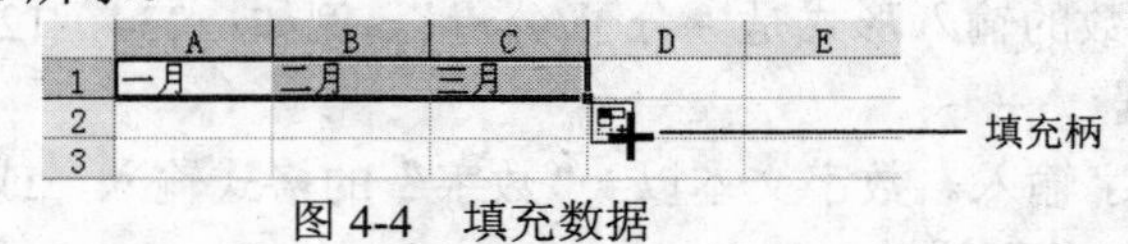

图 4-4 填充数据

（2）用户自定义序列

① 选择“工具”菜单中的“选项”命令，单击“自定义序列”选项卡，打开“自定义序列”对话框，如图 4-5 所示。

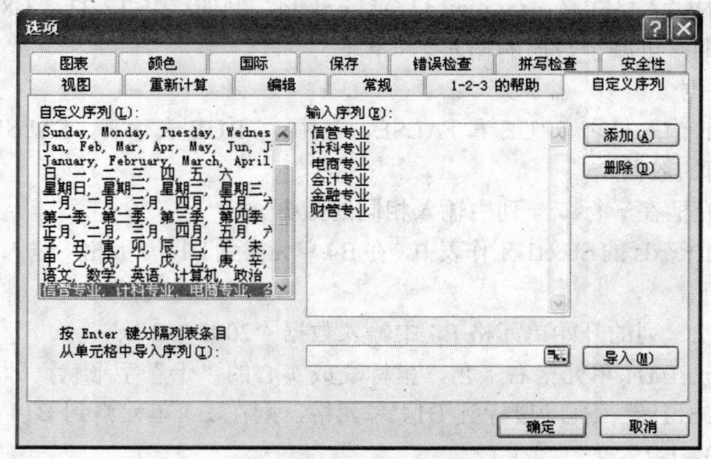

图 4-5 用户自定义序列

② 在“自定义序列”列表框中，单击“新序列”选项。

③ 在“输入序列”列表框中，依次输入序列中的每一项，每项之间以按回车键分隔，如图 4-4 所示。

④ 单击“添加”按钮，将用户自定义序列添加到“自定义序列”列表框中。用户就可以使用该自定义序列了。

4．采用填充序列方式自动填充数据

采用填充序列方式自动填充数据，可以输入等差或等比序列的数据。

操作步骤如下。

（1）在第一个单元格中输入起始数据。

（2）打开“编辑”菜单，选择“填充”菜单，选择“序列”命令，打开“序列”对话框，如图 4-6 所示。

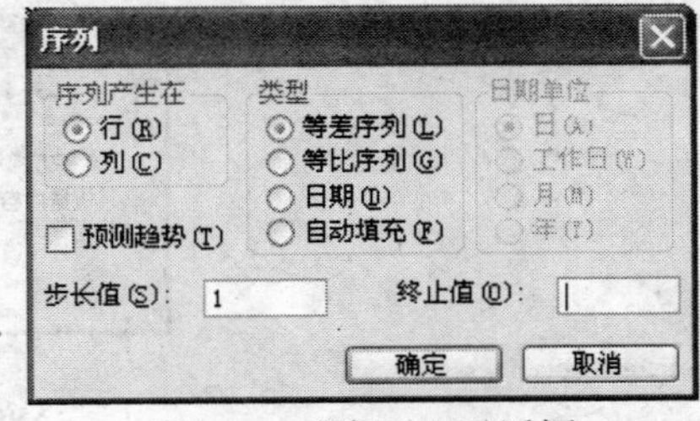

图 4-6　“序列”对话框

（3）在“序列”对话框中，指定序列产生在列或者行，在“步长值”文本框中输入数列的步长，在“终止值”文本框中输入最后一个数据。

（4）单击“确定”按钮，在行上或列上产生定义的数据序列。

另外，可以使用快捷方式来产生步长为 1 的等差数列。

【例 4.2】在工资.xls 的 Sheet1 工作表中，输入 A4 单元格到 A14 单元格的数据（10932，10933，…，10948），如图 4-2 所示。

操作步骤如下。

① 在第一个单元格 A4 中输入起始数据 10932。

② 鼠标定位在第一个单元格右下角，变成填充柄形状，按住【Ctrl】键的同时在行或列的方向（这里在列）拖动鼠标到 A14 单元格，即可产生等差数据序列 10932，10933，…。

5．清除单元格数据

清除单元格数据是指删除选定单元格中的数据。清除数据的方法是：选定单元格，按【Del】键。注意：清除单元格的数据和删除单元格是不同的。

4.2.3　修饰单元格

修饰单元格包括制作标题、单元格数据的格式化、设置边框和底纹等操作。

1．制作标题

在 Excel 工作表中，标题一般位于表格数据的正上方，可以采用“合并居中”功能来制作标题。

【例 4.3】设置工资.xls 的 Sheet1 工作表的标题，如图 4-2 所示。

操作步骤如下。

（1）选定要制作标题的单元格，本例中，选择 A1 单元格到 K2 单元格区域，单击“格式”工具栏上的“合并居中”按钮，将所选定的单元格变成一个单元格 A1。

（2）在合并后的单元格 A1 中，输入标题“某公司一月份的工资表”，并设置文本格式。

（3）如果文本需要换行，则在需换行的位置按【Alt+回车】组合键。本例中，光标定位到“某公司一月份的工资表”的最后，按【Alt+回车】组合键，则换行，输入“财务部制”。

如果要取消合并居中格式，可以按照如下操作步骤。

① 选择“格式”菜单中的“单元格”命令，打开“单元格格式”对话框，如图 4-7 所示。

② 单击“对齐”选项卡，取消选中“合并单元格”复选框，单击“确定”按钮。

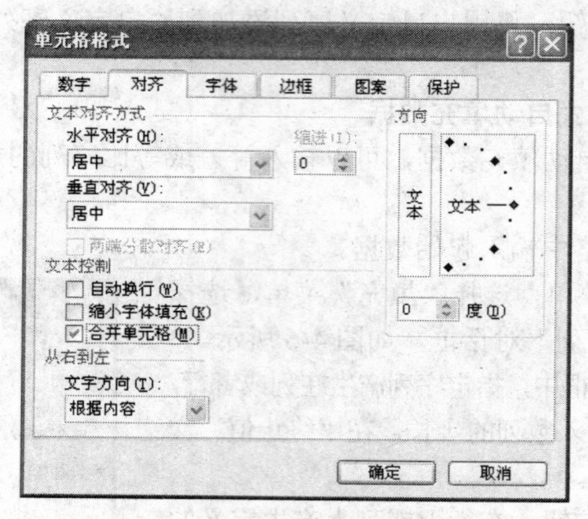

图 4-7 “对齐”选项卡

2. 单元格数据的格式化

在 Excel 中，可以使用“格式”工具栏对单元格数据进行格式化处理。“格式”工具栏上的按钮功能如图 4-8 所示。

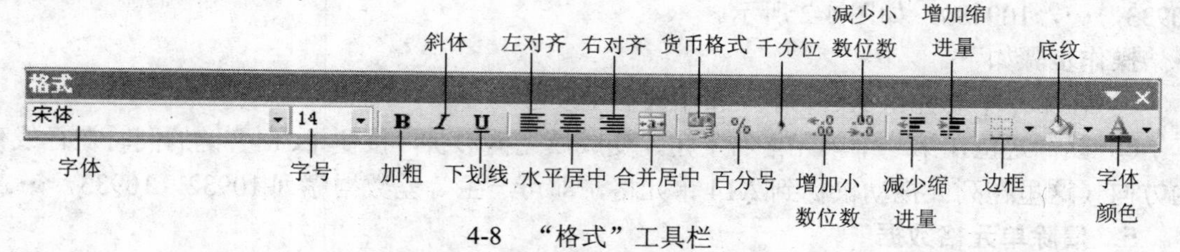

4-8 “格式”工具栏

另外，选择“格式”菜单中的“单元格”命令，打开“单元格格式”对话框，也可以对单元格的数据进行格式化处理。

在“单元格格式”对话框中，单击“数字”选项卡，在“分类”列表框中选择“数值”选项，可以设置数值型数据的小数位数、千位分隔符以及负数的显示格式，如图 4-9 所示。

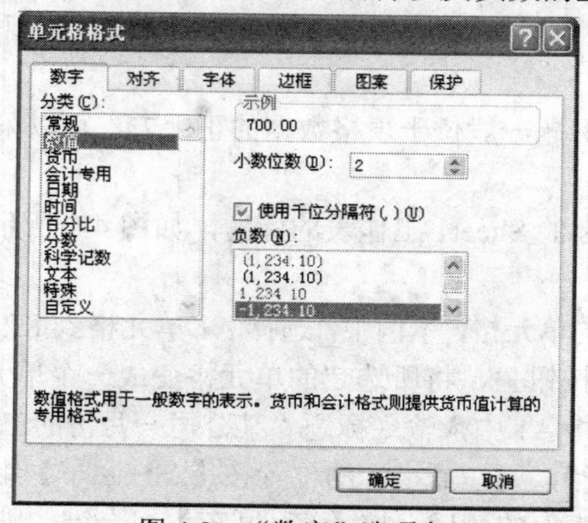

图 4-9 “数字”选项卡

在“分类”列表框中选择“货币”选项，可以设置货币数据的小数位数、货币符号以及负数的显示格式。在“分类”列表框中选择“日期”选项，可以设置日期数据的显示格式。

另外，还可以在“单元格格式”对话框的“数字”选项卡中，设置会计专用的数据格式、时间格式、百分比格式以及分数格式等。

3. 边框和底纹

在“单元格格式”对话框中，选择“边框”选项卡，设置单元格的边框样式，如图 4-10 所示。选择“图案”选项卡，设置单元格的底纹样式，如图 4-11 所示。

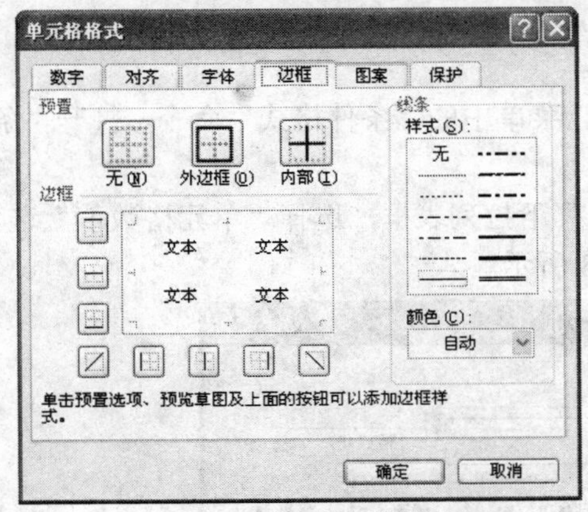

图 4-10　“边框”选项卡

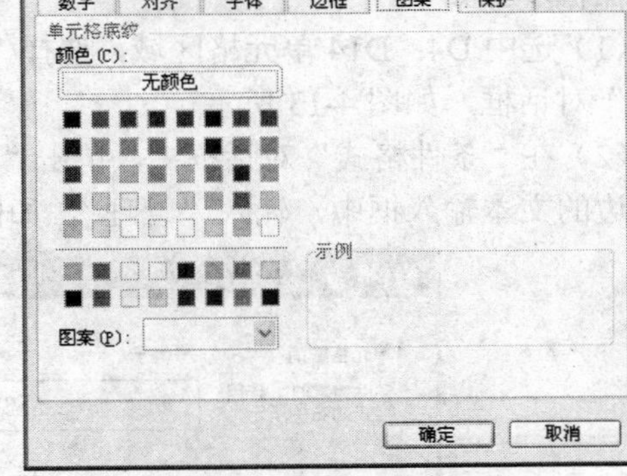

图 4-11　“图案”选项卡

【例 4.4】将工资.xls 的 Sheet1 工作表格式化，如图 4-12 所示的表格。

	A	B	C	D	E	F	G	H	I	J	K
1	某公司一月份的工资表										
2	财务部制										
3	编号	发放时间	姓名	部门	基本工资	奖金	住房补助	应发金额	其他扣款	所得税	实发工资
4	10932	1月2日	张珊	管理	￥1,500.00	4000	230		30		
5	10933	1月2日	李思	软件	￥1,200.00	5000	260		40		
6	10934	1月2日	王武	财务	￥1,100.00	2000	250		50		
7	10935	1月2日	赵柳	财务	￥1,050.00	1000	270		30		
8	10936	1月2日	钱棋	人事	￥1,020.00	2000	240		60		
9	10941	1月2日	张明	管理	￥1,360.00	4000	210		30		
10	10942	1月2日	赵敏	人事	￥1,320.00	2500	230		40		
11	10945	1月2日	王红	培训	￥1,360.00	2600	230		40		
12	10946	1月2日	李萧	培训	￥1,250.00	2800	240		50		
13	10947	1月2日	孙科	软件	￥1,200.00	3500	230		30		
14	10948	1月2日	刘利	软件	￥1,420.00	2500	220		40		

Sheet1 / Sheet2 / Sheet3

图 4-12　格式化单元格的效果

操作步骤如下。

（1）选择 A3 到 K3 单元格，单击“格式”工具栏上的“底纹”按钮的下三角按钮，在“颜色”列表框中选择“灰色”，设置第 3 行单元格的底纹为“灰色”。

（2）选择 A3 到 K14 单元格，单击“格式”工具栏上的“边框”按钮的下三角按钮，在“样式”列表框中选择“所有边框”田，设置 A3 到 K14 单元格的边框。

（3）选择 B3 到 B14 单元格，单击“格式”工具栏上的“水平居中”按钮，将 B 列数据设置为“水平居中”。

（4）选择 B4 到 B14 单元格，选择“格式”菜单中的“单元格”命令，在“单元格格式”对话框中选择“数字”选项卡，在“分类”列表框中选择“日期”选项，在“类型”列表框中选择“3 月 14 日”格式，单击“确定”按钮，将所有“发放时间”项的数据格式化为如图 4-12 所示。

（5）选择 E4 到 E14 单元格，选择“格式”菜单中的“单元格”命令，在“单元格格式”对话框选择“数字”选项卡，在“分类”列表框中选择“货币”选项，设置小数位数为“2”，设置货币符号为“￥”，单击“确定”按钮，将所有“基本工资”项的数据格式化，如图 4-12 所示。

4．条件格式

条件格式是指当指定条件为真时，Excel 自动应用于单元格的格式。例如，单元格底纹或字体颜色等。

【例 4.5】在工资.xls 的 Sheet1 工作表中，将部门为“管理”的单元格设置为蓝色底纹，如图 4-12 所示。

操作步骤如下。

（1）选中 D4：D14 单元格区域，选择“格式”菜单中的“条件格式”命令，打开“条件格式”对话框，如图 4-13 所示。

（2）在“条件格式”对话框中，单击“条件 1”下拉列表框，选择“单元格数值”选项，在右边的文本输入框中，输入“管理”，如图 4-13 所示。

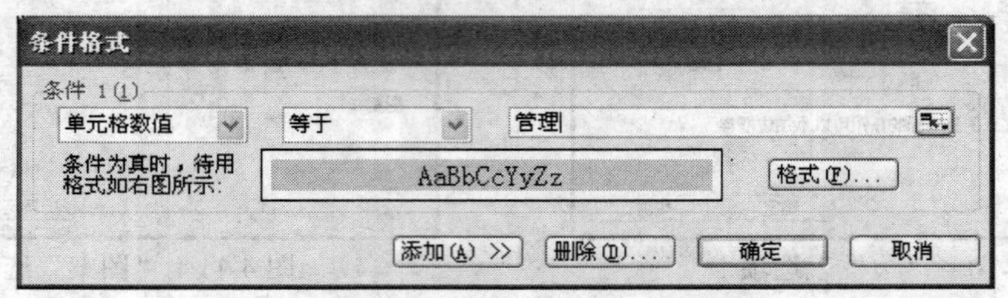

图 4-13 “条件格式”对话框

（3）单击“格式”按钮，打开“单元格格式”对话框，单击“图案”选项卡，如图 4-11 所示。选择蓝色，单击“确定”按钮，返回到“条件格式”对话框。再单击“确定”按钮，关闭“条件格式”对话框。此时，在工作表中可以看到，在 D4：D14 单元格区域，部门为“管理”的单元格加上了蓝色底纹。

4.2.4 编辑工作表

在 Excel 中，可以插入、删除、重命名、复制或移动工作表。操作步骤如表 4-3 所示。

表 4-3 编辑工作表的操作

操 作 要 点	操 作 步 骤
插入工作表	右击某个工作表的标签，在快捷菜单中选择“插入”命令，在弹出的“插入”对话框中单击“工作表”图标，单击“确定”按钮，如图 4-14 所示，则在选定的工作表之前插入一个新的工作表
删除工作表	右击要删除的工作表的标签，在快捷菜单中选择“删除”命令，在弹出的对话框中单击“删除”按钮，则删除该工作表
重命名工作表	右击要重命名的工作表的标签，在快捷菜单中选择“重命名”命令，在标签处输入工作表的名称即可
复制或移动工作表	右击要复制或移动的工作表，在快捷菜单中选择“移动或复制工作表”命令，在弹出的对话框中，选择工作表的目的位置，如图 4-15 所示。如果选中“建立副本”复选框，则进行复制，否则进行移动。单击“确定”完成
删除行	单击“编辑”菜单，单击“删除”命令，在“删除”对话框中选择“整行”单选按钮
删除列	单击“编辑”菜单，单击“删除”命令，在“删除”对话框中选择“整列”单选按钮

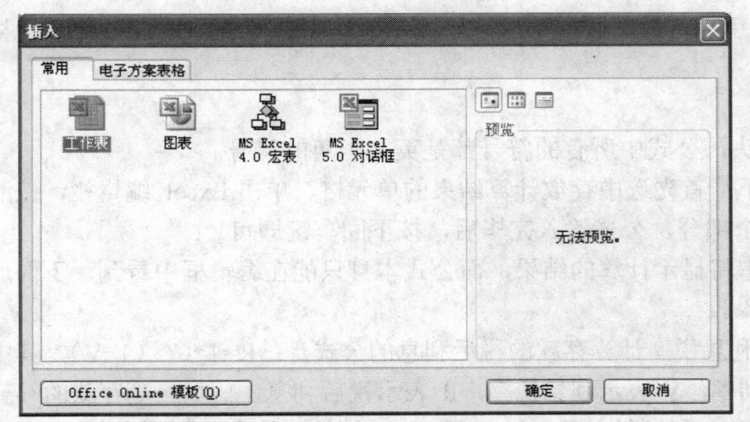

图 4-14　"插入"对话框

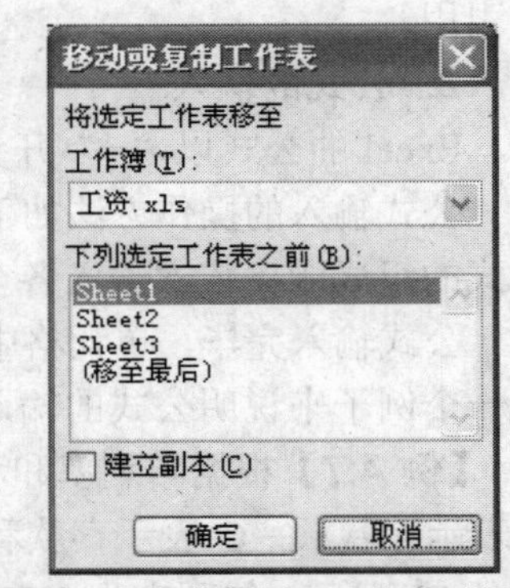

图 4-15　"移动或复制"工作表对话框

【例 4.6】将工资.xls 的 Sheet1 工作表标签命名为"工资表"，将 Sheet2 工作表标签命名为"税率表"。

操作步骤如下。

（1）右击 Sheet1 工作表的标签，在快捷菜单中选择"重命名"命令，在标签处输入工作表的名称"工资表"。

（2）右击 Sheet2 工作表的标签，在快捷菜单中选择"重命名"命令，在标签处输入工作表的名称"税率表"。

4.3　公式与函数的使用

在 Excel 中，利用公式可以实现表格的自动计算。函数是预定义的公式，Excel 提供了数学、日期、查找、统计、财务等多种函数供用户使用。

4.3.1　公式

Excel 的公式以"="开头，"="后面可以包括 5 种元素：运算符、单元格引用、数值和文本、函数、括号。

1．运算符

Excel 中包含算术运算符、比较运算符、文本运算符和引用运算符 4 种类型。

① 算术运算符

算术运算符包括：+（加）、-（减）、*（乘）、/（除）、%（百分比）、^（乘方）

② 比较运算符

比较运算符包括：=（等于）、>（大于）、<（小于）、>=（大于等于）、<=（小于等于）、<>（不等于）

③ 文本运算符

文本运算符&用来连接两个文本，使之成为一个文本。例如："Power"&"Point"的计算结果是"Power Point"

④ 引用运算符

引用运算符用来引用单元格区域，包括区域引用符（:）和联合引用符（,）。例如，B1：D5

表示 B1 到 D5 所有单元格的引用，B5，B7，D5，D6 表示 B5，B7，D5，D6 这 4 个单元格的引用。

2．公式的输入

Excel 的公式以“=”开头，公式中所有的符号都是英文半角的符号。

公式输入的操作方法如下：首先选中存放计算结果的单元格，单击 Excel 编辑栏，按照公式的组成顺序依次输入各个部分，公式输入完毕后，按下回车键即可。

公式输入完毕，单元格中将显示计算的结果，而公式本身只能在编辑框中看到。下面通过一个例子来说明公式的输入。

【例 4.7】根据年利率和利息税率计算存款的税后利息的公式是：R=T*C*（1−V），其中 T 表示存款额，C 表示存款利率，V 表示利息税率，R 表示税后利息。假如一笔存款的存款额是 13 万元，年利率是 2.79%，利息税率是 20%，用 Excel 计算该笔存款的利息。

操作步骤如下。

（1）在 Excel 中输入存款相关的数据，如图 4-16 所示。分别在 A1、A2、A3、A4 单元格中输入“存款额（元）”、“年利率”、“利息税率”、“税后利息”。分别在 B1、B2、B3 单元格中输入 130000、2.79%、20%。

（2）在 B4 单元格中输入计算税后利息的公式“=B1*B2*（1-B3）”，按回车键，即可计算出该笔存款的税后利息。

B4 =B1*B2*(1-B3)

	A	B	C
1	存款额(元)	130000	
2	年利率	2.79%	
3	利息税率	20%	
4	税后利息	2901.6	
5			

图 4-16 公式的输入

3．公式的复制

为了提高输入的效率，可以对单元格中输入的公式进行复制。复制公式的方法有两种，一种是使用“复制”和“粘贴”命令；另一种是使用拖动填充柄的方法。第二种方法的操作如下：鼠标放在要复制的单元格的右下角，待变成填充柄形状，拖动鼠标到同行或同列的其他单元格上即可。

若公式中包含有单元格地址的引用，则在复制的过程中根据不同的情况使用不同的单元格引用。

4.3.2 单元格地址的引用

单元格地址的引用包括绝对引用、相对引用和混合引用 3 种。

1．绝对引用

绝对引用是指在公式复制或移动时，公式中的单元格地址引用相对于目的单元格不发生改变的地址。绝对引用的格式是“$列标$行号”，例如：$A$1，$B$3，$E$2。

2．相对引用

相对引用是指在公式复制或移动时，公式中单元格地址引用相对于目的单元格发生相对改变的地址。相对引用的格式是“列标行号”。例如：A1，B3，E2。

下面通过例子来说明相对引用和绝对引用的应用。

【例 4.8】计算工资和薪金所得个人所得税的税率和速算扣除数表如表 4-4 所示，其中速算扣除数=本级的最低所得额×（本级税率—前一级的税率）+ 前一级的速算扣除数。在工资.xls 的税率表工作表中输入如图 4-17 所示的数据。

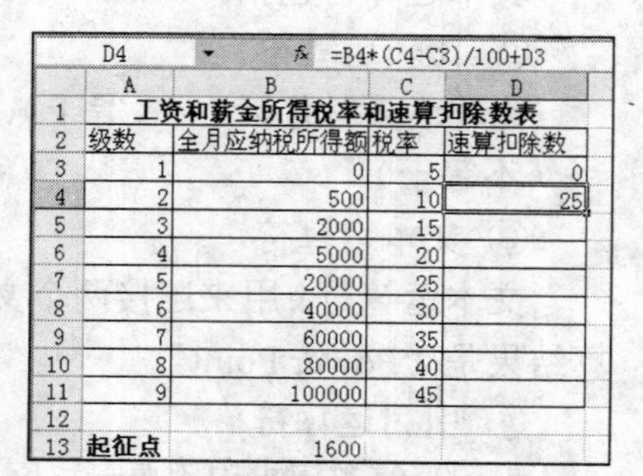

D4 =B4*(C4-C3)/100+D3

	A	B	C	D
1	工资和薪金所得税率和速算扣除数表			
2	级数	全月应纳税所得额	税率	速算扣除数
3	1	0	5	0
4	2	500	10	25
5	3	2000	15	
6	4	5000	20	
7	5	20000	25	
8	6	40000	30	
9	7	60000	35	
10	8	80000	40	
11	9	100000	45	
12				
13	起征点	1600		

图 4-17 “税率表”工作表

表 4-4　个人所得税税率和速算扣除数表

级　数	全月应纳税所得额	税　率	速算扣除数
1	低于 500 元	5	0
2	500 元～1 999 元	10	25
3	2 000 元～4 999 元	15	125
4	5 000 元～19 999 元	20	375
5	20 000 元～39 999 元	25	1 375
6	40 000 元～59 999 元	30	3 375
7	60 000 元～79 999 元	35	6 375
8	80 000 元～99 999 元	40	10 375
9	100 000 元以上	45	15 375

操作步骤如下。

（1）在工资.xls 的税率表工作表中，选定 A1 到 D1 单元格，单击“格式”工具栏上的“合并居中”按钮，输入“工资和薪金所得税率和速算扣除数表”。

（2）在 A2 到 D2 单元格中依次输入列标题。

（3）在 A3 单元格中输入数字“1”，鼠标放在 A3 单元格的右下角，变成填充柄，拖动鼠标到 A11 单元格，系统自动在 A2 到 A11 单元格中填充数据。

（4）依次输入 B3 到 C11 单元格中的数据，输入 D3 单元格中的数据 0。如图 4-17 所示。

（5）在 D4 单元格中，输入公式“=B4*(C4-C3)/100+D3”。

（6）鼠标放在 D4 单元格的右下角，待变成填充柄“＋”形状，拖动鼠标到 D11 单元格，复制 D4 的公式至 D5～D11 单元格中。即可计算出各级速算扣除数。

说明：为了使得 D4 的公式复制到 D5 单元格中，能够变成“=B5*(C5-C4)/100+D4”；复制到 D6 单元格中，能够变成“=B6*(C6-C5)/100+D5”，依此类推，D4 中单元格地址引用需用相对引用。

【例 4.9】根据如图 4-18 所示的数据，计算每笔存款的税后年利息。

分析：首先计算 E4 单元格的税后年利息，根据例 4-7 的计算方法，得到 E4 中的公式是“=C4*D4*(1-D2)”。因为对于每一笔存款，存款额和年利率是不同的，而利息税率是不变的，为了使得公式能够正确的复制，因此公式中的 C4 和 D4 的引用采用相对引用，而 D2 采用绝对引用。

（1）选择 A1 到 E1 单元格，单击“格式”工具栏上的“合并居中”按钮，输入“计算税后利息表”。

（2）按照图 4-18 所示输入各个单元格的数据。

（3）在 E4 单元格中输入公式“=C4*D4*(1-$D$2)”，如图 4-19 所示。

	A	B	C	D	E
1	计算税后利息表				
2			利息税率	20%	
3	编号	类型	存款额(万元)	年利率	税后年利息
4	1	一年定期	10000	2.79%	
5	2	一年定期	20000	2.79%	
6	3	两年定期	20000	3.33%	
7	4	三年定期	25000	3.96%	
8	5	五年定期	30000	4.41%	

图 4-18　计算税后利息表的数据

E4　　fx =C4*D4*(1-$D$2)

	A	B	C	D	E
1	计算税后利息表				
2			利息税率	20%	
3	编号	类型	存款额(万元)	年利率	税后年利息
4	1	一年定期	10000	2.79%	223.2
5	2	一年定期	20000	2.79%	446.4
6	3	两年定期	20000	3.33%	532.8
7	4	三年定期	25000	3.96%	792
8	5	五年定期	30000	4.41%	1058.4

图 4-19　输入计算税后利息的公式

（4）鼠标放在 E4 单元格的右下角，待变成填充柄“＋”形状，拖动鼠标到 E8 单元格，将公式复制到 E5～E8 单元格中，则计算出各笔存款的税后年利息。

3．混合引用

混合引用是指单元格的引用中，一部分是相对引用，一部分是绝对引用。例如：A$1，$B1，$E2。

【例 4.10】生成如图 4-20 所示的九九乘法表。

操作步骤如下。

（1）选择 A1～J1 单元格，单击格式工具栏上的“合并居中”按钮，输入“九九乘法表”。

（2）按照图 4-21 所示，输入 A2～J2，A3～A11 单元格的数据。

	A	B	C	D	E	F	G	H	I	J	K
1	九九乘法表										
2	*	1	2	3	4	5	6	7	8	9	
3	1	1	2	3	4	5	6	7	8	9	
4	2	2	4	6	8	10	12	14	16	18	
5	3	3	6	9	12	15	18	21	24	27	
6	4	4	8	12	16	20	24	28	32	36	
7	5	5	10	15	20	25	30	35	40	45	
8	6	6	12	18	24	30	36	42	48	54	
9	7	7	14	21	28	35	42	49	56	63	
10	8	8	16	24	32	40	48	56	64	72	
11	9	9	18	27	36	45	54	63	72	81	
12											

图 4-20　九九乘法表

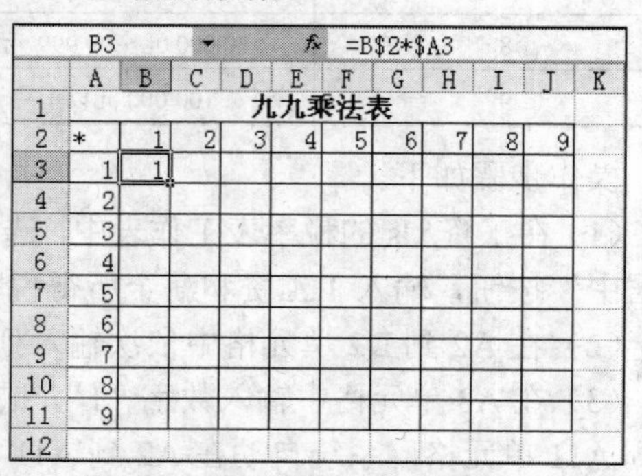

B3　=B$2*$A3

	A	B	C	D	E	F	G	H	I	J	K
1	九九乘法表										
2	*	1	2	3	4	5	6	7	8	9	
3	1	1									
4	2										
5	3										
6	4										
7	5										
8	6										
9	7										
10	8										
11	9										
12											

图 4-21　输入计算九九乘法表的公式

（3）在 B3 单元格中输入公式“=B$2*$A3”。

（4）鼠标放在 B3 单元格的右下角，待变成填充柄“＋”形状，拖动鼠标到 J3，将公式复制到 C3～J3 单元格中。

（5）选择 B3～J3 单元格，鼠标放在 J3 单元格的右下角，变成填充柄“＋”形状，拖动鼠标到 J11 单元格，将公式复制到 B4～J11 单元格，产生如图 4-21 所示的九九乘法表。

4．三维地址引用

三维地址引用是在一个工作表中引用另一个工作表的单元格地址。引用格式是“工作表标签名!单元格地址引用”。例如，Sheet1!A1，工资表!$B1，税率表!$E$2。

5．名称

为了更加直观地引用标识单元格或单元格区域，可以给它们赋予一个名称，从而在公式或函数中直接引用。

例如，“C4:C8”单元格区域存放着每笔存款的存款额年利率，计算总的存款额的公式一般是“=SUM(C4:C8)”。在给 C4:C8 区域命名为“存款额”以后，该公式就可以变为“=SUM(存款额)”，从而使公式变得更加直观。

给单元格或单元格区域命名的方法是：选择要命名的单元格或单元格区域，在名称框中输入名称，按回车键确定即可。

删除单元格或单元格区域名称的方法是：打开“插入”菜单，选择“名称”菜单，选择“定义”命令，打开“定义名称”对话框，如图 4-22 所示。选中要删除的名称，单击“删除”按钮即可。

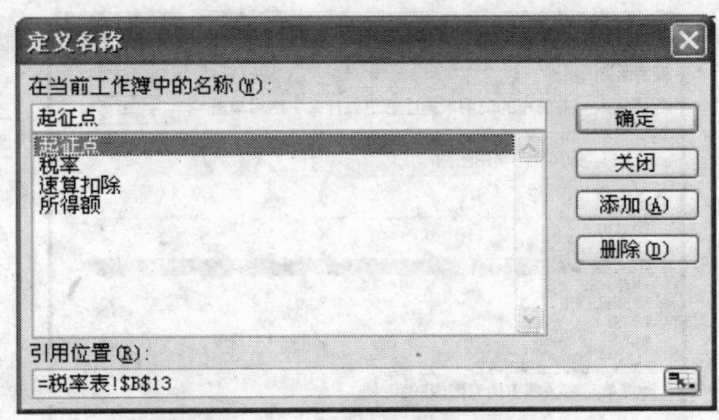

图 4-22　“定义名称”对话框

4.3.3　函数概述

Excel 提供了大量已经定义好的函数，用户可以直接使用。根据函数的功能，可以将函数分为下面几类：日期时间函数、文本函数、财务函数、逻辑函数、查找和引用函数、统计函数、信息函数、工程函数、数据库函数、数学和三角函数。

1．函数的格式

Excel 函数的基本格式是：函数名(参数 1,参数 2,…,参数 n)。其中，函数名是每一个函数的唯一标识，它决定了函数的功能和用途。参数是一些可以变化的量，参数用圆括号括起来，参数和参数之间以逗号进行分隔。函数的参数可以是数字、文本、逻辑值、单元格引用、名称等，也可以是公式或函数。例如，求和函数 SUM 的格式是 SUM(n1,n2,…)，其功能是对所有参数的值求和。

2．函数的输入方法

函数输入的方法有两种：使用“插入函数”对话框输入函数，或在编辑栏中直接输入函数。

（1）使用“插入函数”对话框输入函数

下面通过一个具体的例子来说明使用“插入函数”对话框输入函数的方法。

【例 4.11】在工资.xls 的工资表工作表中，计算应发金额（应发金额=基本工资+奖金+住房补助），如图 4-23 所示。

	A	B	C	D	E	F	G	H
1						某公司一月份的工资表		
2						财务部制		
3	编号	发放时间	姓名	部门	基本工资	奖金	住房补助	应发金额
4	10932	1月2日	张珊	管理	￥1,500.00	4000	230	5730
5	10933	1月2日	李思	软件	￥1,200.00	5000	260	6460
6	10934	1月2日	王武	财务	￥1,100.00	2000	250	3350
7	10935	1月2日	赵柳	财务	￥1,050.00	1000	270	2320
8	10936	1月2日	钱棋	人事	￥1,020.00	2000	240	3260
9	10941	1月2日	张明	管理	￥1,360.00	4000	210	5570
10	10942	1月2日	赵敏	人事	￥1,320.00	2500	230	4050
11	10945	1月2日	王红	培训	￥1,360.00	2600	230	4190
12	10946	1月2日	李萧	培训	￥1,250.00	2800	240	4290
13	10947	1月2日	孙科	软件	￥1,200.00	3500	230	4930
14	10948	1月2日	刘利	软件	￥1,420.00	2500	220	4140

图 4-23　SUM 函数的应用

操作步骤如下。

① 选定存放计算结果（即需要应用公式）的单元格 H4，单击编辑栏中的“fx”按钮，表示公式开始的“=”出现在单元格和编辑栏，打开“插入函数”对话框，如图 4-24 所示。

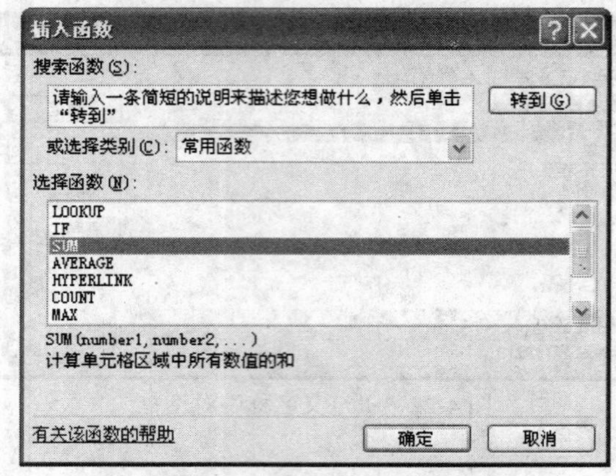

图 4-24 “插入函数”对话框

② 在“插入函数”对话框的“选择类别”下拉列表框中选择“常用函数”选项，在“选择函数”列表框中选择“SUM”函数。单击“确定”按钮，打开“函数参数”对话框，如图 4-25 所示。

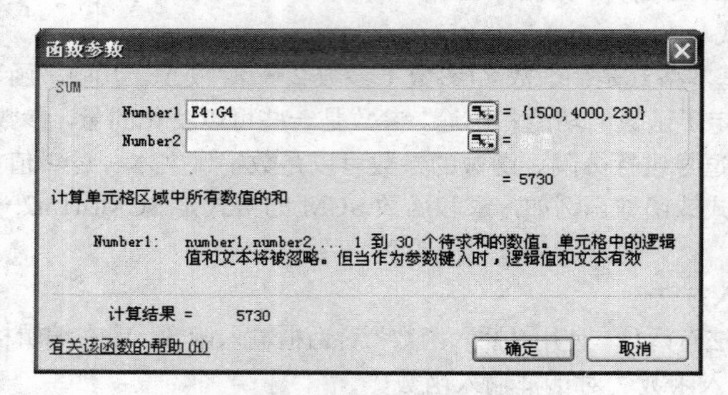

图 4-25 “函数参数”对话框

③ 在“函数参数”对话框中，光标定位在“Number1”文本框中。在“工资表”工作表中，用鼠标拖动选中要引用的区域（即 E4～G4 单元格），此时，在“Number1”文本框中自动输入 E4：G4。单击“确定”按钮，返回工作表，在 H4 中出现计算结果。

④ 将鼠标指向 H4 单元格的右下角，待变成填充柄形状，拖动鼠标到 H14，将公式复制至 H5～H14 单元格，在 H5～H14 单元格中显示计算数据，如图 4-23 所示。

采用此方法的最大优点就是：引用的区域很准确，特别是三维引用时不容易发生工作表或工作簿名称输入错误的问题。

（2）在编辑栏中输入函数

如果用户要套用某个现成公式，或者输入一些嵌套关系复杂的公式，利用编辑栏输入更加快捷。操作方法如下：

① 选中存放计算结果的单元格。

② 单击 Excel 编辑栏，按照公式的组成顺序依次输入各个部分，例如=SUM(E4:G4)，公式输入完毕后，按回车键即可。

4.3.4　常用函数

Excel 提供了大量用于常用计算的标准函数。这些函数包括数学函数、统计函数、日期函数、逻辑函数、查找和引用函数等。

1．数学函数

常用数学函数如表 4-5 所示。

表 4-5　常用数学函数

函　数	格　式	功　能	举　例
ABS	ABS(n)	返回给定数 *n* 的绝对值	ABS(-200)　ABS(D4)
MOD	MOD (n,d)	返回 *n* 和 *d* 相除的余数	MOD (20,6)　MOD (A1,4)
SQRT	SQRT(n)	返回给定数 *n* 的平方根	SQRT (16)　SQRT (A1)

2．统计函数

常用统计函数如图 4-6 所示。

表 4-6　常用统计函数

函　数	格　式	功　能	举　例
SUM	SUM(n1,n2,…)	返回所有参数之和	SUM(A1:A3)　SUM(A1:A3,100)
AVERAGE	AVERAGE(n1,n2,…)	返回所有参数的平均值	AVERAGE(A1:A3) AVERAGE(A1,B3,D4)
MAX	MAX(n1,n2,…)	返回所有参数的最大值	MAX(A1:A3)　MAX(A1,B3,D4)
MIN	MIN(n1,n2,…)	返回所有参数的最小值	MIN(A1:A3)　MIN(A1,B3,D4)
COUNT	COUNT(v1,v2,…)	返回所有参数中数值型数据的个数	COUNT(A1:A10)
COUNTIF	COUNTIF(v1,v2,…)	返回所有参数中满足条件的数字型数据的个数	COUNTIF(A1:A10, “团员”) COUNTIF(B1:B10, >=100)
RANK	RANK(n,r)	返回数字 *n* 在数字列表 *r* 中的排位	RANK(A1, A1:A10)

3．日期函数

常用日期函数如图 4-7 所示。

表 4-7　常用日期函数

函　数	格　式	功　能	举　例
TODAY	TODAY( )	返回当前日期	TODAY( )
NOW	NOW ( )	返回当前日期时间	NOW ( )
YEAR	YEAR(d)	返回日期 *d* 的年份	YEAR(TODAY())
MONTH	MONTH (d)	返回日期 *d* 的月份	MONTH (TODAY())
DAY	DAY (d)	返回日期 *d* 的天数	DAY (TODAY())
DATE	DATE (y,m,d)	返回由年份 *y*、月份 *m*、天数 *d* 设置的日期	DATE(2007,4,3)

【例 4.12】在工资.xls 的工资表工作表中，完成下列操作。

（1）根据应发工资，计算工资的排名。

（2）计算基本工资、奖金、住房补助、应发金额各项的平均值、最大值和最小值。

（3）计算总的人数。

（4）增加制表时间为当前的日期，如图 4-26 所示。

	A	B	C	D	E	F	G	H	I	J	K	L	M
1						某公司一月份的工资表							
2						财务部制							
3	编号	发放时间	姓名	部门	基本工资	奖金	住房补助	应发金额	其他扣款	所得税	实发工资	排名	备注
4	10932	1月2日	张珊	管理	¥1,500.00	4000	230	5730	30			2	高
5	10933	1月2日	李思	软件	¥1,200.00	5000	260	6460	40			1	高
6	10934	1月2日	王武	财务	¥1,100.00	2000	250	3350	50			9	中
7	10935	1月2日	赵柳	财务	¥1,050.00	1000	270	2320	30			10	低
8	10936	1月2日	钱棋	人事	¥1,020.00	2000	240	3260	60			9	中
9	10941	1月2日	张明	管理	¥1,360.00	4000	210	5570	30			2	高
10	10942	1月2日	赵敏	人事	¥1,320.00	2500	230	4050	40			7	中
11	10945	1月2日	王红	培训	¥1,360.00	2600	230	4190	40			5	中
12	10946	1月2日	李萧	培训	¥1,250.00	2800	240	4290	50			4	中
13	10947	1月2日	孙科	软件	¥1,200.00	3500	230	4930	30			2	中
14	10948	1月2日	刘利	软件	¥1,420.00	2500	220	4140	40			3	中
15			平均值		1252.73	2900.00	237.27	4390.00			总人数		11
16			最大值		1500.00	5000.00	270.00	6460.00			工资高的人数		3
17			最小值		1020.00	1000.00	210.00	2320.00					
18										制表时间	2007-1-2		

图 4-26　工资表的计算数据

操作步骤如下。

（1）计算排名。在 L4 单元格输入公式“=RANK(H4,H4:H14)”后，将鼠标指向 L4 单元格的右下角，待变成填充柄形状，拖动鼠标到 L14，将公式复制至 L5～L14 单元格。

（2）计算各项平均值。在 E15 单元格输入公式“=AVERAGE(E4:E14)”后，采用拖动填充柄的方法将公式复制至 F15～H15 单元格。

（3）计算各项最大值。在 E16 单元格输入公式“=MAX(E4:E14)”后，采用拖动填充柄的方法将公式复制至 F16～H16 单元格。

（4）计算各项最小值。在 E17 单元格输入公式“=MIN(E4:E14)”后，采用拖动填充柄的方法将公式复制至 F17～H17 单元格。

（5）计算总人数。在 M15 单元格输入公式“=COUNT(E4:E14)”。

（6）输入当前日期。在 K18 单元格输入公式“=TODAY()”。

4．逻辑函数

常用的逻辑函数是 IF 函数。IF 函数的格式是 IF(L,V1,V2)，其功能是判断逻辑条件 L 是否为真，如果为真，函数返回参数 V1 的值，否则返回参数 V2 的值。

例如，在 B1 单元格中输入公式“=IF(A1>=60, "及格","不及格")”，含义是“如果 A1 单元格的数据大于等于 60，则在 B1 单元格中显示及格，否则，显示不及格。

【例 4.13】在工资.xls 的工资表工作表中，增加备注列以反映工资的高低水平，计算方法如下：如果工资大于等于 5000，则显示“高”；如果工资大于等于 3000 且小于 5000，则显示“中”；如果工资小于 3000，则显示“低”。然后计算工资高的人数。如图 4-26 所示。

操作步骤如下。

（1）计算工资的高低水平。在 M4 单元格中输入公式“=IF(H4>=5000,"高",IF(H4>=3000,"中","低"))”后，采用拖动填充柄的方法将公式复制至 M5～M14 单元格。

（2）计算工资高的人数。在 M16 单元格中输入公式“=COUNTIF(M4:M14,"高")”。

5．查找和引用函数

常用的查找和引用函数有 LOOKUP、ROW 和 COLUMN。

LOOKUP 函数的格式是 LOOKUP(V1,V2,V3)，其中，V1 是要查找的值，V2 是查找区域，V3 是结果区域。函数的功能是在指定的查找区域 V2 中查找小于或等于 V1 的最大数值，并返回该最大数值对应的（同行或同列）的结果区域 V3 中的值。

注意：查找区域与结果区域可以同为单行区域（或者同为单列区域），二者的大小要相等。查找区域的数据是升序的。

ROW 函数的格式是 ROW(R)，其功能是返回单元格引用 R 的行号。例如，公式“=ROW(D3)”的值是 3。

COLUMN 函数的格式是 COLUMN(R)，其功能是返回单元格引用 R 的列标。例如，公式“=COLUMN(D3)”的值是 4。

【例 4.14】使用 LOOKUP 函数根据工资.xls 的工资表工作表的数据（见图 4-26）和税率表工作表的数据（见图 4-27），计算工资表中的所得税额和实发工资，计算公式是：每月应纳所得税额=每月应纳税所得额*适用税率-速算扣除数；每月应纳税所得额=实发工资-起征点；实发工资=应发工资-所得税-其他扣款。

操作步骤如下。

（1）修改税率表工作表中的单元格引用名称。在税率表工作表中，选择 B3～B11 单元格，在名称框中输入“所得额”，按回车键确定。选择 C3～C11 单元格，在名称框中输入“税率”，按回车键确定。选择 D3～D11 单元格，在名称框中输入“速算扣除”，按回车键确定。选择 B13 单元格，在名称框中输入“起征点”，按回车键确定。

所得额 fx 0

	A	B	C	D
1	工资和薪金所得税率和速算扣除数表			
2	级数	全月应纳税所得额	税率	速算扣除数
3	1	0	5	0
4	2	500	10	25
5	3	2000	15	125
6	4	5000	20	375
7	5	20000	25	1375
8	6	40000	30	3375
9	7	60000	35	6375
10	8	80000	40	10375
11	9	100000	45	15375
12				
13	起征点	1600		

图 4-27 命名税率表中单元格区域

（2）在工资表工作表的 J4 单元格中，输入公式“=(H4-起征点)*LOOKUP(H4-起征点,所得额,税率)/100-LOOKUP(H4-起征点,所得额,速算扣除)”。

（3）采在工资表工作表中，采用拖动填充柄的方法将 J4 单元格的公式复制至 J5～J14 单元格，则计算出所得税数据。

（4）在工资表工作表的 K4 单元格中，输入公式“=H4-I4-J4”。

（5）在工资表工作表中，采用拖动填充柄的方法将 K4 单元格的公式复制至 K5～K14 单元格，则计算出实发工资数据。

（6）最后计算出的数据如图 4-28 所示。

	A	B	C	D	E	F	G	H	I	J	K	L	M
1	某公司一月份的工资表												
2	财务部制												
3	编号	发放时间	姓名	部门	基本工资	奖金	住房补助	应发金额	其他扣款	所得税	实发工资	排名	备注
4	10932	1月2日	张珊	管理	￥1,500.00	4000	230	5730	30	494.50	5205.50	2	高
5	10933	1月2日	李思	软件	￥1,200.00	5000	260	6460	40	604.00	5816.00	1	高
6	10934	1月2日	王武	财务	￥1,100.00	2000	250	3350	50	150.00	3150.00	9	中
7	10935	1月2日	赵柳	财务	￥1,050.00	1000	270	2320	30	47.00	2243.00	10	低
8	10936	1月2日	钱棋	人事	￥1,020.00	2000	240	3260	60	141.00	3059.00	9	中
9	10941	1月2日	张明	管理	￥1,360.00	4000	210	5570	30	470.50	5069.50	2	高
10	10942	1月2日	赵敏	人事	￥1,320.00	2500	230	4050	40	242.50	3767.50	7	中
11	10945	1月2日	王红	培训	￥1,360.00	2600	230	4190	40	263.50	3886.50	5	中
12	10946	1月2日	李萧	培训	￥1,250.00	2800	240	4290	50	278.50	3961.50	4	中
13	10947	1月2日	孙科	软件	￥1,200.00	3500	230	4930	30	374.50	4525.50	2	中
14	10948	1月2日	刘利	软件	￥1,420.00	2500	220	4140	40	256.00	3844.00	3	中
15			平均值		1252.73	2900.00	237.27	4390.00			总人数		11
16			最大值		1500.00	5000.00	270.00	6460.00			工资高的人数		3
17			最小值		1020.00	1000.00	210.00	2320.00					
18										制表时间	2007-1-2		

图 4-28 工资表的计算结果

说明：本例中，注意 LOOKUP 函数和单元格名称的作用。

4.3.5 财务和统计函数

Excel 在财务、会计和审计工作中有着广泛的应用。Excel 提供的函数能够满足大部分的财务、会计和审计工作的需求。

1．投资理财

利用 Excel 函数 FV 计算后，可以进行一些有计划、有目的、有效益的投资。

【格式】FV(rate,nper,pmt,pv,type)

【功能】计算基于固定利率及等额分期付款的方式，返回某项投资的未来值。

【说明】rate 为各期利率。nper 为总投资期，即该项投资的付款期总数。pmt 为各期所应支付的金额，其数值在整个年金期间保持不变。通常 pmt 包括本金和利息，但不包括其他费用及税款。如果忽略 pmt，则必须包括 pv 参数。pv 为现值，即从该项投资开始计算时已经入账的款项，或一系列未来付款的当前值的累积和，也称为本金。如果省略 pv，则假设其值为 0，此时必须包括 pmt 参数。type 数字为 0 或 1，用以指定各期的付款时间是在期初或期末。如果为 0，表示期末，如果为 1，表示期初。如果省略 type，则假设其值为 0。

说明：*以上参数中，若现金流入，以正数表示；若现金流出，以负数表示。*

【例 4.15】假如某人两年后需要一笔学习费用支出，计划从现在起每月初存入 2000 元，如果按年利 1.98%，按月计息（月利为 1.98%/12），利用 Excel 计算两年以后该账户的存款额。

操作步骤如下。

（1）在工作表中输入标题和数据。如图 4-29 所示，在 B2、B3、B4 和 B5 单元格中分别输入 1.98%（年利率）、24（存款期限，即 2 年的月份数）、-2000（每月存款金额），1（月初存入）。

B6 =FV(B2/12,B3,B4,,B5)

	A	B	C
1	利用FV函数计算投资问题		
2	年利率	1.98%	
3	存款期限	24	
4	每月存款金额	-2000	
5	月初存入	1	
6	投资未来值	¥49,002.64	

图 4-29 FV 函数的应用

（2）在 B6 单元格中输入公式“=FV(B2/12,B3,B4,B5)”，即可计算出该项投资的未来值。

2．还贷金额

PMT 函数可以计算为偿还一笔贷款，要求在一定周期内支付完时，每次需要支付的偿还额，即通常所说的分期付款。

【格式】PMT(rate,nper,pv,fv,type)

【功能】用来计算基于固定利率及等额分期付款方式，返回投资或贷款的每期付款额。

【说明】rate 为各期利率，是固定值。nper 为总投资（或贷款）期，即该项投资（或贷款）的付款期总数。pv 为现值，或一系列未来付款当前值的累积和，也称为本金。fv 为未来值，或在最后一次付款后希望得到的现金余额，如果省略 fv，则假设其值为 0。type 为 0 或 1，用以指定各期的付款时间是在期初或期末。如果为 0，表示期末；如果为 1，表示期初。如果省略 type，则假设其值为 0。

说明：*以上参数中，若现金流入，以正数表示；若现金流出，以负数表示。*

【例 4.16】某人计划分期付款买房，预计贷款 10 万元，按 10 年分期付款，银行贷款年利率为 6.12%，若每月月末还款，试在 Excel 中计算他的每月还款额。

操作步骤如下：

（1）在工作表中输入标题和数据。如图 4-30 所示。在 B2、B3、B4 和 B5 单元格中分别输入 6.12%（年利率）、120（贷款期限，即 10 年的月份数）、100000（贷款金额）、和 0（月末还款）。

（2）在 B6 单元格中输入公式“=PMT(B2/12,B3,B4,B5)”。即可计算出该笔贷款的每月还款额。

B6　fx =PMT(B2/12,B3,B4,,B5)

	A	B	C	D
1	利用PMT函数计算房贷问题			
2	年利率	6.12%		
3	贷款期限	120		
4	贷款金额	100000		
5	月末还款	0		
6	每月还贷金额	￥-1,116.24		

图 4-30　PMT 函数的应用

3．保险收益

在 Excel 中，RATE 函数返回投资的各期利率。

【格式】RATE(nper,pmt,pv,fv,type,guess)

【功能】计算某项投资的收益。

【说明】nper 为总投资期，即该项投资的付款期总数。pmt 为各期付款额，其数值在整个投资期内保持不变。pv 为现值，即从该项投资开始计算时已经入账的款项，或一系列未来付款当前值的累积和，也称为本金。fv 为未来值，或在最后一次付款后希望得到的现金余额，默认值是 0。type 为数字 0 或 1。guess 是预期利率，默认为 10%。

说明： 以上参数中，若现金流入，以正数表示；若现金流出，以负数表示。

【例 4.17】保险公司开办了一个险种，具体办法是一次性缴费 12 000 元，保险期限为 20 年。如果保险期限内没有出险，每年返还 1 000 元。请问在没有出险的情况下，它与现在的银行利率相比，这种保险的收益率如何。

操作步骤如下：

（1）在工作表中输入数据，如图4-31所示。在B2、B3、B4、B5单元格分别输入20（保险年限）、1000（年返还金额）、-12000（保险金额）、1（表示年底返还）。

（2）在B6单元格输入公式“=RATE(B2,B3,B4,B5)”后，就可计算出该保险的年收益率为“6.18%”。

（3）计算说明该保险收益要高于现行的银行存款利率。

B6　fx =RATE(B2,B3,B4,,B5)

	A	B	C	D
1	保险收益计算			
2	保险年限	20		
3	年返还金额	1000		
4	保险金额	-12000		
5	年底返还	1		
6	保险收益率	6.18%		

图 4-31　RATE 函数的应用

4．经济预测

【格式】TREND(known_y's,known_x's,new_x's,const)

【功能】返回一条线性回归拟合线的值，即找到适合已知数组 known_y's 和 known_x's 的直线（用最小二乘法），并返回指定数组 new_x's 在直线上对应的 y 值。

【说明】known_y's 是关系表达式 y=mx+b 中已知的 y 值集合；known_x's 是关系表达式 y=mx+b 中已知的可选 x 值的集合；new_x's 为函数 TREND 返回对应 y 值的新 x 值；Const 为逻辑值，用于指定是否将常量 b 强制设为 0。

【例 4.18】假设某超市一月份到六月份的月销售额如图 4-32 所示，用 Excel 的 TREND 函数预测七月份的销售额。

操作步骤如下。

（1）在工作表中输入如图 4-32 所示的数据，在 B3～G3 单元格中输入一月份到六月份的销售额。

H3 fx =TREND(B3:G3)

	A	B	C	D	E	F	G	H
1	**历史数据**							**预测月份**
2	月份	一月	二月	三月	四月	五月	六月	七月
3	销售额	21200	22300	19890	23000	35000	28000	19526.19

图 4-32　TREND 函数的应用

（2）在 H3 单元格中输入公式“=TREND(B3:G3)”，则计算出七月份的预测销售额。

4.4　图 表 操 作

Excel 提供了丰富的图表功能，为用户提供更直观和全面的图形数据显示效果。Excel 的图表类型包括柱形图、条形图、折线图、饼图、XY 散点图、面积图、圆形图、雷达图、曲面图、气泡图、股价图、圆柱图、圆锥图、菱锥图等。

4.4.1　建立图表

Excel 提供嵌入式图表和图表工作表两种图表。嵌入式图表是将图表直接绘制在原始数据所在的工作表中。图表工作表是将图表独立绘制在一张新的工作表中。图表类型示例如图 4-33 所示。

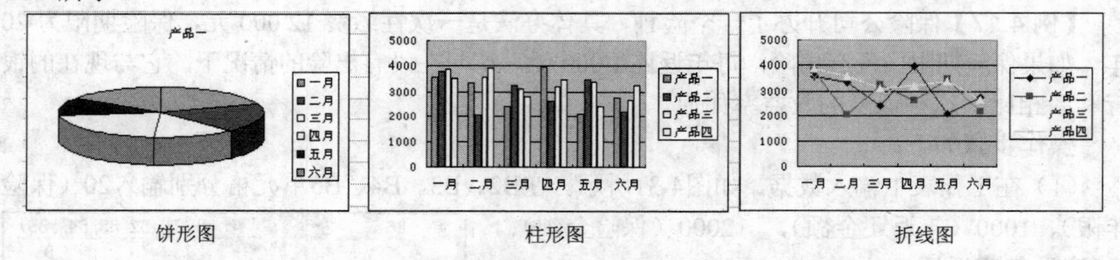

图 4-33　图表类型示例

下面以一个具体的例子来说明图表的创建。

【例 4.19】如图 4-34 所示是某电器产品系列上半年销售量统计表，根据该表的数据创建柱形图表。

操作步骤如下。

（1）按照图 4-34 所示输入数据后。选定 A3:G9 单元格区域，单击“常用”工具栏上的“图表向导”按钮，打开“图表向导-4 步骤之 1-图表类型”对话框，如图 4-35 所示。

（2）在“图表类型”对话框中，选中“标准类型”选项卡的“图表类型”列表框中的“柱形图”选项，在“子图表类型”下面选中“在“子图表类型”下面选中“簇状柱形图”，单击“下一步”按钮，打开“图表数据源”对话框，如图 4-36 所示。

	A	B	C	D	E	F	G
1	**某电器产品系列上半年销售量统计表**						
2				单位：台			
3		**一月**	**二月**	**三月**	**四月**	**五月**	**六月**
4	**产品一**	3555	3346	2403	3992	2108	2785
5	**产品二**	3788	2045	3245	2648	3494	2198
6	**产品三**	3893	3570	3147	3221	3383	2699
7	**产品四**	3508	3934	2792	3477	2422	3277
8	**产品五**	3278	3090	3270	3317	3494	3965
9	**平均**	3604	3197	2971	3331	2980	2985

图 4-34　图表的数据

（3）在“图表数据源”对话框中，可以采用拖动鼠标的方法在工作表中重新选择数据区域，还可以确定系列产生在行还是列。本例中，选择系列产生在行上。单击“下一步”按钮，打开“图表选项”对话框，如图 4-37 所示。

（4）在“图表选项”对话框中，可以设置图表的属性。在“图表标题”文本框中输入“销售量统计”，在“分类（X）轴”文本框中输入“月份”，在“数值（Y）轴”文本框中输入“台”。单击“图例”选项卡，选中“位置”选项区域的“底部”单选按钮，如图 4-38 所示。

图 4-35　“图表类型”对话框

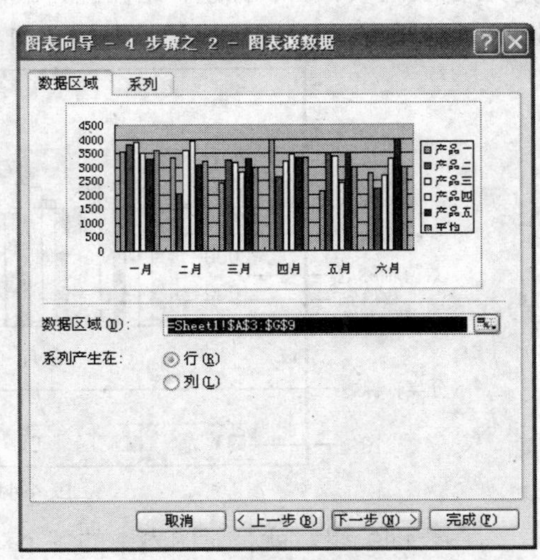

图 4-36　“图表数据源”对话框

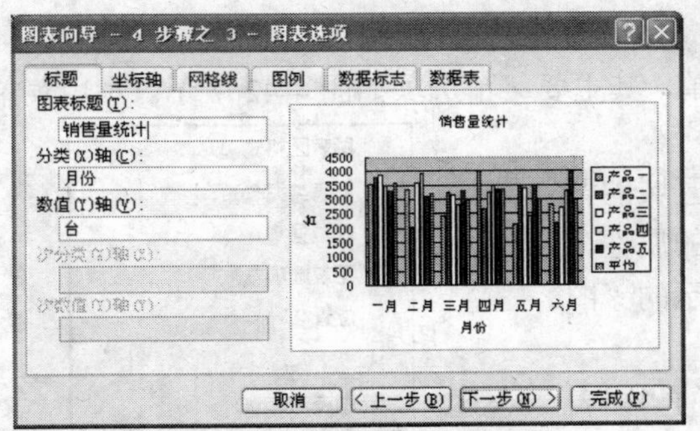

图 4-37　“图表选项”对话框一

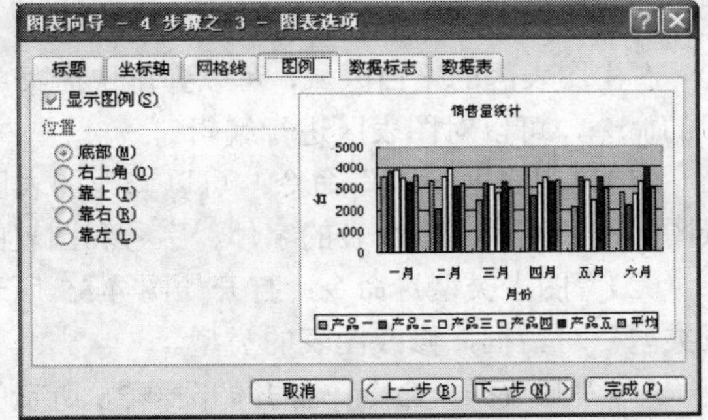

图 4-38　“图表选项”对话框二

（5）单击“下一步”按钮，打开“图表位置”对话框，如图 4-39 所示。如果单击“作为新工作表插入”单选按钮，则将图表生成在一个新的工作表中；如果单击“作为其中的对象插入”单选按钮，则将图表生成在数据所在的工作表中。本例中，单击“作为其中的对象插入”单选按钮，单击“完成”按钮。在工作表中插入一个图表，如图 4-40 所示。

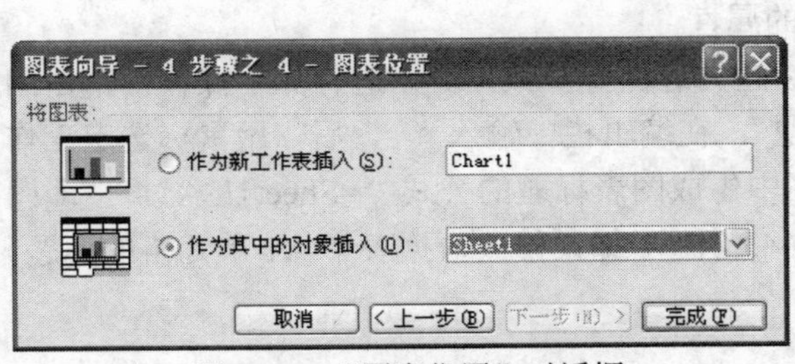

图 4-39　“图表位置”对话框

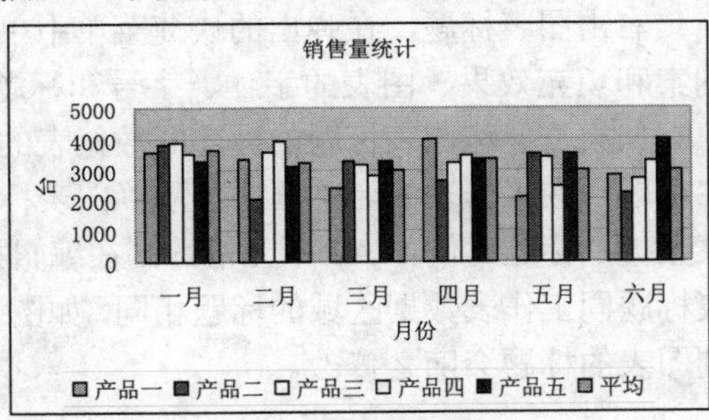

图 4-40　图表示例

4.4.2 编辑图表

一个图表是由多个对象组成，不同类型的图表，其组成对象有所不同。例如，一个柱形图包含图表区域、图表标题、绘图区、数值轴、分类轴、图例、数值轴标题、分类轴标题、数据系列、数据点、网格线等，如图 4-41 所示。

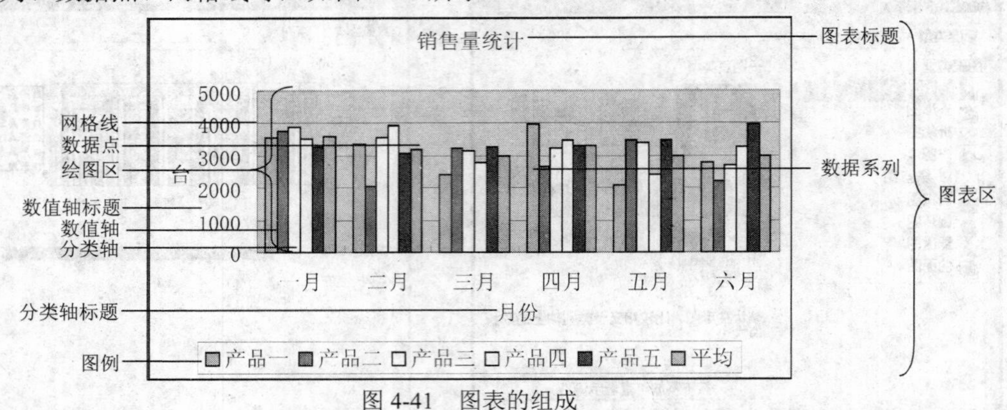

图 4-41 图表的组成

对图表的编辑，就是对图表中的各个对象进行一些必须的修饰。在对图表或图表的对象进行编辑前，需要单击对象来选定要编辑的对象。

1. 图表区的编辑

右击图表区的空白区域，可以弹出快捷菜单，其主要菜单选项如图 4-42 所示。利用菜单中的命令，可以对图表区进行编辑。

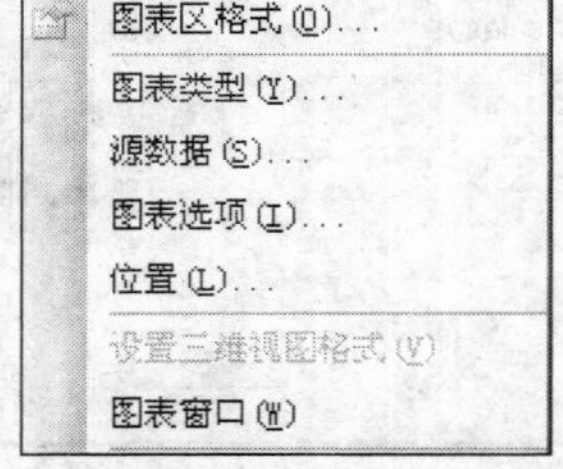

图 4-42 “图表格式”快捷菜单

(1)“图表区格式”命令：可以修改图表区域的背景图案和填充效果、图表的字体、字号和图表的属性。

(2)“图表类型”命令：打开如图 4-35 所示的“图表类型”对话框，修改图表的类型。

(3)“源数据”命令：打开如图 4-36 所示的“图表源数据”对话框，修改图表的源数据。

(4)“图表选项”命令：打开如图 4-37 所示的“图表选项”对话框，修改图表的基本选项。

(5)“位置”命令：打开如图 4-39 所示的“图表位置”对话框，修改图表插入的位置。

2. 图表标题

右击图表标题，在弹出的快捷菜单中单击“图表标题格式”命令，可以修改标题的背景图案和填充效果、图表的字体、字号和标题的属性。

如果需要将图表标题的内容同数据表的标题内容保持一致，可以进行如下操作：单击图表标题，在工作表的名称框中显示“图表标题”，在编辑栏中输入“=”后，用鼠标选定工作表数据的标题，例如 A1 单元格，则在编辑栏中生成图表标题的公式“=Sheet1!$A$1”，即图表标题同工作表数据区域的标题相同，如图 4-43 所示。如果修改数据表中 A1 单元格的标题，则图表的标题会随之修改。

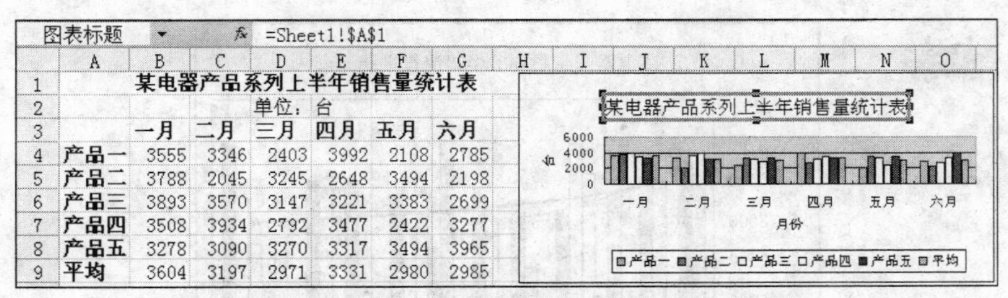
图表标题　=Sheet1!$A$1

	A	B	C	D	E	F	G
1	某电器产品系列上半年销售量统计表						
2				单位：台			
3		一月	二月	三月	四月	五月	六月
4	产品一	3555	3346	2403	3992	2108	2785
5	产品二	3788	2045	3245	2648	3494	2198
6	产品三	3893	3570	3147	3221	3383	2699
7	产品四	3508	3934	2792	3477	2422	3277
8	产品五	3278	3090	3270	3317	3494	3965
9	平均	3604	3197	2971	3331	2980	2985

图 4-43　设置图表标题同工作区中数据的标题一致

3．坐标轴格式

右击分类轴或数值轴，在弹出的快捷菜单中单击“坐标轴格式”命令，可以修改坐标轴的背景图案、字体、字号、字符对齐等。

4．数据系列

右击某个数据系列，弹出快捷菜单，如图 4-44 所示。

数据系列格式 (O)
图表类型 (Y)...
源数据 (S)...
添加趋势线 (R)...
清除 (A)

图 4-44　“数据系列”快捷菜单

- “数据系列格式”命令可以修改数据系列的背景图案和填充效果，系列绘制在主坐标轴还是次坐标轴、误差线、数据标志、系列次序等设置。
- “图表类型”命令可以修改该数据系列的图表类型。
- “添加趋势线”命令可以打开如图 4-45 所示的“添加趋势线”对话框，该命令应用于预测分析，即根据实际数据向前或向后模拟数据的趋势。

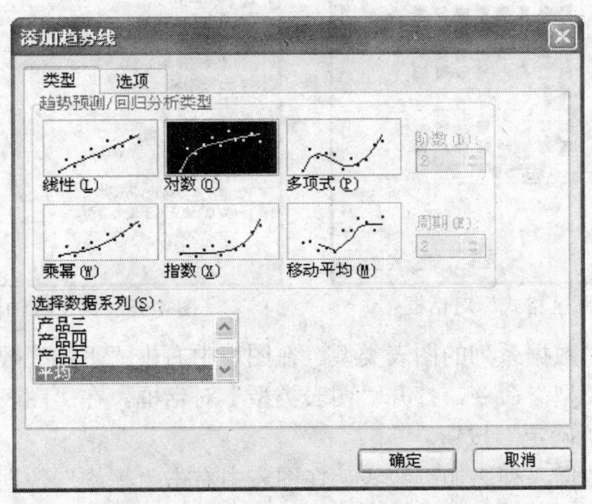

图 4-45　“添加趋势线”对话框

【例 4.20】编辑例 4-19 中的如图 4-40 所示的图表，完成下列操作。

（1）修改“绘图区”格式，将其填充颜色改成“白色”。

（2）对图表的数值轴的坐标轴的刻度进行修改，使得数据显示差别分明。

（3）将“平均”数据系列的图表类型改成折线形。

（4）对“平均”数据系列，添加趋势线。

最后图表编辑的效果如图 4-46 所示。

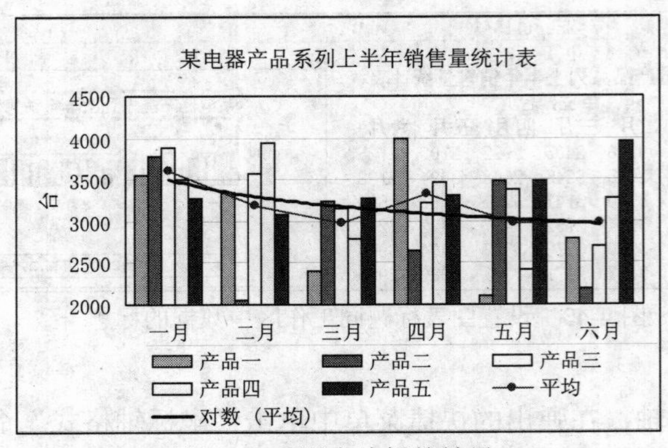

图 4-46　图表编辑的效果

操作步骤如下。

（1）修改绘图区的填充颜色。右击图表绘图区的空白区域，在弹出的快捷菜单中单击“绘图区格式”命令，打开“绘图区格式”对话框，如图 4-47 所示。选择“白色”，单击“确定”按钮。

（2）修改数值轴的刻度。右击图表的数值轴，在弹出的快捷菜单中单击“坐标轴格式”命令，打开“坐标轴格式”对话框，如图 4-48 所示。单击“刻度”选项卡，在“最小值”文本框中输入“2000”，在“主要刻度单位”文本框中输入“500”，然后单击“确定”按钮。

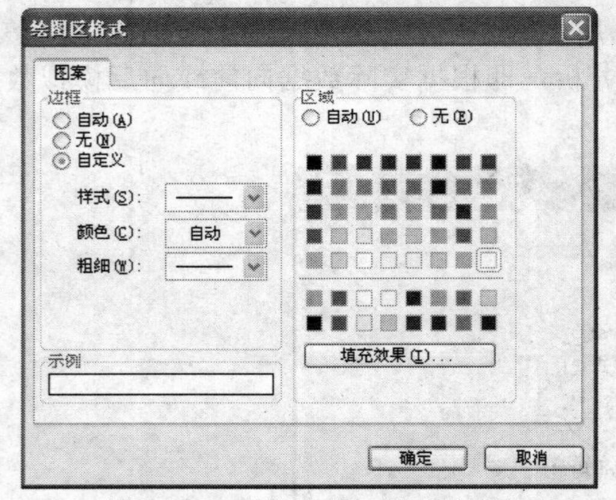

图 4-47　“绘图区格式”对话框

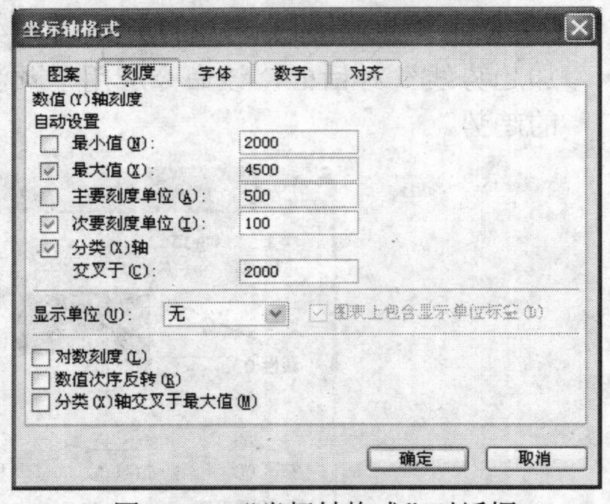

图 4-48　“坐标轴格式”对话框

（3）修改“平均”数据系列的图表类型。在图表中右击“平均”数据系列，在弹出的快捷菜单中单击“图表类型”命令，打开“图表类型”对话框。在“图表类型”列表框中单击“折线图”，然后单击“确定”按钮。

（4）为“平均”数据系列添加趋势线。在图表中右击“平均”数据系列，在弹出的快捷菜单中单击“添加趋势线”，打开“添加趋势线”对话框。在“趋势预测/回归分析类型”列表框中单击“对数”类型，单击“确定”按钮，则在图表中添加了对平均销售量的趋势线，如图 4-45 所示。通过该趋势线，可以看出该电器产品的销量呈下降趋势。

4.5　数据分析

在 Excel 中，可以建立有结构的数据清单。在数据清单中，可以进行数据的查询、排序、筛选、分类汇总和数据透视等操作。

4.5.1 数据清单的概念和建立

在 Excel 中，用来管理数据的结构称为数据清单。数据清单是一个二维表。表中包含多行多列，其中，第一行是标题行，其他行是数据行。一列称为一个字段，一行数据称为一个记录。在数据清单中，行和行之间不能有空行，同一列的数据具有相同的类型和含义。如图 4-49 所示的“销售表”工作表中的 A2～F14 单元格区域就是一个数据清单。

可以使用在工作表中输入数据的方法来建立数据清单。如果在工作表中已经输入标题行和部分数据，可以使用“记录单”的方式来输入数据清单的记录。操作步骤如下。

（1）选定数据清单所在的某个单元格。

（2）选择“数据”菜单中的“记录单”命令，打开“销售表”对话框，如图 4-50 所示。单击“新建”按钮，出现新空白记录单，即可进行新记录的添加。

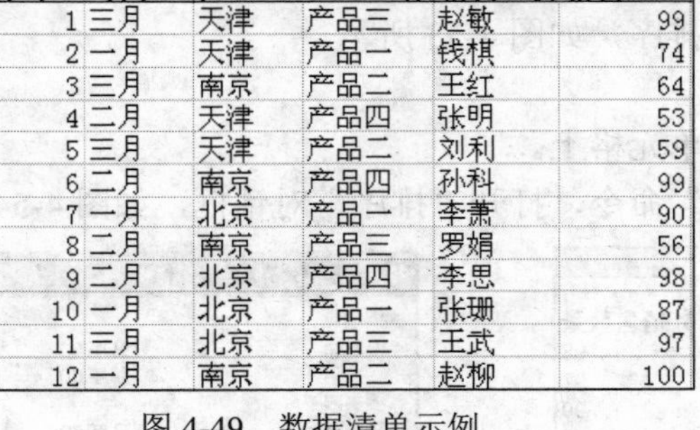

	A	B	C	D	E	F
1	某产品销售数据清单					
2	序号	时间	分公司	产品名称	销售人员	销售数量
3	1	三月	天津	产品三	赵敏	99
4	2	一月	天津	产品一	钱棋	74
5	3	三月	南京	产品二	王红	64
6	4	二月	天津	产品四	张明	53
7	5	三月	天津	产品二	刘利	59
8	6	二月	南京	产品四	孙科	99
9	7	一月	北京	产品一	李萧	90
10	8	二月	南京	产品三	罗娟	56
11	9	二月	北京	产品四	李思	98
12	10	一月	北京	产品一	张珊	87
13	11	三月	北京	产品三	王武	97
14	12	一月	南京	产品二	赵柳	100

图 4-49 数据清单示例

销售表
序号: 13
时间: 四月
分公司: 北京
产品名称:
销售人员:
销售数量:
新建记录
新建(W)
删除(D)
还原(R)
上一条(P)
下一条(N)
条件(C)
关闭(L)

图 4-50 数据清单的输入

（3）完成数据输入后，单击“关闭”按钮，可以在工作表中添加一个新的记录。

在上述记录单输入的对话框中，单击“删除”按钮，删除当前显示的记录。单击“上一条”或“下一条”按钮，可以在对话框中显示上一条记录或下一条记录。单击“条件”按钮，可以查找满足条件的记录。

4.5.2 排序

排序是指将数据按照某一特定的方式顺序排列（升序或降序）。在 Excel 中，可以使用工具栏上的排序按钮进行单一条件的简单的排序。另外，还可以使用菜单命令进行多重条件排序。

排序的规则是：数字型数据按照数字大小顺序；日期型数据按照日期的先后顺序；文本型数据排序的规则是将文本数据从左向右依次进行比较，比较到第一个不相等的字符为止，此时字符大的文本的顺序大，字符小的文本的顺序小。对于单个字符的比较，按照字符的 ASCII 顺序，基本规则是：空格<所有数字<所有大写字母<所有小写字母<所有汉字。

1．简单排序

简单排序是指排序的条件是数据清单的某一列。光标定位在要排序列的某个单元格上，单击工具栏上的“升序”按钮或“降序”按钮，可以对光标所在的列进行排序。如图 4-51 所示是按照“序号”降序排序的结果，如图 4-52 所示是按照“销售数量”升序排序的结果。

	A	B	C	D	E	F
1	某产品销售数据清单					
2	序号	时间	分公司	产品名称	销售人员	销售数量
3	12	一月	南京	产品二	赵柳	100
4	11	三月	北京	产品三	王武	97
5	10	一月	北京	产品一	张珊	87
6	9	二月	北京	产品四	李思	98
7	8	二月	南京	产品三	罗娟	56
8	7	一月	北京	产品一	李萧	90
9	6	二月	南京	产品四	孙科	99
10	5	三月	天津	产品二	刘利	59
11	4	二月	天津	产品四	张明	53
12	3	三月	南京	产品二	王红	64
13	2	一月	天津	产品一	钱棋	74
14	1	三月	天津	产品三	赵敏	99

图 4-51　按照“序号”降序排序的结果

	A	B	C	D	E	F
1	某产品销售数据清单					
2	序号	时间	分公司	产品名称	销售人员	销售数量
3	4	二月	天津	产品四	张明	53
4	8	二月	南京	产品三	罗娟	56
5	5	三月	天津	产品二	刘利	59
6	3	三月	南京	产品二	王红	64
7	2	一月	天津	产品一	钱棋	74
8	10	一月	北京	产品一	张珊	87
9	7	一月	北京	产品一	李萧	90
10	11	三月	北京	产品三	王武	97
11	9	二月	北京	产品四	李思	98
12	6	二月	南京	产品四	孙科	99
13	1	三月	天津	产品三	赵敏	99
14	12	一月	南京	产品二	赵柳	100

图 4-52　按照“销售数量”升序排序的结果

2. 多重条件排序

在排序时，可以指定多个排序条件，即多个排序的关键字。首先按照“主要关键字”排序。对主要关键字相同的记录，再按照“次要关键字”排序。对主要关键字和次要关键字相同的记录，还可以按第三关键字排序。

【例 4.21】将如图 4-49 所示的“销售表”工作表按照“分公司”升序排序，对“分公司”相同的记录，再按照“销售数量”降序排序，如图 4-53 所示。

操作步骤如下。

（1）光标定位在数据清单中的某个单元格上。

（2）选择“数据”菜单中的“排序”命令，打开“排序”对话框，如图 4-54 所示。

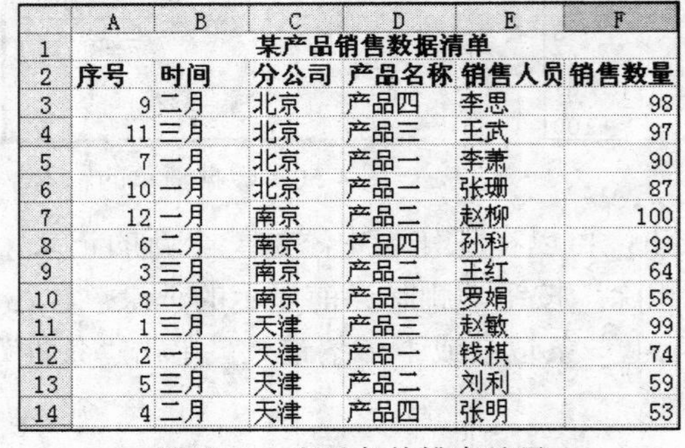

	A	B	C	D	E	F
1	某产品销售数据清单					
2	序号	时间	分公司	产品名称	销售人员	销售数量
3	9	二月	北京	产品四	李思	98
4	11	三月	北京	产品三	王武	97
5	7	一月	北京	产品一	李萧	90
6	10	一月	北京	产品一	张珊	87
7	12	一月	南京	产品二	赵柳	100
8	6	二月	南京	产品四	孙科	99
9	3	三月	南京	产品二	王红	64
10	8	二月	南京	产品三	罗娟	56
11	1	三月	天津	产品三	赵敏	99
12	2	一月	天津	产品一	钱棋	74
13	5	三月	天津	产品二	刘利	59
14	4	二月	天津	产品四	张明	53

图 4-53　多重条件排序结果

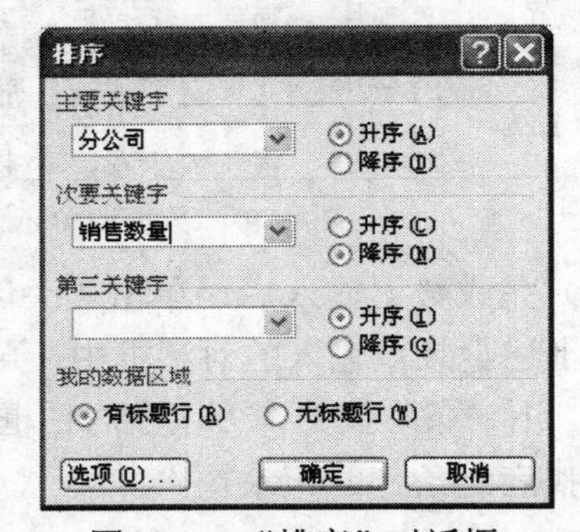

图 4-54　“排序”对话框

（3）在“排序”对话框中，在“主要关键字”下拉列表框中选择“分公司”，选择其右边的“升序”单选按钮。在“次要关键字”下拉列表框中选择“销售数量”，选择其右边的“降序”单选按钮。

（4）选择“有标题行”单选按钮，单击“确定”按钮返回，完成排序。排序结果如图 4-53 所示。

4.5.3　筛选数据

筛选是指按一定的条件从数据清单中提取满足条件的数据，暂时隐藏不满足条件的数据。在 Excel 中，可以采用自动筛选和高级筛选两种方式筛选数据。

1. 自动筛选

自动筛选的操作步骤如下。

（1）进入筛选清单环境。光标定位在数据清单的某个单元格上，打开“数据”菜单，选择“筛选”菜单，选择“自动筛选”命令，进入筛选清单环境。此时，数据清单的列标题上出现下拉箭头▼，如图 4-55 所示。

（2）筛选清单。单击该箭头，出现筛选条件列表，选择筛选条件（包括全部、前 10 个、自定义以及该列中的所有项等）。各个筛选条件的含义如下。

全部：此时筛选清单列出所有的记录。

前 10 个：列出表单中前十个记录，也可以自行设定列出的数据项数，比如说列出前 20 项、前 35 项等。

自定义：可以打开“自定义自动筛选方式”对话框，可以设定组合的筛选条件。例如，设置销售数量大于 90，如图 4-56 所示。

	A	B	C	D	E	F
1	某产品销售数据清单					
2	序号	时间	分公司	产品名	销售人	销售数
3	1	三月		产品三	赵敏	99
4	2	一月		产品一	钱棋	74
5	3	三月		产品二	王红	64
6	4	二月		产品四	张明	53
7	5	三月		产品二	刘利	59
8	6	二月		产品四	孙科	99
9	7	一月	北京	产品一	李萧	90
10	8	二月	南京	产品三	罗娟	56
11	9	二月	北京	产品四	李思	98
12	10	一月	北京	产品一	张珊	87
13	11	三月	北京	产品三	王武	97
14	12	一月	南京	产品二	赵柳	100

升序排列
降序排列
(全部)
(前 10 个...
(自定义...)
北京
南京
天津

图 4-55　数据清单筛选环境

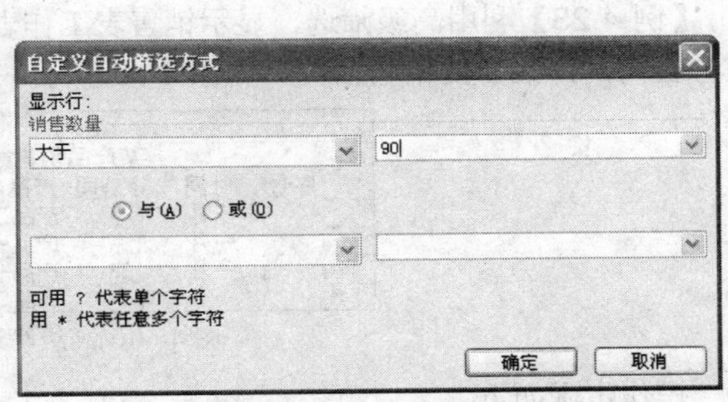

图 4-56　“自定义自动筛选方式”对话框

如果在某列的下拉列表中选定某一特定的数据，则列出与该数据相符的记录，也就是说其列数据的数值等于选定的该列的数值的所有记录将会被列出来。

【例 4.22】采用自动筛选，显示如图 4-57 所示的销售表工作表中北京分公司的销售数量大于 90 的销售记录。

	A	B	C	D	E	F
1	某产品销售数据清单					
2	序号	时间	分公司	产品名	销售人	销售数
11	9	二月	北京	产品四	李思	98
13	11	三月	北京	产品三	王武	97

图 4-57　自定义筛选后的数据

操作步骤如下。

（1）光标定位在“销售表”工作表的数据清单的某个单元格上。打开“数据”菜单，选择“筛选”菜单，选择“自动筛选”命令，进入筛选清单环境。

（2）单击标题栏“分公司”的下拉箭头▼，在下拉列表框中选择“北京”选项，如图 4-55 所示。

（3）单击标题栏“分公司”的下拉箭头▼，在下拉列表框中选择“自定义”选项，出现如图 4-56 所示的“自定义自动筛选方式”对话框。在“销售数量”下拉列表框中选择“大于”选项，在其右边的组合框中输入“90”。单击“确定”按钮，在工作表中显示满足筛选条件的记录。筛选结果如图 4-57 所示。

2．高级筛选

用户在使用电子表格数据时，经常需要查询或显示满足多重条件的信息，使用高级筛选功能通过对“筛选条件”区域进行组合查询以弥补自动筛选功能的不足。

“筛选条件”区域其实是工作表中一部分单元格形成的表格。表格中的第一行输入数据清单的标题行中的列名，其余行上输入条件。同一行列出的条件是“与”的关系，不同行列出的条件是“或”的关系。例如，如图 4-58 所示筛选条件的含义是分公司为“北京”或分公司为“南京”；如图 4-59 所示筛选条件的含义是时间为“一月”且产品名称为“产品一”。

分公司
北京
南京

图 4-58 “或”筛选条件

时间	产品名称
一月	产品一

图 4-59 “与”筛选条件

输入筛选条件以后，就可以利用高级筛选功能来筛选满足条件的记录。下面通过一个具体的例子来说明高级筛选的使用。

【例 4.23】利用高级筛选，显示销售表工作表（见 4-49）中北京分公司的产品一或者南京分公司的产品二的销售情况，如图 4-60 所示。

	A	B	C	D	E	F
1	某产品销售数据清单					
2	序号	时间	分公司	产品名称	销售人员	销售数量
5	3	三月	南京	产品二	王红	64
9	7	一月	北京	产品一	李萧	90
12	10	一月	北京	产品一	张珊	87
14	12	一月	南京	产品二	赵柳	100

图 4-60 高级筛选的结果

操作步骤如下。

（1）在工作表的 H2～I4 单元格区域输入筛选条件，如图 4-61 所示。

	A	B	C	D	E	F	G	H	I
1	某产品销售数据清单								
2	序号	时间	分公司	产品名称	销售人员	销售数量		分公司	产品名称
3	1	三月	天津	产品三	赵敏	99		北京	产品一
4	2	一月	天津	产品一	钱棋	74		南京	产品二
5	3	三月	南京	产品二	王红	64			
6	4	二月	天津	产品四	张明	53			
7	5	三月	天津	产品二	刘利	59			
8	6	二月	南京	产品四	孙科	99			
9	7	一月	北京	产品一	李萧	90			
10	8	二月	南京	产品三	罗娟	56			
11	9	二月	北京	产品四	李思	98			
12	10	一月	北京	产品一	张珊	87			
13	11	三月	北京	产品三	王武	97			
14	12	一月	南京	产品二	赵柳	100			

图 4-61 输入高级筛选的条件

（2）光标定位在数据清单的某个单元格区域。打开“数据”菜单，选择“筛选”项，选择“高级筛选”命令，打开“高级筛选”对话框，如图 4-62 所示。

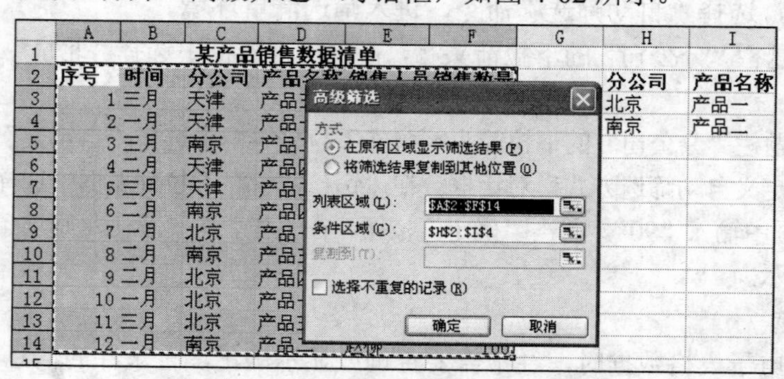

图 4-62 “高级筛选”对话框

（3）在“高级筛选”对话框中，在“列表区域”文本框中显示数据清单的区域“$A$2:$F$14”。光标定位在“条件区域”文本框中，鼠标在工作表中拖动选定 H2～I4 单元格，则在“条件区域”文本框中自动输入条件区域的单元格地址$H$2:$I$4。

（4）单击“确定“按钮，工作表筛选的数据结果如图 4-60 所示。

3．撤销筛选

对工作表数据清单的数据进行筛选后，为了显示所有的记录，需撤销筛选。

操作方法是：打开“数据”菜单，选择“筛选”菜单，选择“全部显示”命令。

4.5.4 数据分类汇总

分类汇总是将数据清单的数据按某列（分类字段）排序后分类，再对相同类别的记录的某些列（汇总项）进行汇总统计（求和、求平均、计数、求最大值、求最小值）。

1．插入分类汇总

插入分类汇总，就是在数据清单中插入分类汇总的数据。插入分类汇总之前，需要对分类字段进行排序（升序或降序）。

【例 4.24】在销售表工作表中，统计各个分公司销售人员的数目和产品销售的总量，如图 4-63 所示。

	A	B	C	D	E	F
1	某产品销售数据清单					
2	序号	时间	分公司	产品名称	销售人员	销售数量
3	7	一月	北京	产品一	李萧	90
4	9	二月	北京	产品四	李思	98
5	10	一月	北京	产品一	张珊	87
6	11	三月	北京	产品三	王武	97
7			北京 计数		4	
8			北京 汇总			372
9	3	三月	南京	产品二	王红	64
10	6	二月	南京	产品四	孙科	99
11	8	二月	南京	产品三	罗娟	56
12	12	一月	南京	产品二	赵柳	100
13			南京 计数		4	
14			南京 汇总			319
15	1	三月	天津	产品三	赵敏	99
16	2	一月	天津	产品一	钱棋	74
17	4	二月	天津	产品四	张明	53
18	5	三月	天津	产品二	刘利	59
19			天津 计数		4	
20			天津 汇总			285
21			总计数		12	
22			总计			976

图 4-63 分类汇总结果

操作步骤如下。

（1）对“分公司”列排序。光标定位到“分公司”列的某个单元格，单击工具栏上的“升序”按钮，即将数据清单按照“分公司”升序排序。

（2）插入分类汇总记录。选择“数据”菜单中的“分类汇总”命令，打开“分类汇总”对话框，如图 4-64 所示。在“分类字段”下拉列表框中选择“分公司”选项，在“汇总方式”下拉列表框中选择“求和”选项，在“选定汇总项”列表中选中“销售数量”复选框，单击“确定”按钮。

（3）添加分类汇总记录。选择“数据”菜单中的“分类汇总”命令，打开“分类汇总”对话框，如图 4-65 所示。在“分类字段”下拉列表框中选择“分公司”选项，在“汇总方式”下拉列表框中选择“计数”选项，在“选定汇总项”列表中选定“销售人员”复选框。取消选中“替换当前分类汇总”复选框，单击“确定”按钮。分类汇总结果如图 4-63 所示。

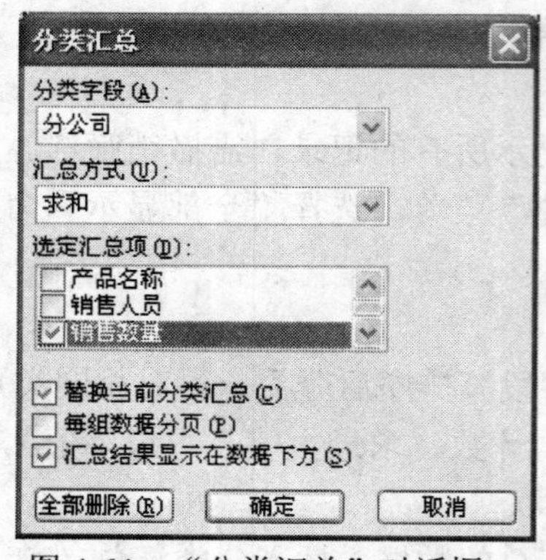

图 4-64 “分类汇总”对话框一

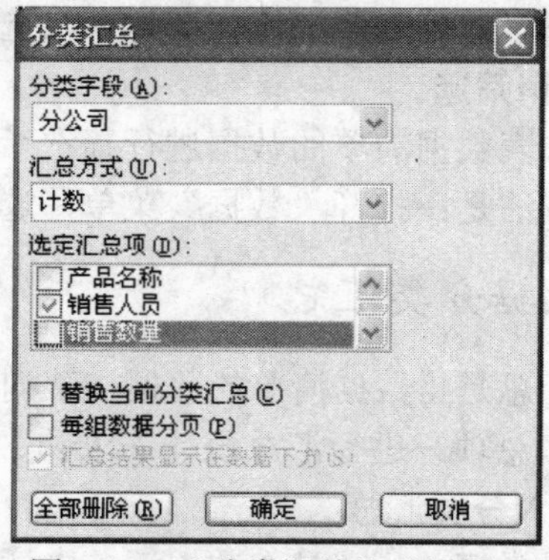

图 4-65 “分类汇总”对话框二

2. 查看分类汇总

在显示分类汇总数据的时候，分类汇总数据左侧会自动显示一些级别按钮。如图 4-66 所示是查看分类汇总的汇总数据和部分明细数据的结果。

	A	B	C	D	E	F
1			某产品销售数据清单			
2	序号	时间	分公司	产品名称	销售人员	销售数量
3	7	一月	北京	产品一	李萧	90
4	9	二月	北京	产品四	李思	98
5	10	一月	北京	产品一	张珊	87
6	11	三月	北京	产品三	王武	97
7			北京 计数		4	
8			北京 汇总			372
13			南京 计数		4	
14			南京 汇总			319
19			天津 计数		4	
20			天津 汇总			285
21			总计数		12	
22			总计			976

图 4-66 分类汇总的分级显示

3. 删除分类汇总

在“分类汇总”对话框中，单击“全部删除”按钮，可以删除分类汇总，显示数据清单原有的数据。

4.5.5 数据透视表

数据透视功能通过重新组合表格数据并添加算法，能快速提取和管理与目标相应的数据信息进行深入分析。

1. 建立数据透视表

数据透视表是交互式报表，可快速合并较大量数据。用户可修改其行和列以看到源数据的不同汇总，而且可显示感兴趣区域的明细数据。

【例 4.25】根据图 4-49 所示的数据建立反映各个分公司的各个产品系列的销售数量汇总的数据透视表，如图 4-67 所示。

	A	B	C	D	E	F
1	时间	(全部)				
2						
3	求和项:销售数量	产品名称				
4	分公司	产品二	产品三	产品四	产品一	总计
5	北京		97	98	177	372
6	南京	164	56	99		319
7	天津	59	99	53	74	285
8	总计	223	252	250	251	976

图 4-67　数据透视表

操作步骤如下。

（1）光标定位在数据清单的某个单元格上，选择“数据”菜单中的“数据透视表和数据透视图”命令，打开“数据透视表和数据透视图向导—3 步骤之 1”对话框，如图 4-68 所示。

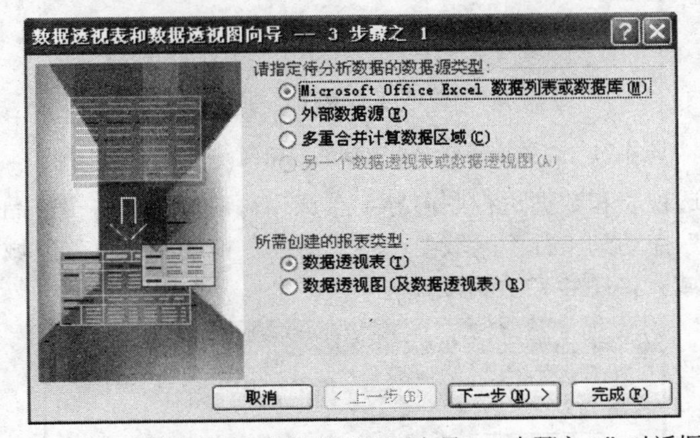

图 4-68　“数据透视表和数据透视图向导—3 步骤之 1”对话框

（2）保持默认设置，单击“下一步”按钮，打开“数据透视表和数据透视图向导—3 步骤之 2”对话框，如图 4-69 所示。

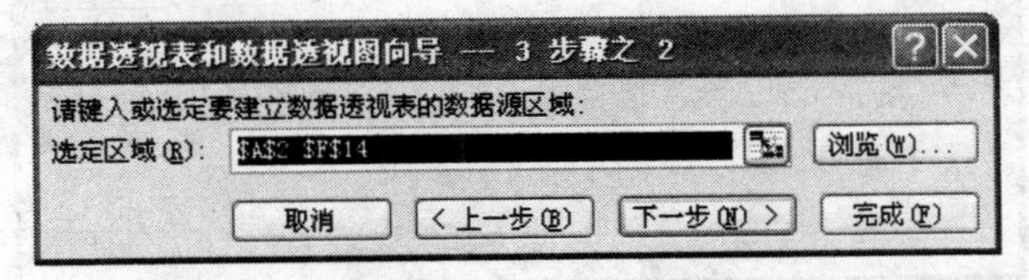

图 4-69　“数据透视表和数据透视图向导—3 步骤之 2”对话框

向导步骤 2 的目的是确定数据源。“选定区域”文本框中的单元格区域地址与数据列的单元格区域地址一致。单击“下一步”按钮，打开“数据透视表和数据透视图向导—3 步骤之 3”对话框，如图 4-70 所示。

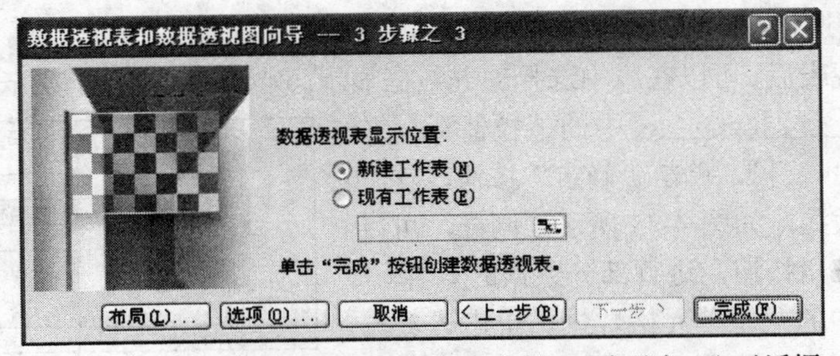

图 4-70　“数据透视表和数据透视图向导—3 步骤之 3”对话框

（3）在图 4-70 中，单击“布局”按钮，打开“数据透视表和数据透视图向导—布局”对话框，如图 4-71 所示。

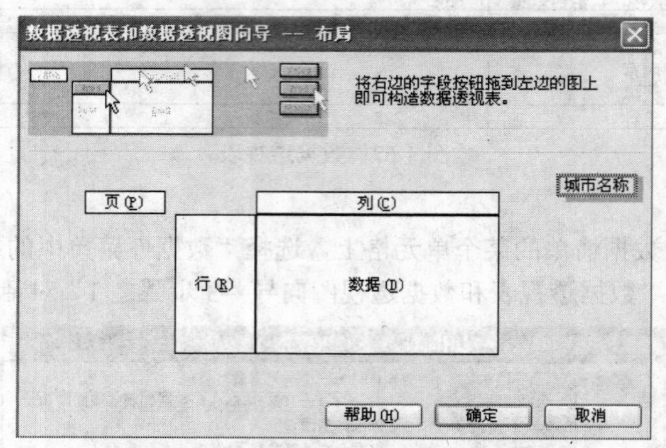

图 4-71 “数据透视表和数据透视图向导—布局”对话框

（4）在“数据透视表和数据透视图向导—布局”对话框中，将“产品名称”拖到“列”区域，将“分公司”拖动到“行”区域中，将“时间”拖动到“页”区域，将“销售数量”拖动到“数据”区域。如图 4-72 所示。

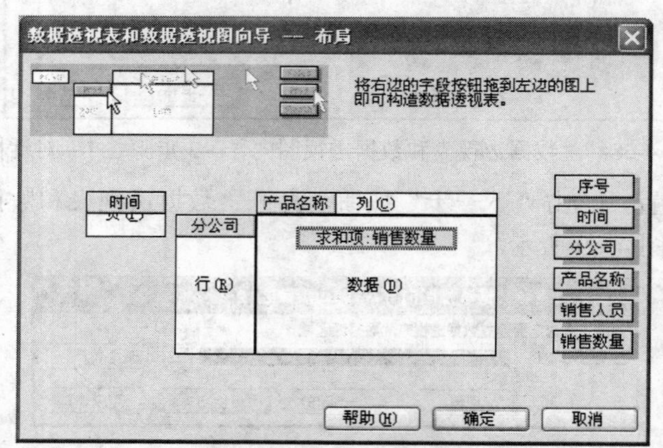

图 4-72 设置布局

（5）单击“确定”按钮，返回“数据透视表和数据透视图向导—3 步骤之 3”对话框，选择“新建工作表”单选按钮，单击“完成”按钮。此时在工作簿中创建一个新的工作表，在其中显示数据透视表。如图 4-67 所示。

2. 查看数据透视表

生成数据透视表后，可以在表中选择部分数据显示。例如，在图 4-67 所示的数据透视表中，可以单击“时间 (全部)”中的下拉箭头，在下拉列表中选择“一月”，单击“确定”按钮，就可以只查看一月的数据，如图 4-73 所示。同样，可以选择行或列的下三角按钮，进行部分数据的查看。

	A	B	C	D
1	时间	一月		
2				
3	求和项:销售数量	产品名称		
4	分公司	产品二	产品一	总计
5	北京		177	177
6	南京	100		100
7	天津		74	74
8	总计	100	251	351

图 4-73 数据透视表的数据

选定数据表中的一个单元格数据，单击“数据透视表”工具栏上的“隐藏明细数据”或“显示明细数据”，可以隐藏或显示该单元格数据的具体数据。

3. 编辑数据透视表

单击如图 4-74 所示的“数据透视表”工具栏上的“字段设置”按钮，可以增加汇总项目。

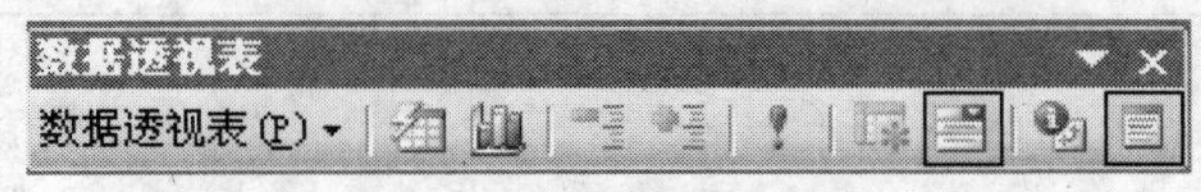

图 4-74　“数据透视表”工具栏

【例 4.26】在如图 4-67 所示的数据透视表上增加汇总平均值和汇总销售人员人数的数据。

操作步骤如下。

（1）单击数据透视表中的某个单元格，在出现的“数据透视表字段列表”任务窗格中，拖动“销售数据”字段到数据区域，如图 4-75 所示。数据透视表中增加“求和项：销售数量 2”的汇总数据，如图 4-76 所示。

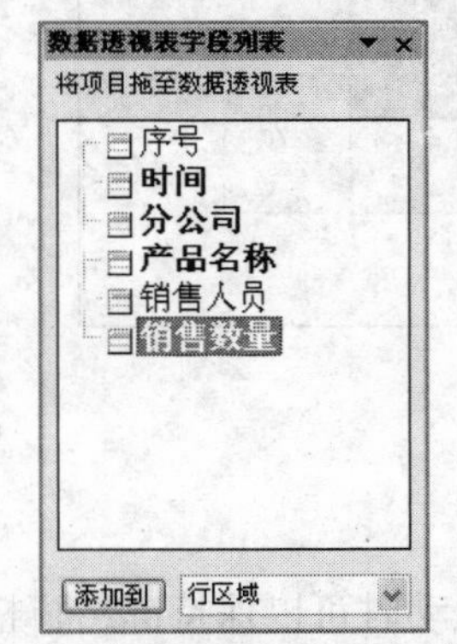

图 4-75　“数据透视表字段列表”对话框

	A	B	C	D	E	F	G
1	时间	(全部)					
2							
3			产品名称				
4	分公司	数据	产品二	产品三	产品四	产品一	总计
5	北京	求和项:销售数量		97	98	177	372
6		求和项:销售数量2		97	98	177	372
7	南京	求和项:销售数量	164	56	99		319
8		求和项:销售数量2	164	56	99		319
9	天津	求和项:销售数量	59	99	53	74	285
10		求和项:销售数量2	59	99	53	74	285
11	求和项:销售数量汇总		223	252	250	251	976
12	求和项:销售数量2汇总		223	252	250	251	976

图 4-76　数据透视表

（2）选定某个“求和项：销售数量 2”项，单击“数据透视表”工具栏上的“字段设置”按钮，出现“数据透视字段”对话框，如图 4-77 所示。在“汇总方式”列表框中选择“计数”，单击“确定”按钮。

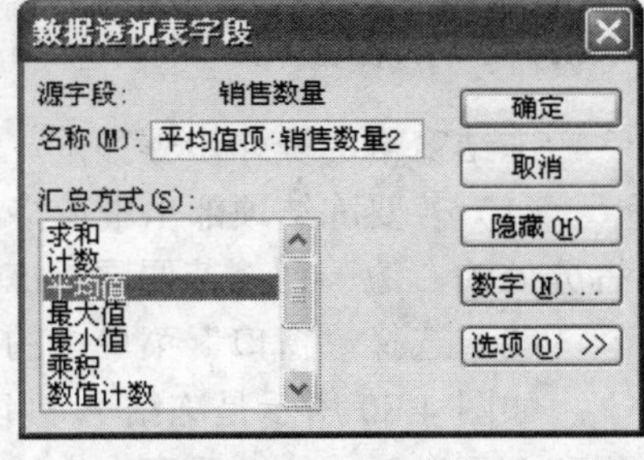

图 4-77　“数据透视表字段”对话框

（3）单击数据透视表中的某个单元格，在出现的“数据透视表字段列表”任务窗格中，拖动“销售人员”字段到数据区域。

（4）汇总的数据如图 4-78 所示。

	A	B	C	D	E	F	G
1	时间	(全部)					
2							
3			产品名称				
4	分公司	数据	产品二	产品三	产品四	产品一	总计
5	北京	求和项:销售数量		97	98	177	372
6		平均值项:销售数量2		97	98	88.5	93
7		计数项:销售人员		1	1	2	4
8	南京	求和项:销售数量	164	56	99		319
9		平均值项:销售数量2	82	56	99		79.75
10		计数项:销售人员	2	1	1		4
11	天津	求和项:销售数量	59	99	53	74	285
12		平均值项:销售数量2	59	99	53	74	71.25
13		计数项:销售人员	1	1	1	1	4
14	求和项:销售数量汇总		223	252	250	251	976
15	平均值项:销售数量2汇总		74.33333333	84	83.33333333	83.66666667	81.33333333
16	计数项:销售人员汇总		3	3	3	3	12

图 4-78　数据透视表

4．生成数据透视图表

生成数据透视表之后，利用数据透视表生成图表，单击“数据透视表”工具栏上的（如图 4-74 所示）“图表向导”按钮即可生成数据透视图表，如图 4-79 所示。

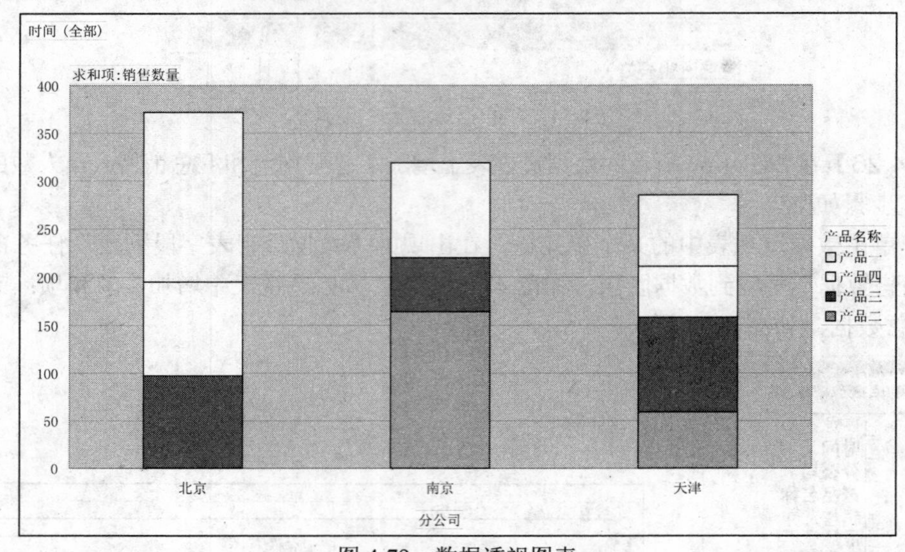

图 4-79　数据透视图表

4.6　冻结窗格与表格保护

冻结窗格使用户在滚动工作表时始终保持可见的数据。在滚动时可以保持冻结窗格中的行和列的数据始终可见。而为了防止非法用户修改或查看数据，可以对工作表设置密码保护。

4.6.1　冻结窗格

冻结窗格的操作步骤如下。

（1）若要冻结顶部水平窗格，选择待拆分处的下一行；若要冻结左侧垂直窗格，选择待拆分处的右边一列；若要同时冻结顶部和左侧窗格，则单击待拆分处右下方的单元格。

（2）选择“窗口”菜单中的“冻结窗格”命令，冻结指定的数据区域。

如图 4-80 所示是冻结 A 列以后，拖动右水平滚动按钮的效果。如图 4-81 所示是冻结 1 行和 2 行以后，拖动垂直向上滚动按钮的效果。

	A	D	E	F
2	序号	产品名称	销售人员	销售数量
3	1	产品三	赵敏	99
4	2	产品一	钱棋	74
5	3	产品二	王红	64
6	4	产品四	张明	53
7	5	产品二	刘利	59
8	6	产品四	孙科	99
9	7	产品一	李萧	90
10	8	产品三	罗娟	56
11	9	产品四	李思	98
12	10	产品一	张珊	87
13	11	产品三	王武	97
14	12	产品二	赵柳	100

图 4-80　冻结列的效果

	A	B	C	D	E	F
1	某产品销售数据清单					
2	序号	时间	分公司	产品名称	销售人员	销售数量
7	5	三月	天津	产品二	刘利	59
8	6	二月	南京	产品四	孙科	99
9	7	一月	北京	产品一	李萧	90
10	8	二月	南京	产品三	罗娟	56
11	9	二月	北京	产品四	李思	98
12	10	一月	北京	产品一	张珊	87
13	11	三月	北京	产品三	王武	97
14	12	一月	南京	产品二	赵柳	100

图 4-81　冻结行的效果

4.6.2　表格保护

保护表格的操作步骤如下。

（1）打开“工具”菜单，选择“保护”菜单，选择“保护工作表”命令，打开“保护工作表”对话框，如图 4-82 所示。在“取消工作表保护时使用的密码”文本框中输入密码，然后单击“确定”按钮。

（2）在“确认密码”对话框中重新输入密码，单击“确定”按钮，如图 4-83 所示。

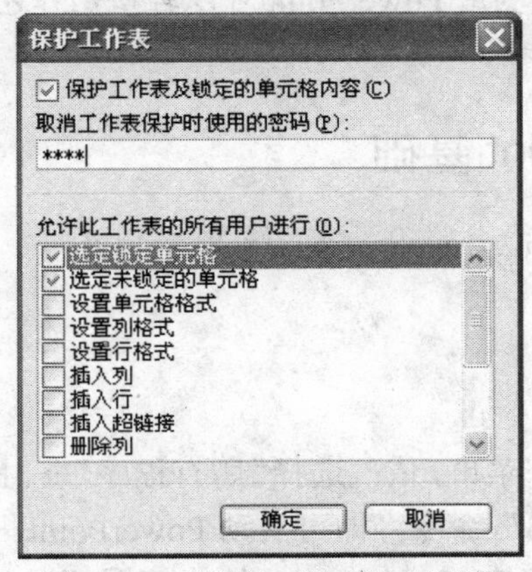

图 4-82　“保护工作表”对话框

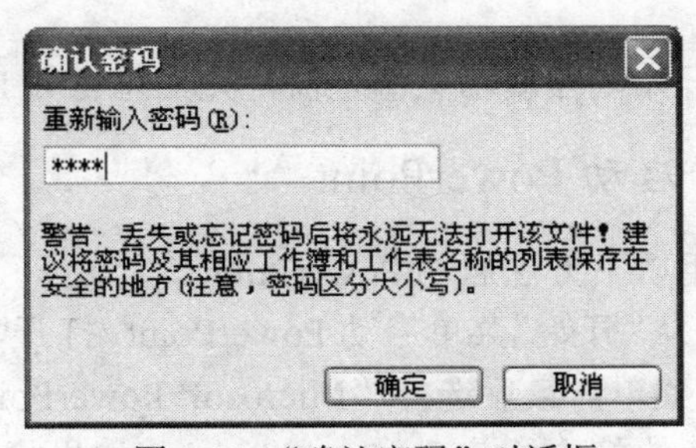

图 4-83　“确认密码”对话框

这样，在对工作表编辑之前需要取消工作表的保护才能进行编辑，方法是打开“工具”菜单，选择“保护”菜单，选择“撤销工作表的保护”命令，在出现的对话框中输入密码，即可编辑工作表。

思 考 题 四

1．简述工作簿，工作表，单元格，单元格地址的功能。
2．Excel 中单元格地址的引用有哪几种？各有什么特点？
3．假设学生成绩表中有学号、姓名、系科（会计、金融等）、出生日期、是否党员、入学平均成绩（0～100），试给出学生成绩表的各列数据的类型。
4．在学生成绩表中增加一个字段为“通过”，如果入学平均成绩大于 75 分，在“通过”字段上显示“通过”，否则显示“未过”，考虑应该使用什么函数来进行上述计算。
5．假设学生成绩表的入学成绩是 0～100，如果根据成绩进行成绩评定，评定的规则是：0～59 分为“不及格”，60～69 分为“及格”，70～79 分为“中等”，80～89 分为“良”，90～100 分为“优”，考虑应该使用什么函数来进行上述计算。
6．如果只显示学生成绩表中“会计”专业的学生信息，应该使用 Excel 的哪个功能？
7．如果对学生成绩进行统计，计算各个系科学生的入学平均成绩，应该使用 Excel 的哪个功能，如何实现？
8．试比较饼形图表和柱形图表在应用上的差别。
9．数据清单有何特点？
10．如何将 Excel 中的工作表数据或图表放入 Word 文档中？

第 5 章 演示文稿制作软件 PowerPoint 2003

PowerPoint 2003 中文版（以下简称 PowerPoint）主要用于制作多媒体幻灯片和播放演示文稿，常应用于教学、演讲、产品展示等各个方面。利用 PowerPoint 可以轻松制作包含文字、图形、声音、动画以及视频影像等多媒体的演示文稿。

5.1 PowerPoint 基础

在开始制作演示文稿之前，先熟悉有关 PowerPoint 的基本知识和基本操作。

5.1.1 启动 PowerPoint

可用以下方法启动 PowerPoint。

（1）从“开始”菜单启动 PowerPoint：打开“开始”菜单，依次选择“所有程序”→“Microsoft Office”菜单，最后选择“Microsoft PowerPoint2003”命令，即可启动 PowerPoint。

（2）快捷方式启动 PowerPoint：如果桌面上已有 PowerPoint 的快捷图标，可以使用 PowerPoint 快捷方式启动。双击桌面上的 PowerPoint 的快捷方式图标，即可启动 PowerPoint。

启动 PowerPoint 后，系统自动生成“演示文稿 1”的空白文档。在 PowerPoint 中，文件的新建、打开和保存操作同在 Word 中的操作基本一致。

5.1.2 退出 PowerPoint

退出 PowerPoint 有以下方法。

（1）单击“文件”菜单中的“退出”命令。

（2）双击 PowerPoint 窗口标题栏左端的程序名图标。

（3）单击 PowerPoint 窗口标题栏右端的“关闭”按钮。

退出 PowerPoint 时，对当前正在操作尚未保存的演示文稿，系统会提示保存文件，用户可以根据需要决定是否保存。

5.1.3 PowerPoint 窗口的组成

PowerPoint 主窗口如图 5-1 所示。PowerPoint 窗口主要由标题栏、菜单栏、工具栏、大纲窗格、幻灯片编辑窗口、绘图工具栏、任务窗格、视图查看按钮、备注窗格、状态栏等部分组成。

（1）标题栏——在标题栏最左端是控制菜单图标。双击此图标可以关闭 PowerPoint。在控制菜单按钮的右侧是标题，即“Microsoft PowerPoint”。如果正在编辑演示文稿，标题栏还会显示当前编辑文稿的文件名。

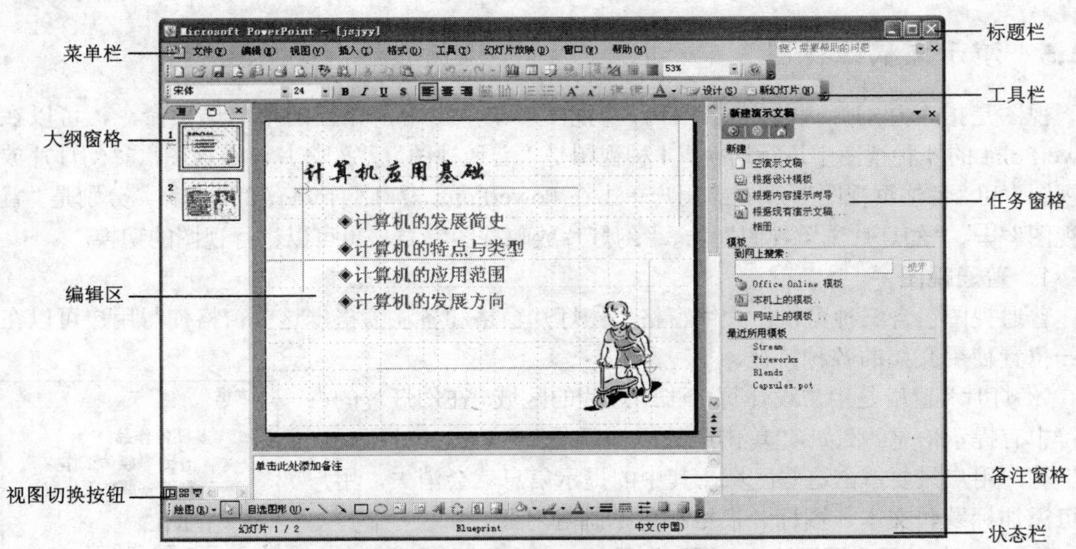

图 5-1　PowerPoint 的主窗口界面

（2）菜单栏——在菜单中，横向排列着若干个菜单项目的名称。当单击某个菜单按钮时，就会打开它的子菜单，子菜单中列出了多条命令。

（3）工具栏——工具栏中有若干个工具按钮。单击工具栏上的按钮，可执行其对应的操作。工具栏上各按钮都有一个图标。如果按钮显示呈灰色，表示此按钮暂时不能使用。

（4）大纲窗格——有大纲和幻灯片两个选项卡。大纲选项卡可显示幻灯片中的文本大纲。幻灯片选项卡可显示幻灯片的缩略图。

（5）幻灯片编辑窗口——在该窗口中，可对幻灯片进行编辑。在幻灯片编辑窗口下面是备注窗格，可对幻灯片进一步说明。

（6）任务窗格——位于窗口的右侧，任务窗格内容随着操作命令的不同而发生变化。任务窗格的关闭或开启，一般通过选择“视图”菜单中的“任务窗格”命令来实现。

（7）视图切换按钮——单击各个按钮，可以改变幻灯片的查看方式。

（8）状态栏——位于应用程序窗口的最下方，用于显示 PowerPoint 在不同运行阶段的不同信息。在幻灯片视图中，状态栏左侧显示当前的幻灯片编号和总幻灯片数，状态栏中间显示了当前幻灯片所用的模板名字。

5.1.4　设计幻灯片的原则

为了使得幻灯片简洁明了，吸引观众，在设计幻灯片时，可以采用下列原则。

（1）结构完整。演示的内容要系统，要构成完整的体系。总界面与各个模块之间导航清晰、明确，且链接准确，交互响应及时有效。

（2）要点明确。每张幻灯片的内容要简洁明确，不应过于烦琐而影响观众的注意力。

（3）表现多样。可以利用文字、图形、动画、影像、声音等多种形式来表达演示的内容，使得演示效果更生动。

（4）风格一致。演示文稿的界面风格应该和主题的内容保持一致。

5.1.5 演示文稿的视图

视图是指查看幻灯片的方式。打开“视图”菜单，单击相应的菜单选项命令，可以在PowerPoint的4种视图中进行切换。4种视图是“普通视图”、“幻灯片浏览视图”、“幻灯片放映视图”和“备注页视图”。另外，用户单击在PowerPoint窗口左下角有3个按钮，分别是“普通视图”田、“幻灯片浏览视图”㗊、“幻灯片放映视图”豆，也可以进行视图的切换。

1. 普通视图

普通视图包含三种窗格：大纲窗格、幻灯片窗格和备注窗格。这些窗格使得用户可以在同一位置使用文稿的各种特征。

“幻灯片”窗格是用户设计每一张幻灯片的区域。在幻灯片的占位符中有提示信息。例如，“单击此处添加标题”、“单击此处添加文本”等。用户只要单击这些区域，其中的提示信息就会消失，用户即可添加标题、文本、图标、表格和剪贴画等对象。

单击“幻灯片缩略图”的“大纲”选项卡，出现“大纲”窗格，如图5-2所示。大纲是组织和展开演示文稿内容的有效方法。在“大纲”窗格中，演示文稿以大纲形式显示，大纲则由幻灯片的标题和正文组成。

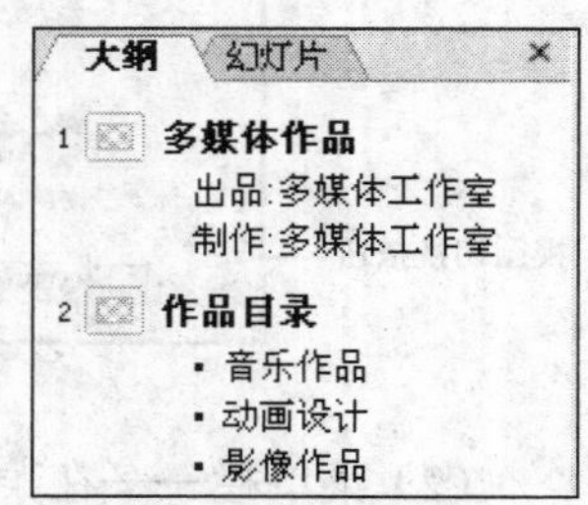

图5-2 大纲窗格

“备注”窗格是用户为幻灯片输入备注信息的区域。

2. 幻灯片浏览视图

在幻灯片浏览视图中，幻灯片按比例被缩小，并按页码顺序排列在窗口中，如图5-3所示。用户可以在此对幻灯片进行复制、移动、插入、删除等操作，同时可以设置幻灯片切换效果、预览幻灯片切换的效果。

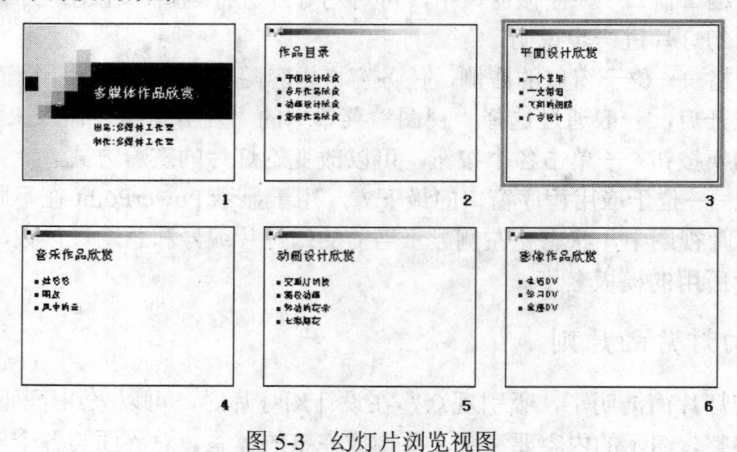

图5-3 幻灯片浏览视图

3. 幻灯片放映视图

在幻灯片放映视图中，以最大化方式在全屏幕上显示每张幻灯片。

5.2 幻灯片的基本操作

用PowerPoint制作一个演示文稿的过程，实际上就是制作一张张幻灯片的过程。幻灯片的基本操作包括插入、删除、复制、移动等操作。

5.2.1　插入幻灯片

新建的演示文稿只有一张标题幻灯片。如果需要，可以插入新的幻灯片。

在演示文稿中插入幻灯片的方法如下。

（1）光标定位在 PowerPoint 窗口左边的幻灯片缩略图中的某一张幻灯片上，按回车键，在选中的幻灯片之后插入一张新的幻灯片。

（2）选择“插入”菜单中的“新幻灯片”命令，在当前选中的幻灯片之后插入一张新的幻灯片。

（3）选择“插入”菜单中的“幻灯片副本”命令，在当前选中的幻灯片之后插入一张和当前幻灯片相同的幻灯片。

5.2.2　删除幻灯片

在演示文稿中删除幻灯片的方法如下。

（1）光标定位在幻灯片缩略图中的某一张幻灯片，按【Delete】键，删除选中的幻灯片。

（2）选择“编辑”菜单中的“删除幻灯片”命令，删除当前选定的幻灯片。

5.2.3　复制幻灯片

复制幻灯片的操作方法如下。

（1）使用鼠标选定幻灯片缩略图中的一张或多张幻灯片（按住【Ctrl】键的同时，单击可以多选），右击，在弹出的快捷菜单中选择“复制”命令，鼠标定位在幻灯片缩略图中的目标位置。右击，在快捷菜单中选择“粘贴”命令，则复制选定的一张或多张幻灯片。

（2）使用鼠标选定幻灯片缩略图中的一张和或多张幻灯片，按住【Ctrl】键的同时，拖动鼠标到幻灯片缩略图中的目标位置，则复制选定的一张或多张幻灯片。

5.2.4　移动幻灯片

移动幻灯片的操作方法如下。

（1）使用鼠标选定幻灯片缩略图中的一张或多张幻灯片，右击，在快捷菜单中选择“剪切”命令，将鼠标定位在幻灯片缩略图中的目标位置；右击，在快捷菜单中选择“粘贴”命令，即可移动选定的一张或多张幻灯片。

（2）使用鼠标选定幻灯片缩略图中的一张或多张幻灯片，拖动鼠标到幻灯片缩略图中的目标位置，即可移动选定的一张或多张幻灯片。

5.3　幻灯片的制作

演示文稿中的每一张幻灯片由若干对象组成。所谓对象是指插入幻灯片中的文字、表格、图表、组织结构图、图片、声音、动态视频影像等元素。

5.3.1　插入文本

在 PowerPoint 中，文本只能在文本框中输入。幻灯片的第一页是标题幻灯片，单击该幻灯片上的文本框占位符，在光标处输入文字，可以输入幻灯片的标题和副标题，如图 5-4 所示。

新插入的幻灯片上一般有文本框的占位符，单击文本框占位符，就可以在光标处输入文字，如图 5-5 所示。

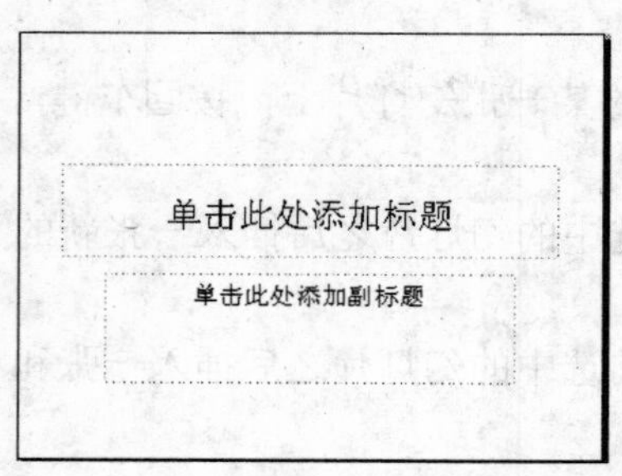

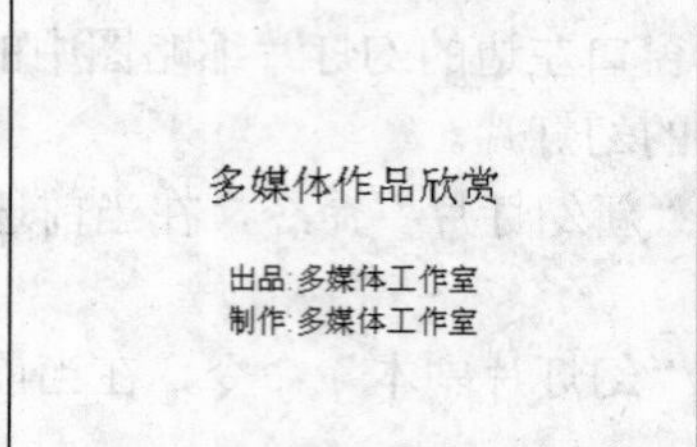

图 5-4 幻灯片标题

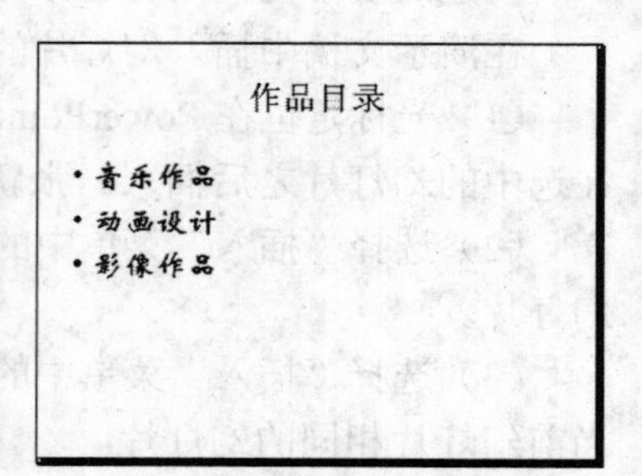

图 5-5 新插入的幻灯片

用户可以插入新的文本框来输入文本。操作方法是选择“插入”菜单中的“文本框”命令，选择“水平”或“垂直”命令，可以插入横排文本框或竖排文本框。

在 PowerPoint 中，设置文本格式时，常用的方法是设置文本的项目符号和编号。对于文本的项目符号和编号，可以使用“格式”工具栏上的按钮或按钮来减少缩进量或增加缩进量。还可以设置文本的字体、字号、字形、边框底纹以及段落格式等，这些操作同 Word 一致。

【例 5.1】创建一个演示文稿“欣赏.ppt”，包含 5 张幻灯片，各张幻灯片的文本内容如表 5-1 所示。

表 5-1 幻灯片的文本

项目 \ 幻灯片	第 1 张	第 2 张	第 3 张	第 4 张	第 5 张
标题占位符	多媒体作品欣赏	作品目录	音乐作品	动画设计	影像作品
副标题占位符	出品:多媒体工作室 制作:多媒体工作室	——	——	——	——
文本占位符	——	音乐作品 动画设计 影像作品	娃哈哈 朋友 风中的云	交通灯 采蜜 转动的花朵 七彩烟花	生活 DV 学习 DV 童趣 DV

5.3.2 插入图形

在 PowerPoint 中，可以使用两种基本类型的图形：图形对象和图片。图形对象包括用“绘图”工具栏创建的自选图形、图表、曲线、线条和艺术字图形对象。这些对象都是 PowerPoint 文档的一部分。图片是由其他文件创建的图形，它们包括位图、扫描的图片、照片以及剪贴画。在 PowerPoint 中，有关绘制的图形、插入的剪贴画和插入的图片的操作同在 Word 中一致。如图 5-6 所示的就是一张插入了剪贴画和艺术字的幻灯片。

图 5-6 插入图形的幻灯片

在 PowerPoint 中，利用插入图片的功能可以轻松地制作出电子相册。

操作步骤如下。

（1）打开“插入”菜单，选择“图片”|“新建相册”命令，打开“相册”对话框，如图 5-7 所示。

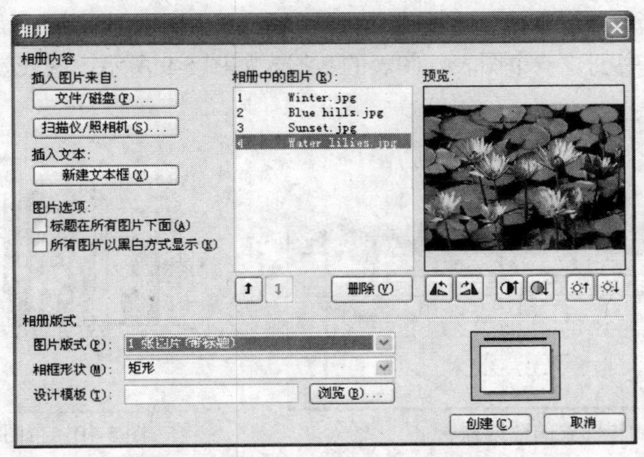

图 5-7　“相册”对话框

（2）单击其中的“文件磁盘”按钮，打开“插入新图片”对话框，如图 5-8 所示。

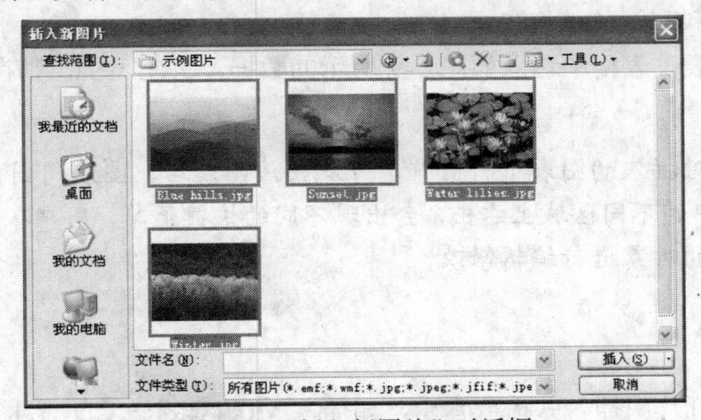

图 5-8　“插入新图片”对话框

（3）在“查找范围”下拉列表框中定位到照片所在的文件夹，在【Shift】或【Ctrl】键的辅助下，单击选中需要制作成相册的多张图片，单击“插入”按钮返回。

（4）在“相册”对话框中，根据需要调整好相应的设置，例如，将图片版式设置为“一张图片（带标题）”。单击“创建”按钮，返回到普通视图，生成一个新的演示文稿。

（5）在普通视图中，再对幻灯片作一些修饰，保存演示文稿即可完成一个电子相册的制作。

5.3.3　插入表格

在幻灯片中插入一张表格的方法如下。

（1）选择“插入”菜单中的“表格”命令，打开“插入表格”对话框。

（2）输入行数和列数，单击“确定”按钮，在幻灯片中插入一张表格。

5.3.4 插入图表

图表是根据数据表生成的图形。数据表内提供了输入行与列标签和数据的范例数据信息。创建图表时，可以在数据表中输入自己的数据。

【例 5.2】在“欣赏.ppt”演示文稿中插入第 6 张幻灯片，幻灯片的标题是“多媒体工作室绩效图”。在幻灯片中创建一个图表，图表的数据表如图 5-9 所示。图表效果如图 5-10 所示。

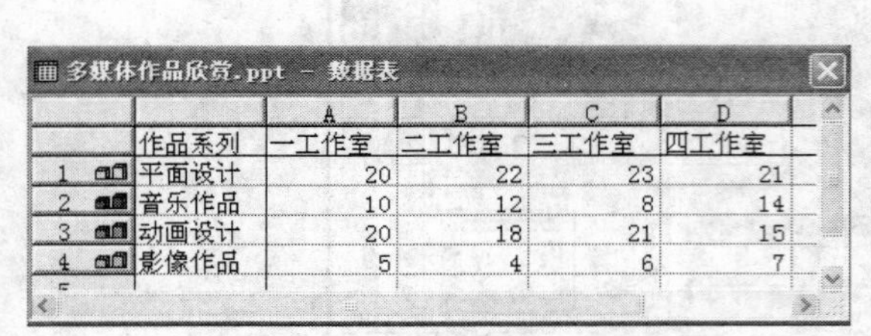
多媒体作品欣赏.ppt - 数据表

		A	B	C	D
	作品系列	一工作室	二工作室	三工作室	四工作室
1	平面设计	20	22	23	21
2	音乐作品	10	12	8	14
3	动画设计	20	18	21	15
4	影像作品	5	4	6	7
5					

图 5-9 图表的数据源表

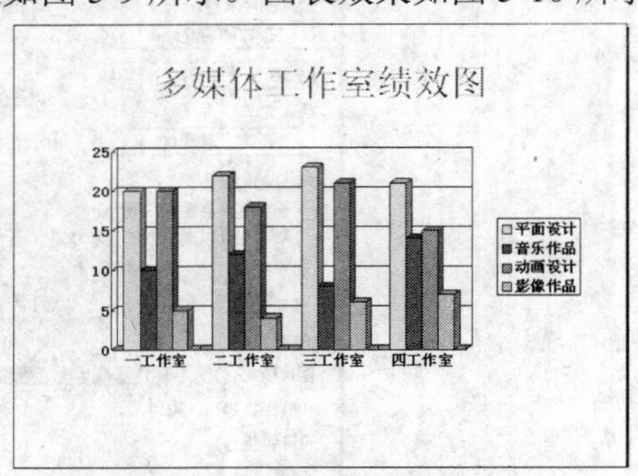

图 5-10 带图表的幻灯片

（1）打开“欣赏.ppt”演示文稿，在第 5 张幻灯片之后插入一张新的幻灯片。选择“插入”菜单中的“图表”命令，或单击“常用”工具栏上的“插入图表”按钮，PowerPoint 自动显示一个图表和相关的数据表。

（2）在“数据表”表格中输入如图 5-9 所示的数据，关闭表格，则在幻灯片中生成如图 5-10 所示的图表。

说明：如果要对插入的图表进行修饰，可双击该图表后，图表周围出现“////////////”线型。此时，在图表中的不同区域上右击，会出现不同的快捷菜单，用户从中选择不同的命令，可对图表或图表中的对象进行编辑修改。

5.3.5 插入声音

用户可以在幻灯片中插入并播放音乐，如插入 MIDI 音乐、CD 音乐或 MP3 等其他音乐文件等，使演示文稿在放映时有声有色。

下面介绍插入音乐文件的方法。

【例 5.3】在“欣赏.ppt”演示文稿的第 1 张幻灯片中插入一个音乐文件 friend.mp3。

操作步骤如下。

（1）打开“欣赏.ppt”演示文稿，光标选定第 1 张幻灯片。

（2）打开“插入”菜单，选择“影片和声音”子菜单，然后选择“文件中的声音”命令，打开“插入声音”对话框，如图 5-11 所示。

（3）在对话框的“查找范围”下拉列表框内指定存放声音文件的位置。

（4）选定要插入的声音文件 friend.mp3。

（5）单击“确定”按钮，出现如图 5-12 所示的对话框。

（6）单击“自动”按钮，将选定的声音文件插入到当前幻灯片，这时在幻灯片中可以看到声音图标。

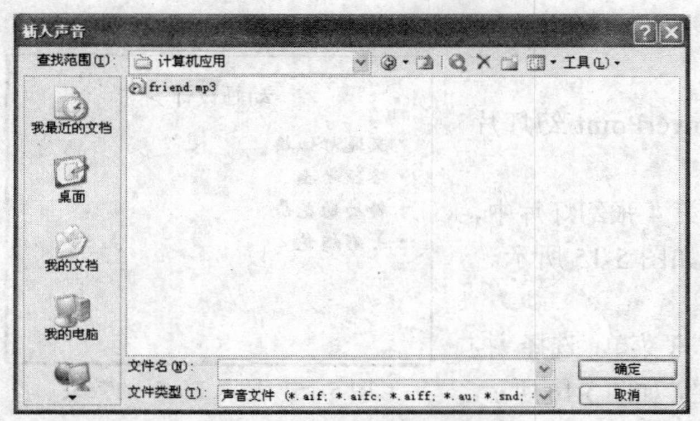

图 5-11　“插入声音”对话框

图 5-12　选择如何开始播放声音

插入声音之后，在播放第 1 张幻灯片的时候，可以听到声音。但是播放下一张幻灯片的时候，声音会停止。要使声音可以在幻灯片播放时可以持续到后面的幻灯片，则需要对声音增加动画效果。

5.3.6　插入视频

用户不仅可以在幻灯片中插入剪贴画、图片等静止的图像，还可以在幻灯片中添加视频对象，如影片、视频等。

下面介绍插入影片视频文件的方法。

【例 5.4】在“欣赏.ppt”演示文稿的最后添加一张幻灯片，标题是“童趣”，幻灯片中插入一个视频文件 child.avi。

操作步骤如下。

（1）打开“欣赏.ppt”演示文稿，在最后一张幻灯片之后插入一张新幻灯片，输入标题“童趣”。打开“插入”菜单，选择“影片和声音”项，选择“文件中的影片”命令，打开“插入影片”对话框，如图 5-13 所示。

（2）在文件列表框中找到并选中要插入的文件 child.avi，单击“确定”按钮，出现如图 5-14 所示的对话框。

（3）单击“自动”按钮，将选定的影片文件插入到当前幻灯片中，并在幻灯片中出现剪辑的片头图像。

（4）用户可以拖动图像周围的控制点来调整影片的大小。

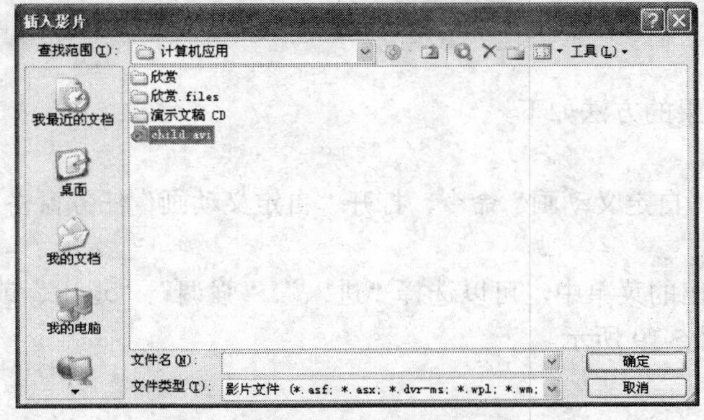

图 5-13　“插入影片”对话框

图 5-14　选择如何开始播放影片

5.3.7 插入 Flash 短片

可以将制作的 Flash 短片插入到 PowerPoint 幻灯片中。

【例 5.5】在“欣赏.ppt”演示文稿的第 4 张幻灯片中，插入一个名为 flower.swf 的 Flash 短片，如图 5-15 所示。

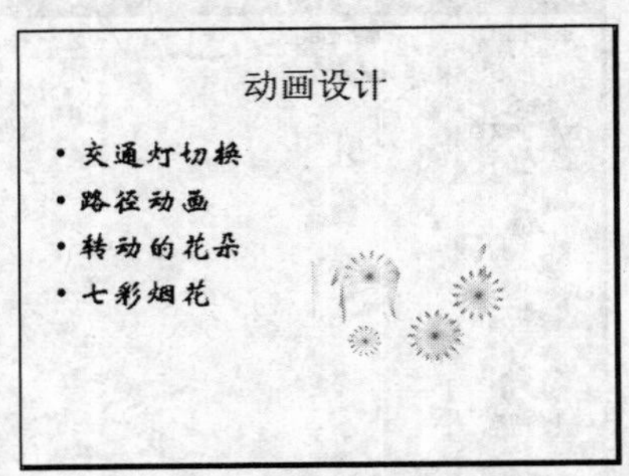

图 5-15 插入 Flash 的效果

操作步骤如下。

（1）打开“视图”菜单，选择“工具栏”子菜单，选择“控件工具箱”命令，展开“控件工具箱”工具栏，如图 5-16 所示。

（2）单击工具栏上的“其他控件”按钮，在弹出的下拉列表框中选“Shockwave Flash Object”选项，然后在幻灯片中拖拉出一个播放窗口。

（3）右击播放窗口，选择“属性”命令，打开“属性”窗口，如图 5-17 所示。在“Movie”选项后面的文本框中，输入需要插入的 Flash 动画文件名，这里输入“flower.swf”，然后关闭属性窗口。

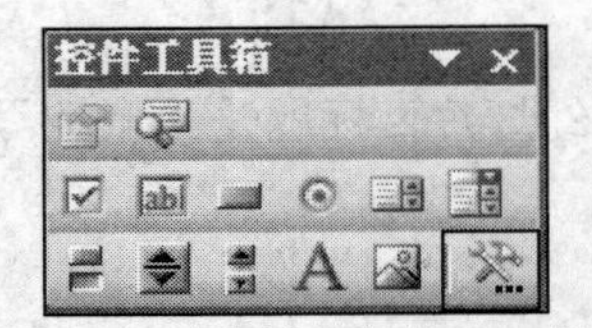

图 5-16 “控件工具箱”工具栏

图 5-17 “属性”任务窗格

（4）调整好播放窗口的大小，在放映幻灯片的时候，即可播放 Flash 动画。

说明：建议将上面 3 个例子中的 friend.mp3、child.avi、flower.swf 这 3 个文件和演示文稿“欣赏.ppt”保存在同一文件夹中。这样在插入文件时，不需要选择或输入文件的路径。

5.3.8 添加动画效果

用户可以为幻灯片中的对象设置动画效果，这样可以提高演示信息的生动性，而且可以控制信息放映流程的效果。

1．为对象添加动画效果

为幻灯片中的一个对象添加动画效果的方法如下。

（1）选中相应的对象。

（2）选择“幻灯片放映”菜单中的“自定义动画”命令，打开“自定义动画”任务窗格，如图 5-18 所示。

（3）单击“添加效果”按钮，在弹出的菜单中，可以选择“进入”、“强调”、“退出”或“动作路径”4 种动画效果的一种，如图 5-19 所示。

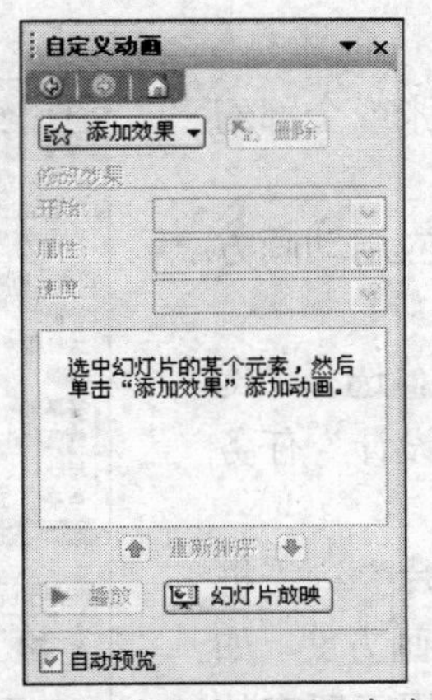

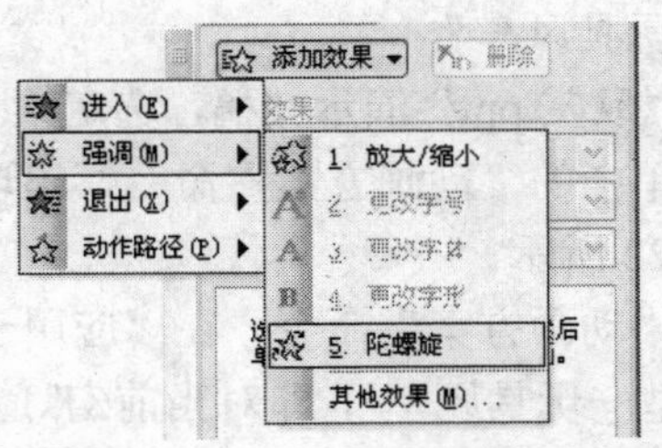

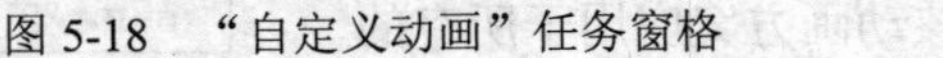

图 5-18　“自定义动画”任务窗格　　　图 5-19　“动画”设置菜单

（4）出现显示该类动画具体效果的子菜单，在此子菜单中选择一种效果作用在选定的对象上。同理，对其他对象添加动画也可以如法炮制。

在对幻灯片中的对象设置了动画以后，每一个动画效果有一个标识符（1，2，3…）。这个标识符指明了动画放映的先后顺序。

（5）在“自定义动画”任务窗格的“修改”区域，可以修改选定动画的属性。例如，在“开始”下拉列表框中，可以选择“单击时”（鼠标单击时才出现动画）、“之前”（动画自动出现）、“之后”（在指定的时间间隔之后才出现动画）。在“速度”下拉列表框中，可以指定动画的速度，如图 5-20 所示。

（6）在“自定义动画”任务窗格，“动画”列表框中选定一行，单击“重新排序”中的⬆或⬇按钮，可以修改该动画在放映时出现的顺序。

（7）在“自定义动画”任务窗格，右击“动画”列表框中的某个动画，在快捷菜单中选择“效果选项”命令，出现效果设置的对话框，如图 5-21 所示。在该对话框中可以设置动画的其他效果。

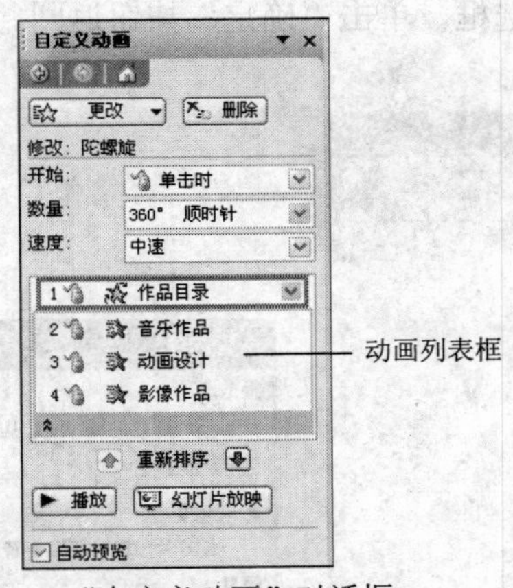

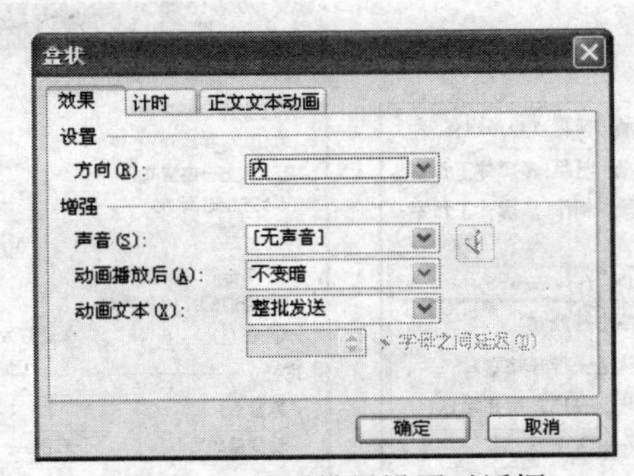

图 5-20　“自定义动画”对话框　　　图 5-21　动画效果设置对话框

（8）单击“自定义动画”任务窗格的“播放”按钮，可以预览幻灯片播放的效果。

（9）对已经建立的动画，单击“自定义动画”任务窗格的“更改”按钮，可以修改动画效果。如果单击“删除”按钮，则删除该动画。

2. 动画方案

使用 PowerPoint 中预设的动画方案，可以自动为一张或全部幻灯片的占位符对象设置动画。

【例 5.6】为“欣赏.ppt”演示文稿的第一张幻灯片应用动画方案“华丽型—玩具风车”。

（1）打开“欣赏.ppt”演示文稿，选定第一张幻灯片，选择“幻灯片放映”菜单中的“动画方案”命令，出现“幻灯片设计”任务窗格，如图 5-22 所示。

（2）选择“动画方案”命令，在“应用于所选幻灯片”列表框中选择“华丽型—玩具风车”，即对当前幻灯片设置了动画方案。如果单击“应用于所有幻灯片”按钮，则将该动画方案应用于所有的幻灯片。

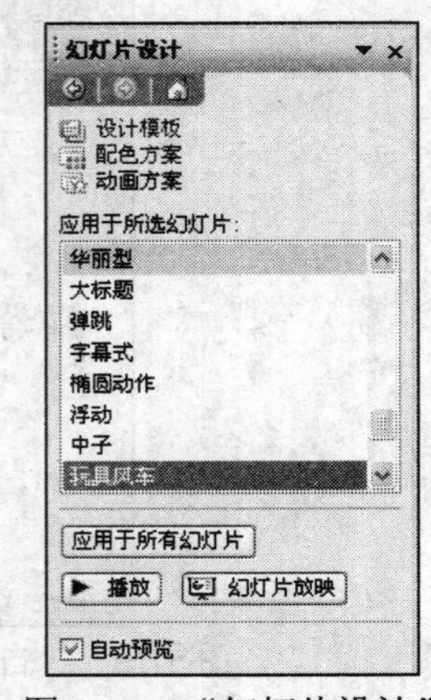

图 5-22 “幻灯片设计”任务窗格

3. 设置背景音乐

为了增强演示效果，可以设置声音对象的动画效果，从而为 Powerpoint 演示文稿设置背景音乐。

【例 5.7】将例 5.3 的音乐文件 friend.mp3 设置为欣赏.ppt 演示文稿的背景音乐。

操作步骤如下。

（1）右击“欣赏.ppt”演示文稿的第一张幻灯片的声音对象，在快捷菜单中选择“自定义动画”命令，出现“自定义动画”任务窗格，如图 5-23 所示。

（2）在“自定义动画”任务窗格中，单击“动画”列表框中的 friend.mp3 右侧的按钮，在出现的下拉菜单中单击“效果选项”命令，出现“播放声音”对话框，如图 5-24 所示。

（3）在“播放声音”对话框中，选中“在张幻灯片之后”单选按钮，并输入一个数值（此处演示文稿共有 7 张幻灯片，输入数值 8），单击“确定”按钮返回。

（4）右击声音对象，在快捷菜单中选择“编辑声音对象”命令，出现如图 5-25 所示的“声音选项”对话框，选中“循环播放，直到停止”复选框，单击“确定”按钮返回。

这样，在幻灯片播放期间音乐就不会停止了。

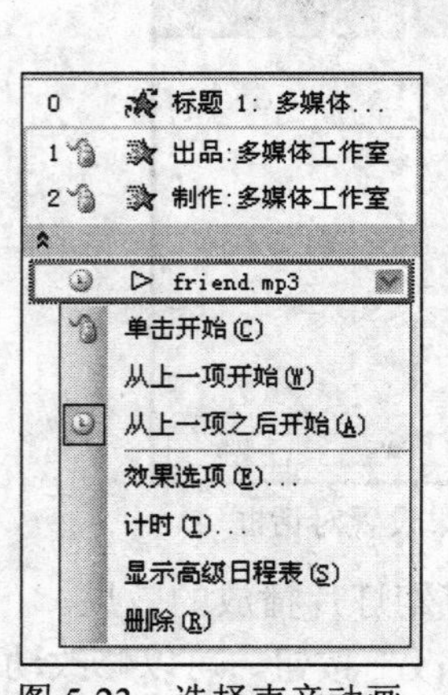

图 5-23 选择声音动画

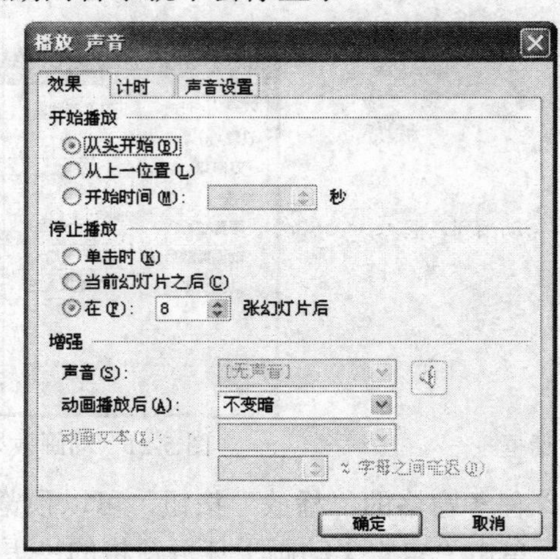

图 5-24 “播放声音”对话框

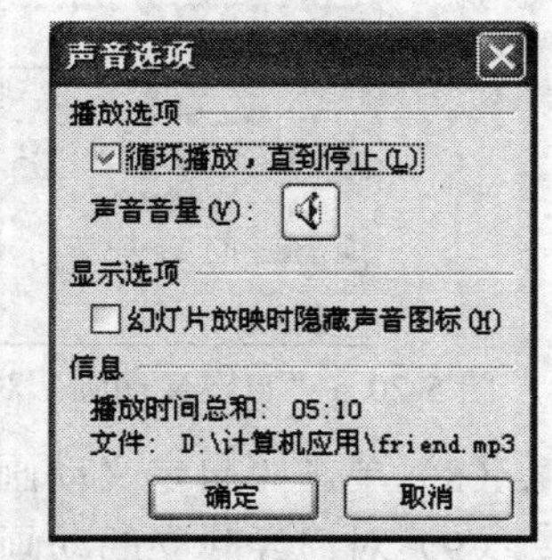

图 5-25 “声音选项”对话框

5.3.9　设置超链接

用户可以在演示文稿中设置超链接，然后利用它可以链接到演示文稿的某一张幻灯片、其他演示文稿、某个网页地址。在幻灯片放映时，当鼠标移到超链接处，鼠标就会变成 形，单击鼠标，就跳转到超链接设置的位置。

1．对象超链接

可以为幻灯片中的对象设置超链接。设置了超链接的文本会添加下划线，并且显示成系统配色方案指定的颜色。

【例 5.8】在"欣赏.ppt"演示文稿中创建超链接：将第 1 张幻灯片中的文本"出品:多媒体工作室"链接到网址"http://www.baidu.com"，将第 2 张幻灯片中的文本"音乐作品"链接到第 3 张幻灯片，文本"动画设计"链接到第 4 张幻灯片，文本"影像作品"链接到第 5 张幻灯片。第 5 张幻灯片的文本"童趣 DV"链接到第 7 张幻灯片。

操作步骤如下。

（1）选中"欣赏.ppt"演示文稿的第 1 张幻灯片，选定文本"出品:多媒体工作室"。

（2）选择"幻灯片放映"菜单中的"动作设置"命令，打开"动作设置"对话框，如图 5-26 所示。

（3）在"动作设置"对话框中，选中"超链接到"单选按钮，在"超链接到"下拉列表框中选择"URL…"选项，打开"超链接到 URL"对话框。在"URL"文本框中输入网址"http://www.baidu.com"，单击"确定"按钮返回。再单击"确定"按钮，选定文本就超链接到指定的网址。

（4）选中第 2 张幻灯片，选定文本"音乐作品"，选择"幻灯片放映"菜单中的"动作设置"命令，打开"动作设置"对话框中。选中"超链接到"单选按钮，在"超链接到"下拉列表框中选择"幻灯片…"选项，打开如图 5-27 所示的"超链接到幻灯片"对话框，在"幻灯片标题"列表框中选择"3.音乐作品"选项，单击"确定"按钮返回。再单击"确定"按钮，选定文本就超链接到第 3 张幻灯片。

同理，可设置其他的超链接。

图 5-26　"超链接到 URL"对话框

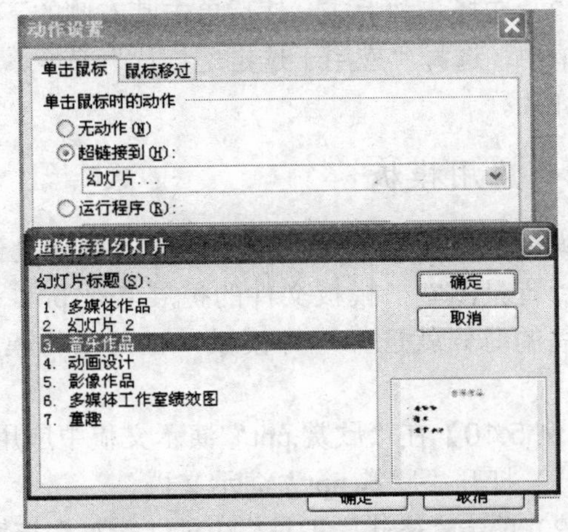

图 5-27　"超链接到幻灯片"对话框

2. 动作按钮

利用动作按钮也可以创建超链接。

【例 5.9】在"欣赏.ppt"演示文稿的第 3 张、第 4 张、第 5 张幻灯片中插入动作按钮，以链接到第 2 张幻灯片。在第 7 张幻灯片中插入动作按钮，以链接到第 5 张幻灯片。

操作步骤如下。

（1）选定"欣赏.ppt"演示文稿的第 3 张幻灯片。

（2）选择"幻灯片放映"菜单中的"动作按钮"命令，出现如图 5-28 所示的"动作按钮"面板。选择"幻灯片：上一张"按钮，在幻灯片的合适位置拖动鼠标，则在幻灯片上生成一个按钮。

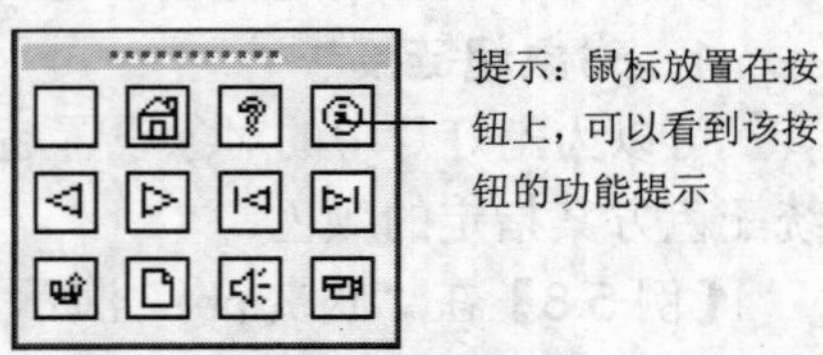

图 5-28 动作按钮

（3）在出现的"动作设置"对话框中，设置超链接到第 2 张幻灯片，然后单击"确定"按钮。

（4）将在步骤（2）中生成的按钮复制到第 4 张幻灯片和第 5 张幻灯片。

同理，在第 7 张幻灯片中插入动作按钮，以链接到第 5 张幻灯片。

5.4 美化演示文稿

美化演示文稿的操作包括设置幻灯片的版式、将模板应用到已存在的演示文稿中、创建独特的效果、设置配色方案以及设置背景等操作。对演示文稿进行这样的设置之后，可进一步增强演示效果。

5.4.1 设置幻灯片的版式

在标题幻灯片下面新建的幻灯片，默认情况下给出的是"标题和文本"版式，用户可以根据需要重新设置其版式。

（1）选定要设置版式的幻灯片。选择"格式"菜单中的"幻灯片版式"命令，打开"幻灯片版式"任务窗格，如图 5-29 所示。

（2）选择一种版式，然后单击其右侧的下拉按钮，在弹出的下拉菜单中，选择"应用于选定幻灯片"命令，将该版式应用到选定的幻灯片。

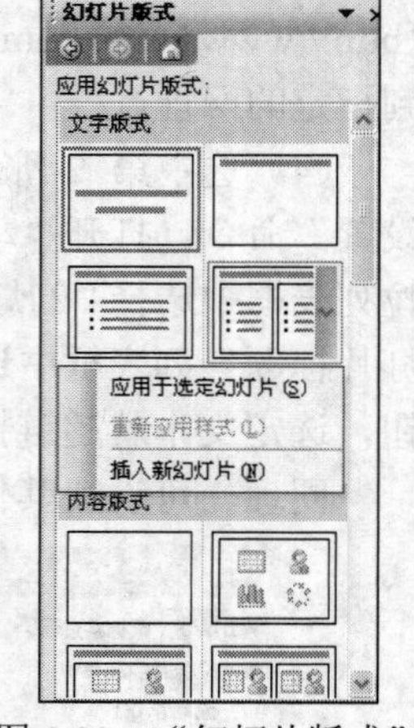

图 5-29 "幻灯片版式"任务窗格

5.4.2 应用模板

模板是指一个演示文稿整体上的外观设计方案，它包含预定义的文字格式、颜色以及幻灯片背景图案，模板文件的扩展名是.pot。PowerPoint 提供了多种模板，可以在新建演示文稿的时候就选择一种模板，也可以将模板应用到已存在的演示文稿中创建独特的效果。

【例 5.10】在"欣赏.ppt"演示文稿中应用模板"古瓶荷花"。

（1）打开"欣赏.ppt"演示文稿。

（2）单击"格式"工具栏上的"设计"按钮，在"幻灯片设计"任务窗格中选择"设计模板"命令，如图 5-30 所示。

（3）在“应用设计模板”列表框中选择模板“古瓶荷花”，幻灯片的效果如图 5-31 所示。

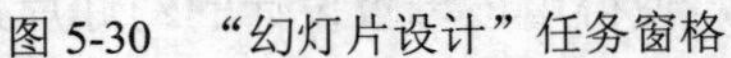

图 5-30　“幻灯片设计”任务窗格　　图 5-31　应用模板的幻灯片的效果

5.4.3　设置配色方案

如果对当前的配色方案不满意，可以选择其内置的配色方案来设置，操作步骤如下。

（1）单击“格式”工具栏上的“设计”按钮 设计(S)，在“幻灯片设计”任务窗格中选择“配色方案”命令。

（2）在“应用配色方案”列表框中选择一种配色方案，如图 5-32 所示。单击其右侧的下拉按钮，在弹出的下拉菜单中，如果单击“应用于所有幻灯片”命令，将该配色方案应用到所有的幻灯片；如果单击“应用于所选幻灯片”命令，则将该配色方案应用到选定的幻灯片。

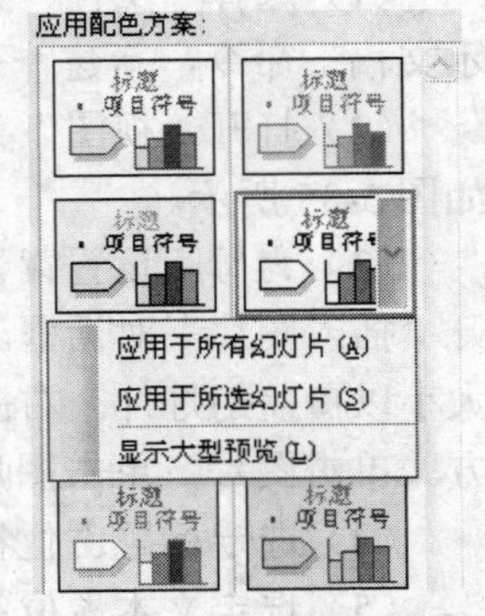

图 5-32　“应用配色方案”任务窗格

5.4.4　设置背景

可以为幻灯片修改其背景颜色，操作步骤如下。

（1）选择“格式”菜单中的“背景”命令，打开“背景”对话框，如图 5-33 所示。

（2）单击“颜色”下拉列表框，选择一种“背景”颜色，如图 5-34 所示。

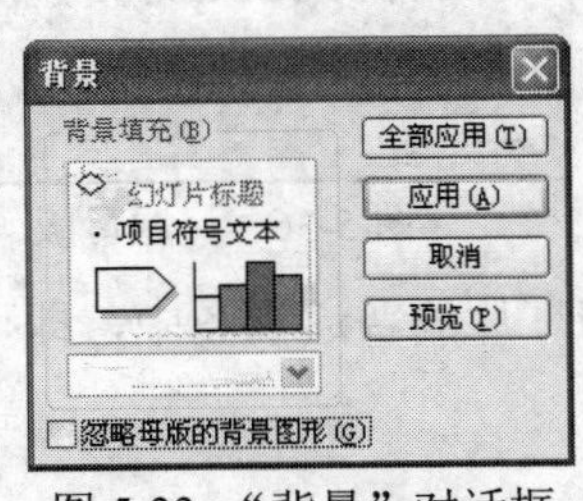

图 5-33　“背景”对话框

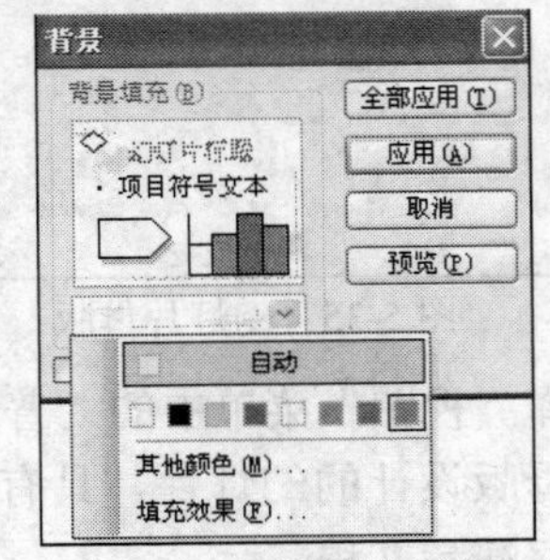

图 5-34　选择背景色

（3）在“背景”对话框中，如果选中“忽略母版的背景图形”复选框，可以忽略母版中设置的背景图形。

（4）如果单击“全部应用”按钮，可以将设置应用到所有的幻灯片；如果单击“应用”按钮，则将设置应用到选定的幻灯片。

5.4.5 应用母版

幻灯片母版通常用来统一整个演示文稿的幻灯片格式，一旦修改了幻灯片母版，则所有采用这一母版建立的幻灯片格式也随之发生改变，达到快速统一演示文稿的个性化格式的目的。

母版是一种特殊的幻灯片，它包含了幻灯片文本和页脚（如日期、时间和幻灯片编号）等占位符，母版控制了幻灯片的字体、字号、颜色、背景色、阴影和项目符号样式等版式要素。母版通常包括幻灯片母版、标题母版、讲义母版、备注母版四种形式。

这里通过例子介绍“幻灯片母版”和“标题母版”两个母版的建立和使用。

【例 5.11】设计一个具有个性化特色的演示文稿的母版，使得用该母版设计的幻灯片具有统一的风格。

操作步骤如下。

（1）选择“文件”菜单中的“新建”命令，单击“新建演示文稿”任务窗格上的“空演示文稿”命令，新建一个演示文稿。

（2）打开“视图”菜单，选择“母版”｜“幻灯片母版”命令，进入幻灯片母版视图，如图 5-35 所示。

（3）为母版设置背景图案。打开“插入”菜单，选择“图片”｜“来自文件”命令，打开“插入图片”对话框。选择一个图片文件，插入到幻灯片中。将图片大小调整到幻灯片的大小以覆盖幻灯片。右击图片，选择“叠放次序”｜“置于底层”命令，将图片置于文字下方。单击图片，单击图片工具栏的“颜色”按钮，在下拉菜单中选择“浑浊”命令。

（4）选定标题占位符，设置标题文本的格式。

（5）选定文本占位符，设置各级文本的项目符号和编号，以及文本的格式。

（6）选择“插入”菜单中的“新标题母版”命令，出现标题母版，如图 5-36 所示。同理，设计标题母版的标题占位符和副标题占位符的格式。

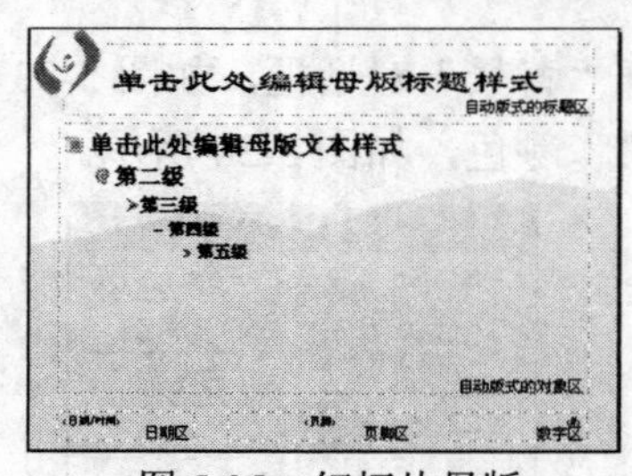

图 5-35　幻灯片母版

图 5-36　标题母版

（7）选择“视图”菜单中的“普通”命令，在幻灯片的普通视图中，即可设计幻灯片。根据同一个母版设计的幻灯片，具有统一的风格。

（8）保存演示文稿。

5.4.6 创建模板

用户可以创建具有独特外观的设计模板，设置完成以后，将其保存起来，以后就可应用设计模板了。

操作步骤如下。

（1）打开已经存在的演示文稿。

（2）修改母版或演示文稿的属性（如颜色、背景等）。

（3）选择“文件”菜单中的“另存为”命令。

（4）在“另存为”对话框的“文件名”文本框中输入文件名。在“保存类型”下拉列表中选择“演示文稿设计模板”选项，单击“保存”按钮，则创建一个模板文件。

5.5 幻灯片的放映

放映幻灯片就是将设计好的幻灯片展示在观众的面前。创建好了演示文稿以后，可以根据需要设置不同的放映方式。

5.5.1 幻灯片的放映

幻灯片的放映状态也是一种视图，启动幻灯片放映的方法有下列几种。

- 选择“幻灯片放映”菜单中的“观看放映”命令。
- 选择“视图”菜单中的“幻灯片放映”命令。
- 按【F5】键。

以上三种方法可以从第一页开始放映幻灯片。

- 单击“幻灯片缩略图”任务窗格下的“幻灯片放映”按钮。
- 按【Shift+F5】组合键。

以上两种方法可以从当前幻灯片开始放映幻灯片。

幻灯片放映时，可以右击弹出快捷菜单，如图 5-37 所示，在快捷菜单中可以选择相应的选项，进行放映时的控制。

图 5-37 幻灯片放映时的快捷菜单

下面介绍常用的控制方法。

- 在放映过程中右击，在出现的快捷菜单中，选择“屏幕”菜单中的“演讲者备注”命令，打开“演讲者备注”对话框。输入演讲者的感受或者观众的意见，单击“关闭”按钮，返回继续播放。
- 在放映过程中，右击，在出现的快捷菜单中，选择“指针选项”菜单中的“毡尖笔”命令，此时，鼠标变成一支“笔”，可以在屏幕上随意绘画。

5.5.2 幻灯片放映的切换效果

为了增强 Powerpoint 幻灯片的放映效果，可以为每张幻灯片设置切换方式，以丰富其过渡效果。

操作步骤如下。

（1）选中需要设置切换方式的幻灯片。

（2）选择“幻灯片放映”菜单中的“幻灯片切换”命令，打开“幻灯片切换”任务窗格，如图 5-38 所示。

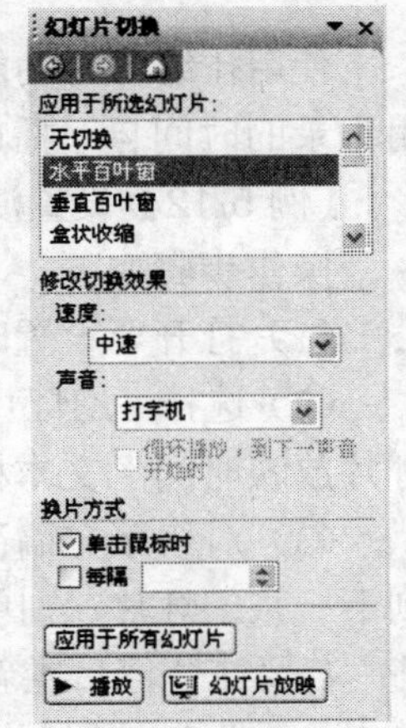

图 5-38 “幻灯片切换”任务窗格

（3）在“应用于所选幻灯片”列表框中选择一种切换方式，并根据需要在“修改切换效果”选项区域设置好“速度”、“声音”、“换片方式”等选项，完成设置。

说明：如果需要将此切换方式应用于整个演示文稿，只要在“幻灯片切换”任务窗格中，单击“应用于所有幻灯片”按钮即可。

5.5.3 自定义放映

使用幻灯片自定义放映功能，可以有选择地放映某一部分演示文稿中的幻灯片。操作步骤如下：

（1）选择“幻灯片放映”菜单中的“自定义放映”命令，打开“自定义放映”对话框，如图 5-39 所示。

（2）单击“新建”按钮，打开“定义自定义放映”对话框，如图 5-40 所示。输入幻灯片放映名称，例如“影像播放”。选中“在演示文稿中的幻灯片”列表框中要被自定义放映的幻灯片，单击“添加”按钮，则被选中的幻灯片出现在“在自定义放映中的幻灯片”列表框中。如果要删除错选的幻灯片，在“在自定义放映中的幻灯片”列表框中选中它，单击“删除”按钮，最后单击“确定”按钮。

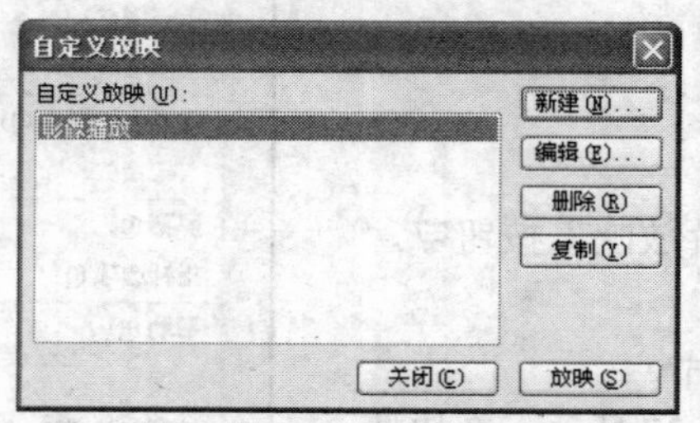

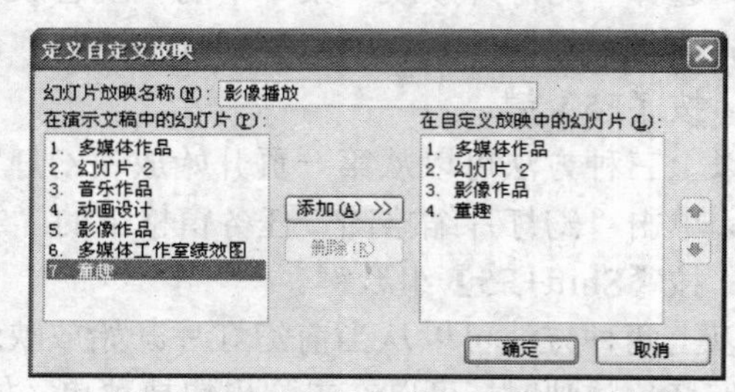

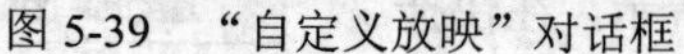

图 5-39 “自定义放映”对话框　　图 5-40 “定义自定义放映”对话框

在“自定义放映”对话框中列出已经建立的和刚建立的自定义放映的名称。

（3）在“自定义放映”对话框中选中要放映的自定义放映，例如“影像播放”，单击“放映”按钮，即可实现自定义放映。

5.5.4 排练计时

使用排练计时功能，系统可以记录演示每个幻灯片所需的时间，然后在向观众演示时使用记录的时间自动播放幻灯片。

【例 5.12】 设置演示文稿欣赏.ppt 的排练计时的效果。

操作步骤如下。

（1）打开要设置时间的欣赏.ppt 演示文稿。

（2）选择“幻灯片放映”菜单中的“排练记时”命令，打开“预演”对话框，并且在“幻灯片放映时间”文本框 0:00:05 中开始对演示文稿计时，如图 5-41 所示。

（3）对演示文稿计时中，可以在“预演”工具栏上执行下列操作以播放幻灯片：要移动到下一张幻灯片，则单击“下一张”按钮；若要临时停止记录时间，则单击“暂停”按钮；若要在暂停后重新开始记录时间，则单击“暂停”按钮；若要重新开始记录时间，则单击“重复”按钮。

（4）当最后一张幻灯片放映完毕，系统自动弹出一个提示框，如图 5-42 所示。如果单击“是”按钮，上述操作所记录的时间就会保留下来；如果单击“否”按钮，所做的所有时间设置将取消。这里单击“是”按钮。

（5）选择“视图”菜单中的“幻灯片浏览”命令，可以看到每一张幻灯片的放映时间，如图 5-43 所示。

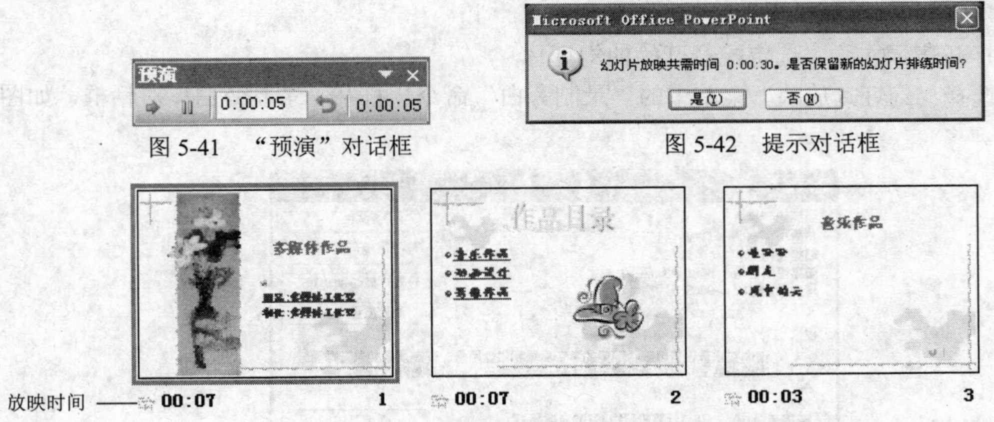

图 5-41　“预演”对话框　　图 5-42　提示对话框

图 5-43　浏览视图中显示的幻灯片的排练时间

5.5.5　设置放映方式

演示文稿制作完成后，有时由演讲者播放，有时让观众自行播放，这需要通过设置幻灯片放映方式进行控制。

【例 5.13】将例 5.12 的演示文稿欣赏.ppt 的放映方式设置为在展台自动循环放映。

（1）打开要设置放映方式的欣赏.ppt 演示文稿。

（2）选择“幻灯片放映”菜单中的“设置放映方式”命令，打开“设置放映方式”对话框，如图 5-44 所示。

（3）在“放映类型”选项区域选择“在展台浏览（全屏幕）”单选按钮，系统自动设置放映选项为“自动放映，按 Esc 键终止”；在“放映幻灯片”选项区域选择“全部”单选按钮；在“换片方式”选项区域选择“如果存在排练时间，则使用它”单选按钮。单击“确定”按钮。

此时放映幻灯片，幻灯片可以按排练计时记录的时间自动循环放映幻灯片，无须手工换片。

如果要设置其他放映方式，可以在“设置放映方式”对话框中做相应的设置。

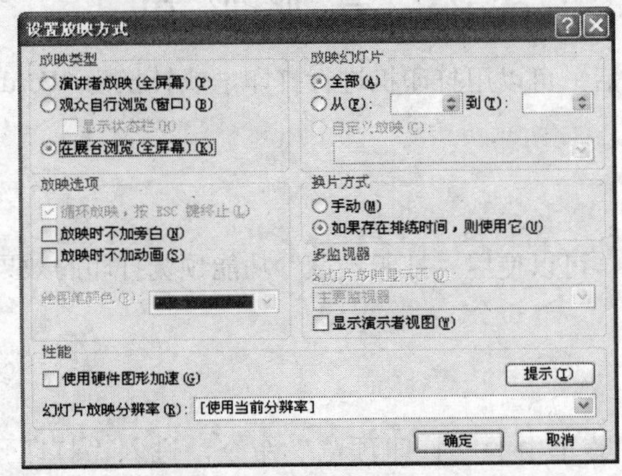

图 5-44　“设置放映方式”对话框

5.5.6 录制声音和旁白

计算机如果配备声卡、话筒和扬声器，可以使用“录制旁白”功能为演示文稿配音。操作步骤如下。

（1）打开演示文稿，选定配音开始的幻灯片。

（2）选择“幻灯片放映”菜单中的“录制旁白”命令，打开“录制旁白”对话框，如图5-45所示。

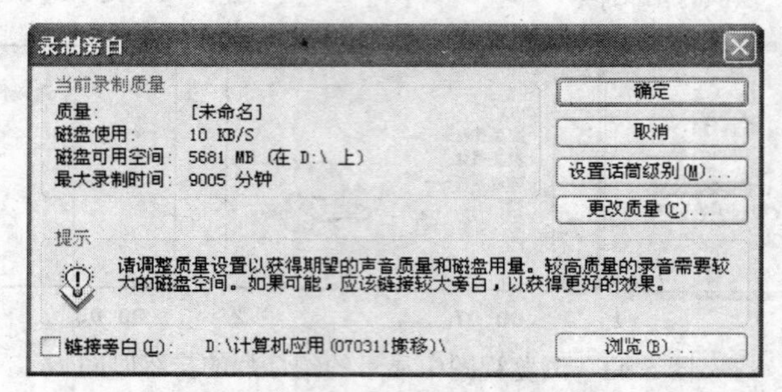

图5-45 “录制旁白”对话框

（3）单击“确定”按钮，打开“录制旁白”对话框，如图5-46所示。单击“当前幻灯片”按钮，进入幻灯片放映状态，这时可以一边放映一边开始录音。

图5-46 “录制旁白”对话框

（4）播放和录音结束时，右击，在弹出的快捷菜单中，选择“结束放映”命令，退出录音状态，接着选择“保存”按钮，即可退出。

说明：打开“设置放映方式”对话框，选择其中的“放映时不加旁白”选项，在播放文稿时不播放旁白声音文件。

5.6 其他应用

演示文稿制作完成后，可以用打印机进行打印，或转换为Word文档。也可以将演示文稿变成网页进行发布。

5.6.1 打印幻灯片

在打印幻灯片之前，可以使用“打印预览”功能预览打印的效果。当符合要求后，再打印出来。

1. 打印预览

操作步骤如下。

（1）选择“文件”菜单中的“打印预览”命令，进入“打印预览”窗口，如图5-47所示。

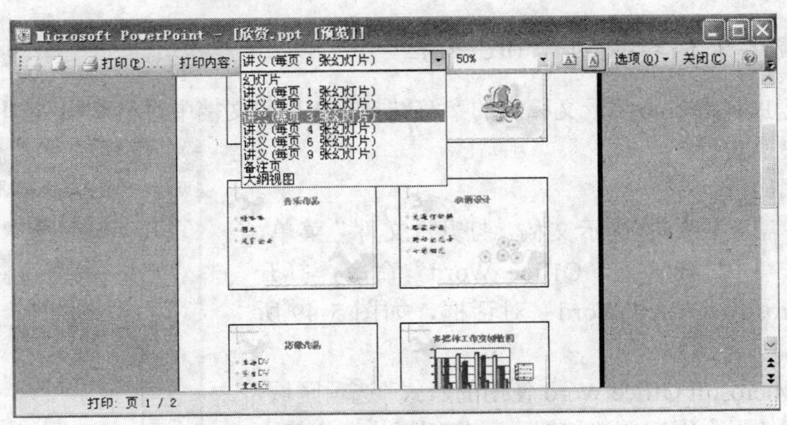

图 5-47　“打印预览”窗口

（2）在“打印内容”下拉列表框中，可以选择每一页打印的内容。例如，为了节约打印纸张，可以选择“讲义（每页打印 X 张幻灯片）”，在“比例”下拉列表框中可选择预览的比例。

（3）如果单击“打印”按钮，打印幻灯片；如果单击“关闭”按钮，则返回幻灯片的普通视图。

2. 打印幻灯片

操作步骤如下。

（1）在打印预览状态下，单击“打印”按钮；或选择“文件”菜单中的“打印”命令，打开“打印”对话框，如图 5-48 所示。

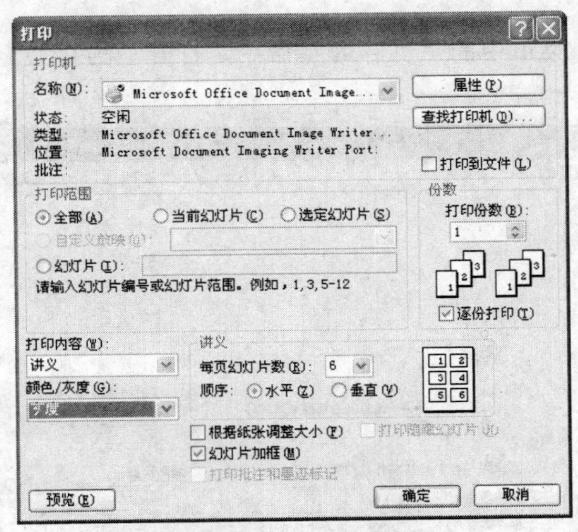

图 5-48　“打印”对话框

（2）在“打印“对话框中，进行相应的打印设置，例如，设置打印内容为“讲义”，每页幻灯片数设置为“6”；为了节省墨水，可以选择“颜色/灰度”下拉列表框中“灰度”。

（3）单击“确定”按钮，打印幻灯片。

5.6.2 将演示文稿转换为 Word 文档

如果想把 Powerpoint 演示文稿中的字符转换到 Word 文档中进行编辑处理，可以用“发送”功能来快速实现。

操作步骤如下。

（1）打开需要转换的演示文稿，打开“文件”菜单，选择“发送”｜“Microsoft Office Word”命令，打开“发送到 Microsoft Office Word”对话框，如图 5-49 所示。

（2）在“Microsoft Office Word 使用的版式”选项区域，如果选择“只使用大纲”单选按钮，只将幻灯片占位符中的字符转换到 Word 文档中；如果单击其他选项，可以将幻灯片以图片的形式转换到 Word 文档中。

（3）单击“确定”按钮，系统自动启动 Word，并将演示文稿按照设置的方式转换到 Word 文档中，单击“保存”按钮即可。

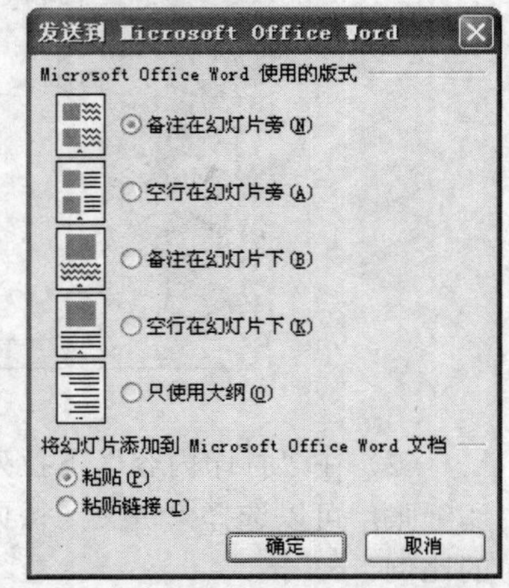

图 5-49 “发送到 Microsoft Office Word”对话框

5.6.3 将演示文稿另存为网页

可以将演示文稿另存为网页，以网页的形式发布演示文稿。

【例 5.14】将“欣赏.ppt”演示文稿另存为网页。

操作步骤如下。

（1）选择“文件”菜单中的“另存为”命令，打开“另存为”对话框，如图 5-50 所示。

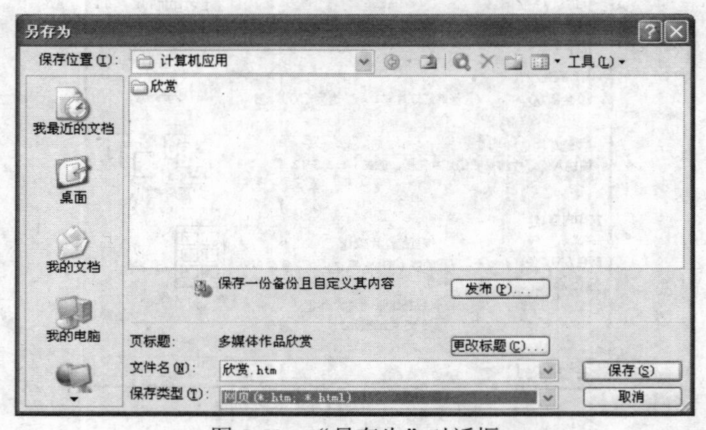

图 5-50 “另存为”对话框

（2）在“保存类型”下拉列表框中，选择“网页”，文件名输入为“欣赏.htm”，然后单击“保存”按钮。

（3）在 IE 浏览器中打开“欣赏.htm”网页，可以看到幻灯片的网页效果，如图 5-51 所示。

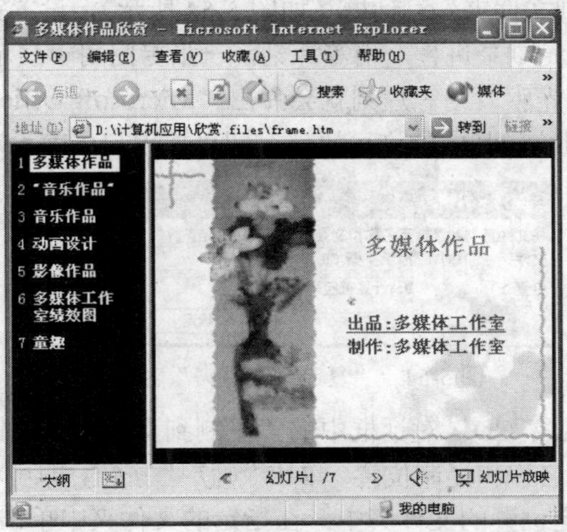

图 5-51　在浏览器中显示以网页形式发布的幻灯片

5.6.4　打包演示文稿

利用“打包成 CD”功能可打包演示文稿和所有支持文件，包括链接文件，并从 CD 自动运行演示文稿。在打包演示文稿时，Microsoft Office PowerPoint Viewer（该软件用于在没有安装 Microsoft PowerPoint 的计算机上运行演示文稿）也包含在 CD 上。因此，没有安装 PowerPoint 的计算机不需要安装播放器。“打包成 CD”功能还允许将演示文稿打包到文件夹而不是 CD 中，以便存档或发布到网络共享位置。

操作步骤如下。

（1）选择“文件”菜单中的“打包成 CD”命令，打开“打包成 CD”对话框，如图 5-52 所示。

（2）如果需要将更多演示文稿添加到同一张 CD 中，将来按设定顺序播放，可单击“添加文件”按钮，从“添加文件”对话框中找到并双击其他演示文稿，这时窗口中的演示文稿文件名就会变成一个文件列表，如图 5-53 所示。

重复以上步骤，就能把多个演示文稿添加到同一张 CD 中。

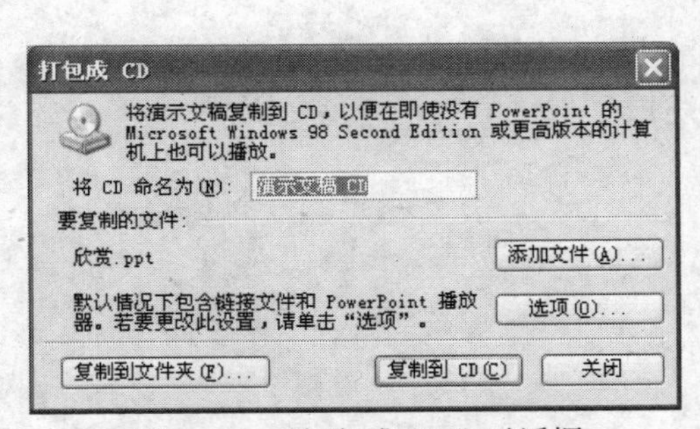

图 5-52　“打包成 CD”对话框

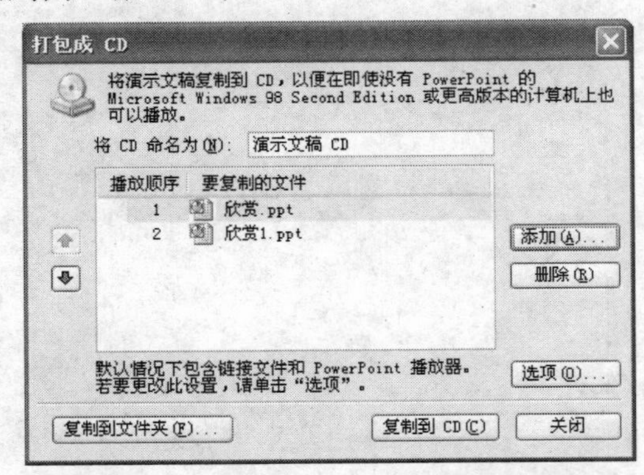

图 5-53　“打包成 CD”对话框高级样式

（3）如果计算机装有刻录机，此时将空白CD盘放入刻录机，单击图5-52中的“复制到CD”按钮，弹出“复制到文件夹”对话框（如图5-54所示），设置完文件夹名称及位置后单击“确定”按钮，就会开始刻录进程。稍等片刻，一张专门用于演示PPT文稿的光盘就做好了。将复制好的CD插入光驱，稍等片刻就会弹出“Microsoft Office PowerPoint Viewer”对话框，单击“接受”按钮接受其中的许可协议，即可按用户先前设定的方式播放演示文稿。

图5-54 “复制到文件夹”对话框

（4）如果单击“打包成CD”对话框中的“复制到文件夹”按钮，在弹出的“复制文件夹”对话框中输入文件夹名称和复制位置。单击“确定”按钮，即可将演示文稿和PowerPoint Viewer 播放器复制到指定位置的文件夹中。在指定的文件夹中单击文件“play.bat”，在弹出的“Microsoft Office PowerPoint Viewer”对话框中，单击“接受”按钮，接受其中的许可协议，即可播放演示文稿。

思 考 题 五

1. PowerPoint的视图有几种，各有什么功能？
2. 如何给演示文稿设置背景音乐？
3. 什么情况下可以用到超链接？
4. 母版是什么？它的功能是什么？
5. 模板是什么？它的功能是什么？
6. 如果一个演示文稿很长，如何选择其中一部分幻灯片进行放映？
7. 如何在没有安装 Microsoft PowerPoint 的计算机上运行演示文稿？

第6章 计算机网络基础

20 世纪 90 年代以来，随着 Internet 的普及，计算机网络正在深刻地改变着人们的工作和生活方式。在政治、经济、文化、科学研究、教育、军事等各个领域，计算机网络获得了越来越广泛的应用。

6.1 计算机网络的基本概念

一个国家的计算机网络建设水平，已成为衡量其科技能力、社会信息化程度的重要标志。目前，计算机网络将进一步朝着开放、综合、高速、智能的方向发展，必将对未来的经济、军事、科技、教育与文化等诸多领域产生重大的影响。

6.1.1 计算机网络的发展与展望

计算机网络的形成和发展大致可以分为 4 个阶段。

第一代计算机网络产生于 20 世纪 50 年代。人们将多台终端（键盘和显示器）通过通信线路连接到一台中央计算机上，构成“主机—终端”系统，如图 6-1 所示。这一阶段的计算机网络是以面向终端为特征的。例如，20 世纪 60 年代美国航空公司建成的全国飞机订票系统，该系统中心是一台大型计算机，通过通信线路连接遍布全美范围的 2 000 多台终端而构成网络。

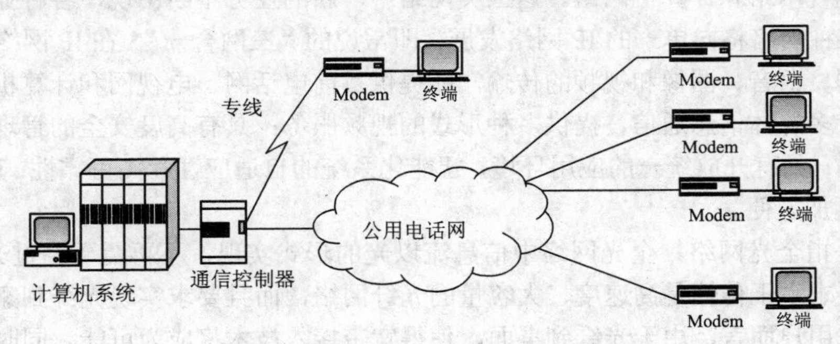

图 6-1 “主机—终端”系统

根据现代资源共享观点对计算机网络的定义，这种“主机—终端”系统还算不上是真正的计算机网络，因为终端没有独立处理数据的能力。但这一阶段进行的计算机技术与通信技术相结合的研究，成为计算机网络发展的基础。

第一代计算机网络只能在主机和终端之间进行通信。第二代网络则实现了计算机和计算机之间的通信。20 世纪 60 年代，计算机的应用日趋普及，许多部门，如工业、商业机构都开始配置大、中型计算机系统。这些地理位置上分散的计算机之间，很自然地需要进行信息交换。这种信息交换的结果是多个计算机系统连接而成为一个计算机通信网络，计算机各自具有独立处理数据的能力，并且不存在主从关系。

第二代计算机网络强调的是通信。网络主要用于传输和交换信息，而资源共享程度不高，并且没有成熟的网络操作系统软件来管理网络上的资源。由于已产生了通信子网和用户资源子网的概念，第二代计算机网络也称为两级结构的计算机网络。美国的 ARPAnet 就是第二代计算机网络的典型代表。ARPAnet 为 Internet 的产生和发展奠定了基础。

第三代计算机网络的主要特征是全网中所有的计算机遵守同一种协议，强调以实现资源共享（硬件、软件和数据）为目的。Internet 充分体现了这些特征，全网中所有的计算机遵守同一种 TCP/IP 协议。

20 世纪 70 年代中期开始，网络体系结构与网络协议的国际标准化已成为需要迫切解决的问题。当时，许多计算机生产商纷纷开发出自己的计算机网络系统，并形成各自不同的网络体系结构。例如，IBM 公司的系统网络体系结构 SNA，DEC 公司的数字网络体系结构 DNA。这些网络体系结构有很大的差异，只能连接本公司的设备，无法实现不同网络之间的互联。1977 年，国际标准化组织（ISO）制定了著名的计算机网络体系结构国际标准——开放系统互联参考模型（Open System Interconnection/Reference Model，OSI/RM）。OSI/RM 尽管没有成为市场上的国际标准，但它对网络技术的发展产生了极其重要的影响。

第四代计算机网络的特点是综合化和高速化。从 20 世纪 90 年代开始，Internet 实现了全球范围的电子邮件、WWW、文件传输、图像通信等数据服务的普及，但电话和电视仍各自使用独立的网络系统进行信息传输。人们希望利用同一网络来传输语音、数据和视频图像，因此提出了宽带综合业务数字网（Broadband Integrated Services Digital Network，B-ISDN）的概念。这里“宽带”是指网络具有极高的数据传输速率，可以承载大量数据的传输；“综合”是指信息媒体，包括语音、数据和图像可以在网络中综合采集、存储、处理和传输。

计算机网络的发展趋势概括地说是“IP 技术+光网络”。目前广泛使用的网络有电话通信网络、有线电视网络和计算机网络。这三类网络中，新的业务不断出现，各种业务之间相互融合，最终三种网络将向单一的 IP 网络发展，即常说的“三网合一”。在 IP 网络中，利用 IP 技术进行数据、语音、图像和视频的传输，能提供目前电话网、电视网和计算机网络的综合服务；能支持多媒体信息通信，提供多种形式的视频服务；具有高度安全的管理机制，保证信息安全传输；具有开放统一的应用环境，智能化系统的自适应性和高可靠性；网络的使用、管理和维护更加方便。

光网络是指全光网络，全光网络中信息流以光的形式实现，不再需要经过光/电、电/光转换。不仅要求主干传输是高速度、大容量的光纤网络，而且要求实现光纤到家庭和光纤到桌面。对普通用户而言，由于光纤到桌面，使得宽带接入技术将成为可能。同时随着移动通信技术的发展，计算机和其他通信设备在没有与固定的物理设备相连的情况下接入网络成为可能，特别是 3G 系统的实现，使人们使用因特网变得更加方便、快捷。

6.1.2 计算机网络的定义与功能

在计算机网络发展的不同阶段，人们根据对计算机网络的理解和侧重点不同而提出了不同的定义。从目前计算机网络现状来看，以资源共享观点将计算机网络定义为：将相互独立的计算机系统以通信线路相连接，按照全网统一的网络协议进行数据通信，从而实现网络资源共享的计算机系统的集合。

1. 计算机网络的定义

（1）相互独立的计算机系统：网中各计算机系统具有独立的数据处理功能，它们既可以连入网内工作，也可以脱离网络独立工作，而且，连网工作时，也没有明确的主从关系，即网内的一台计算机不能强制性地控制另一台计算机。从分布的地理位置来看，它们既可以相距很近，也可以相隔千里。

（2）通信线路：可以用多种传输介质实现计算机的互连，如双绞线、同轴电缆、光纤、微波、无线电等。

（3）全网统一的网络协议：网络协议，即全网中各计算机在通信过程中必需共同遵守的规则。这里强调的是“全网统一”。

（4）数据：可以是文本、图形、声音、图像等多媒体信息。

（5）资源：可以是网内计算机的硬件、软件和信息。

根据资源共享观点对计算机网络的定义，可以理解为什么说“主机—终端”系统不是一个真正意义上的计算机网络，因为终端没有独立处理数据的能力。

2．计算机网络的功能

（1）资源共享

计算机网络最主要的功能是实现资源共享。这里说的资源包括网内计算机的硬件、软件和信息。从用户的角度来看，网中用户既可以使用本地的资源，又可以使用远程计算机上的资源，如通过远程作业提交的方式，可以共享大型机的 CPU 和存储器资源。至于在网络中设置共享的外部设备，如打印机、绘图仪等，更是常见的硬件资源共享的例子。

（2）数据通信

网络中的计算机与计算机之间交换各种数据和信息。这是计算机网络提供的最基本的功能。

（3）分布式处理

利用计算机网络的技术，将一个大型复杂的计算问题分配给网络中的多台计算机，在网络操作系统的调度和管理下，由这些计算机分工协作来完成。此时的网络就像是一个具有高性能的大中型计算机系统，能很好地完成复杂的处理，但使用成本比大中型计算机低得多。

（4）提高计算机的可靠性和可用性

在网络中，当一台计算机出现故障无法继续工作时，可以调用另一台计算机来接替完成计算任务，很显然，比起单机系统来，整个系统的可靠性大为提高。当一台计算机的工作任务过重时，可以将部分任务转交给其他计算机处理，使整个网络各计算机负担比较均衡，从而提高了每台计算机的可用性。

6.1.3 资源子网和通信子网

计算机网络要实现如前所述的功能，必须具有数据处理和数据通信两种能力。从这个前提出发，计算机网络可以从逻辑上划分成两个子网：资源子网和通信子网，如图 6-2 所示。

1．资源子网

资源子网完成网络的数据处理功能。从图 6-2 中可以看出，它包括主机和终端，另外还包括各种连网的共享外部设备、软件和数据库资源。这里的主机是指大型、中型、小型以及微型计算机。

2．通信子网

通信子网完成网络的数据传输功能。从图 6-2 可以看出，通信子网由通信控制处理机、通信链路及相关软件组成。通信控制处理机又被称为网络结点，具体来说可以是集线器、路由器、网络协议转换器等。它完成数据在网络中的逐点存储和转发处理，以实现数据从源结点正确传输到目的结点。同时，它还起着将主机和终端连接到网络上的功能。

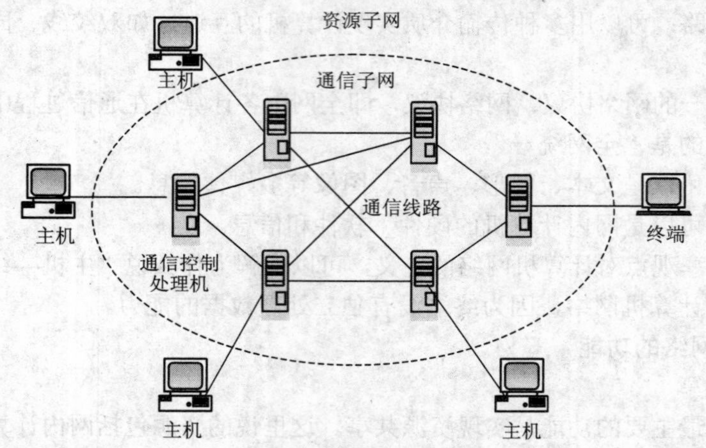

图 6-2　资源子网和通信子网

6.1.4　计算机网络的分类

计算机网络可从不同的角度进行分类。

1．根据网络的覆盖范围与规模划分

计算机网络按覆盖的地域范围与规模可以被分为三类：局域网（Local Area Network，LAN）、广域网（Wide Area Network，WAN）与城域网（Metropolitan Area Network，MAN）。

（1）局域网

局域网覆盖有限的地域范围，其地域范围一般不超过几十公里。局域网的规模相对于城域网和广域网而言较小。常应用在公司、机关、学校、工厂等有限范围内，将本单位的计算机、终端以及其他信息处理设备连接起来，实现办公自动化、信息汇集与发布等功能。

（2）广域网

广域网也称为远程网。它可以覆盖一个地区、国家、甚至横跨几个洲而形成国际性的广域网络。目前大家熟知的因特网就是一个横跨全球，可公共商用的广域网络。除此之外，许多大型企业以及跨国公司和组织也建立了属于内部使用的广域网络。

（3）城域网

城域网所覆盖的地域范围介于局域网和广域网之间，一般从几十公里到几百公里的范围。城域网是随着各单位大量局域网的建立而出现的。同一个城市内各个局域网之间需要交换的信息量越来越大，为了解决它们之间信息高速传输的问题，提出了城域计算机网络的概念，并为此制定了城域网的标准。

计算机网络因其覆盖地域范围的不同，它们所采用的传输技术也是不同的，因而形成了各自不同的网络技术特点。

2．根据网络通信信道的数据传输速率划分

根据通信信道的数据传输速率高低不同，计算机网络可分为低速网络、中速网络和高速网络。有时也直接利用数据传输速率的值来划分，例如 10Mbit/s 网络、100Mbit/s 网络、

1 000Mbit/s（1Gbit/s）网络、10 000Mbit/s（10Gbit/s）网络。

3．根据网络的信道带宽划分

在计算机网络技术中，信道带宽和数据传输速率之间存在着明确的对应关系。这样一来，计算机网络又可以根据网络的信道带宽分为窄带网、宽带网和超宽带网。

6.2　局域网技术

局域网是指在较小的地理范围内（一般不超过几十千米），用有限的通信设备互联起来的计算机网络。局域网的规模相对于城域网和广域网而言较小，常应用在公司、机关、学校、工厂等有限范围内，将本单位的计算机、终端以及其他的信息处理设备连接起来，以实现办公自动化、信息汇集与发布等功能。

从功能的角度来看，局域网的服务用户个数有限，但网络中传输速率高，误码率低，使用费用低。采用广播式或交换式通信。三种典型的局域网产品是以太网（Ethernet）、令牌总线网（Token Bus）和令牌环网（Token Ring）。

6.2.1　局域网的定义与特点

一般来说，局域网定义为：在小范围内将多种通信设备互联起来构成的通信网络。

由于数据传输距离远近的不同，广域网、局域网和城域网从基本通信机制上有很大的差异，各具特点。

局域网具有以下主要特点：

（1）局域网覆盖一个有限的地理范围，如一个办公室、一幢大楼或几幢大楼之间的地域范围，适用于机关、学校、公司、工厂等单位。一般属于一个单位所有。

（2）局域网易于建立、维护和扩展。

（3）局域网中的数据通信设备是广义的，包括计算机、终端、电话机等通信设备。

（4）局域网的数据传输速率高、误码率低。目前局域网的数据传输速率在 10Mbit/s～10 000Mbit/s。

6.2.2　局域网的主要技术

局域网中涉及的主要技术包括网络拓扑结构、传输介质和介质访问控制方法。

1．网络拓扑结构

拓扑学是几何学的一个分支，它是把实体抽象成与其大小、形状无关的点，将点对点之间的连接抽象成线段，进而研究它们之间的关系。计算机网络中也借用这种方法，将网络中的计算机和通信设备抽象成结点，将结点对结点之间的通信线路抽象成链路。这样一来，计算机网络可以抽象成由结点和若干链路组成，这种由结点和链路组成的几何图形称之为计算机网络拓扑结构。

局域网在网络拓扑结构上主要采用了总线形、星形与树形结构。

（1）总线形拓扑结构

总线形拓扑结构的局域网如图 6-3 所示。局域网中的结点都通过相应的网卡直接连接到一条公共传输介质（总线）上，如连接到同轴电缆上。所有的结点都通过总线来发送或接收数据，当一个结点向总线上“广播”发送数据时，其他结点以“收听”的方式接收数据。这种网中所有结点通过总线交换数据的方式是一种“共享传输介质”方式。

（2）星型拓扑结构

星型拓扑结构中存在着中心结点，每个结点通过点对点线路与中心结点连接，任何两结点之间的通信都要通过中心结点转接。典型的星型拓扑结构如图 6-4 所示。星型拓扑结构具有结构简单，实现容易，易于扩展，传输速率较高的优点。

（3）树形拓扑结构

树形拓扑结构中，结点按层次进行连接，如图 6-5 所示。树形拓扑结构可以看成是星型拓扑结构的扩展。树形拓扑结构扩展性能好，控制和维护方便，适合于汇集信息。企业内部网常由多个交换机和集线器级联构成树形结构。

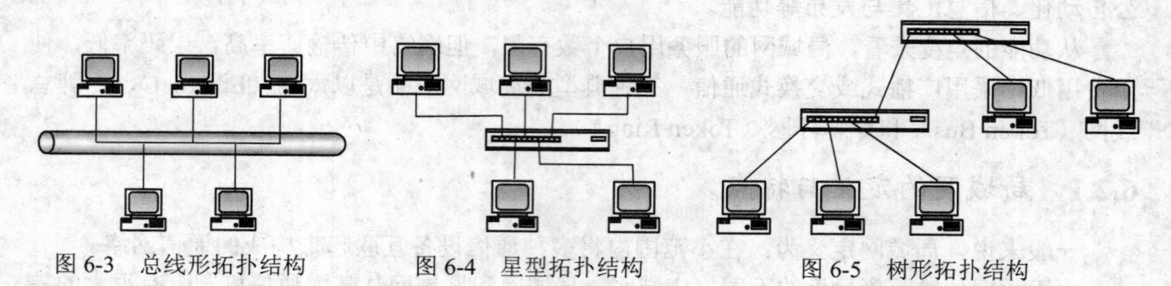

图 6-3 总线形拓扑结构　　图 6-4 星型拓扑结构　　图 6-5 树形拓扑结构

2. 传输介质

传输介质是连接局网络中各结点的物理通路。在局域网中，常用的网络传输介质有：双绞线，同轴电缆、光纤电缆与无线电。

（1）双绞线

双绞线由两根、四根或八根绝缘导线组成，两根为一线对，形成一条通信链路。为了减少各线对之间的电磁干扰，各线对以均匀对称的方式，螺旋状扭绞在一起。

局域网中所使用的双绞线分为两类：屏蔽双绞线（Shielded Twisted Pair，STP）和非屏蔽双绞线（Unshielded Twisted Pair，UTP）。

屏蔽双绞线由外部保护层、屏蔽层与多对双绞线组成。非屏蔽双绞线则没有屏蔽层，仅由外部保护层与多对双绞线组成。双绞线的结构如图 6-6 所示。

图 6-6 屏蔽双绞线和非屏蔽双绞线的结构

（2）同轴电缆

同轴电缆由内导体、外屏蔽层、绝缘层及外部保护层组成。同轴电缆可连接的地理范围较双绞线更宽，可达几公里至几十公里，抗干扰能力也较强，使用与维护也方便，但价格较双绞线高。同轴电缆的结构如图 6-7 所示。

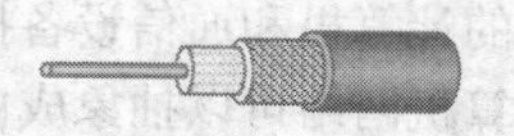

图 6-7 同轴电缆的结构

（3）光纤电缆

光纤电缆简称为光缆。一条光缆中包含多条光纤。每条光纤是由玻璃或塑料拉成极细的能传导光波的细丝，外面再包裹多层保护材料构成的。光纤通过内部的全反射来传输一束经过编码的光信号。光缆因其数据传输速率高、抗干扰性强、误码率低及安全保密性好的特点，而被认为是一种最有前途的传输介质。

（4）无线电

使用特定频率的电磁波作为传输介质，可以避免有线介质（双绞线、同轴电缆、光缆）的束缚，组成无线局域网。随着便携式计算机的增多，无线局域网应用越来越普及。

3．介质访问控制方法

在总线形拓扑结构中，由于多个结点共享总线，同一时刻可能有多个结点向总线发送数据而引起“冲突”（collision），造成传输失败，因此必须解决诸如结点何时可以发送数据，如何发现总线上出现的冲突，如果出现冲突引起错误如何处理等问题，解决这些问题的方法称之为介质访问控制方法。例如，总线形以太网中采用载波监听多路访问/冲突检测（CSMA/CD）技术。

6.2.3　以太网

传统以太网的典型代表是 10Base-T 标准以太网。它采用双绞线构建以太网，特别是采用非屏蔽双绞线构建的以太网，结构简单，造价低廉，维护方便，因而应用广泛。采用非屏蔽双绞线组建 10Base-T 标准以太网时，集线器（Hub）是以太网的中心连接设备，其结构如图 6-8 所示。

如果将传统以太网的中心结点置换成以太网交换机，则构成交换式以太网，如图 6-9 所示。目前以太局域网交换机使用最多。

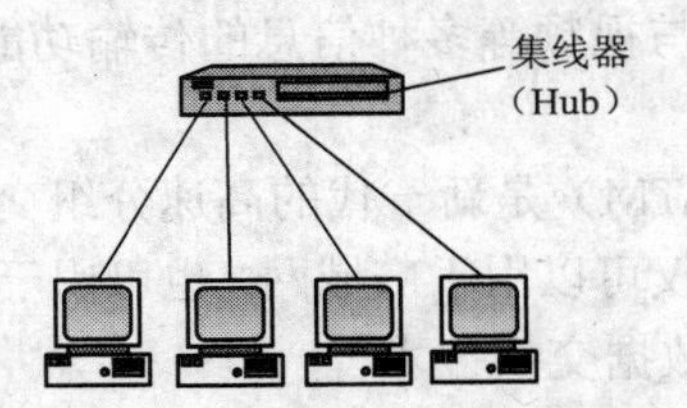

图 6-8　10Base-T 以太网物理上的星型结构

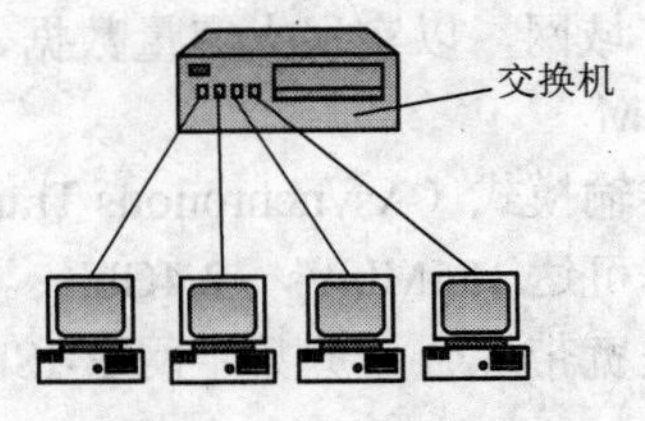

图 6-9　交换式以太网

6.2.4　无线局域网

便携式计算机等可移动网络结点的应用越来越广泛，传统的固定连线方式的局域网已不能方便地为用户提供网络服务，而无线局域网因其可实现移动数据交换，成为了近年来局域网一个崭新的应用领域。无线局域网中采用的传输介质有两种：无线电波和红外线，其中无线电波按国家规定使用某些特定频段，如我国一般使用 2.4GHz～2.483 5GHz 的频率范围。无线局域网可以有多种拓扑结构形式。如图 6-10 所示为一种常用的无线集线器接入型的拓扑结构。

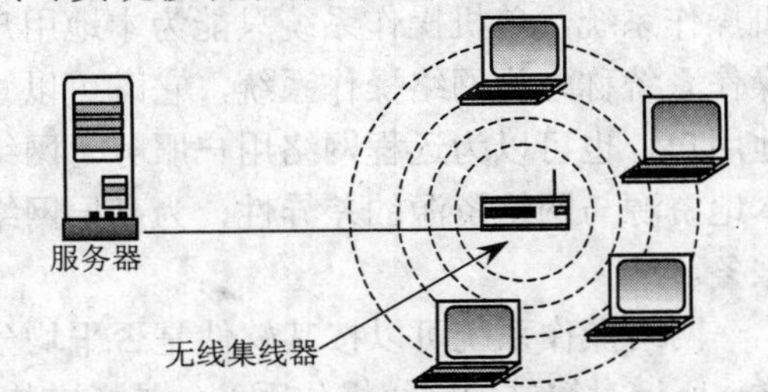

图 6-10　无线集线器接入型的无线局域网拓扑结构

6.2.5　高速局域网

1．高速以太网

目前高速以太网的数据传输速率已经从 10Mbit/s 提高到 100Mbit/s、1 000Mbit/s。但它在介质访问控制方法上仍采用传统以太网中的 CSMA/CD 方法。正是这种兼容性使得它和现已安装使用的局域网的网络管理软件以及多种应用相兼容，这也可以解释为什么 20 年前的 CSMA/CD 技术在当今快速发展的网络环境中仍然能够继续被采用。

常用的两种高速以太网包括：

（1）快速以太网（Fast Ethernet）

快速以太网保持了 10Base-T 局域网的体系结构与介质控制方法不变，设法提高了局域网的传输速率。它对于目前已大量存在的以太网来说，可以保护现有的投资，因而获得广泛应用。快速以太网的数据传输速率为 100Mbit/s，保留着 10Base-T 的所有特征，但采用了若干新技术，如减少每比特的发送时间，缩短传输距离，采用新的编码方法等。

（2）千兆位以太网（Gigabit Ethernet）

千兆位以太网在数据仓库、电视会议、3D 图形与高清晰度图像处理方面有着广泛的应用前景。千兆位以太网的传输速率比快速以太网提高了 10 倍，数据传输速率达到 1 000Mbit/s，但仍保留着 10Base-T 以太网的所有特征。

2. FDDI

光纤分布式数据接口（Fiber Distributed Data Interface，FDDI）是一种以光纤作为传输介质的、高速的、通用的令牌环网标准。FDDI 网络可作为高速局域网，在局部范围内互联高速计算机系统，或作为城域网互联较小的网络，或作为主干网互联分布在较大范围的主机、局域网和广域网，以实现大容量数据、语音、图形与视频等多种信息的传输功能。

3. ATM

异步传输模式（Asynchronous Transfer Mode，ATM）是新一代的高速分组交换技术，数据传输速率可达 155Mbit/s～2.4Gbit/s。ATM 技术不仅可以用于广域网，也可用于局域网和无线网。它是宽带综合业务数字网 B-ISDN 中使用的数据交换技术。

6.2.6 网络操作系统

一台计算机必须安装操作系统软件。操作系统可以管理计算机的软、硬件资源和为用户提供一个方便使用的界面。在局域网中，可以安装操作系统，以便在网络范围内来管理网络中的软、硬件资源和为用户提供网络服务功能。管理一台计算机资源的操作系统被称之为单机操作系统，单机操作系统只能为本地用户使用本机资源提供服务。可以管理局域网资源的操作系统称之为网络操作系统，它既可以管理本机资源，也可以管理网络资源；既可以为本地用户，也可以为远程网络用户服务。网络操作系统利用局域网提供的数据传输功能，屏蔽本地资源与网络资源的差异性，为高层网络用户提供共享网络资源、系统安全性等多种网络服务。

网络操作系统可以按其软件是否平均分布在网中各结点而分成对等结构和非对等结构两类。所谓对等结构网络操作系统，是指安装在每个连网结点上的操作系统软件均相同，局域网中所有的连网结点地位平等，并拥有绝对自主权。任何两个结点之间都可以直接实现通信。结点之间的资源，包括共享硬盘、共享打印机、共享 CPU 等都可以在网内共享。各结点的前台程序为本地用户提供服务，后台程序为其他结点的网络用户提供服务。典型的对等结构局域网如图 6-11（a）所示。对等结构网络操作系统虽然结构简单，但由于连网计算机既要承担本地信息处理任务，又要承担网络服务与管理功能，因此效率不高，仅适用于规模较小的网络系统。

目前，局域网中使用最多的是非对等结构网络操作系统。流行的“服务器/客户机”网络应用模型中使用的网络操作系统就是非对等结构的，如图 6-11(b)所示。

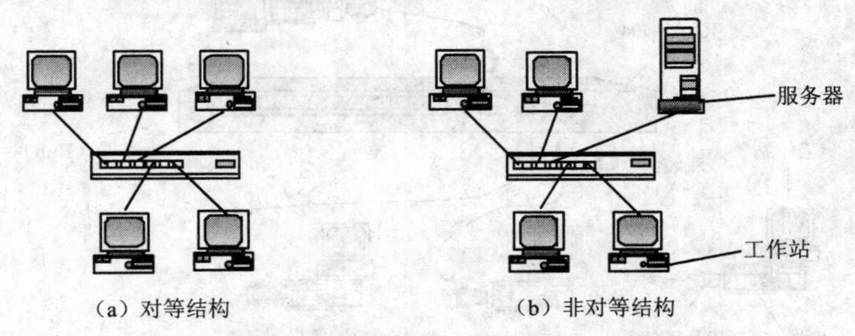

图 6-11　网络操作系统的对等结构和非对等结构

目前，服务器/客户机模型中流行的网络操作系统主要有如下几种。

- Microsoft 公司的 Windows NT Server、Windows 2000 Server 操作系统。
- Novell 公司的 NetWare 操作系统。
- IBM 公司的 LAN Server 操作系统。
- UNIX 操作系统。
- Linux 操作系统。

在实际网络环境中，服务器上常采用 Windows 2000 Server、NetWare 5、Unix、Linux 等操作系统，工作站上常采用 Windows 2000 Professional、Windows ME 等。按照服务器上安装的网络操作系统的不同，也可以对局域网进行分类。如使用 Windows NT Server 的局域网被称为 NT 网，使用 NetWare 的局域网系统被称为 Novell 网。

6.2.7　以太网的组网技术

组建一个局域网，需要考虑计算机设备、网络拓扑结构、传输介质、操作系统和网络协议等诸多问题。以太网也可以按其软件是否平均分布在网中各结点，而分成对等结构和非对等结构两类。它们的组网技术也是不同的。

1. 对等式以太网的组网技术

双机互联可组成一个最小规模的对等式网络。硬件只需要网卡和双绞线。网络连接如图 6-12 所示。

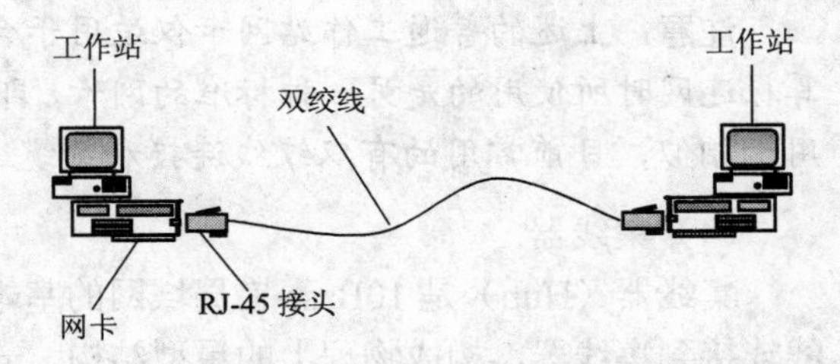

图 6-12　双机互联对等式以太网

2. 非对等式以太网的组网技术

非对等式以太网目前流行的是服务器/客户机模式，下面介绍一个 10Base-T 以太网的组网结构。如前所述，10Base-T 以太网是采用以集线器（Hub）为中心的星型拓扑结构。组建 10Base-T 以太网使用的基本硬件设备包括：服务器、工作站、带有 RJ-45 接口的以太网卡、集线器（Hub）、3 类或 5 类非屏蔽双绞线（UTP）和 RJ-45 连接头。非屏蔽双绞线通过 RJ-45 连接头与网卡和集线器相连。网卡与 Hub 之间的双绞线长度最大为 100 米。

10Base-T 以太网典型的物理结构如图 6-13 所示。

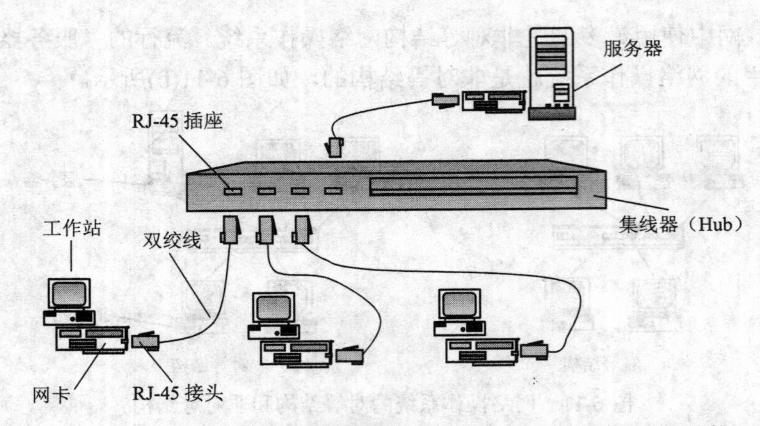

图 6-13　以服务器/客户机模式工作的 10Base-T 以太网的网络结构

下面对组网中的主要设备加以简要说明。

（1）服务器

服务器是整个网络系统的核心，它能为工作站提供服务并管理网络，通常选用性能和配置较高的 PC 机来担任。可通过软件设置成文件服务器、打印服务器等。一般的局域网中最常用的是文件服务器。

（2）工作站

工作站是接入网络的设备，一般性能的 PC 即可作为工作站来使用。

（3）网卡

网卡是网络接口卡（Network Interface Card，NIC）的简称。网卡一端通过插件方式连接到局域网中的计算机上，另一方面通过 RJ-45 接口连接到 3 类或 5 类双绞线上。

由于网卡连接的传输介质不同，网卡提供的接口也不同。连接非屏蔽双绞线的网卡提供 RJ-45 接口，连接粗同轴电缆的网卡提供 AUI 接口，连接细同轴电缆的网卡提供 BNC 接口，连接光纤的网卡提供 F/O 接口。目前，很多网卡将几种接口集成在一块网卡上，以支持连接多种传输介质。例如有些以太网卡提供 BNC 和 RJ-45 两种接口。

注意：上述的普通工作站网卡仅适用于台式计算机，又称之为标准以太网卡。便携式计算机连网时所使用的是另一种标准的网卡，即 PCMCIA 网卡。PCMCIA 网卡的体积大小和信用卡相似，目前常用的有双绞线连接和细缆连接两种。它仅能用于便携式计算机。

（4）集线器

集线器（Hub）是 10Base-T 局域网的基本连接设备。网中所有计算机都通过非屏蔽双绞线连接到集线器，构成物理上的星型结构。一般的集线器用 RJ-45 端口连接计算机，通常根据集线器型号的不同可以配有 8、12、16、24 个端口；为了向上扩展拓扑结构，集线器往往还配有可以连接粗缆的 AUI 端口或可以连接细缆的 BNC 端口，甚至是光纤连接端口。

从结点到集线器的非屏蔽双绞线最大长度为 100 米，如果局域网的范围不超过该距离并且规模很小，则用单一集线器即可构造局域网。如果局域网的范围超过该距离或者是连网的结点数超过单一集线器的端口数，则需要采用多集线器级联的结构，或者是采用可堆叠式集线器，如图 6-14 所示。

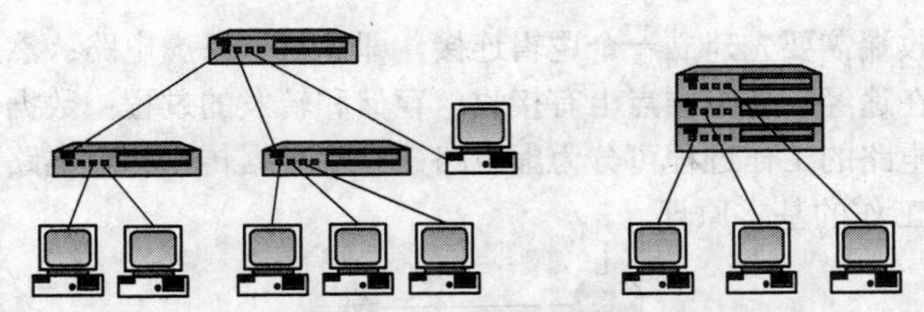

图 6-14　多集线器级联结构和堆叠式集线器结构

（5）RJ-45 接头

RJ-45 是专门用于连接非屏蔽双绞线（UTP）的设备，因其用塑料制作而又称为水晶头。它可以连接双绞线、网卡和集线器，在组建局域网时起着十分重要的作用。

6.3　广域网技术

在广域网通信中，任意两个收发端点之间距离一般很远。它们之间采用直接连接专线的方法显然是不现实的。广域网可以利用公用交换电话网（PSTN）、公用分组交换网（PSDN）、卫星通信网和无线分组交换网作为通信子网，将分布在不同地区的局域网或计算机系统互连起来，从而实现远距离数据传输。

6.3.1　分组交换技术

广域网中，通过结点交换机，采用数据交换技术，将数据从发送端经过相关结点，逐点传送到接收端。由于计算机数据传输的特点，广域网中多采用分组交换技术。分组交换技术包括数据报分组交换技术和虚电路分组交换技术两大类。

1. 数据报分组交换技术

在数据报分组交换中传送的数据被称之为数据报。发送端将一个报文的若干个分组依次发往通信子网。通信子网中的每个结点独立地进行路由选择。由于路由选择要根据当时的网络流量和故障等情况来决定，所以各个数据报在传输过程中所经过的结点可能各不相同，这样一来，同一个报文的各个数据报分组，可能会通过不同的路径而到达接收端。图 6-15 所示是通过发送端向接收端发送报文的过程，说明了数据报工作的基本原理。

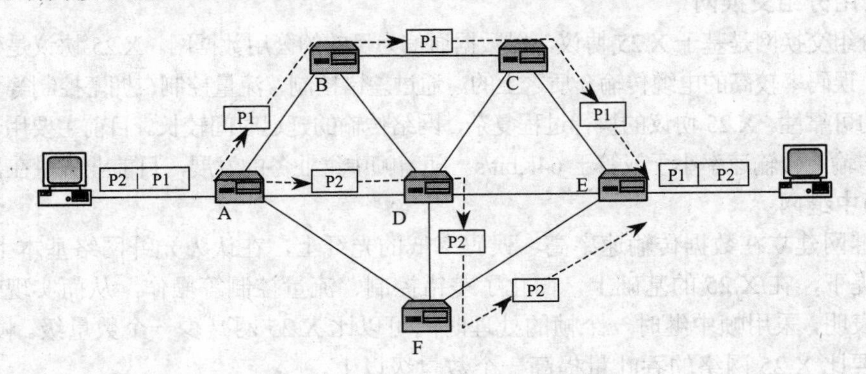

图 6-15　数据报工作的基本原理

2. 虚电路分组交换技术

虚电路分组交换是一种面向连接的分组交换。虚电路交换技术的基本思想是：在分组发送前，发送端与接收端需要先建立一个逻辑连接，即建立一条虚电路；然后各分组依次经这条虚电路传送，并在途经的各个结点上有接收、存储和转发的过程；数据传输结束后，这条虚电路被拆除。虚电路的工作过程可分为虚电路建立，数据传输和虚电路拆除三个阶段。图6-16 说明了虚电路工作的基本原理。

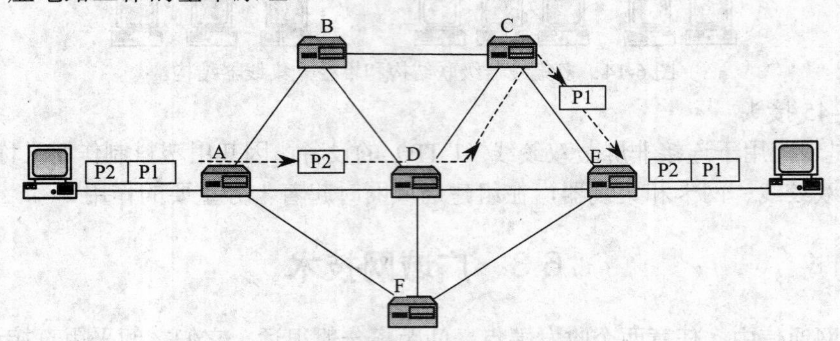

图 6-16 虚电路工作的基本原理

6.3.2 典型的广域网络

广域网的通信子网功能一般都由公用数据通信网来承担。常见的公用数据通信网包括：公用电话交换网、公用分组交换数据网、帧中继网、数字数据网、综合业务数字网。公用数据通信网由政府的电信部门来建立和管理。任何单位可以从数据通信服务提供商租用。我国电信部门组建的公用数据通信网有：公用电话交换网（PSTN）、中国公用分组交换网（CHINAPAC）、中国公用帧中继宽带网（CHINAFRN）、中国数字数据网（CHINADDN）。

几类典型的公用数据通信网如下。

1．公用电话交换网（PSTN）

PSTN 是以模拟技术为基础的电话交换网络。目前，主干线已经实现了数字化，但从用户电话机到市话交换机之间的一段距离仍然使用模拟技术。PSTN 主要提供语音通信服务，同时也提供数据通信业务，如电报、传真、数据交换等。传输速率为 9.6Kbit/s～56Kbit/s。家庭利用 MODEM 上网，就是利用 PSTN 实现数据传输。

2．公用分组交换网

公用分组交换网是基于 X.25 协议，以数据通信为目的的公用数据网。X.25 协议是建立在传输速率较低、误码率较高的电缆传输介质之上的。通过差错控制、流量控制、拥塞控制等功能以保证数据传输的可靠性。X.25 协议的执行过程复杂，网络传输的延迟时间较长。目前主要用于中、低速率的数据传输。传输速率小于或等于 64Kbit/s。随着帧中继业务的发展，目前业务量在日渐减小。

3．帧中继网

帧中继网建立在数据传输速率高、误码率低的光纤上，在认为光纤网络基本上没有传输差错的前提下，在 X.25 的基础上，简化了差错控制、流量控制等操作，从而实现快速交换。实验结果表明，采用帧中继时一个帧的处理时间可以比 X.25 网减少一个数量级。帧中继网络的吞吐量要比 X.25 网络的吞吐量提高一个数量级以上。

4．数字数据网（DDN）

DDN 即是人们常说的数据租用专线。它具备传输速率高、距离远、质量高和便于管理等优点。主要适用于信息量大，通信频繁的点对点通信。常用于实现远距离的局域网与局域网连接。目前可提供的传输速率达 2Mbit/s。金融、证券等行业常用 DDN 专线组建自己的专用网络。

5．综合业务数字网（ISDN）

ISDN 以公用电话网为基础，采用线路交换或分组交换技术，用户端采用双绞线。为用户提供经济的、有效的、端到端的数字连接以支持包括声音的和非声音的服务。它可以为用户提供基本速率 2B+D（2×64Kbit/s+16Kbit/s=144Kbit/s），也可以提供一次群速率 23B+D（1.544Mbit/s）或 30B+D（2.048Mbit/s）的标准化组合。用户的访问是通过统一的用户接口标准实现的。相对于普通 Modem 上网而言，ISDN 可以让用户同时上网和打电话。电信部门推出的 ISDN 业务称为“一线通”。

6.4　因特网基础

因特网是全球性的、开放的计算机互联网络，起源于美国国防部高级研究计划局（ARPA）资助研究的 ARPANET 网络。1969 年 11 月，ARPANET 通过租用电话线路将分布在美国不同地区的 4 所大学的主机连成一个网络。通过这个网络，进行了分组交换设备、网络通信协议、网络通信与系统操作软件等方面的研究。自从 1983 年 1 月 TCP / IP 协议成为正式的 ARPANET 的网络协议标准后，大量的网络、主机和用户都连入了 ARPANET，使得 ARPANET 迅速发展。到 1984 年，美国国家科学基金会（NSF）决定组建 NSFNET。通过 56Kbit/s 的通信线路将美国 6 个超级计算机中心连接起来，实现资源共享。NSFNET 采取的是一种具有三级层次结构的广域网络，整个网络系统由主干网、地区网和校园网组成。各大学的主机可连接到本校的校园网，校园网可就近连接到地区网，每个地区网又连接到主干网，主干网再通过高速通信线路与 ARPANET 连接。这样一来，学校中的任何主机可以通过 NSFNET 来访问任何一个超级计算机中心，实现用户之间的信息交换。后来，NSFNET 所覆盖的范围逐渐扩大到全美的大学和科研机构，NSFNET 和 ARPANET 成为美国乃至世界因特网的基础。当美国在发展 NSFNET 时，其他一些国家、地区和科研机构也在建设自己的广域网络，这些网络都是和 NSFNET 兼容的，它们最终构成因特网在各地的基础。20 世纪 90 年代以来，这些网络逐渐连接到因特网上，从而构成了今天世界范围内的互联网络。

6.4.1　因特网的物理结构与工作模式

计算机网络从覆盖地域类型上可以分为广域网与局域网，它们都是单个网络。因特网是将许多的广域网和局域网互相连结起来构成一个世界范围内的互联网络。网络中常见的互联设备有中继器、交换机、路由器和调制解调器。使用的传输介质有双绞线、同轴电缆、光缆、无线媒体。例如，校园网和企业网（都属于局域网）可以通过网络边界路由器，经数据通信专用线路和广域网相连，而成为因特网中的一部分，如图 6-17 所示。

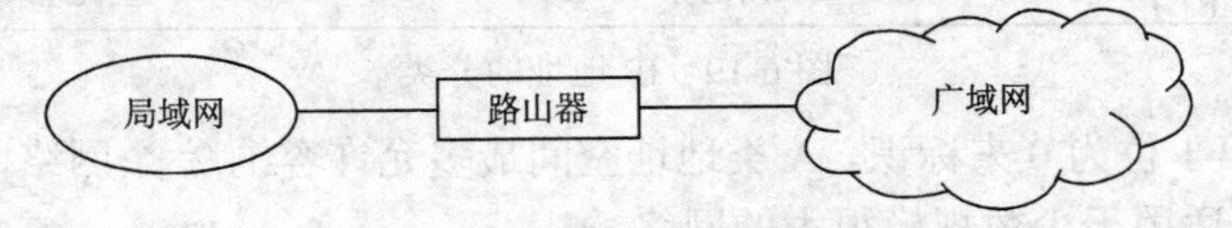

图 6-17　局域网通过广域网实现互联

路由器最主要的功能是路由选择，因特网中的路由器可能有多个连接的出口，如何根据网络拓扑的情况，选择一个最佳路由，以实现数据的合理传输是十分重要的。路由器能完成选择最佳路由的操作。除此以外，路由器还应具有流量控制，分段和组装，网络管理等功能。局域网和广域网的连接必须使用路由器。路由器也常用于多个局域网间的连接。

因特网采用服务器/客户机（Server/Client，C/S）的工作模式。服务器以集中方式管理因特网上的共享资源，为客户机提供多种服务。客户机主要为本地用户访问本地资源与因特网资源提供服务。在客户机/服务器模式中，服务器接收到从客户机发来的服务请求，然后解释请求，并根据该请求形成查询结果，最后将结果返回给客户机。客户机接受服务器提供的服务。因特网采用的是 TCP/IP 协议，TCP/IP 协议的广泛应用对网络技术发展产生了重要的影响。

6.4.2 IP 地址

所有连入因特网的计算机必须拥有一个网内唯一的地址，以便相互识别，就像每台电话机必须有一个唯一的电话号码一样。因特网上计算机拥有的这个唯一地址称为 IP 地址。

1. IP 地址结构

因特网目前使用的 IP 地址采用 IPv4 结构。层次上采用按逻辑网络结构划分。一个 IP 地址划分为两部分：网络地址和主机地址。网络地址标识一个逻辑网络，主机地址标识该网络中一台主机，如图 6-18 所示。IP 地址由因特网信息中心 NIC 统一分配。NIC 负责分配最高级 IP 地址，并给下一级网络中心授权在其自治系统中再次分配 IP 地址。在国内，用户可向电信公司、ISP 或单位局域网管理部门申请 IP 地址，这个 IP 地址在因特网中是唯一的。如果是使用 TCP/IP 协议构成局域网，可自行分配 IP 地址，该地址在局域网内是唯一的，但对外通信时需经过代理服务器。

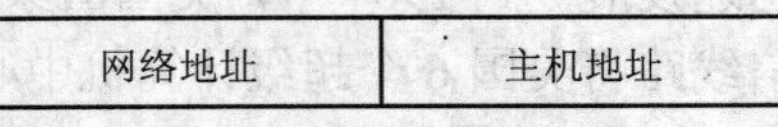

图 6-18 IP 地址的结构

需要指出的是，IP 地址不仅是标识主机，还标识主机和网络的连接。TCP/IP 协议中，同一物理网络中的主机接口具有相同的网络号，因此当主机移动到另一个网络时，它的 IP 地址需要改变。

2. IP 地址分类

IPv4 结构的 IP 地址长度为 4 字节（32 位），根据网络地址和主机地址的不同划分，编址方案将 IP 地址划分为 A、B、C、D、E 五类，A、B、C 是基本，D、E 类保留使用。A、B、C 类 IP 地址划分如图 6-19 所示。

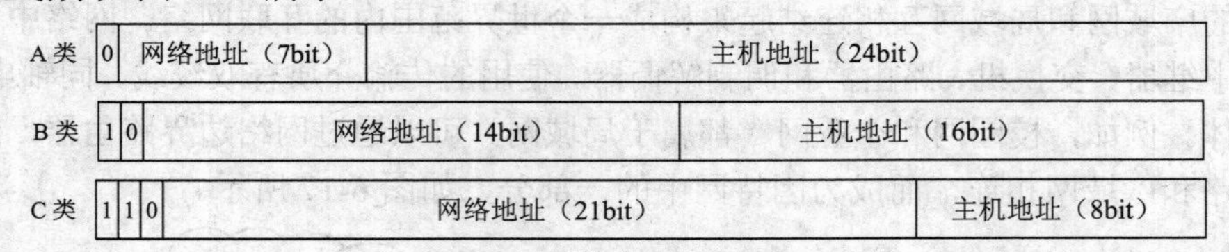

图 6-19 IP 地址的分类

A 类地址用第 1 位为 0 来标识。A 类地址空间最多允许容纳 2^7 个网络，每个网络可接入多达 2^{24} 台主机，适用于少数规模很大的网络。

B 类地址用第 1、2 位为 10 来标识。B 类地址空间最多允许容纳 2^{14} 个网络，每个网络可接入多达 2^{16} 台主机，适用于国际性大公司。

C 类地址用第 1～3 位为 110 来标识。C 类地址空间最多允许容纳 2^{21} 个网络，每个网络可接入 2^8 台主机。适用于小公司和研究机构等小规模的网络。

IP 地址的 32 位通常写成 4 个十进制的整数，每个整数对应一个字节。这种表示方法称为“点分十进制表示法”。例如一个 IP 地址可表示为：202.115.12.11。

根据点分十进制表示方法和各类地址的标识，可以分析出 IP 地址的第 1 个字节，即头 8 位的取值范围：A 类为 0～127，B 类为 128～191，C 类为 192～223。因此，从一个 IP 地址直接判断它属于哪类地址的最简单方法是，判断它的第一个十进制整数所在范围。下边列出了 A、B、C 类地址的起止范围。

A 类：1.0.0.0～126.255.255.255（0 和 127 保留作特殊用途）

B 类：128.0.0.0～191.255.255.255

C 类：192.0.0.0～223.255.255.255

3．特殊 IP 地址

（1）网络地址

当一个 IP 地址的主机地址部分为 0 时，它表示一个网络地址，例如 202.115.12.0 表示一个 C 类网络。

（2）广播地址

当一个 IP 地址的主机地址部分为 1 时，它表示一个广播地址，例如 145.55.255.255 表示一个 B 类网络“145.55”中的全部主机。

（3）回送地址

任何一个 IP 地址以 127 为第 1 个十进制数时，则称为回送地址，例如 127.0.0.1。回送地址可用于对本机网络协议进行测试。

4．子网和子网掩码

从 IP 地址的分类可以看出，地址中的主机地址部分最少有 8 位，显然对于一个网络来说，最多可连接 254 台主机（全 0 和全 1 地址不用），这往往容易造成地址浪费。为了充分利用 IP 地址，TCP/IP 协议采用了子网技术。子网技术把主机地址空间划分为子网和主机两部分，使得网络被划分成更小的网络——子网。这样一来，IP 地址结构则由网络地址、子网地址和主机地址三部分组成，如图 6-20 所示。

网络地址	子网地址	主机地址

图 6-20　采用子网的 IP 地址结构

当一个单位申请到 IP 地址以后，由本单位网络管理人员来划分子网。子网地址在网络外部是不可见的，仅在网络内部使用。子网地址的位数是可变的，由各单位自行决定。为了确定哪几位表示子网，IP 协议引入了子网掩码的概念。通过子网掩码将 IP 地址中分为两部分：网络地址、子网地址部分和主机地址部分。

子网掩码是一个与 IP 地址对应的 32 位数字，其中的若干位为 1，其他位为 0。IP 地址中与子网掩码为 1 的位相对应的部分是网络地址和子网地址，与为 0 的位相对应的部分则是主机地址。子网掩码原则上 0 和 1 可以任意分布，不过一般在设计子网掩码时，多是将子网地址的开始连续的几位设为 1。

对于 A 类地址，对应的子网掩码默认值为 255.0.0.0，B 类地址对应的子网掩码默认值为 255.255.0.0、C 类地址对应子网掩码默认值为 255.255.255.0。

6.4.3 域名

采用点分十进制表示的 IP 地址不便于记忆，也不能反映主机的相关信息，于是 Internet 中采用了层次结构的域名系统 DNS（Domain Name System）来协助管理 IP 地址。

1．域名的层次结构

Internet 域名具有层次型结构，整个 Internet 网被划分成几个顶级域，每个顶级域规定了一个通用的顶级域名。顶级域名采用两种划分模式：组织模式和地理模式。组织模式分配如表 6-1 所示。地理模式的顶级域名采用两个字母缩写形式来表示一个国家或地区。例如，cn 代表中国，us 代表美国，jp 代表日本，uk 代表英国，ca 代表加拿大等。

表 6-1 Internet 顶级域名组织模式分配

顶级域名	com	edu	gov	int	mil	net	org
分配情况	商业组织	教育机构	政府部门	国际组织	军事部门	网络支持中心	各种非赢利性组织

因特网信息中心 NIC 将顶级域名的管理授权给指定的管理机构，由各管理机构再为其子域分配二级域名，并将二级域名管理授权给下一级管理机构，依此类推，构成一个域名的层次结构。由于管理机构是逐级授权的，因此各级域名最终都得到网络信息中心 NIC 的承认。因特网中主机域名也采用一种层次结构，从右至左依次为顶级域名、二级域名、三级域名等，各级域名之间用点“.”隔开。每一级域名由英文字母、符号和数字构成。总长度不能超过 254 个字符。主机域名的一般格式为：

……四级域名．三级域名．二级域名.顶级域名

如北京大学的 WWW 网站域名为 www.pku.edu.cn，其中 cn 代表中国（China），edu 代表教育（Education），pku 代表北京大学（Peking University），WWW 代表提供 WWW 信息查询服务。

2．我国的域名结构

我国的顶级域名 cn 由中国互联网信息中心 CNNIC 负责管理。顶级域 cn 按照组织模式和地理模式划分为多个二级域名。对应于组织模式的包括 ac、com、edu、gov、net、org，对应于地理模式的是行政区代码。表 6-2 列举了我国二级域名中对应于组织模式的分配情况。

表 6-2 我国二级域名对应于组织模式的分配

二级域名	ac	com	edu	gov	net	org
组织模式	科研机构	商业组织	教育机构	政府部门	网络支持中心	各种非赢利性组织

中国互联网信息中心 CNNIC 将二级域名的管理权授予下一级的管理部门进行管理。例如，将二级域名 edu 的管理授权给 CERNET 网络中心。CERNET 网络中心又将 edu 域划分成多个三级域，各大学和教育机构均注册为三级域名，如 swufe 代表西南财经大学。西南财经大学网络中心可以继续对三级域名 swufe 按学校管理需要分成多个四级域,，并对四级域名进行分配，例如，cs 表示信息学院，WWW 表示一台服务器等。

3．域名解析和域名服务器

域名相对于主机的 IP 地址来说，更方便于用户记忆，但在数据传输时，因特网上的网络互联设备却只能识别 IP 地址，不能识别域名，因此，当用户输入域名时，系统必须要能够根据主机域名找到与其相对应的 IP 地址，即将主机域名映射成 IP 地址，这个过程称为域名解

析。为了实现域名解析，需要借助于一组既独立又协作的域名服务器(DNS)。域名服务器是一个安装有域名解析处理软件的主机，在因特网中拥有自己的 IP 地址。因特网中存在着大量的域名服务器，每台域名服务器中都设置了一个数据库，其中保存着它所负责区域内的主机域名和主机 IP 地址的对照表。由于域名结构是有层次性的，域名服务器也构成一定的层次结构，如图 6-21 所示。

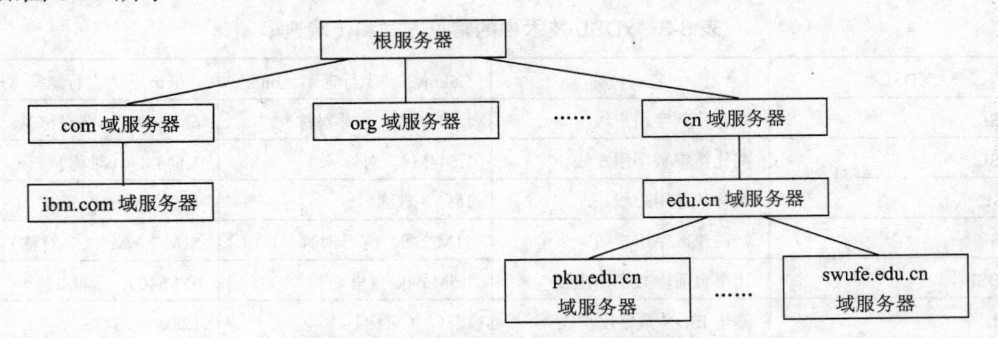

图 6-21 域名服务器的层次结构

6.4.4 因特网的接入

因特网服务提供者（Internet Service Provider，ISP）能为用户提供因特网接入服务，它是用户接入因特网的入口点。另一方面，ISP 还能为用户提供多种信息服务，如电子邮件服务、信息发布代理服务等。从用户角度来看，只要在 ISP 成功申请到账号，便可成为合法的用户而使用因特网资源。用户的计算机必须通过某种通信线路连接到 ISP，再借助于 ISP 接入因特网。用户计算机通过 ISP 接入因特网的示意图如图 6-22 所示。

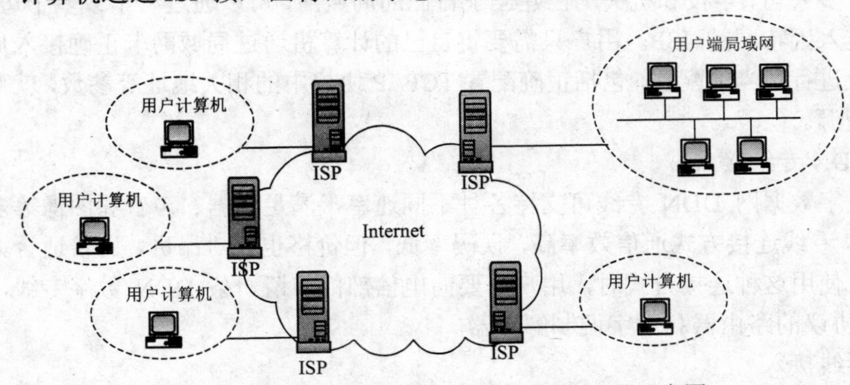

图 6-22 用户计算机通过 ISP 接入 Internet 的示意图

Internet 接入技术主要包括以下方式。

（1）电话拨号接入

电话拨号入网是通过电话网络接入因特网。这种方式下用户计算机通过调制解调器和电话网相连。这是目前家庭上网的常用方法。调制解调器负责将主机输出的数字信号转换成模拟信号，以适应于电话线路传输；同时，也负责将从电话线路上接收的模拟信号，转换成主机可以处理的数字信号。常用的调制解调器的速率 56Kbit/s。用户通过拨号和 ISP 主机建立连接后，就可以访问因特网上的资源。

（2）xDSL 接入

DSL 是数字用户线（Digital Subscriber Line）的缩写。xDSL 技术是基于铜缆的数字用户线路接入技术。字母 x 表示 DSL 的前缀可以是多种不同的字母。xDSL 利用电话网或 CATV 的用户环路，经 xDSL 技术调制的数据信号叠加在原有话音或视频线路上传送，由电信局和用户端的分离器进行合成和分解。xDSL 技术中常见的方式和传输速率如表 6-3 所示。

表 6-3 xDSL 技术中的常见方式和传输速率

XDSL	名 称	5.5km 下 / 上行速率（bit/s）	3.6km 下 / 上行速率（bit/s）
ADSL	非对称数字用户线	1.5 M/64 k （非对称）	6M/640k （非对称）
HDSL	高比特率数字用户线	1.544M （对称）	1.544M （对称）
SDSL	对称数字用户线	1M （对称）	1M （对称）
VDSL	甚高速数字用户线	51M/2.3M （非对称）	51M/2.3 M （非对称）
RADSL	速率自适应数字用户线	1.5M/64k （非对称）	6M/640 k （非对称）
ISDL	基于 ISDN 数字用户线	128k （对称）	128k （对称）

非对称数字用户线(ADSL)是目前广泛使用的一种接入方式。ADSL 可在无中继的用户环路网上，通过使用标准铜芯电话线——一对双绞线，采用频分多路复用技术实现单向高速、交互式中速的数字传输以及普通的电话业务。其下行（从 ISP 到用户计算机）速率高达 8Mbit/s，上行（从用户计算机到 ISP）速率可达 640Kbit/s～1Mbit/s，传输距离可达 3km～5km。

ASDL 接入充分利用了现有大量的市话用户电缆资源，可同时提供传统业务和各种宽带数据业务，两类业务互不干扰。用户接入方便，仅需安装一台 ASDL 调制解调器即可。

（3）局域网接入

目前许多公司、学校和机关均已建立了自己的局域网，可以通过一个或多个边界路由器，将局域网连入因特网的 ISP。用户只需要将自己的计算机通过局域网卡正确接入局域网，然后对计算机进行适当的配置，包括正确配置 TCP/IP 协议中的相关地址等参数，就可以访问因特网上的资源。

（4）DDN 专线接入

公用数字数据网 DDN 专线可支持各种不同速率，满足数据、声音和图像等多种业务的需要。DDN 专线连接方式通信效率高，误码率低，但价格也相对昂贵，比较适合大业务量的用户使用。使用这种连接方式时，用户需要向电信部门申请一条 DDN 数字专线，并安装支持 TCP/IP 协议的路由器和数字调制解调器。

（5）无线接入

无线接入技术是指接入网的某一部分或全部使用无线传输媒介，提供固定和移动接入服务的技术。它具有不需要布线、可移动等方面的优点，是一种很有潜力的接入因特网的方法。

6.4.5 网络安全

计算机网络安全所面临的威胁大体可分为两种：对网络中信息的威胁和对网络中设备的威胁。威胁网络安全的因素很多，有些可能是人为的破坏，也有的可能是非人为的失误。

1．网络安全的威胁因素

归纳起来，网络安全的威胁因素可能来自以下几个方面。

（1）物理破坏。对于一个网络系统而言，其网络设备可能会遇到诸如地震、雷击、火灾、水灾等一类天灾的破坏，以及由于设备被盗、鼠咬、静电烧毁等引起的系统损坏。

（2）系统软件缺陷。网络系统软件，包括网络操作系统和应用程序等，不可能百分之百的无缺陷和无漏洞。无论是 Windows 或者 UNIX 都存在或多或少的安全漏洞，这些漏洞是黑客进行攻击的首选目标。有些软件公司的设计编程人员为了方便调试程序，在软件中设置了“后门”，一般不为外人所知。这些“后门”一旦被黑客探测到，将成为攻击的入口。

（3）人为失误。系统管理员在进行网络管理时，难免出现人为失误。这些人为失误包括对防火墙配置不当而造成安全漏洞；用户口令选择不慎或长期没有变动；访问权限设置不当；内部人员之间口令管理不严格，以及无意识的违规操作等。

（4）网络攻击。网络攻击是计算机网络所面临的最大威胁。网络攻击可以分为两种：主动攻击和被动攻击。主动攻击是以中断、篡改、伪造等多种方式，破坏信息的有效性和完整性，或冒充合法数据进行欺骗，以至破坏整个网络系统的正常工作。而被动攻击则是在不影响网络正常工作的情况下，通过监听、窃取、破译等非法手段，以获得重要的网络机密信息。这两种攻击均可对计算机网络安全造成极大的危害。

（5）计算机病毒。计算机病毒在单个计算机上的危害已被人们所熟知。如今网络上传播的计算机病毒，其传播范围更广，破坏性更大。病毒对网络资源进行破坏，干扰网络的正常工作，甚至造成整个网络瘫痪。

2．网络安全策略

网络安全容易受到多方面的威胁，必须采用必要的安全策略，以保证网络正常运行。下面介绍几种常见的网络安全策略。

（1）物理安全。物理安全是指保护网络系统，包括网络服务器、工作站和其他计算机设备等软硬件实体，以及通信链路和配套设施，不被人为破坏或免受自然灾害损害。一般来说，需要加强设备运行环境的安全保护和严格安全管理制度。

（2）访问控制。访问控制是网络安全防范和保护的主要策略。其目的是保护网络资源不被非法使用和非法访问。具体方法包括：身份认证和权限控制。

身份认证是对用户入网访问时进行身份识别。常用的技术是验证用户的用户名和口令（密码），只有全部确认无误，用户才能进入网络系统，否则系统将拒绝。权限控制是对进入系统的用户授予一定的操作权限。这些权限控制用户只能访问某些目录、文件和其他资源，并只能进行指定的相关操作，不能越权使用系统，因而可以防止造成系统的破坏或者泄露机密信息。

（3）数据加密。对网络系统内的数据，包括文件、口令和控制信息等进行加密，能有效地防止数据被截取者截获后失密。数据加密技术是保证网络安全的重要手段，具体实现技术包括对称性加密和非对称性加密两类。

（4）防火墙。防火墙技术是一种由软、硬件构成的安全系统。它设置在外部网络和内部网络之间。通过一定的安全策略，可以抵御外部网络对内部网络的非法访问和攻击。目前常用的防火墙技术包括包过滤和代理服务两类。

6.4.6 网络管理

为了使计算机网络正常运转，各种网络资源高效利用，并能及时报告和处理网络故障，必须采用高效的网络管理系统对网络进行管理。

1. 网络管理功能

在OSI网络管理标准中，网络管理功能分为5个基本模块。

（1）配置管理模块，定义和删除网络资源，监测和控制网络资源的活动状态和相互关系等。

（2）故障管理模块，对故障的检测、诊断、恢复，对资源运行的跟踪，及差错报告和分析等。

（3）性能管理模块，持续收集网络性能数据，评判网络系统的主要性能指标，以检验网络服务水平，并做预测分析，发现潜在问题等。

（4）安全管理模块，利用多种安全措施，如权限设置、安全记录、密钥分配等，以保证网络资源的安全。

（5）计费管理模块，根据用户使用网络资源的情况，按照一定的计费方法，自动进行费用核收。

2. 简单网络管理协议（SNMP）

目前，Internet上广泛使用的一种网络管理协议是简单网络管理协议（SNMP）。

SNMP模型由3部分组成：管理进程（Manager）、管理代理（Agent）和管理信息库（MIB）。它们的相互关系如图6-23所示。

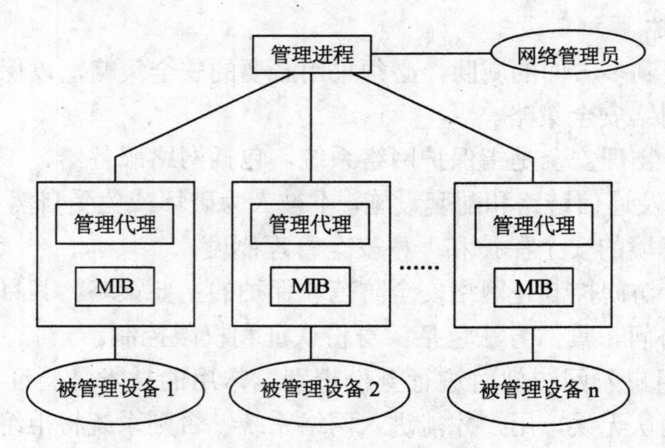

图6-23 SNMP管理模型

（1）管理进程——处于管理模型的核心。它是一组运行于网络管理中心主机上的软件程序，可以在SNMP的支持下，通过管理代理来对各种资源执行监测、配置等管理操作。

（2）管理代理——是运行在被管理设备中的软件。网络中被管理的设备可以是主机、路由器、集线器等。它监视设备的工作状态、使用状况等，并收集相关网络管理信息。这些信息都存储在管理信息库（MIB）中。

（3）管理信息库——包含的数据项因管理设备不同而不同，例如一个路由器的管理信息可能包括关于路由选择表的信息。

思考题六

1．计算机网络主要的功能是什么？
2．简述传统以太网与交换式以太网工作原理上的区别。
3．因特网能提供哪些主要的服务？
4．简述A、B、C类IP地址中网络地址和主机地址各自占用的字节数。
5．简述常用的因特网接入方式。
6．简述网络安全受到哪些因素的威胁。

第7章 Internet基本应用

自20世纪80年代出现个人电脑以来，信息技术迅速走进个人家庭。从1988年起，人们已经开始涉足互联网这个新的领域，通过互联网获取大量信息。Internet上较早出现的重要工具有E-mail、FTP和Telnet等。随着WWW（World Wide Web）技术的产生和推广，这一切发生了更加惊人的变化。WWW在Internet上实现的全球性的、交互、动态、多平台、分布式图形信息系统，使人们通过互联网看到的不再仅仅是文字，还有图片、声音、动画，以及电影。在人们的工作、生活和社会活动中，Internet起着越来越重要的作用。网络已经成为人类社会存在与发展不可或缺的一部分，网络文化也就随之产生并蓬勃发展起来了，而蕴含其中的Web文化正是最核心的、最引人注目的内容。

7.1 Internet与Web文化

Web文化是随着Internet产生的一种新的文化现象，它以计算机及其附属设备作为物质载体，以上网者为主体，以虚拟的空间为主要传播领域，以数字化为基本技术手段，为人类创造出一种新的生存方式、活动方式和思维方式。Web文化是人、信息、文化三位一体的产物，是以计算机技术和通信技术融合为物质基础，以发送和接收信息为核心的一种文化。借助技术手段，Web文化超越了地域限制成为一种时域文化。它是信息时代的特殊文化，也是人类社会发展的产物。

Web文化与传统文化不同，它的发展完全依赖于计算机技术以及网络通信技术的发展，而计算机技术本身的快速发展导致Web文化的快速发展和演变。例如，当视频传输能够正常进行时，通过网络点播电影、电视等视频节目就很快成为上网的一个内容。博客这一名词出现不久，很快就涌现了大批“博客”，随之写博客日志也迅速成为上网的一个重要内容。Web文化的虚拟、开放、交互共享等特性使得人们可以自由加入其中。

7.2 Internet 基 础

Internet提供的服务多样化，新的服务层出不穷。目前最基本的服务有WWW服务、电子邮件服务、远程登录服务、文件传送服务、电子公告牌、网络新闻组、检索和信息服务。

7.2.1 Internet基本服务

1. WWW服务

WWW是World Wide Web的简称，译为万维网。WWW是目前广为流行的、最受欢迎的、最方便的信息服务。它具有友好的用户查询界面，使用超文本（Hypertext）方式组织、查找和表示信息，摆脱了以前查询工具只能按特定路径一步步查询的限制，使得信息查询符合人们的思维方式，能随意的选择信息链接。WWW目前还具有连接FTP、BBS等服务的能力。总之，WWW 的应用和发展已经远远超出网络技术的范畴，影响着新闻、广告、娱乐、电子商务和信息服务等诸多领域。WWW 的出现是 Internet 应用的一个里程碑。

2．电子邮件服务（E-mail）

电子邮件服务以其快捷便利、价格低廉的特征成为目前因特网上使用最广泛的一种服务。用户使用这种服务传输各种文本、声音、图像、视频等信息。电子邮件服务器是 Internet 邮件服务系统的核心，用户将邮件提交给邮件服务器，由该邮件服务器根据邮件中的目的地址，将其传送到对方的邮件服务器；然后由对方的邮件服务器转发到收件人的电子邮箱中。

用户首次使用电子邮件服务发送和接收邮件时，必须在该服务器中申请一个合法的账号，包括账号名和密码。

3．文件传输服务（FTP）

文件传输服务允许 Internet 上的用户将文件和程序传送到另一台计算机上，或者从另一台计算机上拷贝文件和程序。目前常使用 FTP 文件传输服务从远程主机上下载各种文件及软件。其中 FTP 匿名服务，用户不注册就能从远程主机下载文件，为用户共享资源提供了极大的方便。

4．远程登录服务（Telnet）

用户计算机需要和远程计算机协同完成一个任务时，需要使用 Internet 的远程登录服务。Telnet 采用客户机 / 服务器模式，用户远程登录成功后，用户计算机暂时成为远程计算机的一个仿真终端，可以直接执行远程计算机上拥有权限的任何应用程序。

5．网络新闻组（Usenet）

网络新闻组是指利用网络进行专题讨论的国际论坛。Usenet 是规模最大的一个网络新闻组。用户可以在一些特定的讨论组中，针对特定的主题来阅读新闻、发表意见、相互讨论、收集信息等。

6．电子公告牌（BBS）

电子公告牌（Bulletin Board System，BBS）是一种电子信息服务系统。通过公共电子白板，用户可以在发表意见，并利用 BBS 进行网上聊天、网上讨论、组织沙龙、为别人提供信息等。

7．信息查找服务（Gopher）

Gopher 是 Internet 上一种综合性的信息查询系统，它给用户提供具有层次结构的菜单和文件目录，每个菜单指向特定信息。用户选择菜单项后，Gopher 服务器将提供新的菜单，逐步指引用户轻松地找到自己需要的信息资源。

8．广域信息服务（WAIS）

广域信息服务(WAIS，Wide Area Information Service)是一个网络数据库的查询工具，它可以从 Internet 数百个数据库中搜索任何一个信息。用户只要指定一个或几个单词为关键字，WAIS 就按照这些关键字对数据库中的每个项目或整个正文内容进行检索，从中找出与关键字相匹配的信息，即符合用户要求的信息，查询结果通过客户机返回给用户。

9．商业应用（Business application）

这是一种不受时间与空间限制的交流方式，是一个促进销售、扩大市场、推广技术、提供服务的非常有效的方法。厂商可以将产品的介绍在网上发布，附带详细的图文资料，实效性强，成本低。

10．网络电话（web phone）

用市话的价格拨打国际长途，是网络电话的优势。InternetPhone 5.0 是利用 Internet 打电话的优秀软件，支持声音和视频，不仅可以打国际长途电话，并且可以打电视电话，费用比一般的国际长途电话节省 95%。如果利用摄像机、麦克风、扬声器等工具，你还可以看到对方的活动。

11．虚拟现实（VR）

虚拟现实是一种可以创建和体验虚拟世界的计算机系统。它是由计算机生成的通过视觉、听觉、触觉等作用于使用者，使之产生身临其境的交互式视景的仿真环境。它综合了计算机图形学、图像处理与模式识别、智能接口技术、人工智能、传感技术、语音处理与音响技术、网络技术等多门科学。

12．语音广播

Real Audio 是 Internet 上一种语音实时压缩的专利技术。当接收 Real Audio 声音文件时，系统会在接收到该文件的前几千个字节之后，就开始解压缩，然后播放解开的部分，与此同时，其余部分仍在传送，这样就节约了时间。

13．视频会议

随着网络技术的迅速发展，用户可以借助一些软件在 Internet 上实现视频会议。它跟电视会议相比，具有传播范围更广，传输速度更快，价格更低廉的特点。Internet 上视频会议大都采用点对点方式。有的软件也提供了一对多的传输方式，即多台站点可以同时看到一台站点的输出。总之，对于以缩短距离，建立联系为目的的视频会议来说，Internet 视频会议是一个廉价的解决方案。

7.2.2 Internet 常用术语

1．浏览器

WWW 服务采用客户机/服务器的工作模式，客户端需使用应用软件——浏览器，这是一种专用于解读网页的软件。目前常用的有 Microsoft 公司的 IE（Internet Explorer）和 Netscape 公司的 Netscape Communicator。浏览器向 WWW 服务器发出请求，服务器根据请求将特定页面传送至客户端。页面是 HTML 文件，需经过浏览器解释才能使用户看到图文并茂的页面。

2．主页和页面

Internet 上的信息以 Web 页面来组织，若干主题相关的页面集合构成 Web 网站。主页（HomePage）就是这些页面集合中的一个特殊页面。通常，WWW 服务器设置主页为默认值，所以主页是一个网站的入口点，就好似一本书的目录。目前，许多单位都在因特网上建立了自己的 Web 网站，进入一个单位的主页以后，通过网页上的链接，即可访问更多网页的详细信息。

3．HTTP 协议

WWW 服务中客户机和服务器之间采用超文本传输协议 HTTP 进行通信。从网络协议的层次结构上看，应属于应用层的协议。使用 HTTP 协议定义请求和响应报文，客户机发送“请求”到服务器，服务器则返回“响应”。

4．HTML 超文本标记语言

HTML 超文本标记语言是用于创建 Web 网页的一种计算机程序语言。它可以定义格式化的文本、图形与超文本链接等，使得声音、图像、视频等多媒体信息可以集成在一起。特别是其中的超文本和超媒体技术，用户在浏览 Web 网页时，可以随意跳转到其他的页面，极大地促进了 WWW 的迅速发展。

5．超文本和超媒体

超文本技术是将一个或多个“热字”集成于文本信息之中，“热字”后面链接新的文本信息，新文本信息中又可以包含“热字”。通过这种链接方式，许多文本信息被编织成一张网。无序性是这种链接的最大特征。用户在浏览文本信息时，可以随意选择其中的“热字”而跳转到其他的文本信息上，浏览过程无固定的顺序。“热字”不仅能够链接文本，还可以链接声音、图形、动画等，因此也称为超媒体。

6．统一资源定位器 URL

统一资源定位器 URL（Uniform Resource Locator）体现了因特网上各种资源统一定位和管理的机制，极大地方便了用户访问各种 Internet 资源。URL 的组成格式为：

<协议类型>://<域名或 IP 地址>/路径及文件名

其中协议类型可以是 http（超文本传输协议）、ftp（文件传输协议）、telnet（远程登录协议）等，因此利用浏览器不仅可以访问 WWW 服务，还可以访问 FTP 等服务。“域名或 IP 地址”指明要访问的服务器，“路径及文件名”指明要访问的页面名称。HTML 文件中加入 URL，则可形成一个超链接。

7.2.3　用浏览器上网

Internet 上的信息资源极其丰富，要获取 Internet 上丰富的资源，用户必须利用 Web 浏览器。目前，比较流行的浏览器主要有 Microsoft 公司的 Internet Explorer，Netscape 公司的 Netscape Navigator，腾讯公司的 Tencent Traveler。Web 浏览器是一种专用于解读网页的软件。

1．初识 IE

双击桌面上的“Internet Explorer”图标，启动 Internet Explorer（简称 IE），打开 Internet Explorer 浏览器窗口，如图 7-1 所示。该窗口由标题栏、菜单栏、工具栏、地址栏、主窗口和状态栏等组成。

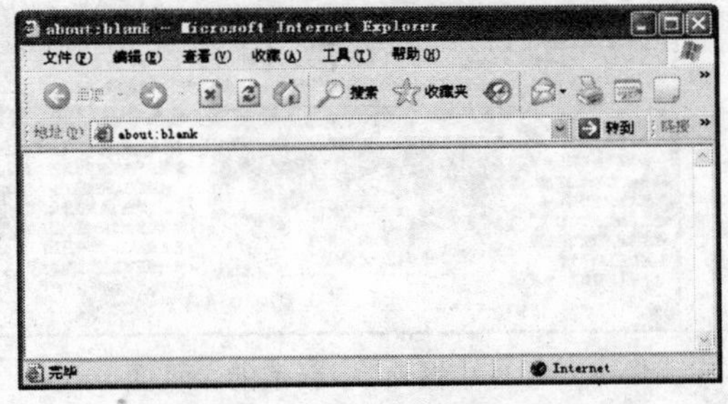

图 7-1　Internet Explorer 窗口

（1）标题栏——左侧显示当前浏览页面的标题，右侧有“最小化”、“最大化”和“关闭”3 个按钮。

（2）菜单栏——包含 IE 的若干命令，有文件、编辑、查看、收藏、工具和帮助等。单击某个命令，弹出相应菜单。

（3）工具栏——提供 IE 中使用频繁的功能按钮。利用这些按钮，可以快速执行 IE 的命令，如后退、前进、停止、刷新、主页、搜索、收藏和历史等。

（4）地址栏——用于输入 URL 地址。Internet 上的每一个信息页都有自己的地址，称为统一资源定位器(URL)。URL 由 3 个部分组成：协议(http)、WWW 服务器的域名（如 www.sohu.com）和页面文件名。

（5）主窗口——用于浏览页面，右侧的滚动条可拖动页面，使其显示在主窗口中。

（6）状态栏——显示 IE 链接时的一些动态信息，如页面下载的进度状态。

2．浏览网站主页

如果用户需要浏览某网站，首先在浏览器的地址栏中输入想要访问的网页地址 URL，然后按回车键。如果不知道某网站的网页地址，可以直接在浏览器的地址栏中输入你想要访问的网站的中文名字，浏览器会自动调用搜索引擎，搜索相关网站的信息，并列举出来。用户可根据需要单击相关超链接，就能够访问相关网站。

【例 7.1】利用 IE 浏览器浏览新浪网站主页面。

操作步骤如下。

（1）双击桌面上的“Internet Explorer”图标，打开 IE 浏览器窗口。

（2）在浏览器的地址栏中输入新浪的网页地址“http://www.sina.com/”，然后按回车键，屏幕上很快就会出现新浪网站的主页面，如图 7-2 所示。

【例 7.2】设置 IE 浏览器启动时默认的访问页面。

操作步骤如下：

（1）双击桌面上的“Internet Explorer”图标，打开 IE 浏览器窗口。

（2）选择“工具”菜单中的“Internet 选项”命令，打开“Internet 选项”对话框。

（3）选择“常规”选项卡，在“地址”文本框中输入新浪的网页地址“http://www.sina.com/”，将其设置成为 IE 浏览器启动时默认的访问页面，如图 7-3 所示。

（4）单击“确定”按钮，保存设置。

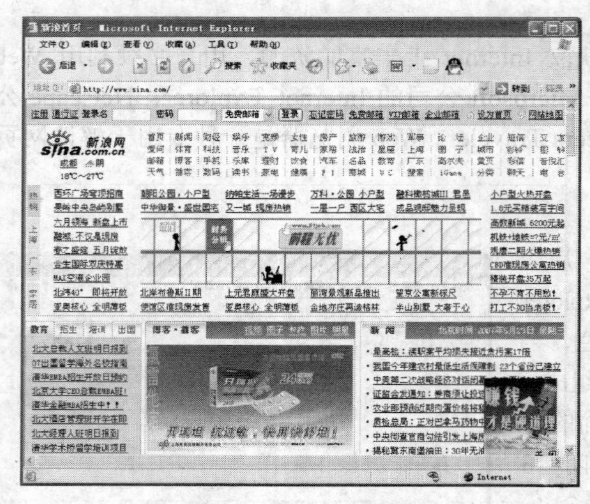

图 7-2　新浪的主页面

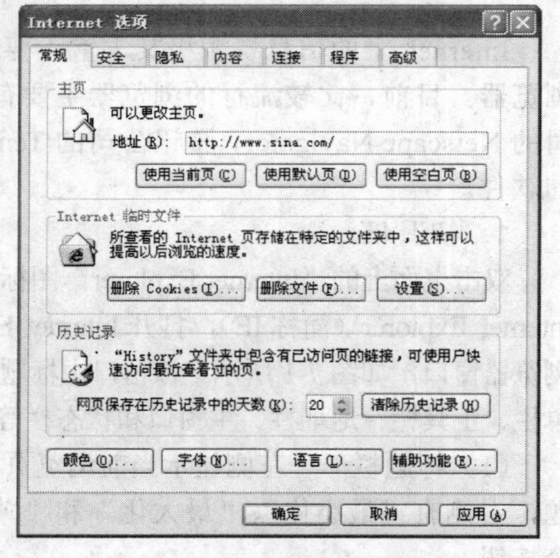

图 7-3　“Internet 选项”对话框

3．浏览器工具栏的使用

利用浏览器工具栏可以使操作更快捷方便。下面介绍 IE 工具栏常用的前进、后退、停止、刷新、主页等按钮的基本操作方法。

（1）“前进”和“后退”按钮

使用“前进”和“后退”按钮在已浏览过的网页之间跳转。例如，访问搜狐的主页面，单击“体育”的超链接后，进入搜狐的体育页面。此时，单击工具栏上的“后退”按钮，浏览器会退回到刚才访问的搜狐主页面。若再单击工具栏上的“前进”按钮，浏览器就会返回到搜狐的体育页面。

（2）“停止”按钮

在访问某页面时，单击“停止”按钮，可以停止当前正在进行的操作，并停止和 WWW 服务器的连接。

（3）“刷新”按钮

该按钮的作用是重新下载你正在访问的页面。在页面文件传输过程中，有时可能因为网络中某个环节出了问题或是自己的误操作，导致该页面显示不正确或下载中断了。单击“刷新”按钮可以再次向服务器发出请求，重新下载显示页面。

（4）“主页”按钮

该按钮的作用是立即访问预先设置好的浏览器主页面。

4．收藏访问的页面

IE 浏览器的收藏夹，如同手机的电话本。利用收藏夹功能，可以将某个需要的页面地址保存下来，而不必去记忆该页面的 URL。若需再次浏览该页面时，单击该收藏项即可。在默认状态下，新添加的页面都存放于收藏夹的根目录下。一段时间后，就显得相当混乱，所以要学会对自己收藏夹的内容分类创建目录，进行分别存放。

【例 7.3】创建一个“大学”收藏夹目录，将“西南财经大学”主页面的地址存入收藏夹的“大学”目录中。

操作步骤如下。

（1）双击桌面上的“Internet Explorer”图标，打开 IE 浏览器窗口。

（2）选择“收藏”菜单中的“整理收藏夹”命令，打开“整理收藏夹”对话框，如图 7-4 所示。

（3）单击“创建文件夹”按钮，对话框右边的列表框中将新建一个文件夹，将其命名为“大学”。

（4）单击“关闭”按钮，回到 IE 浏览器窗口。

（5）在 IE 浏览器窗口中，打开想要收藏的 Internet 页面，选择“收藏”菜单中的“添加到收藏夹”命令，打开“添加到收藏夹”对话框，如图 7-5 所示。

（6）单击“添加到收藏夹”对话框右下角的“创建到”按钮。

（7）在“创建到”列表框中，选择“大学”文件夹，单击“确定”按钮，完成主页地址的收藏。

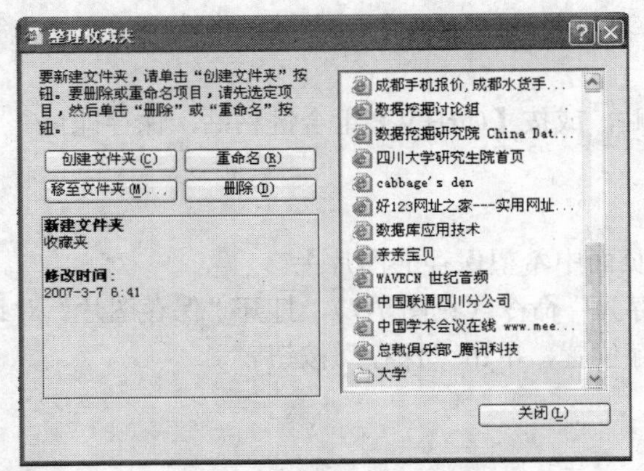

图 7-4　“整理收藏夹”对话框

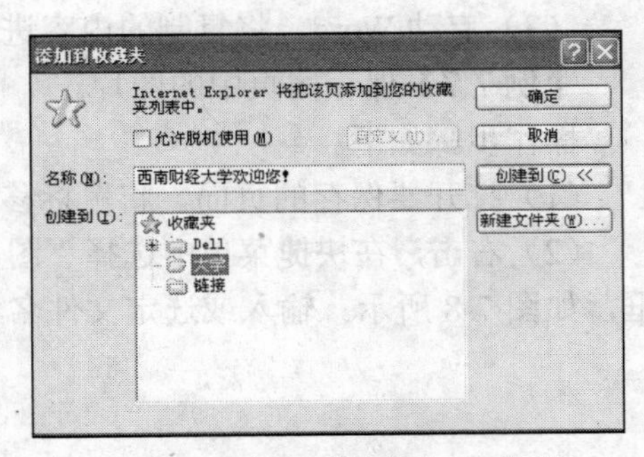

图 7-5　“添加到收藏夹”对话框

【例 7.4】删除收藏夹指定目录中主页面的地址。

操作步骤如下。

（1）双击桌面上的“Internet Explorer”图标，打开 IE 浏览器窗口。

（2）选择“收藏”菜单中的“整理收藏夹”命令，打开“整理收藏夹”对话框。

（3）在“整理收藏夹”对话框右边列表中选择“大学”文件夹，并双击展开，选中需要删除的“西南财经大学”主页面地址，单击“删除”按钮，打开“确认文件删除”对话框。

（4）单击“是”按钮，选定项“西南财经大学”地址即被删除。

5．保存和打印访问的网页信息

在 Internet 信息浏览的过程中，常常会需要将浏览的网页信息存储下来或打印出来。

【例 7.5】将 IE 浏览器中整个网页的信息完整地保存下来。

操作步骤如下。

（1）将网页信息保存为 html 源文件。

① 打开 IE 浏览器窗口，打开要保存的页面。

② 选择“文件”菜单中的“另存为”命令，打开“保存网页”对话框，如图 7-6 所示。选择相应的路径和文件名，然后单击“保存”按钮。

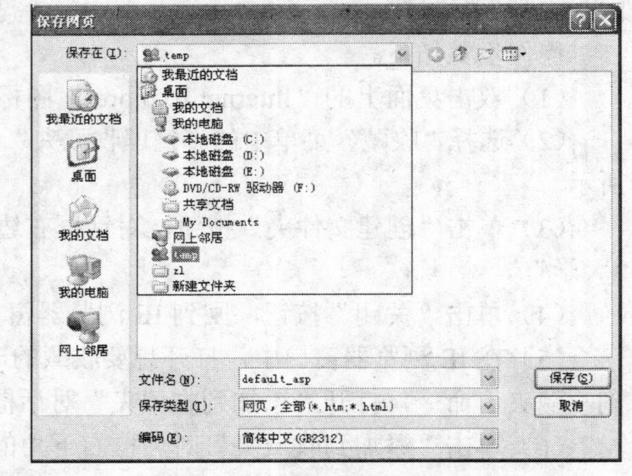

图 7-6 “保存网页”对话框

（2）将网页信息保存为图片文件。

① 打开 IE 浏览器窗口，打开要保存的页面。按【Print Screen】（屏幕截图）键，将屏幕复制到剪贴板中。

② 使用相应处理软件，如 Word、画图等软件工具进行粘贴操作，可将网页信息作为图片进行保存。

【例 7.6】保存网页中的文字。

操作步骤如下。

（1）打开要保存的页面，用鼠标选定要保存的文字内容。

（2）选择“编辑”菜单中的“复制”命令，或按【Ctrl+C】组合键，将选定的文字内容复制到 Windows 剪贴板。

（3）启动 Word，将复制的内容进行粘贴，或按【Ctrl+V】组合键粘贴，保存即可。

【例 7.7】保存网页中的图片。

操作步骤如下。

（1）打开要保存的页面，将鼠标移动到页面中希望保存的图片上。

（2）右击，在快捷菜单中选择“图片另存为”命令（见图 7-7），打开“保存图片”对话框，如图 7-8 所示。输入或选定文件名和保存位置，单击“保存”按钮。

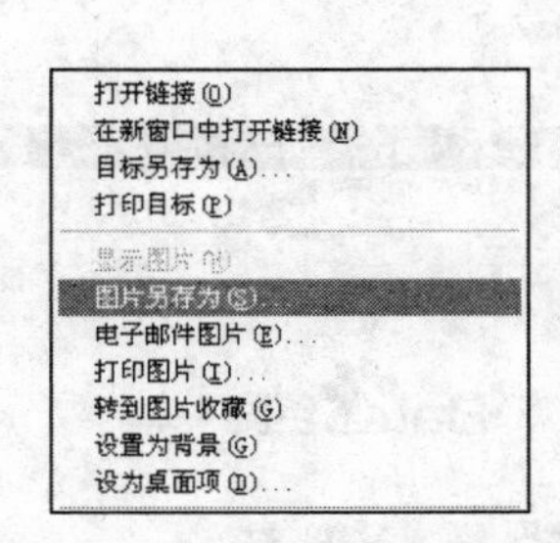

图 7-7 “图片另存为”命令

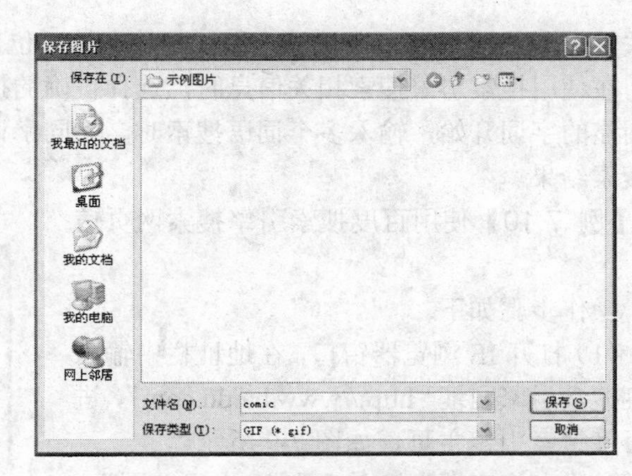

图 7-8 “保存图片”对话框

【例 7.8】保存网页中的声音和影像。

操作步骤如下。

（1）打开要保存的页面，将鼠标移动到页面中希望保存的对象上。

（2）右击，在快捷菜单中选择“目标另存为”命令，打开“另存为”对话框。输入或选定文件名和保存位置，单击“保存”按钮。

【例 7.9】网页打印。

如果需要打印整个网页，可以直接进行打印，也可以将其作为图片保存，然后再打印。直接打印的操作步骤如下。

（1）打开要打印的页面。

（2）选择“文件”菜单中的“打印”命令，打开“打印”对话框。然后进行相关选项的设置操作。

7.2.4　在网上查询资料

随着 Internet 的迅速发展，网上信息以爆炸性的速度不断扩展。为了能在数百万个网站中快速、有效地查找信息，Internet 提供了一种称为搜索引擎的 WWW 服务器。用户借助搜索引擎可以快速查找需要的信息。

搜索引擎是 Internet 上的一个 WWW 服务器，它使得用户在数百万计的网站中快速查找信息成为可能。目前，因特网上的搜索引擎很多，可以进行如下工作。

- 主动搜索因特网中其他 WWW 服务器的信息，并收集到搜索引擎服务器中。
- 对收集的信息分类整理，自动索引并建立大型搜索引擎数据库。
- 以浏览器界面的方式为用户进行信息查询。

用户通过搜索引擎的主机名进入搜索引擎之后，只需输入相应的关键字即可找到相关的网址，并能提供相关的链接。

目前，常用的 Internet 搜索引擎有 Google、百度、Yahoo！、搜狐、新浪、网易等。搜索引擎的使用方法可以分为按分类目录搜索、通过关键字搜索和逻辑查询几类。下面以百度搜索引擎为例，介绍如何使用搜索引擎查询资料。

百度搜索引擎使用简单方便，用户只需在搜索框内输入一个或多个最能描述所需信息的内容，并单击搜索框右侧的“百度一下”按钮，就可以得到符合查询需求的网页地址。其中，相关性最高的网页显示在首位，稍低的放在第二位，依此类推。

在使用搜索引擎搜索相关信息时，选择正确的搜索字词是找到所需信息的关键。通常先从明显的字词开始，输入多个词语搜索时，不同字词之间用一个空格隔开，可以获得更精确的搜索结果。

【例 7.10】使用百度搜索引擎搜索网页信息。

操作步骤如下。

（1）打开 IE 浏览器窗口，在地址栏中输入百度搜索引擎网址“http://www.baidu.com”，进入百度搜索引擎主页，如图 7-9 所示。

（2）在搜索框内输入“成都 人民公园”，单击“百度一下”按钮，搜索引擎开始搜索与“成都 人民公园”相关网站的信息。当状态栏右边的绿色进度指示条显示完成的时候，窗口中将显示出搜索的网站列表。

（3）单击结果列表中的超链接，进入对应的网页，获得所需的查询结果。

图 7-9 百度搜索引擎主页

7.2.5 文件上传和下载

文件传输服务允许 Internet 上的用户将文件和程序传送到另一台计算机上，或者从另一台计算机上拷贝文件和程序。目前大量的网络硬盘支持文件上传；Internet 个人空间、博客支持文字、图像和音频、视频等信息的上传。文件下载的应用更为频繁，用户可以从网络上下载的资源可以说是包罗万象。如今，在 Internet 上传和下载文件，已经成为人们每天工作生活的一部分。

1. 上传文件

上传文件最直接的方法就是通过 FTP 文件传输服务协议，从远程登录服务器，然后将本机的文件复制到远程计算机上即可实现文件上传。一般的系统会提供一个文件上传的操作界面，用户只需根据界面的提示一步步操作即可完成文件上传，而无需进行 FTP 访问。

【例 7.11】将“上机通知”上传到西南财经大学任课教师的教师主页上。

操作步骤如下。

（1）远程登录 FTP 服务器来上传数据

① 打开 IE 浏览器，在地址栏输入 FTP 服务器地址“ftp://cai.swufe.edu.cn”并按回车键，打开“登录身份”对话框，如图 7-10 所示。

② 在“登录身份”对话框中，分别输入用户名和密码。单击“登录”按钮，系统核对用户名和密码，正确后，登录 FTP 服务器。

③ 选择需要上传文件的目录，将“上机通知”文件从本地机复制、粘贴到该目录中，就完成了文件的上传，如图 7-11 所示。

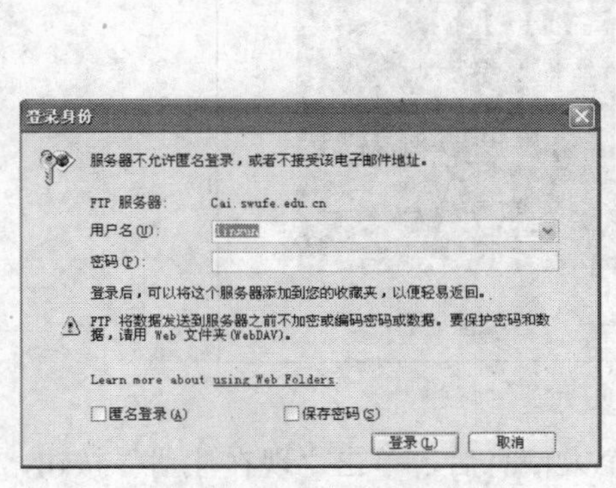

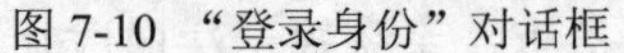
图 7-10 “登录身份”对话框

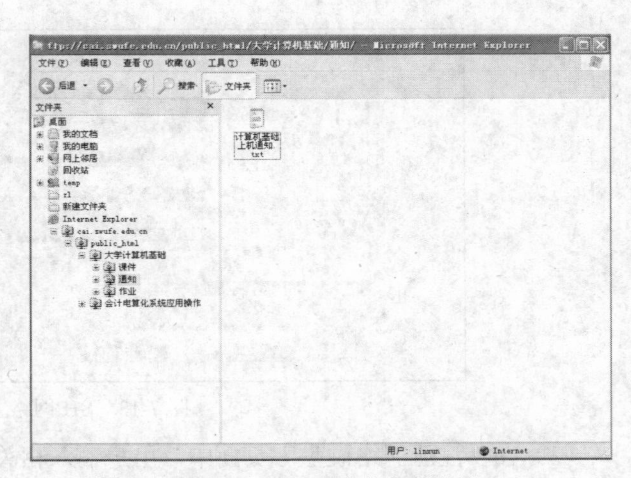

图 7-11　FTP 文件上传结果

（2）使用 HTTP 在线上传

① 打开 IE 浏览器，在地址栏输入教学主页地址“http://cai.swufe.edu.cn”，按回车键进入教师主页空间，单击“在线上传”超链接，进入登录界面。

② 在用户登录界面分别输入用户名和密码，然后单击“登录”按钮，进入“在线文件上传”页面。

③ 双击目录列表中的目录超链接，选择接受上传文件的目录，单击“浏览”按钮，在本机选择需要上传的文件“上机通知”，单击“上传文件”按钮，完成文件上传，如图 7-12 所示。

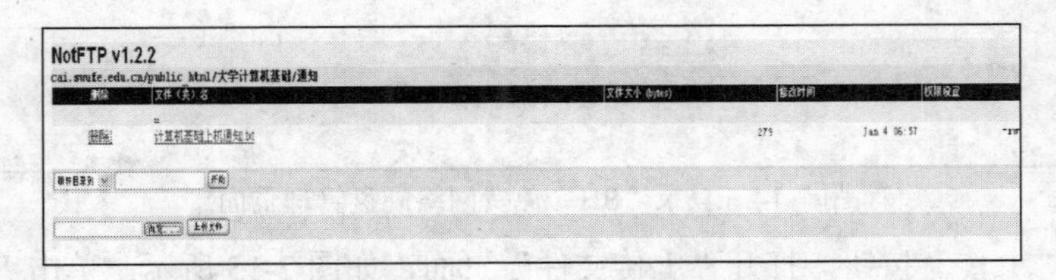

图 7-12　在线文件上传结果

目前，网络服务公司能够提供多种方便快捷的网络服务，网络硬盘就是其中一种非常方便的文件存储方式。许多邮件服务商会给其邮箱用户提供网络硬盘服务，供用户临时存储一些文件，例如新浪、网易等。还有一些网站专门提供免费网络硬盘服务，例如：SH 网络硬盘、VDISK 免费网络空间等都为用户提供免费、大容量的网络硬盘，用户需要时，只需免费进行注册，注册成功后，免费网络硬盘就可以立即使用。

【例 7.12】申请一个免费 SH 网络硬盘空间，将一张照片 Picture.jpg 上传到网络硬盘中。

操作步骤如下。

（1）打开 IE 浏览器，在地址栏输入地址 http://u.sh.com/，按回车键，进入免费 SH 网络硬盘空间首页，选择所处的网络服务器之后，进入免费 SH 网络硬盘空间注册、登录界面，如图 7-13 所示。

（2）单击“注册”按钮，进入“网络硬盘用户注册协议”界面。单击“我同意”按钮，接受系统的相关使用规定，进入“注册网络硬盘”页面。

图 7-13　SH 网络主页

（3）在“注册网络硬盘”页面中，用户输入相关个人信息后，单击“现在注册”按钮，系统开始对刚才输入的用户信息进行有效性检查。如果通过检查，系统提示注册成功，即可通过注册的用户名和密码登录。在图 7-13 页面中，输入账户名、密码，单击“登录”按钮，打开 SH 免费网络硬盘管理主页面，如图 7-14 所示。

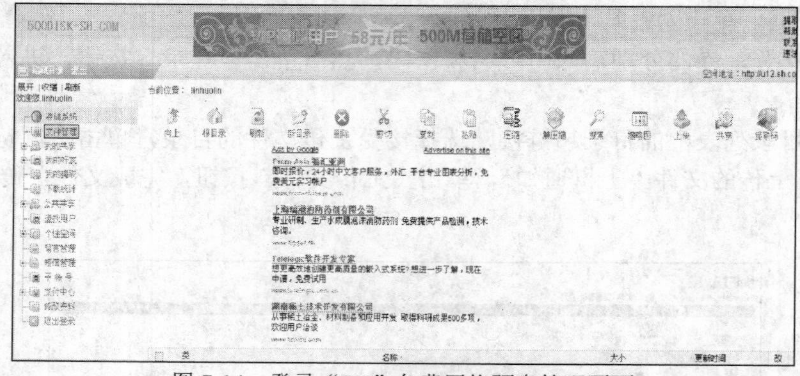

图 7-14　登录“SH”免费网络硬盘管理页面

（4）单击“上传”按钮，打开“上传文件”页面，如图 7-15 所示。单击“浏览”按钮，选择需要上传的 Picture.jpg 图片文件。

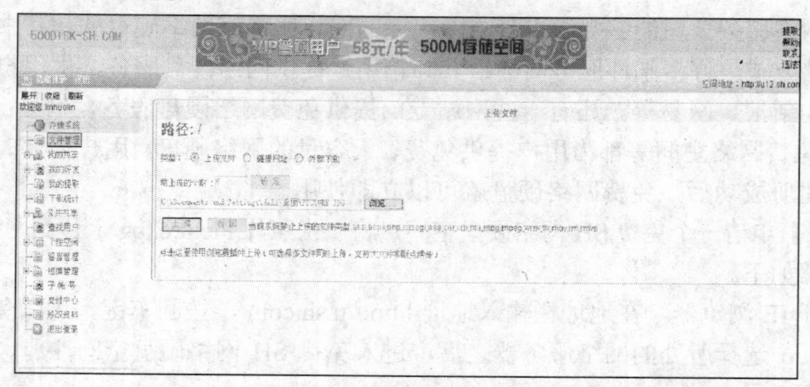

图 7-15　“上传文件”页面

（5）单击“上传”按钮，开始上传文件。上传完成后，打开如图 7-16 所示的 SH 免费网络硬盘管理主页面，页面下方会显示上传文件后当前网络硬盘的存储状态。

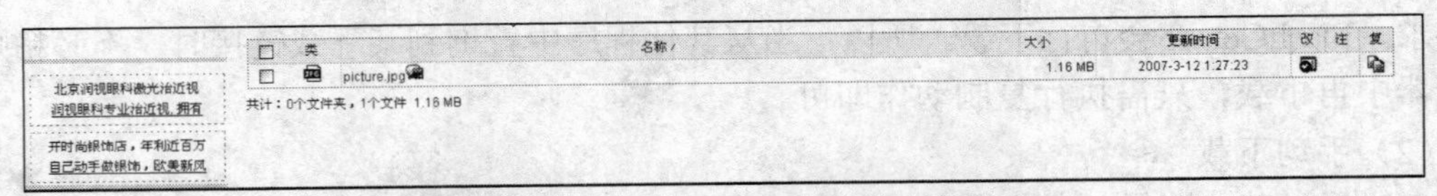

图 7-16　上传文件后网络硬盘的存储状态

2．FlashGet

从 2006 年 12 月起，新版 FlashGet 更名为快车。它是目前比较流行的网络文件下载软件之一，能高速、安全、便捷地下载电影、音乐、游戏、视频、软件、图片等。通常下载的最大问题就是下载速度，其次是下载文件的管理。FlashGet 采用多线程技术，把一个文件分割成几个部分同时下载，从而成倍地提高下载速度。同时，FlashGet 可以为下载文件创建不同的类别目录，实现下载文件的分类管理，并且支持拖拽、更名、查找等功能，使用户管理文件更加得心应手。FlashGet 1.8 正式版更是整合了 HTTP 下载模块和 BT 下载模块，成为一种强大的、双核心下载工具。

需要通过浏览器下载文件的时候，快速启动 FlashGet 有下面两种方式。

- 右击“下载”链接，弹出如图 7-17 所示的快捷菜单，选择“使用快车（FlashGet）下载”命令，快速启动 FlashGet 并开始下载。
- 安装 FlashGet 完毕后，浏览器工具栏上出现一个 FlashGet 图标。单击该图标，即可快速启动 FlashGet。然后将需要下载的链接拖动进如图 7-18 所示 FlashGet 悬浮窗口中。

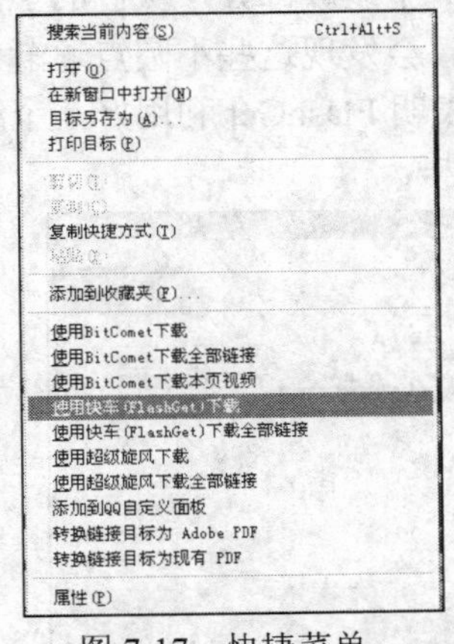

图 7-17　快捷菜单

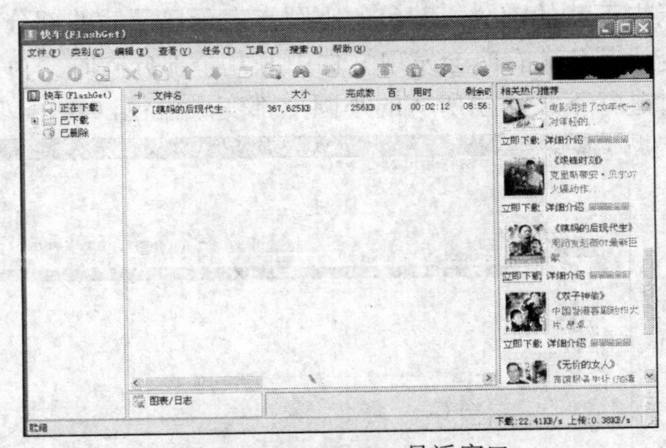

图 7-18　FlashGet 悬浮窗口

在使用 FlashGet 下载资源时，可以采取点击自动下载和手动下载两种方式。

（1）点击自动下载

平常从网络上下载文件，最常见的操作就是直接从浏览器中点击相应的链接进行下载。FlashGet 可以监视浏览器中的每个点击动作，一旦判断出某个点击符合下载要求，它会拦截住该链接，并自动添加至如图 7-19 所示的下载任务列表中。

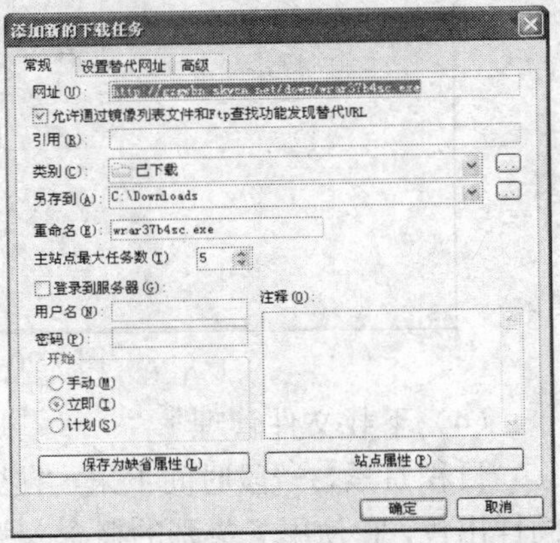

FlashGet 也能监视剪贴板中的链接是否符合下载要求，即每当拷贝一个合法的链接 URL 地址到剪贴板中时，无论从什么程序中拷贝，只要该链接符合下

图 7-19　“添加新的下载任务”对话框

载要求，FlashGet 亦会自行下载。所以，当从其他程序中查询到某下载链接时，不必粘贴到浏览器中再下载，只需执行复制动作即可。

（2）手动下载

有时通过其他途径（书、报刊或杂志）获取了某个资源的下载链接，必须手工输入该链接，以方便 FlashGet 识别并下载。

从 FlashGet 的主菜单中，选择“任务”菜单中的“新建下载任务”命令，打开“添加新的下载任务”对话框。与 FlashGet 自动截获下载链接后弹出的窗口稍有不同的是，用户必须在“URL”一栏中手动输入链接。

（3）下载状态

在 FlashGet 下载资源的过程中，用户可通过如图 7-20 所示的窗口直观地查看下载状态。

窗口左侧有“正在下载”和“已下载”两个文件夹，目前正在下载的文件处于“正在下载”文件夹中。当下载任务完成后，会自动移至“已下载”文件夹中，等待用户的处理。

窗口上侧详细地列出了下载文件的各项参数，包括“文件名”、“大小”、“完成数”、“百分比”、“用时”、“剩余时间”、“速度”、“连接数/资源数”、“重试次数”、“URL”等等，使用户在资源下载时，可以对下载状况一目了然。

窗口下侧“图表/日志”图标的作用是表达下载文件的具体进行状态。该窗体通过直观的图像显示资源的下载进度。在这里，每一个小圆点代表文件的一个组成部分，灰色的小圆点表示未下载的部分，蓝色的小圆点表示已下载的部分。下载时，会发现这些小圆点逐渐由灰色变成蓝色。有时会发现文件中好几个部分同时变为蓝色，这表明 FlashGet 利用好几个线程同时进行下载。当所有的小圆点都变成蓝色，表示文件下载完毕。

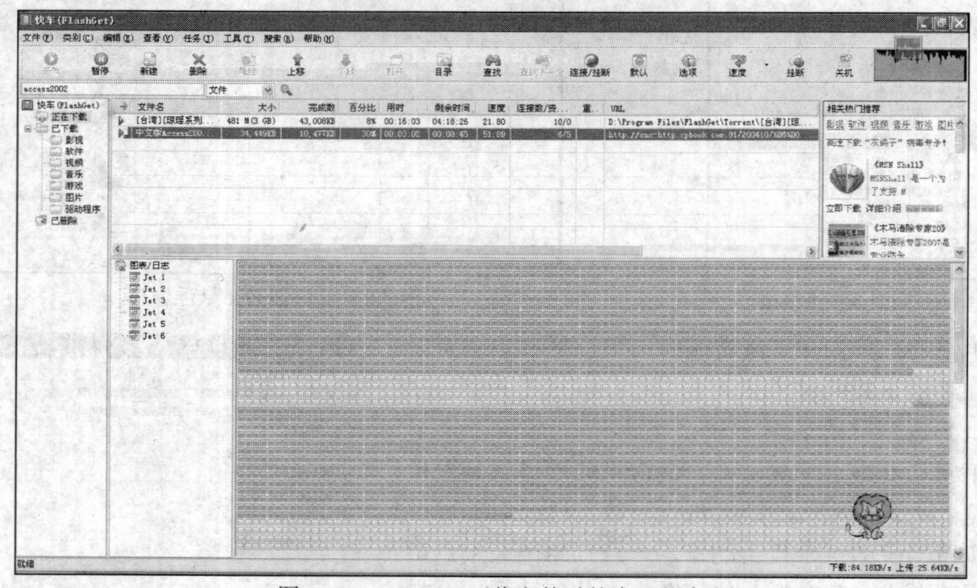

图 7-20　FlashGet 下载文件时的窗口状态

（4）下载文件管理

日积月累，一段时间下来，“已下载”文件夹中文件越来越多，FlashGet 的文件管理功能同样出色，它使用了类别的概念来管理已下载的文件。每种类别可指定一个对应的磁盘目录，当下载任务完成后，可将下载文件拖放至适当的类别目录中进行归类整理，让凌乱的文件从此变得井然有序。

- 移动文件：FlashGet 为已下载的文件缺省创建“影视”、“软件”、“视频”、“音乐”、“游戏”、“图片”、“驱动程序”七个类别。如果下载文件很少，不需改变文件夹结构，将下载文件拖至相应的类别中即可。如果下载的文件较多，用户可以创建新的类别。
- 新增类型：如果觉得有必要添加一个新类型，可以右击“已下载”文件夹，从弹出的菜单中选择“新建类别”命令，打开“创建新类别”对话框，如图 7-21 所示。按照对话框中的提示，填上相关信息，单击“确定”按钮，即可实现文件夹的添加。
- 删除文件：从其他类别中删除的文件均存放在“已删除”文件夹中，这个文件夹有着与“回收站”相类似的功能。只有从它当中删除文件，才能真正彻底地删除文件。

（5）程序设置

若要使用程序设置功能，选择“工具”菜单中的“选项”命令，打开“选项”对话框，如图 7-22 所示，然后进行设置。一般情况下选用默认值即可。

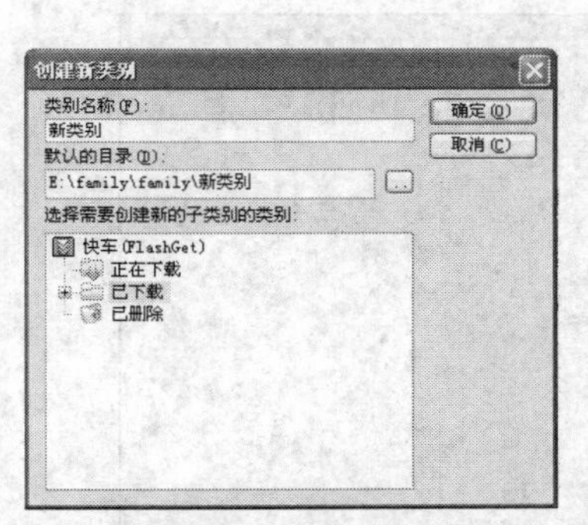

图 7-21 “创建新类别”对话框

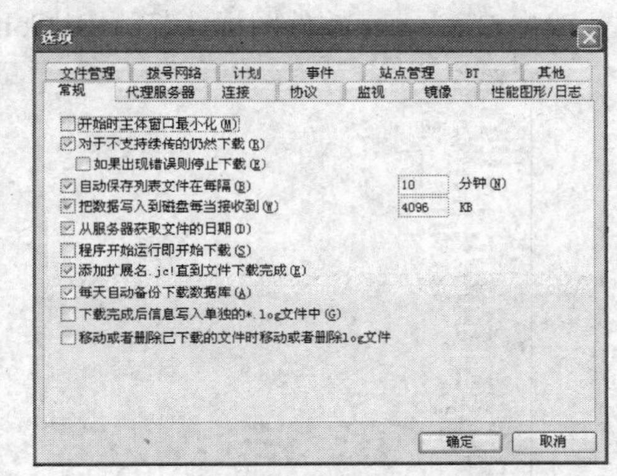

图 7-22 “选项”对话框

【例 7.13】使用 FlashGet 下载超星电子阅览器 SSREADER。

操作步骤如下。

（1）打开 IE 浏览器，在地址栏输入超星图书馆网址“www.ssreader.com.cn”，按回车键，进入超星图书馆首页。

（2）单击“软件下载”超链接，进入软件下载页面。

（3）选择需要下载的超星电子阅览器版本，单击“镜像下载一”超链接，FlashGet 自动截获下载，打开“添加新的下载任务”对话框，如图 7-23 所示。

（4）在“添加新的下载任务”对话框中，设置下载类别和存储路径，然后单击“确定”按钮，快车开始下载该软件，直至完成。

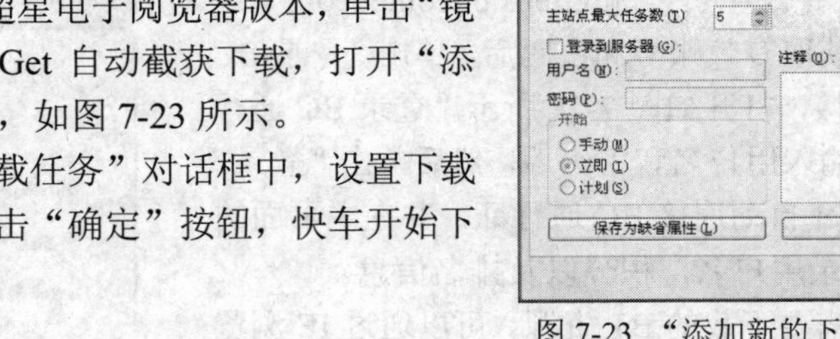

图 7-23 “添加新的下载任务”对话框

3. BitComet

使用 FTP 或者 HTTP 方式下载软件时，经常会碰到这样的问题：某个软件的人气越旺，下载越困难。原因很简单，服务器只有一个，网络带宽只有那么大，下载的人多了自然就会出现拥挤的局面。而 BT 下载的出现，则彻底解决了这个问题。BT 下载的逻辑是“下载的人越多，下载速度越快”，所以，BT 下载成为时下极为流行的一种资源下载方式。

BT 是 BitTorrent 的简称，其中文意思是比特流。它是一种与一般下载方式很不同的下载方法。BT 下载采用的是一种点对点（Peer to Peer，P2P）下载方式，这是一种新的获取信息的方式。每个人既是信息的获得者，同时也是信息的提供者，用户的电脑既是客户端，也是服务器。这种信息交换架构，使得网络上的沟通变得更容易、更直接。

随着 BT 下载的迅速普及，各类 BT 客户端工具也随即诞生，包括 BitComet、BitTorrent、Deadman Walking、BitTorrent Plus、比特精灵(BitSpirit)、贪婪 BT(GreedBT)、PTC、Azureus 等。BitComet 是基于 BitTorrent 协议的高效 P2P 文件分享免费软件（俗称 BT 下载客户端），它支持多任务下载、磁盘缓存、手工防火墙和 NAT/Router 配置、在 WindowsXP 下能自动配置支持 Upnp 的 NAT 和 XP 防火墙、续传做种、免扫描和速度限制等多项实用功能，以及友好的使用界面。

【例 7.14】使用 BitComet 下载网络 BT 资源。

用户计算机上必须有 BitComet 客户端软件，目前网络上有安装版和免安装版两种。当用户计算机上安装了 BitComet 软件后，操作步骤如下。

（1）双击 BitComet 软件图标，打开 BitComet 主界面，如图 7-24 所示。

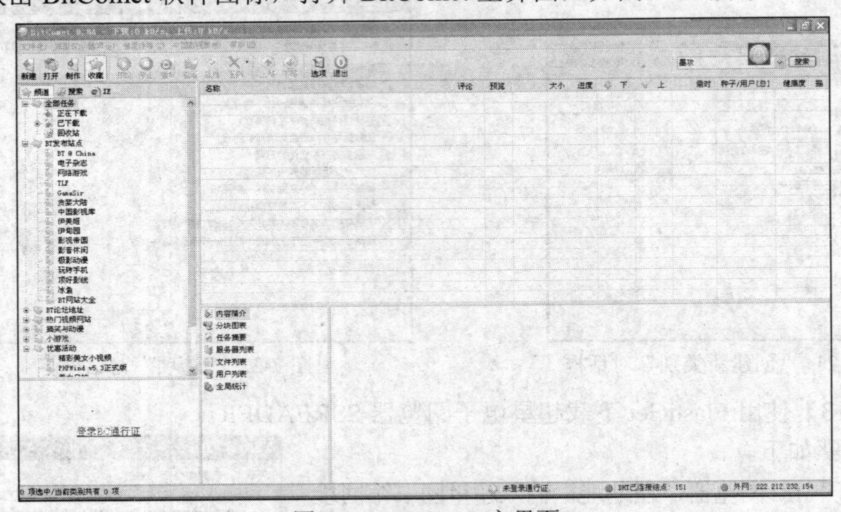

图 7-24　BitComet 主界面

（2）在主界面的左下角，有个“登录 BC 通行证”超链接，此通行证的账号和密码需要登录 BitComet 论坛主页“http://bbs.bitcomet.com”进行免费注册。获取有效账号和密码后，单击“登录 BC 通行证”超链接，打开如图 7-25 所示“登录 BC 通行证”对话框，输入用户名和密码后，然后单击“登录”按钮，BitComet 自动连接 BC 通行证，并在主页面的左下角显示登录用户名，积分以及排名信息。

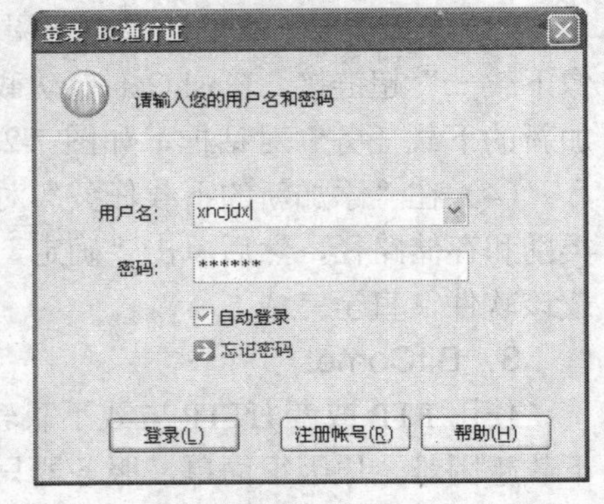

图 7-25　“登录 BC 通行证”对话框

（3）查找需要下载的 BT 资源。可以通过 IE 浏览器访问相关的 BT 网站，进行搜索。例如：登录“http://bt.btchina.net/”BT@China 联盟，如图 7-26 所示。在主页的搜索框中输入需要搜索的资源名称，进行 BT 资源搜索。

图 7-26　BT@China 联盟主页

（4）BT 搜索引擎搜索出相关结果。选择需要下载的资源，单击，打开“种子下载”对话框。

（5）种子下载完毕，打开“任务属性”对话框。在其中设置下载资源的保存位置，选择需要下载的资源内容。完成相关设置后，单击“确定”按钮，系统开始下载。

4．eMule 电驴

eMule 电驴是 Merkur 公司 2002 年 5 月开发的一个 P2P 下载客户端工具，eMule 基于 eDonkey 网络协议，能够直接登录 eDonkey 支持的各类服务器。

下载一个 eMule 应用程序，启动后进行中文界面激活、网络传输设定和服务器属性设置之后，接着就可以使用 eMule 进行文件下载和共享。

- 激活中文界面：启动 Mule 应用程序后，单击主窗口中的“Preferences”按钮，打开“选项”对话框，如图 7-27 所示。在语言下拉菜单中选择“中文（中国）”选项，单击“应用”按钮，激活中文界面。
- 设置网络传输：单击“选项”窗口左边的“连接”选项，可以针对网络传输进行设置。如图 7-28 所示，在“上限”区域中有下载和上载两个参数，分别表示下载和上传的最高速度。设置为“0”，表示没有限制，这样程序根据网络带宽情况自动采用最大的带宽进行数据传输。另外，“客户端口”是指 eMule 的端口，一般情况下不用更改。

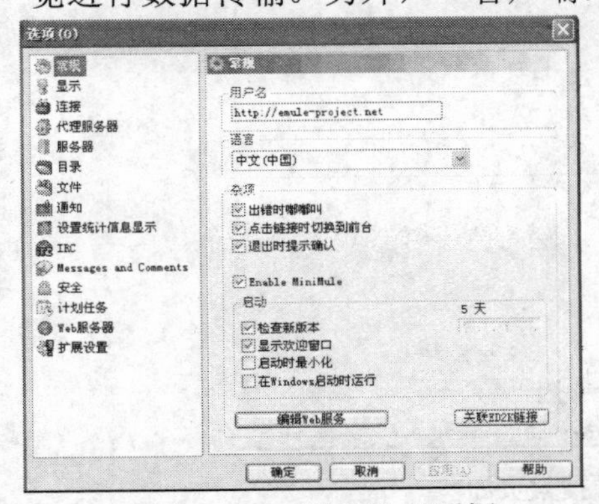

图 7-27　“选项”对话框

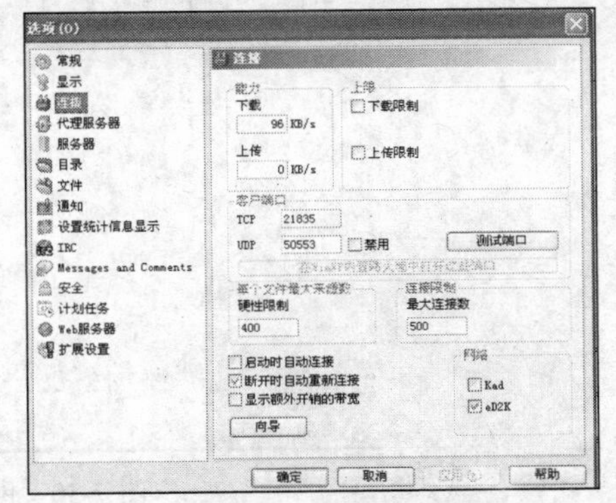

图 7-28　网络连接设置

- 设置服务器属性：单击“选项”窗口左边的“服务器”选项。可对服务器属性进行相关设置，其中可以设置在启动程序时自动搜索 Internet 上的服务器，并对服务器列表进行更新，一般建议选中此项，来减少手动添加服务器的麻烦。

【例 7.15】使用 eMule 应用程序下载网络资源。

操作步骤如下。

（1）添加服务器。在 eMule 中下载文件的第一步是添加服务器，如果在前面设置了启动程序时自动搜索服务器，可以省去不少麻烦，否则就需要手动添加服务器。在 eMule 应用程序主界面，单击“服务器”按钮，打开如图 7-29 所示服务器列表页面。在右侧的“新服务器”选项区域中输入需要添加的服务器 IP 地址、端口和名字后，单击“加入列表”按钮，即可实现新增服务器。

图 7-29　服务器列表页面

（2）搜索目标文件。通常论坛页面中不仅提供了 eMule 服务器的地址，同时还会有下载文件的名称等信息，在服务器中搜索到自己所需的目标文件。在服务器列表中，双击一个服务器地址进行连接，在建立连接之后，单击“搜索”按钮，打开如图 7-30 所示网络资源搜索页面。

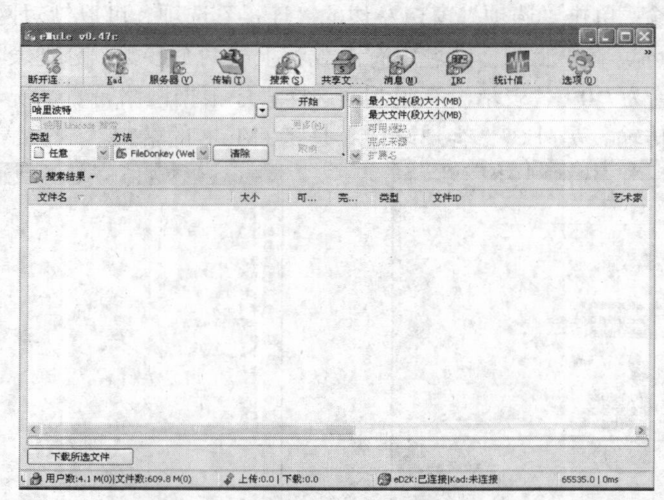

图 7-30　网络资源搜索页面

（3）在“名字”文本框中，输入目标文件的关键字“哈里波特”，单击“开始”按钮，在搜索结果列表中查看到所有包含“哈里波特”的文件信息。接着选取需要下载的文件，单击“下载所选文件”按钮，开始下载操作。

7.2.6　电子邮件

电子邮件服务以其快捷便利、价格低廉的特性成为因特网上使用非常广泛的一种服务。用户使用这种服务传输各种文本、声音、图像、视频等信息。

1．电子邮件的基本概念

电子邮件服务器是 Internet 邮件服务系统的核心。用户将邮件提交给邮件服务器，由该邮件服务器根据邮件中的目的地址，将其传送到对方的邮件服务器；另一方面它负责将其他邮件服务器发来的邮件，根据地址的不同将邮件转发到收件人各自的电子邮箱中。这一点和邮局的作用相似。

用户发送和接收电子邮件时，必须在一台邮件服务器中申请一个合法的账号，包括账号名和密码，以便在该台邮件服务器中拥有自己的电子邮箱，即一块磁盘空间，用来保存自己的邮件。每个用户的邮箱都具有一个全球唯一电子邮件地址。

电子邮件地址由用户名和电子邮件服务器域名两部分组成，中间由“@”分隔。其格式为：用户名@电子邮件服务器域名。

例如电子邮件地址 swufecomputer07@126.com，其中“swufecomputer07”指用户名。“126.com”为电子邮件服务器域名。

2．注册免费邮箱

免费邮箱是大型门户网站常提供的免费互联网服务之一，新浪、搜狐、网易、雅虎、QQ、TOM、21CN 等均提供免费邮箱申请。自从 2004 年 4 月 1 日 Google 在全球率先推出 1GB 容量免费邮箱 Gmail 之后，免费电子邮箱服务商竞相扩大邮箱空间，从 1GB 到 10GB 不等。面对众多免费邮箱服务，该如何申请免费邮箱呢？

申请免费邮箱首先要考虑的是登录速度，作为个人通信应用，需要一个速度较快、邮箱空间较大且稳定的 Email，需要考虑的功能还有邮件检索、POP3 接收、垃圾邮件过滤等。另外，还有一些可以与其他互联网服务同时使用的免费邮箱，如用 Hotmail 免费邮箱可作为 MSN 的账号，gmail 邮箱可作为 Google 各种服务的账号，便于个人多重信息管理的同时，也减少了种类繁多的用户注册。

【例 7.16】登录网易 126 免费邮箱主页面，注册一个免费电子邮箱。

具体操作步骤如下。

（1）登录网易 126 免费邮箱主页面“http://www.126.com”，单击“注册”按钮，打开免费电子邮箱注册用户名检测页面。

（2）在用户名检测页面，填写注册用户名“swufecomputer07”，单击“下一步”按钮，服务器开始检测用户名是否已经被注册，如果已经被注册，系统给出相应的提示，用户可重新输入一个用户名。如果检测通过，打开下一个“个人详细资料注册”页面。

（3）在“个人详细资料注册”页面，分别设置密码、密码保护、个人资料和注册确认字符，单击“下一步”按钮，完成免费邮箱的申请。

【例 7.17】利用上例注册的免费电子邮箱，给自己发送一封电子邮件。

操作步骤如下。

（1）登录网易 126 免费邮主页面“http://www.126.com”，分别输入用户名和密码，单击“登录”按钮，打开邮件服务主页面，如图 7-31 所示。

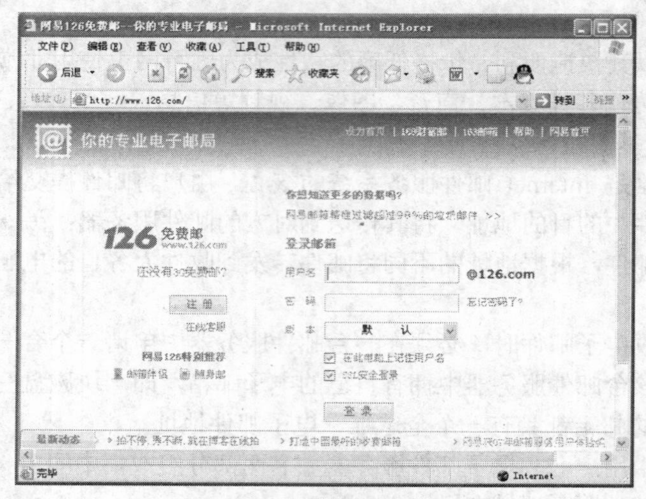

图 7-31　邮件服务主页面

（2）单击“写信”按钮，进入“书写邮件”页面。页面上有“发送”、“存草稿”、“贺卡”、“设置”、“取消”五个按钮。

- “发送”：在邮件书写完成后将其发送出去。
- “存草稿”：创建的新邮件暂时不发送出去时，可以存入草稿箱中备用，等到需要发送时，再从草稿箱中调出使用。
- “贺卡”：可以选择各种电子贺卡，通过电子邮箱寄送给对方。
- “设置”：可用于设置邮件紧急程度、定时发送、发送时保存副本、发送回执等功能。
- “取消”：用于取消当前创建的邮件，关闭写邮件窗口。

（3）在“收件人”文本框中，输入收件人的电子邮箱地址“swufecomputer07@126.com”。在“主题”文本框中，输入“给自己的一封信”。在页面下端文本区中，输入信的内容“这是我自己申请的第一个邮箱！”。输入以上三项发送电子邮件的必要信息后，单击“发送”按钮，系统显示“邮件发送成功！”。窗口中还有“抄送”和“附件”两部分选项，“抄送”用于发送多个收件人的电子邮件时，可以将其余收件人地址写入抄送文本框，多个地址中间用逗号或分号隔开。“附件”用于添加可执行文件、数据文件、图像文件和声音文件等。

（4）邮件发送成功后，单击“收信”按钮，可以看到刚才给自己发送的邮件。

3．管理邮箱

邮箱启用后，收到的邮件会日益增多，对于已经阅读过的邮件需要做相应的处理。在收件箱中，有“回复”、“转发”、“移动”、“删除”、“查看”、“更多”6 个按钮用于管理邮件。

- “回复”：针对收到的邮件回复发信人。可以选择通过邮箱或者是通过短信进行回复。

- “转发”：将收到的邮件转发给其他的用户，可以选择直接对原始邮件修改后发送，也可以选择将原邮件作为附件发送。
- “移动”：可将收件箱中的邮件转移到电子邮箱的其他目录中。
- “删除”：可将处理过的邮件放到“已删除”文件夹中，“已删除”文件夹的功能类似于“回收站”，如果还需要已删除的邮件，可以将其恢复，否则可以使用清空功能将邮件彻底删除。
- “查看”：用于邮件搜索，便于邮件很多时，分状态快速查询需要的邮件。
- “更多”：可以对邮件做拒收、标记、打印、查看等相关设置。

7.2.7　即时通信

即时通信（Instant Messaging，IM）是一种使人们能在网上识别在线用户并与他们实时交换消息的技术。即时通信工作方式是当好友列表中的某人在任何时候登录上线并试图通过计算机联系你时，IM 通信系统会发一个消息提醒用户，然后你能与他建立一个聊天会话模式进行交流。目前有多种 IM 通信软件，但是没有统一的标准，所以 IM 通信用户之间进行对话时，必须使用相同的通信软件。目前，比较常见的网络即时通信软件有 QQ、MSN、BBS、网络电话、视频会议等。

1．腾讯 QQ

腾讯 QQ 是一款基于 Internet 的即时通信（IM）软件。腾讯 QQ 支持在线聊天、视频电话、点对点断点续传文件、共享文件、网络硬盘、自定义面板、QQ 邮箱等多种功能，并可与移动通信终端等相连。

【例 7.18】利用 QQ 进行语音视频聊天。

（1）要实现语音视频聊天，需要通信双方的计算机系统配备相关设备，如麦克风、摄像头、耳机等。双击好友头像打开如图 7-32 所示聊天窗口，在工具栏中单击“超级视频”命令，请求视频聊天。

（2）选择“超级视频”命令后，窗口如图 7-33 所示，进入等待对方响应状态。如果对方接受，通信双方开始建立 UDP 连接。

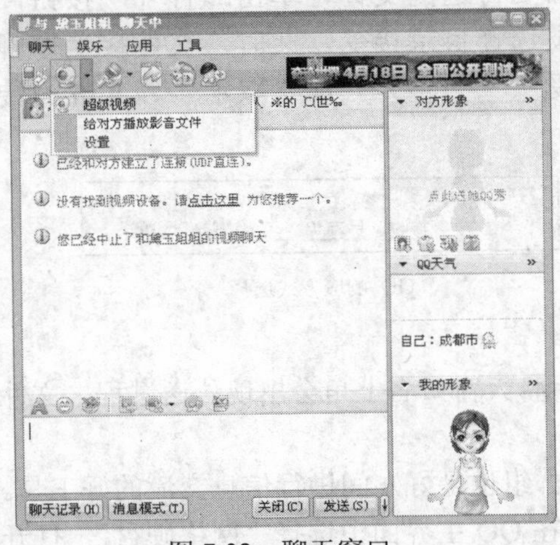

图 7-32　聊天窗口

图 7-33　等待响应

（3）双方通信建立后，如图 7-34 所示，视频聊天接通，通信双方可以开始面对面聊天。

图 7-34　视频聊天窗口

（4）如果只想进行音频聊天，在聊天窗口工具栏中，单击“超级音频”命令，如图 7-35（a）所示，发出语音请求，等待对方响应。如果是对方呼叫，则 QQ 打开如图 7-35（b）所示窗口，可以选择接受或拒绝对方语音请求。

（5）如果被请求方同意语音聊天，单击“接受”按钮，双方建立语音连接，如图 7-35（c）所示，则双方可以开始语音聊天。

（a）发出请求，等待响应

（b）对方呼叫，选择响应

（c）成功建立连接

图 7-35　建立语音聊天连接

【例 7.19】利用 QQ 进行文件传输。

（1）在聊天窗口工具栏中，单击“传送文件”按钮。

（2）在弹出的“打开文件”对话框中，选择需要传送的文件，单击“打开”按钮，打开如图 7-36（a）所示文件等待传输，等待好友选择目录接受。此时，文件接受方聊天窗口如图 7-36（b）所示，用户可以选择“接受”、“另存为”或“取消”该文件的传输。

等待黛玉姐姐接收文件“Blue hills.jpg(28.0KB)”。请等待回应或取消　文件传输

（a）等待传输

黛玉姐姐要给您发送文件“Water lilies.jpg(81.9KB)”，接收，另存为 还是 谢绝该文件

（b）响应方式选择

图 7-36　建立文件传输

（3）接收端用户选择“接受”链接，连接成功后聊天窗口右上角会出现传送进程。文件接收完毕后，接收方 QQ 会提示打开文件所在的目录。

除了上述基本通信功能外，QQ 文件共享和 QQ 群组也是好友间进行信息交流的好工具。QQ 文件共享功能可以使 QQ 好友间实现文件共享，在 QQ 主界面中选择“网络硬盘”，打开如图 7-37 所示 QQ 网络硬盘面板，设置请求文件的共享。

QQ 群组打破了传统 QQ 用户一对一的交流模式，实现了多人一起讨论、一起聊天的群体交流模式。创建群需要 16 级以上 QQ 账户或 QQ 会员身份。没有创建群权限的用户，可以通过登录 QQ 校友录，创建一个校友录，再将其转换为 QQ 中的一个群。群中的成员分三种：创建者、管理者和普通成员。前两者可以有添加成员和删除成员的权限。创建者除了上述权限外，还有设置管理者的权限。

QQ 群的加入和添加好友类似，可以通过查找群提交加入请求，管理员同意请求后可加入群。被动加入是由管理员将成员加入群，系统同时向成员发送“接受选择信息”，成员选择“接受”可加入群。成员随时可以自由选择退出群，群管理员也可以将成员删除。

每一个群都有一个如图 7-38 所示的资源共享区，可供群成员实现资源共享。

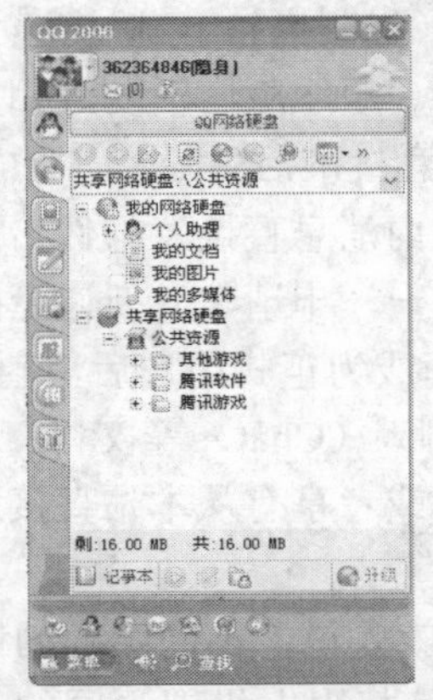

图 7-37　QQ 网络硬盘面板

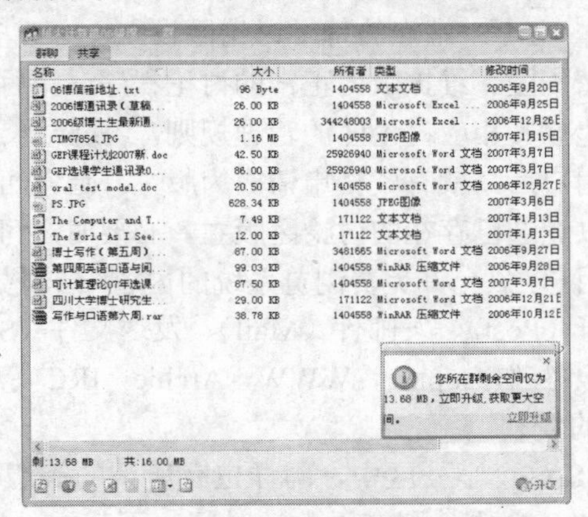

图 7-38　QQ 群资源共享区

2. MSN Messenger

MSN Messenger 是 Microsoft 公司提供的免费即时通信软件，其功能与 QQ 很相似。MSN 可以通过文本、语音、视频等方式实时和对方聊天，也可以传送文件，共享信息。

MSN 的使用不需要设置专门的账号，只要使用 MSN、Hotmail 或 Microsoft Passport Network 账户即可登录 MSN Messenger。MSN 具有多种功能，可以创建与朋友、家庭和同事的联系人名单，查看联系人何时联机，发送文本消息，向联系人发送图片音乐或文档，使用计算机的麦克风，扬声器和摄像头进行视频/语音对话，邀请某人查看计算机上的程序，使用“远程协助”可以寻求某个用户帮助解决计算机问题等。

3. BBS

BBS 即电子公告板系统（Bulletin Board System）。BBS 与日常生活中随处可见的各种形式的公布栏很相似，不过 BBS 是一种完全开放的、电子形式的公告牌系统。Internet 用户利用远程登录方式进入 BBS 站点，不但可阅读其中分门别类的文章，也可以把自己的观点或看法张贴在 BBS 供其他用户传阅。用户张贴的布告可能被无数人看到，只要有人感兴趣就可以回一封信（或是发个帖子）与用户进行交流。

BBS 实际是在分布式信息处理系统中，位于网络的某台计算机中设置的一个公用信息存储区，任何合法用户都可以通过通信线路（Internet 或局域网）在这个存储区存取信息。BBS 作为某个组群的信息源和消息交换服务机构的网络计算机系统，起到了电子信息周转中心的作用。除此之外，大多数 BBS 系统还提供其他一些增强功能，如发送电子邮件及参加小组讨论等。也就是说，BBS 主要用于用户获取资料、交流信息或寻求帮助等。

BBS 站点通常由多个比较大的讨论区组成。每个讨论区中包括了多个版块，每个版块提供了不同的讨论题目，犹如一个实时的交互虚拟社区。各个讨论区如同一个个的服务机构，几乎可以提供人们日常生活所需的各种服务。

大多数 BBS 系统允许匿名 Internet 用户注册进入系统，但各个 BBS 系统提供的服务不尽同的。从技术角度看，用户不仅可以在 BBS 站点寻求信息，而且能得到 talk、Chat、文件传输、Gpoher、News 等其他 Internet 服务。

BBS 的角色分为站长、板主与普通用户。站长负责管理整个 BBS 站点，具体职责是负责 BBS 站点的系统规划、程序修改、站务问题解答、站际交流、系统公告及账号审核、版面布置等工作。BBS 站点的每个讨论区设立一个或多个版主（也叫斑竹），版主具体职责是创建该版的精华区、维护版内正常的讨论秩序、举行版内投票、组织版内活动等相关事务。版主还可以建立其相应讨论区的管理规则，经过站长讨论并同意批准后生效。注册成为 BBS 上一个正式用户后，就有资格申请成为版主。通常可以通过站内消息直接发邮件给站长申请版主，也可以竞选已存在的讨论区版主。必要时还可以另立门户，申请建立新讨论区。一般初次访问的用户，只允许免费浏览系统的内容。当浏览者注册而成为正式用户后，就拥有在 BBS 站里发帖子（Post）、发邮件（Mail）、发送文件（Send）和聊天（Chat）等权利，还可以享有站点特别服务(如 Gopher，WWW，Archie，IRC 等)的权利，或者享有从本站直接连接到其他 BBS 站点的便利。

在 BBS 这个小社区中，同样也有所谓的等级制度。也就是说，不同级别的用户的权限是不一样的，主要差别在于上站时间、下载文件数量、写信权限。设置不同的级别也是为了鼓励用户多上站，多发信。对于刚刚注册的用户，处于新手上路时期，可以先在实习版块发表文章，熟悉 BBS 的基本操作，如浏览文章、收阅信件、设置个人资料。发表文章可以积累一定的经验值，之后就可以享受站点提供的大部分服务了。另外，如果有一段时间不上站，用户的生命力就会降低，长时间不去，用户的账户可能就会被注销，那时就只能重新申请。

同许多通信讨论组类型一样，BBS 讨论的话题虽然多种多样，但各 BBS 站点几乎无一例外全都拒绝讨论政治、宗教和种族等敏感性话题。

使用 BBS 需要注意以下规则。

① 严格遵守国家相关法律、法规，避免讨论政治、宗教和种族等敏感性话题。

② 注意维护国家机密，遵守良好的社会公德，尊重不同的民族习惯和宗教信仰。互联网上的 BBS 用户来自世界各地，讨论的话题和发表的文章所造成的影响非常大。虽然 BBS 站点上大多数进行的是匿名讨论，但 BBS 的系统操作员仍然可以找出登录者的真实姓名，从哪里连接到这个 BBS，从而拒绝某个用户再次访问这个 BBS，甚至提请司法机关进行调查。

③ 互相尊重，遵守互联网络道德，注意文明礼貌。严禁互相恶意攻击、漫骂。用户之间应该尽量建立起来良好的讨论氛围，尽可能地互相帮助。由于 BBS 主要是通过化名进行讨论交谈的，每个用户并没有公布自己真实情况的义务，应该尊重他人隐私。

【例 7.20】使用浏览器访问 BBS。

操作步骤如下。

使用浏览器访问 BBS，可以像浏览普通网站一样登录到相应的 BBS 站点。下面以水木清华站为例介绍如何使用浏览器访问 BBS。

（1）在浏览器地址栏中输入“http://bbs.tsinghua.edu.cn”，然后按回车键，出现水木清华站点 Web 主界面。对于已经注册的用户，可以在主页的“用户名”文本框中输入用户自己的账号，然后输入密码，单击“登录”按钮登录。如果用户是第一次上站，也可以单击“匿名”按钮登录 BBS，浏览 BBS 上的信息或者单击“注册”按钮申请用户账号。

（2）登录成功后可以看到，如图 7-39 所示水木清华站提供了 11 个大的讨论区，每个讨论区中包括了多个板块，每个板块提供了不同的讨论题目。

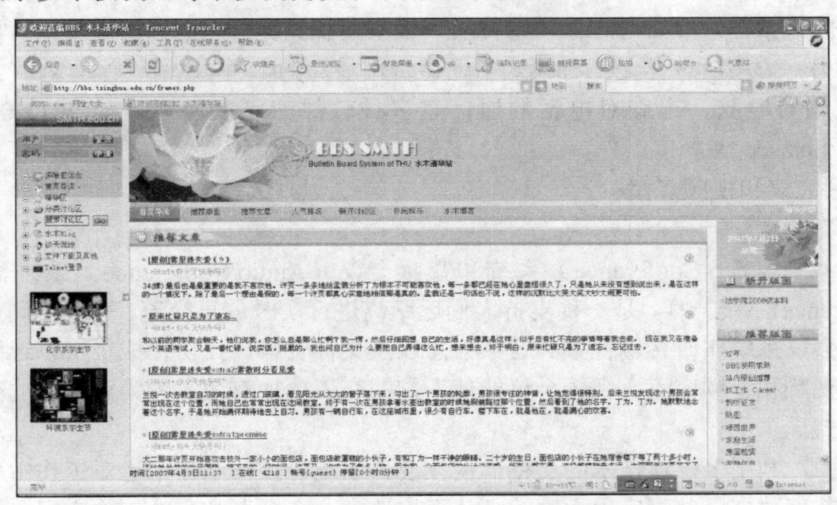

图 7-39 水木清华站 WEB 主界面

使用浏览器访问 BBS 站点，这种方式适合广大初学者使用。大多数 BBS 站点，简便易用，帮助信息非常丰富。只要会用浏览器就可以使用迅速掌握 BBS 站点的使用和操作方法。

表 7-1 列出了部分常用的国内 BBS 资源以及网上的 BBS 论坛。

表 7-1 常用 BBS 站点

单 位	BBS 名	主 机 名	IP 地 址
国家智能计算机中心	曙光站	blue.ncic.ac.cn	159.226.41.99
中科院计算所	网络站	bbs.ict.zc.cn	159.226.39.2
清华大学	水木清华站	bbs.tsinghua.edu.cn	202.112.58.200
北京邮电大学	鸿雁传情	nk1.bupt.edu.cn	202.112.101.44
北京邮电大学	真情流露	bbs.crspd.bupt.edu.cn	202 .112 .103.225
南开大学	我爱南开	bbs.nankai.edu.cn	202.113.16.121
北京航空航天大学	未来花园	bbs.pubnic.buaa.edu.cn	202.112.136.2
复旦大学	日月光华	bbs.fudan.sh.cn	202.120.224.9
上海交通大学	饮水思源	bbs. sjtu.edu.cn	202 .120.2.114

4．网络电话

传统电话之间的通话通过铜缆利用电路交换技术来实现，网络电话则是通过 Internet 网络来传递数据信号并转换成语音来实现。目前，网络电话联机方式分为 3 种：电脑对电脑（PC to PC）、电脑对电话（PC to Phone）、电话对电话（Phone to Phone）。

电脑对电脑是通话方式中费用最低的一种，但是要求通话双方均匹配有多媒体 PC 机，并同时上网才能进行通话。

电脑对电话是呼叫方利用电脑拨打电话号码，将通话通过 Internet 传送，再通过 IP 电话网关转换，通过公用电话交换网 PSTN 传送到接受方的普通电话机。这种方式通话的特点是接收方可以是任意一部普通电话。

电话对电话即是电话通过电话交换机连接到 IP 电话网关，利用电话号码穿过 IP 电话网关和 Internet 呼叫对方，这种方式称为 IP 电话。IP 电话网络电话将声音通过网关转换为数字信号后压缩成数据包，然后通过互联网传输。接收端收到数据包时，网关将其解压缩，重新转成声音给另一方聆听。这是三种模式中通话费用最高的一种。

对于电脑对电脑、电脑对电话的通信有多种软件都可以实现，如 ICQ2000b、MSN Messenger、Service 等。

5．视频会议和视频点播

（1）视频会议

视频会议（Video Conference）系统和音频会议（Audio Conference）系统、数据会议(Data Conference)系统一样，是一种支持人们远距离进行实时信息交流、开展协同工作的应用系统。视频会议系统实时传输视频和音频信息以及文件资料，使协作成员可以远距离进行直观、真实的视频和音频交流。视频会议能使人们的交流更加有效，因为可视化的交流是最自然的交流方式。

另一方面，利用多媒体技术的支持，视频会议系统可以帮助使用者对工作中各种信息进行处理，如共享数据、共享应用程序等，从而构造出一个多人共享的工作空间。视频会议创造了这样一个环境：更快地决策，更强大的团队工作，想法、知识、鼓励能从一个同事传向另外一个同事。

（2）视频点播

视频点播（Video On Demand，VOD）技术，也称为交互式电视点播系统。视频点播是计算机技术、网络技术、多媒体技术发展的综合产物，是一项全新的信息服务。它摆脱了传统电视受时空限制的束缚，用户可以想看什么节目就看什么、想何时看就何时看。

有线电视视频点播，是指利用有线电视网络，采用多媒体技术，将声音、图像、图形、文字、数据等集为一体，向特定用户播放其指定的视听节目的业务活动。包括按次付费、轮播、按需实时点播等服务形式。

视频点播的工作过程为：用户在客户端启动播放请求，这个请求通过网络发出，到达并由服务器的网卡接收，传送给服务器。经过请求验证后，服务器把存储于子系统中可访问的节目单准备好，使用户可以浏览到所喜爱的节目单。用户选择节目后，服务器从存储子系统中取出节目内容，并传送到客户端播放。通常，一个“回放连接”定义为一个“流”。采用先进的“带有控制的流”技术，支持将上百个高质量的多媒体流传送到网络客户机。客户端可以在任何时间播放存在服务器视频存储器中的任何多媒体资料。客户端在接收到一小部分数据时，便可以观看所选择的多媒体资料。这种技术改进了“下载”或简单的流技术的缺陷，能够动态调整系统工作状态，以适应变化的网络流量，保证恒定的播放质量。

视频点播分为互动点播和预约点播两种。互动点播即用户通过拨打电话，电脑自动安排所需节目。预约点播即用户通过打电话到点播台，然后由人工操作，按其要求定时播出节目。

7.2.8　博客和个人空间

个人空间是个人在网络上的个人主页，拥有空间的用户可以在这里建立个人档案、相册、日志以及多媒体资料库（视频、音频），甚至可以在这里打造一个属于自己的朋友圈。该用户的朋友可以通过这个特色化个人空间全方位地了解用户，并相互沟通交流，还可以给在空间留言。随着制作个人空间成为流行，越来越多的人拥有自己的个人空间。其中最具有代表性的就是 QQ 个人空间、MSN 个人空间和博客。其中，博客以其强大的日志功能，被大众广泛应用。

博客（Blogger）就是使用特定的软件，在网络上出版、发表和张贴个人文章的人，即写 Blog 的人。WebLog 的中文意思是“网络日志”，后来缩写为 Blog。一个 Blog 就是一个网页，是继 E-mail、BBS、ICQ 之后出现的第四种网络交流方式，是网络时代的个人“读者文摘”。它通常是由简短且经常更新的帖子（Post）所构成，代表着新的生活方式和新的工作方式。

从 2004 年开始，作为一种新的媒体现象，博客的影响力正逐渐超越传统媒体；作为一种新的社会交流工具，成为人们之间一种新的沟通和交流方式。博客并不是纯粹的技术创新，而是一种逐渐演变的网络应用。博客作为一种新的表达方式，某种意义上说，它也是一种新的文化现象，标志着互联网发展开始步入更高的阶段。随着 Blogging 快速扩张，它的目的与最初的浏览网页已相去甚远。目前网络上 Bloggers 发表和张贴 Blog 的目的都有很大的差异。由于沟通方式比电子邮件、讨论群组更简单和容易，Blog 已成为家庭、公司、部门和团队之间越来越常用的沟通工具，也逐渐被应用在企业内部网络(Intranet)中。

博客的出现集中体现了互联网时代对媒体界带来的巨大变革。博客秉承了个人网站的自由精神，同时综合了激发创造的新模式，使其更具开放和建设性。

【例 7.1】申请一个博客。

操作步骤如下。

（1）登录“http://www.bokee.com/”，打开如图 7-40 所示的博客网首页。

图 7-40　博客网首页

（2）单击“注册”按钮，打开如图 7-41 所示的新用户注册页面。

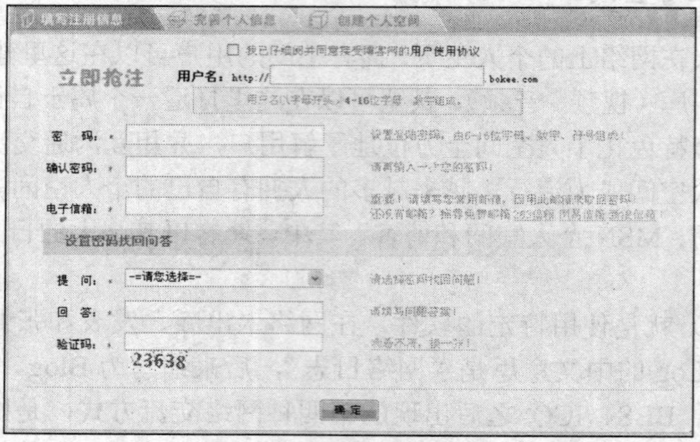

图 7-41　新用户注册页面

（3）在注册页面按照系统提示填写相关个人信息后，单击“确定”按钮，根据系统提示，单击“OK 下一步”，输入个人信息；单击“确定”按钮，打开如图 7-42 所示的创建个人空间页面。

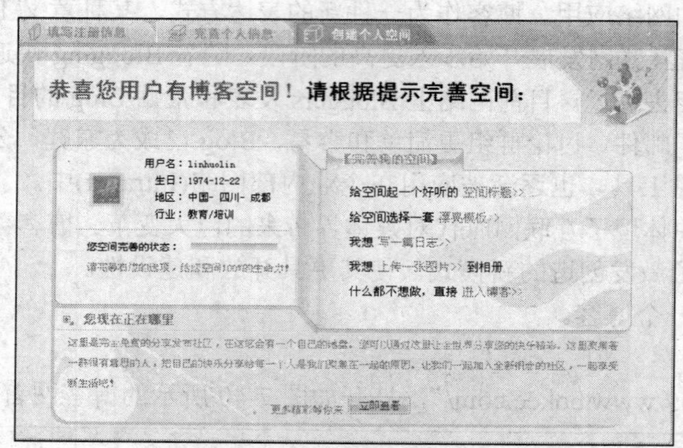

图 7-42　创建个人空间页面

（4）按照页面提示，分步骤完成空间标题、空间模板的设置，提交一片日志和上载一张图片，完成空间注册。

（5）记住自己注册的博客空间用户名和密码，下次可以登录该空间，发表日志。

7.2.9　网上图书馆

现代信息技术赋予图书馆新的生命，众多的专家学者提出了自己对于未来图书馆的种种预见，各种新名词应运而生，如“无墙图书馆”、“电子图书馆”、“网络图书馆”、“虚拟图书馆”、“数字图书馆”等。网上图书馆是充分利用现代信息技术对图书馆进行技术、资源、管理等方面整合的产物，网上图书馆建设是文献信息资源共建共享的最佳实践。网上图书馆是基于图书馆联盟内部协作的深入发展，在自愿、互利原则基础上组建的共建共享知识网络。它是图书馆联盟组织成立的一个相对独立的机构，主要负责馆际的协调和集中业务，如联合采购、建库、编目、流通等的处理，通过创建和维护网络中心平台向广大读者提供网上文献信息和参考咨询服务。图书馆联盟成员则依托网上图书馆中心平台进行在线采购、联机编目、馆际互借、文献调剂和全文传递等业务工作及读者服务工作。

网上图书馆是一种全新的管理模式和组织形式，它基于成熟的系统软件，将图书馆内部管理自动化系统与数字图书馆等现代技术有效整合在一起，涉及图书馆内部所有的自动化管理流程、读者服务和网上图书馆中心在线管理平台的管理和维护。用户通过网上图书馆共建共享所有图书馆的一切文献信息、知识资源，包括以传统载体存在的文献和以数字载体存在的基于网络导航访问的新型文献。网上图书馆的建设涉及到图书馆组织机构的重构、资源采集与利用的统一协调、规划，以有限资源的综合利用、提供优质高效的读者服务为要义。

网上图书馆的概念建立在图书馆自动化与数字图书馆基础之上。它既不是纯传统的，也不是纯数字的，既保留了图书馆自动化对数字目录、纸质品文献的管理，又吸纳了对数字文献的管理。网上图书馆集传统图书馆与数字图书馆的优点于一身，运用计算机技术、多媒体技术、数字化技术和远程通信技术，在印刷型和电子型资源并存的环境下，拓展与延伸图书馆的传统服务功能，为信息用户提供更为广泛的服务，是网络时代的新型图书馆管理模式和组织形式。网上图书馆概念清晰、目标明确、功能完善、技术先进，将显著提高图书馆的实际应用水平，优化图书馆业务流程，以低成本建设国家信息化所需的基础知识仓库，为读者提供普遍、丰富的信息服务。

7.2.10　网上娱乐

丰富的互联网资源为用户提供了大量的娱乐休闲方式，包括看电影、打游戏、听音乐、浏览新闻、点播电视节目等。

常用的网上听音乐网站如表 7-2 所示。

表 7-2　音乐网站

网 站 名 称	网 站 地 址
音乐地带	http://mp3.didai.com/
中国二胡网	http://www.erhuchina.com/
好听音乐网	http://www.haoting.com/
中国口琴音乐网	http://www.chinaharp.com/music/
中国乐友网	http://www.sinky.net/
中华古韵	http://www.chinamedley.com/
A8 音乐	http://www.a8.com/
DoFaLa 音乐网	http://www.dofala.com/
Mp3 音乐网	http://www.51wma.com/

常用的免费在线影院如表 7-3 所示。

表 7-3　免费电影网站

网 站 名 称	网 站 地 址
免费在线电影	http://my.mdbchina.com/video/
七七免费电影网	http://www.77rm.com/
千年 P2P 免费电影	http://www.1000n.com/index.html

续上表

网 站 名 称	网 站 地 址
赛迷免费影院	http://www.samm.cn/
搜泡泡电影搜索	http://www.sopopo.com/
喜爱免费电影	http://www.xivod.com/
优吧免费电影	http://www.ubdy.com/
杂七杂八免费电影	http://www.8788.com.cn/

热门游戏站点如表 7-3 所示。

表 7-4 热门游戏网站

网 站 名 称	网 站 地 址
联众网络游戏	http://512.ourgame.com/
在线小游戏	http://my.mdbchina.com/flash/
游戏地带	http://game.didai.com/
传奇世界	http://woool.sdo.com/home/homepage.htm
魔兽世界	http://www.wowchina.com/

7.2.11 网上炒股

相对于传统的炒股方式，网上炒股有其独特的优势。

- 资讯及时、丰富：在提供网上证券交易的网站上，大量的资讯使网上炒股者足不出户就可以遍知天下事。一些网站还提供了股市分析的工具软件，可以协助股民进行各种投资分析，并订制安排自己的投资组合。一些网站还有专门的股评师、市场专家在线来进行各种分析和指导，为了便于股民之间的沟通，不少的网站还专门设立了聊天室。
- 方便快捷、无时空限制：交易的传送方式保证了交易单的传递几乎不会耗费时间，交易单以数据的方式传送，因此不会受到电话线占线的困扰。证券交易符号化的特点，使互联网的信息沟通和交流能力发挥得淋漓尽致。与电话委托等相比，上网交易下单速度快。无限技术的广泛应用将会使交易不受地域的限制，如利用笔记本电脑+GPRS手机就可以让你在任何地方上网交易。
- 费用经济、成本低廉：网上炒股服务商节省了场地、人员的开支，使交易的费用大幅度降低。对用户而言，除了很少的上网费用以外不需要投入大量的资金。

【例 7.22】网上炒股。

（1）准备一台能够上网的多媒体计算机。

（2）就近选定一家稳定性好、传输速度快、安全性高的证券公司开户。一般的券商提供有三种开户方式：网上预约开户、电话预约开户、营业部直接开户。建议携带本人身份证原件、银行储蓄卡到公司的营业大厅办理直接开户。

（3）安装交易软件。网上交易所使用的软件一般都可以在交易网站上下载到。主要有两种版本：一种是直接在浏览器中进行操作，适用于因网络安全限制而不能使用客户端软件的用户，但是首先需要下载安装 SSL 安全代理程序；另一种是客户端软件的操作，提供完善的行情分析及下单功能，与大户室待遇相当，适合于家庭或者在相对固定场所进行股票交易的客户，下载安装后才可以使用。

（4）登录。每次启动网上交易程序，输入相关用户信息，经过连接后，才可以由离线状态变成在线状态。这时，就可以像在证券公司大户室一样查看股市行情了，如图 7-43 所示。由于不同交易公司所采用的软件不同，所以具体使用方法可以参阅软件中的帮助系统或登录公司网站查看帮助。

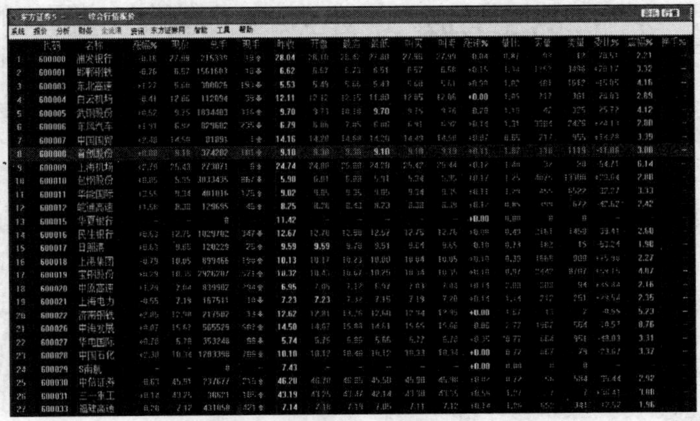

图 7-43　证券行情

（5）操作。一切就绪后，就可以开始进行网上交易了。单击“委托交易”按钮，打开“用户登录”对话框，如图 7-44 所示。

（6）输入相关身份确认信息后，单击“确定”按钮，打开如图 7-45 所示委托主站交易系统界面，即可进行股票买卖。

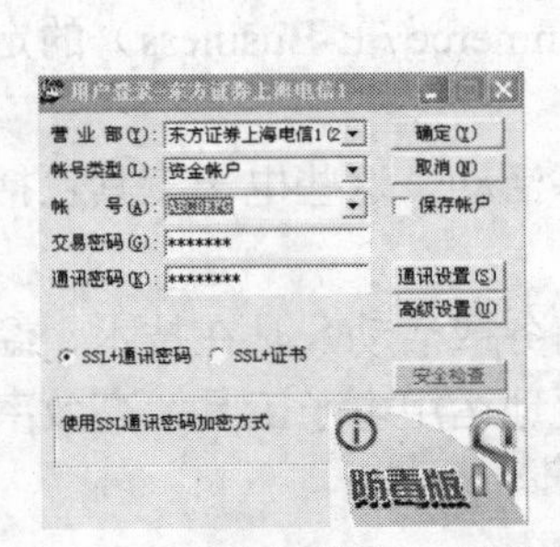

图 7-44 “用户登录”对话框

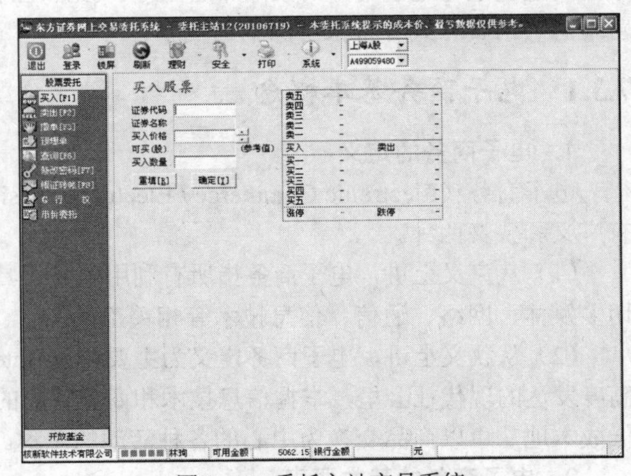

图 7-45　委托主站交易系统

最后提醒一下，交易结束后别忘了退出系统，保证资金安全。

7.2.12　无线上网

无线上网分为两种，一种是通过手机开通数据功能，通过手机和无线上网卡在计算机上实现无线上网；另一种无线上网方式即通过无线网络设备，它是以传统局域网为基础，以无线 AP 和无线网卡来构建的无线上网方式。

目前无线上网应用最常见有 WLAN（Wireless Local Area Network，无线局域网）方式和移动通讯（GPRS、CDMA、小灵通等）方式。

此外，蓝牙（BlueTooth）也是一种无线局域网标准，它的出现不是为了竞争而是补充。蓝牙具备良好的移动性，成本低、体积小，适用于多种设备的安装。

WLAN 目前由于发展还不太充分，因此移动通信方式成为了很多人无线上网的首选，它们的优势就在于可以随时随地上网。中国移动推出了基于 GSM 网络的 GPRS 上网，中国联通推出了基于 CDMA 网络的 CDMA1X。中国电信也不甘落后，推出了能够上网的小灵通。

GPRS 网络属于 2.5G 网络，与其他两家运营商相比，中国移动的网络在信号覆盖上面略胜一筹。在一些小县城、村庄里都有比较好的表现。但是，GPRS 的速度不是非常尽如人意，跟过去的 56K Modem 拨号上网差不多，浏览网页、QQ 聊天自然没有问题，但是并不适合长时间的下载文件。CDMA1X 网络与 GPRS 一样，同属于第 2.5 代无线通信网络。与 GPRS 等其他广域无线上网相比，速度的表现是最好的，在大多数地区，实际下载速度也能够稳定在 10k 左右，有掌中宽带之称。采用小灵通的网络实现无线上网的好处就是资费比较便宜，与用 Modem 拨号的费用是一样的。不过与联通、移动的无线上网方案相比，小灵通上网最大的劣势就是无法漫游。

7.3 电子商务基本知识

随着经济全球一体化的形成，经济网络化发挥着越来越重要的作用，同时伴随着信息技术的高速发展，电子商务的浪潮席卷全球，强烈地冲击着传统的经济模式，给调控手段、经营理念、消费方式等带来了深刻的变革。

7.3.1 电子商务基本概念

1. 电子商务的定义

电子商务（Electronic Commerce / Electronic Business，E-Commerce / E-Business）的定义有广义和狭义两种。

（1）从广义上讲，电子商务指所有利用电子工具从事的商务活动。这些电子工具包括一切多媒体、网络、通信、信息技术等相关工具。

（2）从狭义上讲，电子商务定义为主要利用 Internet 从事商务或活动，是在技术、经济高度发达的现代社会里，掌握信息技术和商务规则的人，系统化地运用电子工具，高效率、低成本地从事以商品交换为中心的各种活动的总称。

2. 电子商务的基本要素

电子商务的本质是商务，商务的核心内容是商品的交易，而商品交易涉及到四个方面：商品所有权的转移，货币的支付，有关信息的获取与应用，商品本身的转交。即商流、资金流、信息流、物流，这“四流”也是组成电子商务的四个基本要素。

（1）信息流：既包括商品信息的提供、促销行销、技术支持、售后服务等内容，也包括诸如询价单、报价单、付款通知单、转账通知单等商业贸易单证，还包括交易方的支付能力、支付信誉等。

（2）商流：是指商品在购、销之间进行交易和商品所有权转移的运动过程，具体是指商品交易的一系列活动。

（3）资金流：主要是指资金的转移过程，包括付款、转账等过程。

（4）物流：在电子商务环境下，商流、资金流与信息流这三种流的处理都可以通过计算机和网络通信设备实现。而物流，作为“四流”中最为特殊的一种，是指物质实体的流动过程，具体指运输、存储、配送、装卸、保管、物流信息管理等各种活动。对于少数商品和服务来说，可以直接通过网络传输的方式进行配送，如各种电子出版物、信息咨询服务等。而对于大多数商品和服务来说，物流仍要经由物理方式传输。

3．电子商务的发展阶段

电子商务产生之初，人们更多熟悉的是企业电子化的说法。企业电子化（E-Business）被界定为利用信息通信技术传输数据的特性。而电子商务（E-Commerce）则是这个特性在商务上的应用。企业实现电子化是基于增加企业竞争力并满足顾客对于产品与服务要求的考虑，而不同的产业由于商品与作业流程不同，对电子化实现的程度与范围会不同，甚至单个企业的不同部门之间对于电子化的要求也会有所不同。因此，表现出来的电子商务应用也就经历了不同的阶段，一般而言，分为以下四个阶段。

（1）企业网站（Web）——单向信息呈现

在企业电子化的第一个阶段，企业利用网络提供企业服务、商品信息。这种与顾客的沟通方式表现为单向沟通，顾客并不能利用企业网站进行商务交易。这个时期的电子商务/企业电子化只能界定为利用电子应用软件来从事商务活动的一种商业模式。具体表现为电子邮件、资料与文件下载及网站浏览等。

（2）企业数据库（Data Access）——信息存取

第二阶段的电子化表现为企业不仅仅在网络上设置网站，而且还提供顾客下单订购等服务。因此，这一时期的电子商务可以界定为企业利用数据库技术传递并存取企业信息的单向管理模式，具体操作有产品咨询、窗体登录甚至商品或服务的网络交易。

（3）数据传输（Data Delivery）——信息交换

此阶段着重企业之间供应链的整合，利用信息交换可提高产业间的透明度，及时全面了解顾客需求，更精确地提供企业对于商品制造、运输、销售等信息。20世纪70年代末80年代初产生的电子数据交换（EDI）就是这一阶段的具体应用实例。EDI指在计算机间以一套统一的标准格式传输数据，开展多种商务活动。它是一种标准化的商贸电子数据交换，也是狭义电子商务的最早表现形式。

（4）自动化流程整合（协同电子商务，C-Commerce）——信息共享

本世纪初，企业电子化程度已臻完善，整个供应链网络上的成员都可应用电子商务软件，达到产业间自动化商业流程整合的目的。供应链上中心企业一旦输入商业信息，即可自动引发上下游企业相应的商业流程，使得整体供应链流程趋于通畅。并且由于信息高度共享，使得整体供应链上的产品和服务的规划、设计、制造都更接近于市场真实需求，减少信息失真造成的牛鞭效应，因此提供给顾客更佳的商品和服务。如联合库存管理（JMI）、供应商库存管理（VMI）以及协同规划预测与补给（CPFR）等均为这一时期电子商务在供应链整合领域的运用和贡献。

4．电子商务的特点

电子商务与传统商业方式不同，其优越性是显而易见的。企业不但可以通过网络直接接触成千上万的新用户，和他们进行交易，从根本上精简商业环节，降低运营成本，提高运营效率，增加企业利润，而且还能随时与遍及各地的贸易伙伴进行交流合作，增强企业间的联合，提高产品竞争力。电子商务与传统商业方式相比，具有如下特点。

（1）交易虚拟化

通过 Internet 为代表的计算机互联网络进行的贸易，贸易双方从贸易磋商、签订合同到支付等，无需当面进行，均通过互联网完成，整个交易完全虚拟化。对卖方来说，可以到网络管理机构申请域名，制作自己的主页，组织产品信息上网。而虚拟现实、网上聊天等新技术的发展使买方能够根据自己的需求选择产品，并将信息反馈给卖方。通过信息的推拉互动，签订电子合同，完成交易并进行电子支付。整个交易都在网络这个虚拟的环境中进行。

（2）交易成本低

电子商务使得买卖双方的交易成本大大降低，具体表现在如下几方面。

① 距离越远，网络上进行信息传递的成本相对于信件、电话、传真的成本而言就越低。此外，缩短时间及减少重复的数据录入也降低了信息成本。

② 买卖双方通过网络进行商务活动，无需中介参与，减少了交易的有关环节。

③ 卖方可通过互联网进行产品介绍、宣传，避免了在传统方式下做广告、发行印刷产品等大量费用。

④ 电子商务实行“无纸贸易”，可减少 90%的文件处理费用。

⑤ 企业利用内部网（Intranet）可实现无纸办公（OA），提高内部信息传递的效率、节省时间，并降低管理成本。通过互联网络把其公司总部、代理商，以及分布在其他国家的子公司、分公司联系在一起及时地对各地市场情况做出反应，即时生产，即时销售，降低存货费用，采用快捷的配送公司提供交货服务，从而降低产品成本。

⑥ 互联网使买卖双方即时沟通共需信息，使无库存生产和无库存销售成为可能，从而使库存成本显著降低。

⑦ 传统的贸易平台是店铺，新的电子商务贸易平台是网吧或办公室。

（3）交易效率高

由于互联网将贸易中的商业报文标准化，使商业报文能在世界各地瞬间完成传递与计算机自动处理，同时原料采购、产品生产、需求与销售、银行汇兑、保险、货物托运及申报等过程无须人员干预就可在最短的时间内完成。传统贸易方式中，用信件、电话和传真传递信息，必须有人的参与，每个环节都要花不少时间。有时由于人员合作和工作时间的问题，会延误传输时间，失去最佳商机。电子商务克服传统贸易方式费用高、易出错、处理速度慢等缺点，极大地缩短了交易时间，使整个交易变得快捷与方便。

（4）交易透明化

买卖双方交易的洽谈、签约以及货款的支付、交货通知等整个交易过程都在网络上进行。通畅、快捷的信息传输可以保证各种信息之间互相核对，可以防止伪造信息的流通。例如，在典型的许可证 EDI 系统中，由于加强了发证单位和验证单位的通信、核对，所以假的许可证就不易漏网。海关 EDI 也帮助杜绝边境的假出口、兜圈子、骗退税等行径。

5. 电子商务的功能

电子商务可提供网上交易和管理等全过程的服务，因此它具有广告宣传、咨询洽谈、网上订购、网上支付、电子账户、服务传递、意见征询、交易管理等各项功能。

（1）广告宣传

电子商务可凭借企业的Web服务器和客户的浏览，在Internet 上发播各类商业信息。客户可借助网上的检索工具（Search）迅速地找到所需商品信息，而商家可利用网上主页（Home Page）和电子邮件（E-mail）在全球范围内做广告宣传。与以往的各类广告相比，网上的广告成本最为低廉，而给顾客的信息量却最为丰富。

（2）咨询洽谈

电子商务可借助非实时的电子邮件（E-mail）、新闻组（News Group）和实时的讨论组（chat）来了解市场和商品信息，洽谈交易事务，如有进一步的需求，还可用网上的白板会议（Whiteboard Conference）来即时交流。网上的咨询和洽谈能超越人们面对面洽谈的限制、提供多种方便的异地交谈形式。

（3）网上订购

电子商务可借助Web中的邮件交互传送实现网上的订购。网上的订购通常都是在产品介绍的页面上提供十分友好的订购提示信息和订购交互格式框。当客户填完订购单后，通常系统会回复确认信息单来保证订购信息的收悉。订购信息也可采用加密的方式使客户和商家的商业信息不会泄漏。

（4）网上支付

电子商务要成为一个完整的过程，网上支付是重要的环节。客户和商家之间可采用信用卡账号进行支付。在网上直接采用电子支付手段将可省略交易中很多人员的成本开销。网上支付需要更为可靠的信息传输安全性控制以防止欺骗、窃听、冒用等非法行为。

（5）电子账户

网上的支付必须要有电子金融来支持，即银行或信用卡公司及保险公司等金融单位要提供网上操作的服务。而电子账户管理是其基本的组成部分。信用卡号或银行账号都是电子账户的一种标志，而其可信度需必要技术措施来保证，如通过数字证书、数字签名、加密等手段的应用提供电子账户操作的安全性。

（6）服务传递

对于已付了款的客户应将其订购的货物尽快地传递到他们的手中。而有些货物在本地，有些货物在异地，通常采用电子邮件在网络中进行物流信息的调配。而最适合在网上直接传递的货物是信息产品，如软件、电子读物、信息服务等。它能直接从电子仓库中将货物发到用户端。

（7）意见征询

电子商务能十分方便地采用网页上的“选择”、“填空”等格式文件来收集用户对销售服务的反馈意见。这样使企业的市场运营能形成一个封闭的回路。客户的反馈意见不仅能提高售后服务的水平，更使企业获得改进产品、发现市场的商业机会。

（8）交易管理

整个交易的管理将涉及到人、财、物多个方面，企业和企业、企业和客户及企业内部等各方面的协调和管理。因此，交易管理是涉及商务活动全过程的管理。

7.3.2 电子商务的分类

电子商务有多种分类方法，如可以按交易的对象、参与的主体、应用的平台以及是否在线支付等进行分类。目前应用最广泛的电子商务分类是按参与交易的对象划分，可以分为：企业间电子商务（B to B）、企业与消费者之间的电子商务（B to C）、消费者之间的电子商务（C to C）。

（1）企业间电子商务（简称 B2B）：即企业与企业（Business to Business）之间，通过 Internet 或专用网方式进行电子商务活动。企业间的电子商务是电子商务三种模式中最值得关注和探讨的，因为它最具有发展的潜力。

（2）企业与消费者之间的电子商务（简称 B2C）：即企业通过 Internet 为消费者提供一个新型的购物环境——如网上商店，消费者通过网络在网上购物，在网上支付。由于这种模式节省了客户和企业双方的时间和空间，大大提高了交易效率，节省了不必要的开支，因此网上购物成为电子商务的一个最热闹的话题。

（3）消费者之间的电子商务（简称 C2C）：通过建立 C2C 商务平台为买卖双方（消费者对消费者）提供交易场所，简单地说就是消费者本身提供服务或产品给消费者，最常见的形态就是个人工作者提供服务给消费者，如保险从业人员、销售网点或是商品竞标网站，此类网站不是企业对消费者，而是由提供服务的消费者与需求服务的消费者私下达成交易的方式。

电子商务交易的三阶段：

（1）信息交流阶段

对于商家来说，此阶段为发布信息阶段。主要是选择自己的优秀商品，精心组织自己的商品信息，建立自己的网页，让尽可能多的人们了解自己、认识自己。对于买方来说，此阶段是去网上寻找商品以及商品信息的阶段。主要是根据自己的需要，上网查找自己所需的信息和商品，并选择信誉好、服务好、价格低廉的商家。

（2）签订商品合同阶段

作为 B2B（商家对商家）模式来说，签订合同是完成必需的商贸票据的交换过程。要注意数据的准确性、可靠性、不可更改性等复杂问题。作为 B2C（商家对个人客户）来说，这一阶段是完成购物过程的订单签订过程，顾客要将选好的商品、自己的联系信息、送货的方式、付款的方法等在网上签好后提交给商家，商家在收到订单后应发来邮件或电话核实上述内容。

（3）按照合同进行商品交接、资金结算阶段

这一阶段是整个商品交易的关键阶段，不仅要涉及到资金在网上的正确、安全到位，同时也要涉及到商品配送的准确、按时到位。在这个阶段有银行业、配送系统的介入，在技术上、法律上、标准上等方面有更高的要求。网上交易的成功与否就在这个阶段。

7.3.3 电子商务的应用

电子商务的应用范围十分广泛，包括网上管理、网上银行、网上订货、网上交易、网上营销、市场、广告、直至末端家庭银行、购物及远程办公。电子商务的应用功能可从售前服务、售中服务和售后服务三个方面来介绍。

（1）售前服务

Internet 作为一个新媒体，具有即时互动、跨越时空和多媒体展示等特性，它强调了互动

性，而且广告资料更新较快，比传统媒体的广告费用低廉。企业可利用网上主页（Homepage）和电子邮件（E-mail）在全球范围内作广告宣传。客户可借助网上检索工具（Search）迅速地找到所需要的商品信息。

（2）售中服务

网上售中服务主要是帮助企业完成与客户之间的咨询洽谈、及客户的网上订购、网上支付等商务过程。对于销售无形产品的公司来说，Internet 的售中服务为网上的客户提供了直接试用产品的机会，例如音像制品的试听、试看以及软件的试用等。

（3）售后服务

网上售后服务的内容主要包括帮助客户解决产品使用中的问题，排除技术故障，提供技术支持，传递产品改进或升级的信息以吸引客户对产品与服务提出反馈信息。电子商务能十分方便地采用网页上的"选择"、"填空"等格式文件来收集用户对销售服务的反馈意见。这样使企业的市场营销能形成一个封闭的回路。网上售后服务不仅响应快、质量高、费用低，而且可以大大减低服务人员的工作强度。

7.3.4 网上购物的基本流程

1. 网上商城的类型

网上商城按不同的分类标准可以划分为不同的类型。

（1）按交易的商品种类分类

① 销售单一品种商品的网上商城。网上交易的概念兴起后不久，开始出现一些小规模商城。商城的商家们通常只经营一种或很少的几种商品，种类单一且数量有限。

② 综合型网上商城。销售单一品种商品的网上商城固然有专业优势，但在聚集网络人气方面先天不足，于是有网站将这些小规模商家组织起来，成为一个大的网上商城，为这类商家提供一个展示商品和交易的平台。比较完善的平台通常能吸引大量商家，因此商品数量和品种都比较全，而且商家之间存在竞争，消费者在购买时能有更多的选择。

目前中国具有代表性的综合型网上购物商城有以下几个。

- 卓越网 http://www.joyo.com
- 当当网 http://www.dangdang.com
- 淘宝网 http://www.taobao.com
- 易趣网 http://www.ebay.com.cn
- 8848 网 http://www.8848.net.cn

（2）按支付方式分类

① 网上支付商场。利用网络支付平台在网上直接交易，这类商城的支付活动是在网上直接进行的。网上支付是通过国内各大银行的支付网关进行操作的，采用的是国际流行的 SSL 或 SET 方式加密。安全性是由银行方面负责的，是有保证的。

② 网下支付商城。在网下进行支付活动，这类商城通常会给客户提供多个银行的账号，客户通过银行转账和邮政汇款等方式来进行支付活动，方便快捷，适合款到发货的模式。

③ 货到付款商城。货到付款有许多种方式，一种是大家熟悉的 EMS 货到付款，这种货到付款是不能验货后再付钱的，到货就必须给钱，或者拒收，邮费由卖家支付。另一种是物

流公司的小额代收货款业务，如宅急送就有针对单位的货到付款业务。货到付款业务一般都是送货到客户家中，再由物流公司向客户收钱。"当当网"网上商城便是采用了货到付款的支付方式。

2．网上购物的步骤

（1）用户注册

消费者在第一次访问所选定的网上商店进行购物时，先要在该网上商店注册姓名、地址、电话、E-mail 等必要的用户信息，以便网上商店进行相关的操作。

（2）浏览产品

消费者通过网上商店提供的多种搜索方式，如产品组合、关键字、产品分类、产品品牌等查找商店经营的商品。

（3）选购产品

消费者按喜欢或习惯的搜索方式找到所需的商品后，可以浏览该商品的使用性能、市场参考价格以及本人在该店的购物积分等各项信息。然后输入所需的数量，并单击"购买"按钮，即可将商品放入购物车。此时购物者可在购物车中看到自己选购的产品。在确定采购之前，消费者可在购物车中查看、修改选购的商品。

（4）在线支付

若是采用网上支付的方式，则选购完商品后就可按照网页中的支付提示进行网上付款的操作了。

（5）订购产品

如果消费者在网上未找到所需的货物，一般也可以点击任一页面上端导航条中"产品求购"便可进入求购申请页面，填写求购产品的详细信息然后单击"确认"按钮，求购信息就自动输入系统中，在同一时间内传递到相关业务部门，部门工作人员将全力以赴组货并及时将信息反馈给用户。

（6）送货上门

消费者在确定所需购买的商品后，往往要在显示的页面单证中详细填写自己的地址等信息。商家在确定了用户所订购的商品后开具购物发票，并按照消费者的送货地址在指定时间内送货上门。

（7）货到付款

若消费者不使用网上支付或网上商城不支持网上支付，则可以选择货到付款方式。网上商城要求客户在收到货物及发票后进行付款，并由配送人员带回客户的意见。

3．网上购物实例

【例 7.23】在当当网购买一本《电子商务概论》（作者：朱少林），采取货到付款方式。

操作步骤如下。

（1）打开 IE 浏览器，在地址栏输入地址"http://www.dangdang.com"并按回车键，出现如图 7-46 所示的当当网主页。

（2）第一次登录当当网购物，首先需要注册"我的账户"，成为当当网会员。单击当当网主页右上方的"新用户注册"链接，打开"注册新用户"页面，如图 7-47 所示。

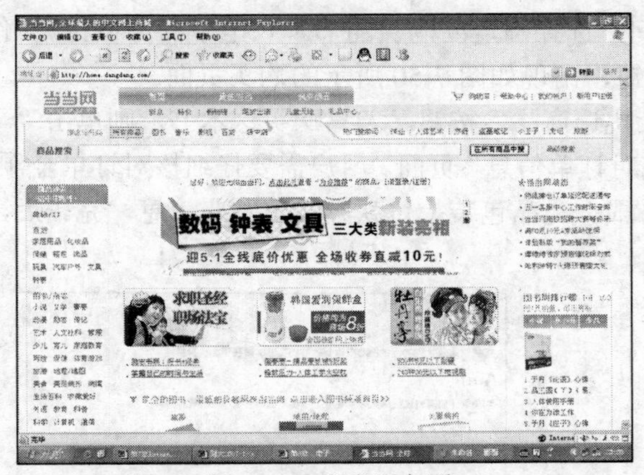

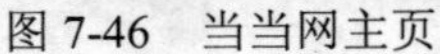
图 7-46　当当网主页

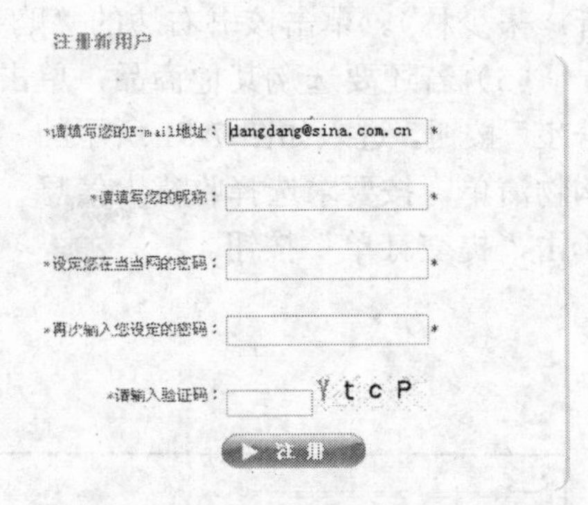

图 7-47　“注册新用户”页面

根据相关提示输入 E-mail 地址（最好是您经常使用的邮箱地址）、昵称、密码和验证码，单击“注册”按钮。若注册成功，返回当当网主页，并且页面上出现一条信息“您好，(用户名) 欢迎光临当当网”，如图 7-48 所示，表示已成功注册成为当当网会员，拥有了自己的账户，并已登录当当网。

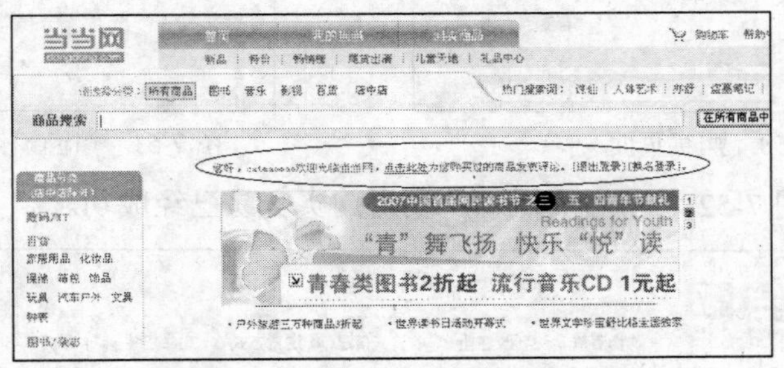

图 7-48　当当网主页（用户已登录）

若再次登录，则只需单击当当网主页上方的“我的当当”或“我的账户”链接，在登录对话框输入 E-mail 地址或昵称、密码即可。

（3）在当当网主页上，可以看到“请选择分类”的菜单选项，选择“图书”选项，在“商品搜索”栏里输入“电子商务概论”，出现如图 7-49 所示的搜索结果页面，搜索的相关结果按销量从高到低排列。

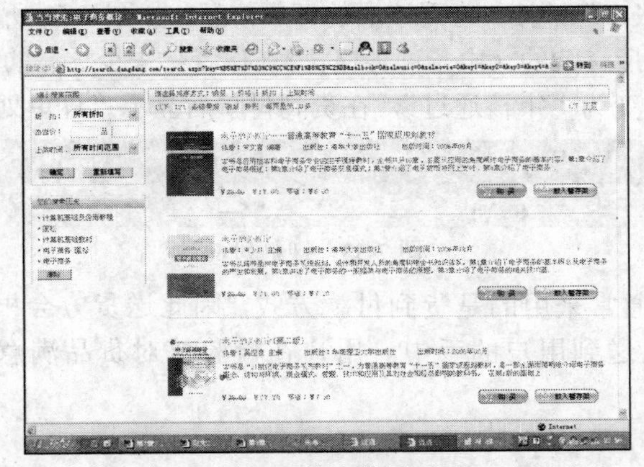

图 7-49　搜索结果页面

（4）通过核对作者、出版社或出版时间，选择确定要购买的书本《电子商务概论》（作者：朱少林）。单击该书右边的“购买”按钮，出现如图 7-50 所示的购买页面。

（5）若还要选购其他商品，单击“继续挑选商品”按钮。若只购买这本书，则单击“下一步”按钮，进入如图 7-51 所示的“检查核对订单信息”页面。用户需要仔细核对订单金额、购物清单，按要求选择收货人信息、送货方式、礼品包装、付款方式及发票信息，完毕后，单击“提交订单”按钮。

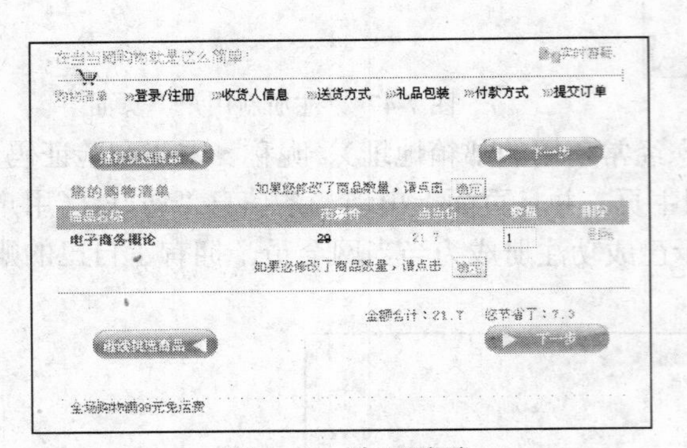

图 7-50　购买页面

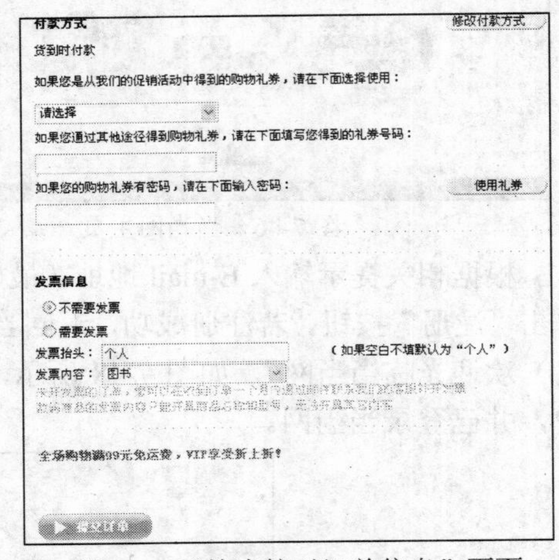

图 7-51　“检查核对订单信息”页面

（6）当出现如图 7-52 所示的页面时，表明购买交易已经成功。

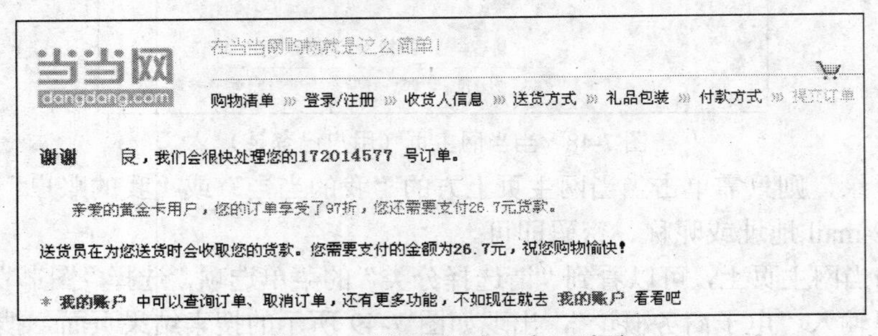

图 7-52　“购买交易成功”页面

（7）点击“我的帐户”链接，查看该书的订单信息。如图 7-53 所示的订单列表中，点击“查阅”栏，可以看到所订购的《电子商务概论》（作者：朱少林）的详细信息。“订单状态”栏通常会在 24 小时后变为“审核通过”，在货到付款后显示“订单处理结束”。

	订单号	订单时间	收货人	订购金额	查阅	订单状态	出库时间	发货地	取消
用户反馈	172014577	2007-5-4 0:09:51	良	¥26.7元		未审核		北京	取消

图 7-53　订单列表

（8）由于当当网通常采用的是货到付款方式，因此送货方会根据用户填写的送货地址和联系方式将货品送到用户的手中。用户在检验核对货品满意后，付款并最终签收完成交易。

7.4　电子政务基本知识

电子政务作为一种有效手段，在加快政府职能转变、规范政府行为、降低行政成本、提高行政效能、增强政府监管和服务能力、促进社会监督、创新政府管理等方面必将发挥重要的积极作用。以电子政务建设推进政府管理创新，是推进改革开放和现代政治文明建设的重要环节，也是完善社会主义市场经济体制的迫切需要。

7.4.1　电子政务的概念

电子政务（Electronic Government Affair，EGA）就是国家机关在政务活动中，全面应用现代信息技术、网络技术以及办公自动化技术公开处理或发布政务，建立政府与人民直接沟通的渠道，增加办事执法的透明度，实现政府办公电子化、自动化、网络化，以提高办公效率，实现政务公开、公平、公正，改善政府形象。实际上就是政务工作信息化。

电子政务的主要目的是以网络技术为基本手段，面向政府机构的业务模式、管理模式和服务方式的优化和扩展，将信息技术在政府机构的应用从简单手工劳动提高到工作方式优化的新层次，以建设服务导向型的、和民众互动的、阳光行政的政府。

7.4.2　电子政务的基本内容

1．G to G 电子政务

G to G 电子政务即政府（Government）与政府（Government）之间的电子政务，又称作G2G，它是指政府内部、政府上下级之间、不同地区和不同职能部门之间实现的电子政务活动。

2．G to B 电子政务

G to B 电子政务是指政府（Government）与企业（Business）之间的电子政务，又称作G2B。企业是国民经济发展的基本经济细胞，促进企业发展，提高企业的市场适应能力和国际竞争力是各级政府机构共同的责任。

3．G to C 电子政务

G to C 电子政务是指政府（Government）与公民（Citizen）之间的电子政务，又称作 G2C，是政府通过电子网络系统为公民提供各种服务。

7.4.3　电子政务应用

电子政务应用中，政务是核心，电子化只是政务处理的一种方式。政府机构的政务信息可分为三类：绝密信息类、面向政务相关的信息类、面向社会公众的信息类。因此政务处理电子化的实现前提就是必须建造一个半开放、半私有的 Extranet 网络通信系统与电子政务运营系统。

1．政务内网

政府内网是政府内部办公业务信息网（Intranet），负责处理涉密信息，完成各项业务工作的分析、处理、公文办理、流转审批和运行本单位业务等工作。它是一个内部局域网，一个完整的政府办公自动化环境，具体指的是我们平时用于公文交换和资料交换的党政网。

2．政务外网

政务外网是非涉密网，是政府对外服务的业务专网（Internet），主要运营政府部门面向社会的专业性服务和不需要在内网运行的业务，承担各级政府、各部门之间非国家秘密的信息交换和业务互动以及其他面向社会的服务。

思 考 题 七

1．阐述浏览器的工作原理。
2．浏览网页时要注意哪些方面的安全？
3．与传统邮件相比，电子邮件有哪些优点？
4．什么是文件下载，什么是文件上传？
5．什么是断点传续，有哪些流行的断点传续软件？
6．常用的中文搜索引擎有哪些，它们分别有什么特点？
7．网上聊天和平常聊天有何不同之处？
8．电子商务广义和狭义的概念分别是什么？
9．电子商务与传统商业方式相比，具有哪些特点？
10．什么是电子商务的“四流”？
11．选择一个综合型网上商城，操作一笔网上交易。

第8章 信息检索与利用基础

信息素质是信息社会中社会成员综合能力的重要组成部分，它不仅是每个社会成员的一种基本生存能力，更是学习型社会及终身学习的必备素质。信息素养教育作为人才培养的重要内容，其目的是培养人们信息意识、信息检索能力、信息吸收能力、信息整合能力、信息利用能力和知识创新能力。

8.1 信息素养与信息检索

随着计算机技术、网络技术、通信技术为代表的信息技术的迅速发展，不仅改变了人们的生产和生活方式，而且极大地改变着人们的思维和学习方式。人类社会逐渐呈现出经济全球化、社会知识化、信息网络化、教育终身化等一系列信息时代的社会特征，信息日益成为社会各领域最活跃、最具决定意义的因素。

8.1.1 信息素养

1. 信息时代学习的特点

与农业社会、工业社会不同，信息社会是以智力劳动者为主体的社会。它对于社会的教育体系提出了前所未有的要求，同时，信息技术的广泛普及改变了教育形态和教育内容，知识成为信息社会中最重要的增长要素，国民财富与竞争力越来越取决于国家整体的人力智力资本状况。因此，建立学习型社会成为信息时代的一项基本国策。信息时代是学习的时代，信息时代学习的特点表现在以下几个方面。

- 终身学习
- 利用信息技术进行学习
- 自主学习
- 协作学习
- 网络学习
- 研究性学习

信息素养是人们整体素质的重要组成部分，是传统文化素质的延续和发展，是构成终身学习的基础，是各学科、各种学习环节和各种层次教育的基本构成因素。信息素养的培养是时代的要求，是人类进步的要求，也是个人自身发展的要求。

2. 信息素养

信息素养（Information Literacy）的概念最早是由美国信息产业协会主席 Paul Zurkowski 于 1974 年在给美国政府的工作报告中提出来的，并被概括为利用大量的信息工具及主要信息源使问题得到解答的技术和技能。广义上的信息素养应该是指人们在有目的地选择、存储、加工利用信息的过程中所具备的一种综合素养。具体地说，信息素养是指在信息化社会中个体成员所具有的各种信息品质，包括信息意识、信息知识、信息能力和信息道德等。

（1）信息意识

信息意识是指人们对信息的看法、态度、反映、性质、特征、结构、作用等的认识和反应。它既是一种观念又是一种意识行为，它既影响人们的信息需求心理，又决定着人们对信息的搜集获取、分析判断、整合利用、加工创新信息的自觉程度和行为，包括信息的主题意识、创新意识、价值意识、传播意识和保密意识等内容。

（2）信息知识

信息知识是有关信息的本质、特征、信息运动的规律、信息系统的构成及工作原理、信息技术、信息方法等方面的基础知识。信息技术包括传感技术、通信技术、计算机技术，其中计算机技术是核心。信息方法是人们使用信息的观点来分析、解决工作和生活中各种矛盾与问题的方法。它可以有效地把杂乱无章、良莠不齐的信息转变为有序、可以高效使用的信息。

（3）信息能力

信息能力是指人们获取信息、加工处理信息、吸收信息、创造信息等各方面的综合能力，是信息素养的核心，主要包括信息检索能力、信息获取能力、信息分析与鉴别能力、信息组织与整合能力、信息交流与传播能力、信息批判性思考能力、信息创新能力、信息评价能力、信息控制能力等内容。

（4）信息道德

信息道德是指在整个信息活动中，用来调节信息创造者、信息传递者及信息使用者之间相互关系的行为规范的总和。其内容包括信息传递与交流目标应与社会整体目标协调一致；应承担相应的社会责任与义务；遵守信息法律法规，抵制各种迷信信息和虚假信息；尊重知识产权；尊重个人隐私等。

信息社会对人的挑战表现在对人的综合能力的挑战，而信息素养是信息社会中人的综合能力的重要组成部分。信息素养不仅是信息时代每个社会成员的一种基本生存能力，更是学习型社会及终身学习的必备素质和技能。

信息检索作为专门研究信息存储与信息获取的学科，对于提高大学生的信息素养和信息获取能力具有重要的意义。

8.1.2 信息与信息检索

1. 信息

信息是物质的普遍属性，是一种客观存在的物质运动形式。信息有广义和狭义之分。广义的信息指的是客观世界中物质、能量存在方式和运动状态的表征。狭义的信息是指人类社会共享的一切知识、学问，以及从客观现象中提炼出来的，反映事物存在和运动的差异，可以被理解和被接受的各种消息的总和。

信息是普遍存在的，它具有区别于其他事物的许多特性，包括客观性、时效性、可存储性、可传递性、可扩散性、可继承性和可共享性等。信息是一种资源，但并非所有的信息都是信息资源，信息资源是一种可再生、可重复使用的资源，是经过人类选取、组织、有序化的有用信息的集合。

2. 信息检索

信息检索（Information Retrieval）是指将信息按照一定的方式组织和存储起来，并根据信息用户的需求查找出相关信息的过程。信息检索有广义和狭义两重含义。广义上说，信息检索包含信息存储和信息查找两个过程。信息存储是对信息进行收集、标引、描述和组织，并进行有序化编排，形成信息检索工具或检索系统的过程；信息查找是指通过查询机制从各种检索工具或检索系统中查找出用户所需的特定信息的过程。狭义地讲，信息检索仅仅指信息查找的过程。

3. 信息检索的类型

根据不同的标准，信息检索可分为不同的类型。如按检索对象的内容划分，信息检索可分为文献检索、数据检索和事实检索。按检索要求划分，信息检索可分为强相关检索和弱相关检索。按检索的时间跨度划分，信息检索可分为定题检索和回溯检索。按检索对象的信息组织方式划分，信息检索可分为全文检索、超文本检索和超媒体检索。按信息检索方式来划分，信息检索分为手工信息检索和计算机信息检索等等。

4. 检索系统和检索工具

信息检索系统是根据一定的社会需要，面向一定的用户群体，为达到特定信息检索需求目的而建立的一种有序化的信息资源集合体。它是一个具有信息收集、整理、加工、存储和检索功能，能为用户提供信息服务的多功能开放系统。

按照信息检索的手段来划分，信息检索系统可以分为手工检索系统、机械检索系统和计算机检索系统。

（1）手工检索系统

手工检索系统主要以纸质印刷载体为依托，以各类型文献信息资源为检索对象，检索者通过手工查询方式就可完成检索过程并获取所需要信息的系统。纸质印刷型载体是传统的手工信息检索系统的主体，人们一般习惯把它们称为信息检索工具或检索工具。

（2）机械检索系统

机械信息检索是手工信息检索到计算机信息检索的过渡性阶段，包括穿孔卡片检索系统和缩微品检索系统两类系统。机械式信息检索系统过分依赖于设备，而且检索复杂，成本高，检索效率和质量不理想，因此很快被计算机信息检索系统所取代。

（3）计算机检索系统

计算机信息检索系统是把信息及其检索标识转换成计算机可阅读的二进制代码，存储在磁性载体上，由计算机根据程序进行查找并输出查找结果的系统。

8.1.3　信息检索原理

广义的信息检索是指将信息按照一定的方式组织和存储起来，并根据用户的信息需求查找所需信息的过程和技术。信息的存储与检索存在着相辅相成、相互依存的辩证关系。

1. 信息检索原理

信息检索的基本原理是：为了促进信息资源的充分交流和有效利用，使信息用户在信息集合中快速、准确、全面地获得特定需要的信息资源，必须首先要对广泛、大量、分散、无序的信息进行搜集、记录、组织、存储，以建成各种检索工具和检索系统。信息用户则根据检索课题的需要，将信息需求转变为检索系统所能识别的检索提问，再与检索工具或检索系统中表征信息资源特征的信息检索标识进行逐一的相符性比较与匹配，两者完全一致或部分一致时，即为命中信息，可按用户要求从检索系统中输出。其检索结果既可能是用户需要的最终信息，也可能是信息线索，用户可以依照此线索进一步获取最终信息。

2. 著录与标引

（1）著录

根据《国际标准书目著录（总则）》和我国国家标准《文献著录总则》的定义，著录就是对文献内容和形式特征进行选择和记录的过程。著录的结果称为款目。《文献著录总则》规定了 9 大著录项目，依次为：题名与责任者项、版本项、文献特殊细节项、出版发行项、载体形态项、丛编项、附注项、文献标准编号及有关记载项、提要项。

信息著录是组织信息检索工具或检索系统的基础，是信息存储过程中的一个重要环节。

（2）标引

标引就是在分析文献内容的基础上，将文献主题以及其他有意义的特征用某种检索语言标识出来，作为文献存储和检索依据的一种文献信息处理过程。

按照文献的主题内容，在主题词表中选取符合内容的主题词，作为文献的主题标识和查找依据的标引方法称主题标引；依据主题分析的结果，使用分类语言来表达文献内容主题的标引方法称为分类标引。目前，国内大多数机构主要采用《中国图书馆分类法》（简称中图法）作为分类标引的依据，采用《汉语主题词表》及其相关的专业词表进行主题标引。

标引具有十分重要的作用。它既是文献信息存入检索工具或检索系统的依据，又是快速、准确地从检索工具或检索系统中查出文献信息的依据。

8.1.4 信息检索的方法、途径与步骤

尽管检索课题和信息需求各不相同，但为了达到检索目标，都要利用一定的检索系统或检索工具，按照一定的检索途径和检索方法，遵循一定的检索步骤。

1. 信息检索方法

（1）常规法

常规法也称工具法，是指利用文摘、题录或索引等各类检索工具，直接查找文献信息的方法。常规法在实际检索应用过程中，依据课题对时限的要求，又可分为以下 3 种方式。

① 顺差方式。顺差方式是一种依照时间顺序，按照检索课题涉及的起始年代，利用选定的检索工具由远及近地查找信息的方法。这类方式适合于检索理论性或学术性的课题。

② 倒查方式。倒查方式是利用选定的检索工具由近及远地进行查找，直至满足检索需求。此法多用于检索新课题或已有一定研究基础，需要了解其最新研究动态的检索课题。

③ 抽查方式。这种检索方法是针对检索课题的特点，选择与该课题的有关的文献信息最可能出现或最多出现的时间段，利用检索工具进行重点检索的方法。它是一种花费较少时间获得较多文献的检索方法。此法必须以熟悉学科发展为前提，否则很难达到预想效果。

（2）回溯法

回溯法又称引文法，指不利用一般的检索工具，而是在已获得所需文献的基础上，再利用文献末尾所附的参考文献、相关书目和引文注释等作为检索入口，依据文献之间的引证和被引证关系，揭示了文献之间的某种内在联系，进而查找到更多的相关文献的方法。

（3）综合法

综合法也称交替法或循环法，是综合常规法和回溯法的检索方法，即在查找文献信息时，分阶段按周期的交替使用两种方法。综合法对检索效率的提高很有帮助。

2. 信息检索途径

检索途径主要是指信息检索的角度和渠道。根据检索系统对文献特征的揭示主要分文献外部特征和文献内容特征 2 种，因此，信息检索途径可分为内容特征检索途径和外部特征检索途径。

（1）内容特征检索途径

内容特征检索途径主要有分类途径和主题途径两种。

① 分类途径。分类途径是指按信息内容，利用分类检索语言实施检索的途径。它是从文献内容所属的学科类别来检索，依据的是一个可参照的分类体系。分类体系按文献内容特征的相互关系加以组织，并以一定的标记（类号）作排序工具，能反映类目之间的内在联系。

② 主题途径。主题途径是按信息内容，利用主题检索语言实施检索的途径。主题途径的实施需要使用各种主题词索引，如主题索引、关键词索引、叙词索引等。其基本过程为：首先分析提问的主题概念，选择能够表达这些概念的主题词。然后按照主题词的顺序，从主题词索引中进行查找，进而得到所需要的文献信息。

（2）外部特征检索途径

文献的外部特征是指文献载体外表上标记的可见特征。按照采用的外部特征的不同，外部特征检索途径又可分为以下几种：

① 题名途径。按照已知的文献的题名进行文献信息检索的途径。文献题名主要是指书名、篇名、刊名等。对已确知名称的文献，使用题名途径直接查找最为便捷。

② 作者途径。作者途径是按已知的文献责任者的名称检索文献信息的途径。

③ 代码途径。代码途径是指利用有些文献所具有的独特的编序号码或标识号码查找文献相关信息的检索途径。国际标准书号 ISBN 和国际标准刊号 ISSN 是检索图书和期刊常用到的两个代码，它们分别是图书和期刊的唯一标识号码。

④ 引文途径。使用引文途径进行信息检索采用两种操作方法：一是通过被引用文献，即来源文献，来查找引用文献；二是通过引用文献，直接利用文献结尾所附的参考文献，查找被引用文献。

3. 信息检索步骤

（1）分析研究课题明确检索要求

分析研究课题是实施检索中最重要的一个环节，也是影响检索效果和效率的关键因素。课题分析是一项较为专深的逻辑推理过程，既要充分了解用户的信息需求，明确检索的主题、目的和学科性质、内容，还要明确对检索的各项要求，包括文献的类型、语种等。

（2）选择检索系统或检索工具

进行信息检索必然要利用检索系统或检索工具。由于任何一种检索系统或工具都不可能包含所有需要的信息，因此，在进行信息检索之前，必须先了解各类检索系统的特点、功能以及收录范围，系统的质量、性能、使用的方法等等，针对不同的检索课题，选择相应的检索系统或工具进行检索。在多种检索系统或工具的情况下，要注意选择最权威、最全面、最方便的检索系统或工具。

（3）确定检索途径和选择检索方法

检索途径选择取决于两个方面：一是检索课题的已知条件和课题的范围及检索效率的要

求；二是检索系统所能够提供的检索途径。检索方法的选择需要根据检索目的、条件、检索要求和检索课题的特点。

（4）查找文献线索整理检索结果

在检索课题、检索途径和检索方法确定以后，即可进入利用相关检索系统进行具体信息查找的阶段，以获得相关的信息或文献线索，并对查找出的文献线索进行及时整理、筛选出与检索课题相关的、确定需要的部分加以记录，以获取满意检索结果。

（5）索取原始文献

根据已经掌握的文献线索，通过文献传递等渠道获取文献原文。在实际检索时，除了按照上述几个基本步骤进行外，在初步获得检索成果后，尚需再次根据课题要求进行复查、检验，直到取得理想的检索效果。检索是一个反复的过程，在检索过程中需要不断核准和校正，以便进一步获取原始文献。

8.2 印刷型信息资源检索工具

信息源是用户获取信息的来源。信息源包括体裁信息源、实体信息源、文献信息源和网络信息源。其中，文献信息源是指以文字、图形、符号、声频、视频等方式，通过一定的记录手段将系统化的信息内容存储在各类载体上而形成的一类信息源。文献信息源是信息源的主体部分，是信息搜集、存储、检索和利用的主要对象。

8.2.1 文献信息源的类型

根据载体形式的不同，文献信息源又可以进一步分成4类。

1．印刷型文献信息源

印刷型文献信息源是以纸张为载体，以手写或印刷技术为记录手段形成的文献形式。印刷型文献信息具有用途广、便于阅读、流传和收藏的优点，缺点在于存储密度小、体积大、长期保存困难。它是手工信息检索的主要对象。

2．电子型文献信息源

电子型文献信息源也被称为机读型文献，是采用计算机等高新技术为记录手段，以数字化的形式将文字、图像、声音等多种类型的信息存储在磁盘、磁带等非印刷载体中，人们通过网络远程访问，通过计算机阅读、编辑、检索和获取信息。电子型文献信息源具有存储密度高、存取速度快、检索快捷灵活、使用方便等优点，但必须配备计算机等相应的设备才能阅读使用。它是计算机信息检索的主要对象。

按信息的表现形式分类，电子型文献信息可分为文本信息、超文本信息、多媒体信息和超媒体信息；按信息的通信方式分类，可分为联机信息、光盘信息和Internet信息。

3．缩微型文献信息源

缩微型文献信息源是以感光材料为载体，利用光学技术将文字、图形、影像等信息符号按比例缩小的文献形式。缩微品可分为缩微胶卷和缩微平片两大类。其优点是体积小，存储密度高，易保存和流通；缺点是需要专门的设备才能阅读。

4．声像型文献信息源

声像型文献信息源以磁性材料或感光材料为存储介质，以磁记录或光学技术为记录手段直接记录声音、视频图像，故又可称为视听材料或直感材料。声像型文献信息源具有直观、生动、易于理解的优点，缺点是成本高、不易检索和更新。

8.2.2　印刷型信息资源检索工具

印刷型信息资源检索工具，是传统的手工信息检索系统的主体，主要以文献和事实数据为检索对象，因此又可细分为文献检索工具和事实数据检索工具。

1．文献检索工具

文献检索工具主要以文献型信息为检索对象，用来对某一研究课题的相关文献进行查找，其结果是获得一批相关文献的线索。根据著录款目的内容和揭示文献的深度的不同，文献检索工具可以细分为目录、题录、索引和文摘 4 种检索工具。

（1）目录

目录是将一批著录款目，每一条款目记录着一种文献的内容特征和外部形态特征，把这样一批款目按照具有检索意义的某种文献特征的一定顺序，编排成一个序列形成目录。它可供人们从已知的某种文献线索入手，查找到所需相关文献的款目及文献的获取线索。目录型检索工具又常划分为出版目录、馆藏目录和联合目录。

（2）题录

题录是由描述某一文献内容及外部特征的一组著录项目构成的一条文献款目，利用它可以相当准确地鉴别一种出版物或其中的一部分。

目录一般以独立完整的一件出版物为著录的基本单位，而题录以一个内容上独立的文献单位（篇目）为著录单元，在内容特征的描述上，题录一般比目录要深一些。

（3）索引

索引也称辅助索引，是按某种可查顺序排列的，能将某一信息集合中相关的信息指引给读者的一种检索工具。

与目录型检索工具主要侧重于揭示出版单位和收藏单位不同，索引型检索工具可用来报道和检索各类文献中的内容单元，揭示对象是文献单元的某一特征信息，对文献内容的揭示程度比题录要专、深、具体，提供的检索途径也比较详尽、完善、系统。

（4）文摘

文摘是以简练的文字将文献的主要内容准确、扼要地摘录下来，按一定的著录规则与排列方式系统地编排起来的检索工具，通常不包括对原文的补充、解释和评论。按照文摘揭示文献信息含量的多少，文摘可以分为指示性文摘、报导性文摘。

与索引一样，文摘工具也以各类文献作为报道和检索的对象；与索引不同的是，文摘不仅著录所有文献的内、外部特征，还以内容摘要的形式报道文献的主题内容。

2．事实数据检索工具

事实数据检索工具也常被称为工具书，主要是依靠各类参考工具书，完成各种事实或数据的查询。事实数据检索工具所要查询的内容都具有相对的成熟性和稳定性，查询结果可以直接用于解答检索者的问题或提供直接的数据、资料，检索者无需再进一步查找其他信息源。常见的事实数据检索工具包括百科全书、年鉴、传记资料、地理资料、机构指南、统计资料、辞典、字典等几种类型。

8.3 电子型信息资源检索系统

电子型信息资源是信息资源的重要组成部分，与印刷型信息资源相比，它是以数字化的形式，把文字、图像、声音、动画等多种类型的信息存储在非印刷型介质上，以电信号、光信号的形式传输，并通过计算机、通信设备及其他外部设备再现的一种信息资源。

8.3.1 数据库与计算机信息检索系统

电子信息资源多以数据库方式进行存储，而数据库是计算机信息检索系统的重要组成部分，是计算机信息检索的主要对象。

1．数据库的分类

从信息检索角度，按照检索的数据库所包含电子信息资源的内容级别和内容的表现形式，可把数据库分成文献书目数据库和源数据库两大类。

（1）文献书目数据库

文献书目数据库（Bibliographic Database）是存放某一领域原始文献的书目信息的数据库。记录内容包括文献的题目、著者、原文出处、文摘、主题词等。依据信息类型的不同，文献书目数据库又可分为文摘数据库和索引数据库。

（2）源数据库

源数据库（Source Database）是能够直接为用户提供原始资料或具体数据的一类数据库。源数据库可以提供的数据信息包括数值、事实和原文，能够直接满足用户的信息需求，而不必转查其他的信息源。源数据库主要包括以下几种数据库类型。

① 数值数据库（Numeric Database）。数值数据库指提供以数值方式表示的数据的一类数据库。

② 事实数据库（Fact Database）。事实数据库指主要记录各项事实数据的一类数据库。

③ 全文数据库（Full Text Database）。全文数据库是存储文献内容全文或其中主要部分的数据库。全文数据库可以向用户提供一步到位的查找原始文献的信息服务。

2．计算机信息检索系统

计算机信息检索系统是把信息及其检索标识转换成计算机可阅读的二进制代码，存储在磁性载体上，由计算机根据程序进行查找并输出查找结果的系统。计算机信息检索系统包含计算机设备、终端、通信设备、数据库和各类检索应用软件等，信息检索的对象是数据库，信息检索过程是在人机的协同作用下完成的。

根据检索者和计算机之间进行的电子信息资源的通信方式的不同，计算机信息检索系统又可具体分为脱机检索系统、联机检索系统、光盘检索系统和网络信息检索系统。

（1）脱机检索系统

脱机检索（Offline Retrieval）系统是直接在单独的计算机上执行检索任务，不需要远程终端设备和通信网络。这类系统通常会使用单台计算机的输入输出装置，把检索提问集中起来，定期成批地上机检索，所以又称脱机批处理检索系统。

（2）联机检索系统

联机检索（Online Retrieval）系统是指使用终端设备，按规定的指令输入检索词，借助通信网络，同计算机数据库系统进行问答式及时互动的检索系统。联机检索系统采用实时操作技术，克服了脱机检索存在的时空限制，检索者可以随时调整检索策略，从而提高检索效果。

（3）光盘检索系统

光盘检索系统是采用计算机作为手段，以光盘作为信息存储载体进行信息检索形成的一类信息检索系统。光盘检索作为联机检索、网络检索的有效补充手段，特别适用于开展专题检索、定题检索服务。

（4）网络信息检索系统

网络信息检索系统是以国际互联网的出现为标志的，它通过 TCP/IP 协议将世界各地的计算机连接起来，形成一个基于客户端/服务器结构的网络分布式数据结构。网络信息检索主要由网络数据库检索和 Web 资源检索两部分构成。

8.3.2　计算机信息检索技术

手工检索采用的是人工匹配的方式，由检索人员对检索提问和表征文献信息特征的检索标识是否相符进行比较并做出选择。而计算机检索则是由计算机将输入的检索提问与检索系统中存储的检索标识及其逻辑组配关系进行类比、匹配。信息检索技术主要是指计算机检索采用的技术，常用的有布尔逻辑检索、位置检索、截词检索和限制检索。

1. 布尔逻辑检索

布尔逻辑检索是现代信息检索系统中最常采用的一项技术。它是采用布尔代数中的逻辑“与”、逻辑“或”、逻辑“非”等运运算符，将检索提问转换成逻辑表达式，计算机根据逻辑表达式查找符合限定条件的文献的一种方法。

布尔逻辑运算符用来表示两个检索词之间的逻辑关系，用以形成一个新的概念。常用的布尔逻辑运算符有 3 种，分别是逻辑“或”、逻辑“与”、逻辑“非”。

（1）逻辑“或”

逻辑“或”是用于表示并列关系的一种组配，用来表示相同概念的词之间的关系，用 OR 或“+”运算符表示。例如检索式 A OR B，表示检索的文献记录中只要含有 A 或者 B 中的任何一个即算命中。这种组配可以扩大检索范围，有利于提高查全率。

（2）逻辑“与”

逻辑“与”是用于表示交叉关系或限定关系的一种组配，用 AND 或“*”运算符表示。例如检索式 A AND B，表示检索的文献记录中必须同时含有 A 和 B 才算命中。这种组配可以缩小检索范围，有利于提高查准率。

（3）逻辑“非”

逻辑“非”是用于在检索范围中排除不需要的概念，或排除影响检索结果的概念，用 NOT 或“-”运算符表示。例如检索式 A NOT B，表示检索记录中凡含有 A 不含 B 的记录被检出。这种组配能够缩小命中文献的范围，增强检索的准确性。

2. 截词检索

截词是指检索者将检索词在他认为合适的地方截断。而截词检索，则是用截断的词的一个局部进行的检索，并认为凡满足这个词局部中的所有字符的文献，都为命中的文献。

截词的方式有多种。按截断的位置来分，可分为后截断、中截断和前截断；按截断的字符数量来分，可分为有限截断和无限截断。有限截断是指说明具体截去字符的数量，通常用

“?”表示；而无限截断是指不说明具体截去字符的数量，通常用“*”表示。

（1）后截断

后截断是最常用的截词检索技术，将截词符号放置在一个字符串右方，以表示其右的有限或无限个字符将不影响该字符串的检索。例如，输入“inform*”，则前 6 个字符为 inform 的所有词均满足条件，因而能检索出含有 informant、informal、information、informative、informed、informer 等词的文献。而输入“inform??”，可检索出含有 inform、informal、informed、informer 的文献。

（2）前截断

前截断是将截词符号放置在一个字符串左方，以表示其左方的有限或无限个字符不影响该字符串检索。在检索复合词较多的文献时，使用前截断较为多见。例如，输入“*magnetic”，可以检索出含 magnetic、electro-magnetic 等词的文献。

（3）中截断

中截断是把截断符号放置在一个检索词的中间。一般地，中截断只允许有限截断。中截断主要解决一些英文单词拼写不同，单复数形式不同的词的输入。例如，输入“c?t”，可以检索出含有词 cat、cut 的文献；输入“mod?????ation”可以检索出含有词 moderation、modernization、modification 的文献。

3．位置检索

位置检索就是根据数据库原始记录中检索词的位置运算关系实施检索的技术。位置检索主要有以下几个级别。

（1）词位置检索

常用的词位置运算符有（W）与（nW）、（N）与（nN）以及（X）与（nX）3 类。

①（W）运算符与（nW）运算符。（W）运算符是“Word”和“With”的缩写，它表示在此运算符两侧的检索词必须按输入时的前后顺序排列，而且所连接的词之间除可以有一个空格、一个标点符号或一个连接号外，不得夹有任何其他单词或字母，且词序不能颠倒。（nW）运算符的含义是允许在连接的两个词之间最多夹入 n 个其他单元词。例如，VISUAL（W）FOXPRO 可以检出 VISUALFOXPRO 或 VISUAL FOXPRO；go（2W）wind 可以检索出 go with the wind。

②（N）运算符与（nN）运算符。（N）运算符是 Near 的缩写，它表示在此运算符两侧的检索词必须紧密相连，所连接的词间不允许插入任何其他单词或字母，但词序可以颠倒。（nN）运算符表示在两个检索词之间最多可以插入 n 个单词，且这两个检索词的词序任意。例如，Railway（2N）Bridge，可表示 Railway Bridge，Bridge of Railway 等。

③（X）运算符与（nX）运算符。（X）运算符要求其两侧的检索词完全一致，并以指定的顺序相邻，且中间不允许插入任何其他单词或字母。它常用来限定两个相同且必须相邻的词。(nX)运算符的含义是要求其两侧的检索词完全一致，并以指定的顺序相邻，两检索词之间最多可以插入 n 个单元词。例如，side（1X）side 可以检索到 side by side 的标引词。

（2）同句检索

同句检索要求参加检索运算的两个词必须在同一自然句中出现，其先后顺序不受限制。同句检索中用到的位置运算符主要是（S），是“Sentence”的缩写。例如，electronic（S）optical，可以检索到题名为 Cutting and polishing optical and electronic materials 的文献。

（3）同字段检索

同字段检索是对同句检索条件的进一步放宽，其运运算符有两种。

① (F)运算符。(F)运算符是“Field”的缩写，它表示在此运算符两侧的检索词必须同时出现在数据库记录的同一个字段中，词序可变。字段类型可用后缀符限定。例如，information(F)retrieval/DE,TI，表示 information 和 retrieval 两个词必须同时出现在叙词字段或篇名字段内。

② (L)运算符。(L)运算符是“Link”的缩写，它要求检索词同在叙词字段中出现，并且具有词表规定的等级关系。例如，information system(L)system design，表示 system design 是 information system 的下一级主题词。

4．限制检索

限制检索是在检索系统中缩小或约束检索结果的一种方法。限制检索的方式包括：

（1）字段检索

字段检索是限定检索词在数据库记录中出现的字段范围的检索方法。当前流行的联机检索系统均支持字段检索。在 Dialog 联机检索系统中，数据库提供的可供检索的字段通常分为基本索引字段和辅助索引字段两大类。基本索引字段表示文献的内容特征，有 TI（篇名、题目）、AB（摘要）、DE（叙词）、ID（自由标引词）等；辅助索引字段表示文献的外部特征，有 AU（作者）、CS（作者单位）、JN（刊物名称）、PY（出版年份）、LA（语言）等。在检索提问式中，可以利用后缀符“/”对基本索引字段进行限制，利用前缀符“=”对辅助索引字段加以限制。例如，（information retrieval/TI OR digital library/DE）AND PY=2006 所表达的检索要求是，查找 2006 年出版的关于信息检索或数字图书馆方面的文献，并要求“information retrieval”一词在命中文献的 TI（篇名）字段中出现，“digital library”一词在 DE（叙词）字段中出现。

（2）限制符检索

限制符检索是使用限制符号从文献的外部特征方面限制检索结果。限制符的用法与后缀符相同，而它的作用则与前缀符相同。例如，aircraft/TI，PAT 表示的检索结果只要 aircraft 这一主题的专利文献。

限制符还可以与前、后缀符同时使用，这时字段代码与限制符之间的关系是“逻辑与”，即最终的检索结果应同时满足字段检索和限制符检索两方面的要求。注意不同的计算机信息检索系统采用不同的检索技术来支持检索。用户在使用具体的检索系统时，需要对其采用的检索技术情况有所了解，然后才能有针对性地采用具体的技术进行检索。

8.3.3　联机信息检索系统

联机信息检索系统采用相对封闭的服务器/客户机模式，属于典型的主从式结构，通常由联机检索中心、通信网络和检索终端构成。其中，联机检索中心是联机信息检索系统的中枢，由中央主机、联机数据库、数据库管理与检索软件组成。

在网络信息技术的支持下，许多联机信息服务机构纷纷在因特网上建立网站，将传统的联机检索融合在因特网环境中，推出了以 Web 为平台的联机信息检索系统。这样不仅使联机检索系统的服务对象从原来的有限用户扩大到整个因特网用户，大大增加了用户数量，而且还可以利用因特网提供的信息发行渠道，大大降低了信息传递的时间和费用，提高了信息服务效率。此外，联机检索系统上网后，借助于网络编辑语言，建立 Web 检索界面，采用直观、交互式的对话框检索方式，用户不必掌握复杂的指令和编制复杂的检索策略，只需按照提示进行简单操作就会获得满意的检索结果，提高了系统的可操作性。

1. OCLC FirstSearch 联机信息检索系统

（1）OCLC FirstSearch 系统概述

FirstSearch 是 OCLC（联机计算机图书馆中心）于 1992 年在原有联合目录和馆际互借服务的基础上推出的，以文摘报道服务为中心的联机信息检索服务系统，1998 年扩展成为一个综合的、以 Web 为基础的联机参考服务系统，目前发展成为了全世界使用量最大的交互式联机信息检索系统。由于面向终端用户设计，界面直观，操作简单，提供多种语言界面、详细的联机帮助以及辅助检索工具，极大地方便了非专业检索人员的使用。

当前，利用 FirstSearch 可以检索到 86 个数据库，内容覆盖各个学科领域，主要分 15 个主题范畴。我国 CALIS 全国工程中心订购了其中的 13 个基本数据库，提供给“211”工程的 61 所院校共同使用，这些数据库分别是：ArticleFirst、ECO、ERIC、GPO、MEDLINE、PapersFirst、ProceedingsFirst、UnionLists of Periodicals、WilsonSelectPlus、WorldAlmanac、WorldCat、Clase Periodical、Ebooks。

FirstSearch 的数据库记录包括文献信息、馆藏信息、索引、名录、文摘和全文资料等内容。由于 FirstSearch 实现了多个数据库之间的联机全文共享，因此，用户不仅可以查询到相关文献的线索和信息，掌握在世界范围内文献的收藏情况，而且可以利用 OCLC 的全文数据库，以及馆际互借服务获取所需文献的全文，实现了全方位的一体化服务。

（2）OCLC FirstSearch 的检索步骤

① 准备检索式。用户根据课题内容和检索需求确定检索式，然后可以通过 WWW 方式（http://www.oclc.org/）或远程登录方式（http://fscat.oclc.org/）进入 FirstSearch 检索系统。

② 选择主题范畴。登录后，页面上显示出主题范畴的下拉菜单，根据检索课题的需要选择主题范畴。若对数据库已经很了解，也可直接选择数据库进行高级检索。

③ 在查询框内输入主题词，单击“检索”按钮，进入数据库选择页。

④ 选择数据库。选择一个主题范畴后，系统显示出与该主题范畴相关的一些数据库，以及数据库中的记录信息，选择所需的数据库（最多 3 个），进入高级检索页面。高级检索页面如图 8-1 所示。

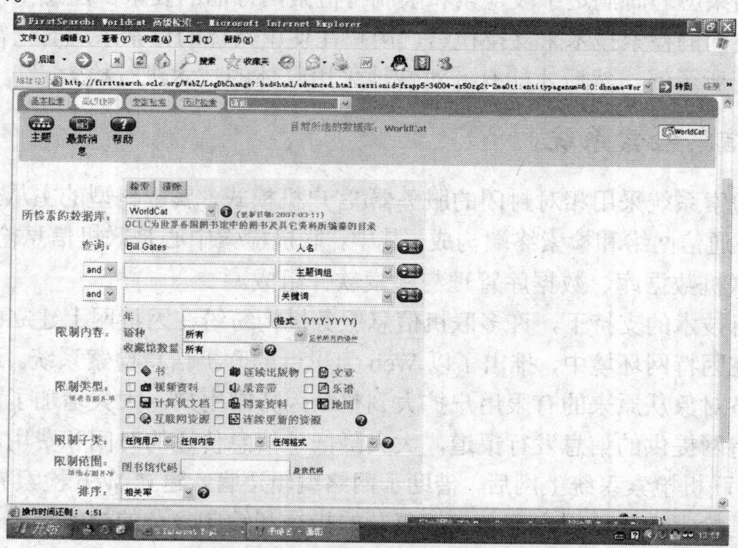

图 8-1 FirstSearch 高级检索页面

⑤ 拟定检索式并提交。在高级检索页面，以图形界面列示出各种查询条件，通过下拉列表选择检索式的作用域及输入检索词、限定条件，完成检索式并进行提交。

⑥ 提交检索式。在检索框内输入检索式，开始检索。同时，也可以选择限制检索，对年份等进行限制。

⑦ 浏览检索结果。系统执行检索指令后，产生的命中记录以一览表的形式提供。用户从中选择最相关的记录，标记记录并单击题名链接，就可以浏览该记录的详细信息。详细记录一般包括文献题名、作者、语种、发表时间、来源、馆藏地点等，大部分文献还包括文摘。

⑧ 获取原文。如果订购一篇文献，可进入订购全文方式的屏幕，选择以联机方式显示、打印或 E-mail、馆际互借等方式获取。

2．其他联机信息检索系统介绍

（1）Dialog 联机信息检索系统

美国 Dialog 系统是世界上最大和最早的国际性商业联机检索系统。该系统拥有 Dialog、Profound 和 DataStar 3 个联机检索平台，拥有全文型、书目型、事实型及数值型数据库 600 多个，且每年以 20%的速度增长。数据库的专业内容覆盖自然科学、社会科学、工程技术、人文科学、商业经济和法律等各个领域。Dialog 系统供检索的数据库当前有 3 种版本：光盘版、联机版和网络版。Dialog 系统提供通过 Internet 接入、Telnet 远程登录和专线接入 3 种联机方式接入系统，其中 Internet 接入方式具体包括 DialogClass（http://www.dialogclass.com）和 DialogWeb（http://www.dialogweb.com）两种。前者的检索界面为纯文本，使用指令检索语言进行检索；后者采用 Web 页面形式，提供专业检索人员使用的 Command Search（指令检索）和非专业人员使用的 Guided Search（引导检索）两种方式进行检索，检索的资源包括 Dialog 的所有数据库。导航栏的菜单中还提供数据库目录、数据库蓝页、检索费用、数据库索引字段、打印格式以及联机帮助等信息。

（2）ORBIT 系统

ORBIT（Online Retrieval of Bibliographic Information Time-shared，ORBIT）系统是世界第二大联机检索系统。该系统现有 100 多个数据库，收录的学科范围包括汽车工业、石油、化工、医学、生物化学、环境科学、运动科学等专业，在专利、能源、化学等领域的信息更为齐全，并对 30 多个实用价值较高的数据库拥有独家经营服务权。数据库类型有书目型、数值型、目录型和全文型。ORBIT 系统目前也提供基于 Web 平台的检索服务，网址是 http://www.questel.orbit.com，向终端用户提供联机检索、联机订购原文、定题检索、回溯检索和建立私人文档等服务。

国外著名联机检索系统还有 STN、ESA-IRS、MEDLARS、BRS、LEXIS-NEXIS 等。

与国外联机系统相比，国内联机检索系统还不很成熟，但一些联机数据库及其检索平台已经具有一定的规模，其中较大的系统有万方数据资源系统、中国科技信息研究所的 ISTIC 系统、北京文献服务处的 BDSIRS 系统、化工信息研究所的 CHOICE 系统等。

8.3.4　光盘信息检索系统

光盘信息检索就是在光盘信息检索系统的支持下，从光盘（光盘数据库）中查找所需要信息的一种计算机信息检索方式。按读取数据的性能来分，光盘可分成以下几种。

- 只读光盘。只读光盘的信息是制造商事先写入的，用户只能读取和再现其中的信息。
- 一次写入式光盘。用户不仅可以读出信息，还能记录新的信息。
- 可擦写式光盘。用户不仅可以读出信息，还能在信息写入后擦掉，重新写入新信息。

1．光盘数据库的种类及其主要产品

（1）文献书目型数据库

文献书目型数据库的光盘产品有“EI（美国工程索引）光盘数据库”、“DAO（博/硕士学位论文文摘）光盘数据库”、“INSPEC（英国科学文摘）光盘数据库”、“ERIC（教育学文摘）”、“NTIS（美国政府科技报告）检索光盘”、“CA（美国化学文摘）光盘数据库”、“中文科技期刊篇名光盘数据库”、“全国报刊索引光盘数据库”、“中国科学引文光盘数据库”等。

（2）事实型数据库

常见的事实型光盘数据库产品有“百家工商企业资讯大全”、“中国科研机构数据库”、“The CD-ROM 产品名录”、“科技名人数据库”等。

（3）数值型数据库

我国万方数字资源系统中包括“中国企业、公司及产品数据库”、“化工产品供需厂商数据库”、“万方商务数据库”等多种数值型数据库。

（4）全文数据库

国内常用的全文光盘数据库产品有“中国学术期刊（光盘版）”、“人大复印报刊资料全文数据光盘”、“中文科技期刊数据库”等；国外光盘数据库产品有“ProQuest 全文数据库”、“EBSCOhost 全文数据库”、“Elsevier Science 电子期刊数据库”、德国“SPRINGER 全文期刊数据库”等。

（5）多媒体数据库

多媒体光盘数据库有许多，如“康普顿多媒体百科全书数据库”、“哺乳动物百科全书数据库”、“中国旅游信息库”等。

2．光盘检索的方法

光盘检索通常采用菜单方式，根据菜单的提示和指引，通过选择、确定、键入以及一些功能键的使用，一步一步地执行检索，并不断修改检索提问，直至完成检索全过程。光盘检索界面友好，允许人机对话，不需要专门培训和学习，只要认真遵循界面的指示操作，就能达到检索目的。但光盘检索步骤多，检索精度也不如命令检索。目前，在网络通信技术发展的基础上，光盘信息检索已从单机光盘信息检索方式，发展到包括面向特定对象的光盘库（光盘塔）局域网检索和面向所有用户的因特网检索的网络光盘信息检索方式。

8.4 网络数据库检索

网络数据库是指由数据库生产商在因特网上发行，通过计算机网络提供信息检索服务的数据库，是一种基于浏览器/服务器（B/S）的数据库。网络数据库将数据放在远程服务器上，用户可通过因特网直接访问，也可以通过 Web 服务器或中间服务器访问。它既具有一般数据库的特点，同时还有明显的网络化特点，是目前数据库服务方式的主流。

8.4.1 联机图书馆公共检索目录（OPAC）

书目，即图书的目录，是指通过著录独立出版单元文献的各个特征，并按照一定的可检顺序编排而成的一种揭示和报道文献的工具。书目一般只描述、著录文献外部特征和简单的内容特征，如书名、作者、分类号、主题词、内容摘要等。

1．联机图书馆公共检索目录

联机图书馆公共检索目录（Online Public Access Catalog，OPAC）是一个基于网络的书目检索系统，网络用户只需知道所要访问的图书馆主页的 URL 地址，然后采用相应的网络工具，如 Web 浏览器，就可以通过自己的网络终端进行访问并获取相关的书目信息。虽然每个图书馆的书目检索系统各不相同，但在检索方法上还是基本一致的。图书馆书目检索的途径主要有题名、责任者、分类号、主题、号码、出版社名称等，这几种途径还可以进行逻辑组配检索。

2．OPAC 的检索

书目检索系统的实施以东北财经大学图书馆的 OPAC 为例，图书馆网址是 http://www.lib.dufe.edu.cn，在其首页选择“读者服务|书目查询”可进入 OPAC。该书目检索系统包含普通检索和高级检索 2 种检索方式，默认采用的是普通检索方式。

（1）普通检索

普通检索采用单一途径实施检索，普通检索页面如图 8-2 所示。

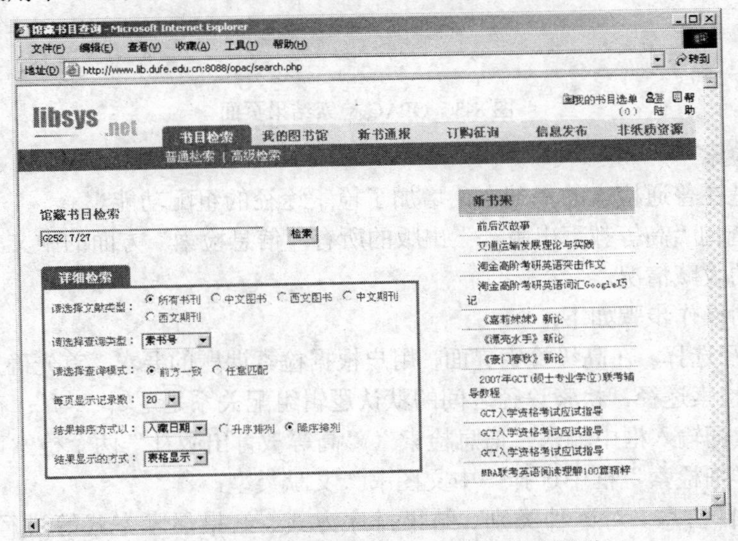

图 8-2　东北财经大学 OPAC 普通检索页面

【例 8.1】检索书号为“G252.7/27”的图书在东北财经大学图书馆的收藏情况。

普通检索的操作步骤如下。

① 查询途径选择。普通检索提供 9 种书目查询途径：题名、责任者、主题词、分类号、国家标准书号、索书号、出版社、订购号、丛书名。本例选择“索书号”查询途径，在检索词输入框中输入“G252.7/27”，文献类型选择“中文图书”。

② 查看书目信息。对查询方式、结果排序方式、结果显示方式等进行选择，进一步对检索结果加以限制。本例选择“前方一致”查询模式，以“出版日期”和“降序”作为检索结果的排序方式，以“表格显示”或“详细信息”作为检索结果显示方式，然后单击“检索”，即可进入检索结果页面，如图 8-3 所示，页面显示只有 1 条命中记录。单击命中记录的书目

题名链接，可以进一步查看该书目的中图法分类号、ISBN 等详细著录信息，以及条码、馆藏地址、借阅状态等详细馆藏信息和附加信息。选中检索结果页中的“在结果中检索”单选按钮，可以在检索结果中进行二次检索，以进一步缩小检索结果的范围。

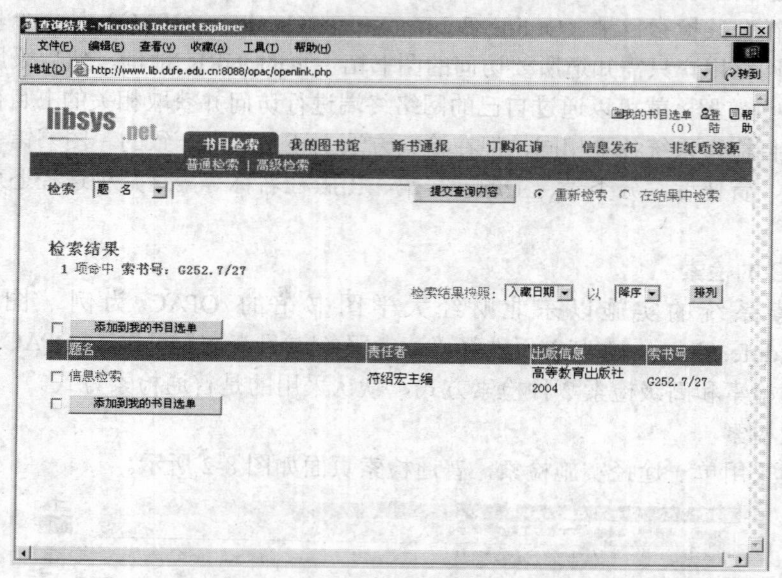

图 8-3 OPAC 检索结果页面

（2）高级检索

高级检索是在普通检索的基础上，增加了检索途径的组配功能。

【例 8.2】查询“高等教育出版社”出版的所有“信息检索”方面的中文书籍，在东北财经大学图书馆的收藏情况。

高级检索的操作步骤如下：

① 查询途径选择。在高级检索界面，用户根据检索课题的要求，首先确定采用“题名”、“出版社”两种检索途径，检索途径之间的默认逻辑组配关系是逻辑“与”；在两种检索途径后面相应的检索词输入框中输入“信息检索”、“高等教育出版社”两个检索词；在高级检索页面下方的“详细检索”框中选择“中文图书”文献类型。

② 查看书目信息。对语种类别、结果排序方式、结果显示方式等进行选择或者采用默认值，单击“开始检索”按钮，即可获得两条相关书目信息。对检索结果还可以进行二次检索。

③ 查看书目详细信息。在检索结果页面显示出符合检索要求的所有书目的题名、责任者、出版信息、索书号等著录信息，单击其中的题名链接，可以查看该书目的详细著录信息、馆藏信息和附加信息。

网络环境下书目信息的检索，除了利用图书馆的公共检索目录（OPAC）以外，还可以利用网上书店，例如亚马逊网上书店（http://www.amazon.com）、当当网上书店（http://www.dangdang.com）、卓越网（http://www.joyo.com.cn）等。虽然网上书店的主要功能是销售图书，但是其数据库或称虚拟书架，也可以作为人们查找图书信息的一个非常便捷的信息源。

8.4.2 电子图书与数字图书馆

电子出版物是以数字方式将信息存储在磁、光、电介质上，通过技术设备阅读和使用，通过网络传输的信息产品，其类型主要有电子图书、电子期刊、电子报纸等。有的电子出版物是印刷型出版物的电子版，有的则是完全在网络环境下编辑、出版、传播的电子产品。

1. 电子图书

电子图书是电子出版物中最常见的文献形式，其主要载体为磁盘和 CD-ROM 光盘。与传统的印刷型图书相比较，电子图书具有传播速度快、传播距离远、不受时空限制，收藏、使用方便，便于复制和传播，发行成本低等特点，近年来得到迅速的发展，种类由过去的以参考工具书为主，发展到文学作品、专业书籍等许多门类。

目前国内提供电子图书的服务商和网络站点有数百个，常用的有超星数字图书馆、北大方正数字图书馆和书生之家数字图书馆。它们因收藏丰富、技术成熟且功能完善而闻名。

2. 超星数字图书馆

超星数字图书馆被誉为全球最大的中文数字图书网，是由北京时代超星公司与中山图书馆合作开发制作的，网址是 http://www.ssreader.com/。自 2000 年正式开通以来，收录中文图书 160 余万种，采用图书资料数字化技术 PDG 格式和专门设计的 SSReader 超星阅览器，对 PDG 格式数字图书进行阅览、下载、打印、版权保护和下载计费。使用超星数字图书馆之前必须先下载并安装阅览器。数字图书馆主页如图 8-4 所示。

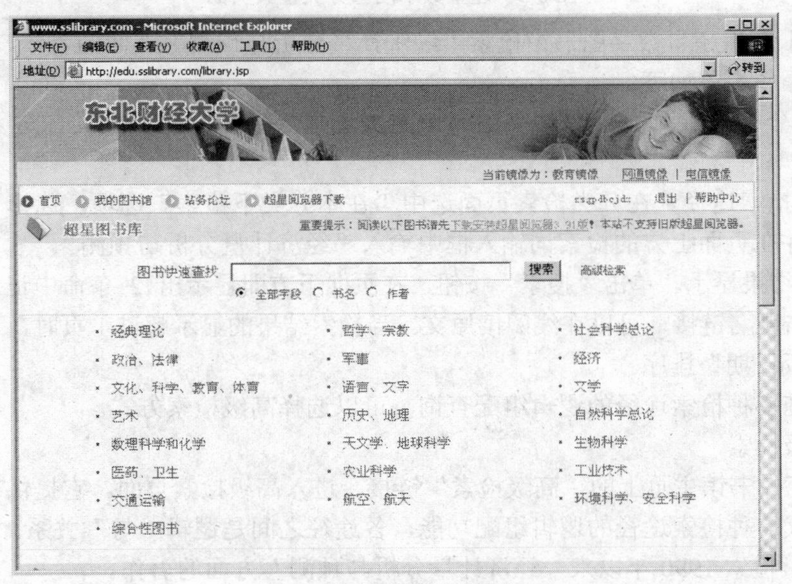

图 8-4 超星数字图书馆主页

超星数字图书馆提供有偿服务，服务方式有两种：一是单位用户购买；二是读书卡会员制。购买单位的用户可以在其固定 IP 地址范围内免费使用数字图书馆资源，或者采用镜像的方式使用资源；其他用户则需要先购买超星读书卡，并在数字图书馆主页完成网上注册后，方能使用全文资源。

对超星数字资源的检索有快速查询和高级检索两种方式。

（1）快速查询

在数字图书馆主页上首先选择图书分类，进入该分类下的图书检索页，如图 8-5 所示。检索将在确定的图书分类中进行，否则，检索将在所有图书分类中进行。

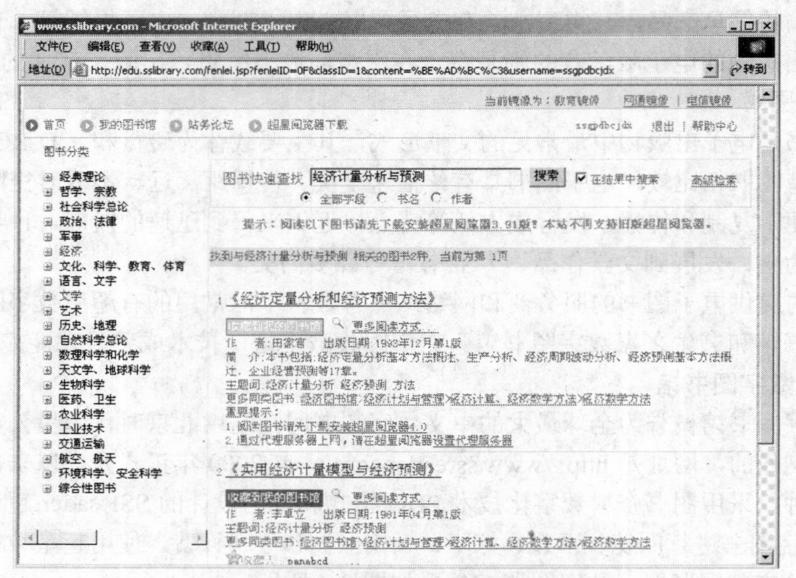

图 8-5 超星数字图书分类检索页面

【例 8.3】利用超星数字图书馆检索“经济计量分析与预测”方面的著作。

检索的操作步骤如下。

① 进入分类检索页面。在数字图书馆主页选择“经济”图书分类，进入分类检索页面。

② 选择检索途径。在分类检索页面选中“在本分类下检索”选项，选择“全部字段”检索途径，并在页面上方的检索词输入框中输入“经济计量分析与预测”。

③ 检索结果显示。单击“搜索”按钮，在页面下方即显示出 2 条命中记录的题名等信息列表。单击题名链接，可以在线阅读原文。当检索结果的显示超过 1 页时，还可以按“书名”或“出版日期”排序。

若想实施多种检索途径的逻辑组配查询，可以选择高级检索方式。

（2）高级检索

点击数字图书馆主页上的“高级检索”链接，进入高级检索页面。它提供书名、作者、主题词、年代 4 种检索途径的逻辑组配功能，各途径之间是逻辑“与”关系。

【例 8.4】检索 1990 年以来“经济计量分析与预测”方面的著作。

检索的具体实施步骤如下。

① 确定检索途径。本例采用“主题词”途径和“年代”途径。

② 输入检索词。在主题词检索途径的输入框中输入“经济计量分析与预测”，在年代途径下拉列表中选择“1990”和“2007”作为检索的起止时间，点击“高级检索”链接。

③ 检索结果显示。检索结果显示只有 1 条命中记录，即 1993 年 12 月出版的《经济计量分析与经济预测方法》一书。

3．其他数字图书馆简介

（1）书生之家数字图书馆

书生之家数字图书馆是由北京书生科技公司创办的全球性中文书报刊网上数字系统。网站于 2000 年 5 月正式开通，主要收录 1999 年至今的图书、期刊、报纸、论文和 CD 等各种载体资源，并以每年六、七万种的数量递增。它以收录图书为主，内容涉及社会科学、人文科学、自然科学和工程技术等类别，可向用户提供全文电子版图书的浏览、复制和打印输出。使用各项功能前，请以“guest”作为用户名和密码登录，并下载和安装书生阅读器。该网站提供分类检索、单项检索、组合检索、全文检索等检索功能，提供图书名称、出版机构、作者、丛书名称、ISBN 和提要 6 种检索途径。

（2）北大方正 Apabi 数字图书馆

北大方正 Apabi 数字图书馆是由北京大学方正公司开发的网上数字图书系统，拥有社会科学、文学艺术、语言、历史、法律等多个类别的电子图书。其采用的 Apabi Reader 阅读器，集电子书阅读、下载、收藏等功能于一身，可以阅读 CEB、PDF、HTML 或 XEB 格式的电子图书和文件。方正电子图书为全文电子化的图书，可输入全文中任意单词进行全文检索。

8.4.3　中国期刊网全文数据库

1．中国期刊网全文数据库简介

中国期刊网全文数据库是在《中国学术期刊（光盘版）》的基础上开发的基于因特网的一种大规模集成化、多功能、连续动态更新的期刊全文检索系统。该数据库全文收录了我国正式出版的期刊 8 200 种，入编论文量达 300 万篇，内容覆盖自然科学、工程技术、农业、哲学、医学、人文社会科学等各个领域。该数据库将收录的论文按学科分为 A～J 共 10 个专辑，168 个专题数据库。

2．数据库的检索

可以通过中国知识基础设施工程（CNKI）的网址 http://www.edu.cnki.net/，或者相应的镜像网址登陆中国期刊网全文数据库。首次使用时，先下载并安装全文浏览器。数据库主页及初级检索网页如图 8-6 所示。

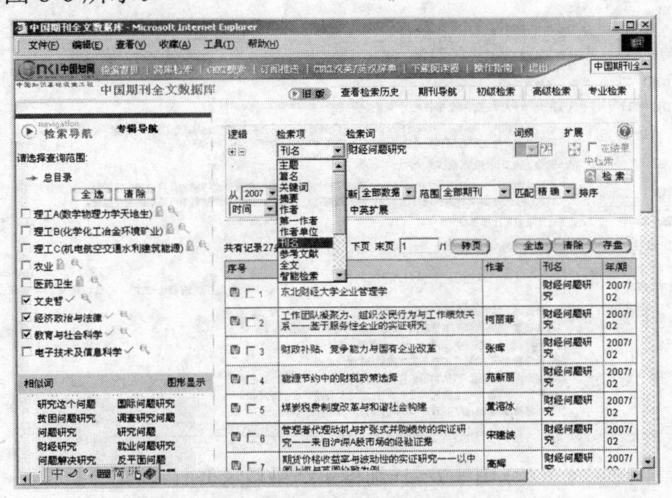

图 8-6　中国期刊网全文数据库检索主页

（1）初级检索

进入初级检索页面，左侧为导航区，用来帮助确定检索的专辑范围。初级检索提供篇名、作者、关键词、机构、中文文摘、全文、智能检索、中文刊名等 17 个检索项可供选择。选择检索项，输入检索词后，确定检索年代和排序，即可进行检索。

【例 8.5】 检索 2007 年《财经问题研究》的论文被中国期刊全文数据库收录的情况。

① 分析检索课题。《财经问题研究》是社会科学类期刊，期刊中文章的内容大多属于文史哲、经济政治与法律、教育与社会科学、经济管理等学科范畴。

② 检索方法。在初级检索页面左侧的导航区，根据检索课题分析的结果，确定和选择检索的专辑范围为“文史哲”、“经济政治与法律”、“教育与社会科学”和“经济管理”4 个专辑；在右侧检索项下拉列表中选择“刊名”检索途径，检索词文本框中输入“财经问题研究”；确定检索年代、排序和页面显示方式，检索起止时间是“2007”年，单击“检索”按钮，初步的检索结果即显示在页面右下方。本次检索共获得 27 条命中记录。

③ 检索结果的显示与阅读。在初步的检索结果页面中，单击“上页”、“下页”按钮或者通过输入页码后单击“go”按钮，可转到相应的页面。若单击所选论文的篇名链接，可进入该论文的详细检索结果显示页面，页面如图 8-7 所示，页面包含作者单位、关键词、摘要、相似文献、参考文献等详细的著录信息和其他相关信息链接。单击“CAJ 下载”或“PDF 下载”链接可得到 CAJ 格式或 PDF 格式的原文。

（2）高级检索

单击“高级检索”按钮，进入高级检索页面，高级检索可以在检索词和检索字段之间进行布尔逻辑组配，以实现复杂概念的检索，提高检索的效率。系统默认的逻辑关系是 AND。

（3）分类检索

分类检索是直接双击展开如图 8-6 所示的总目录下的某专辑目录，并层层展开，同时通过右侧的检索结果显示区查看相应专辑目录下的检索结果，直到获得需要的检索结果。

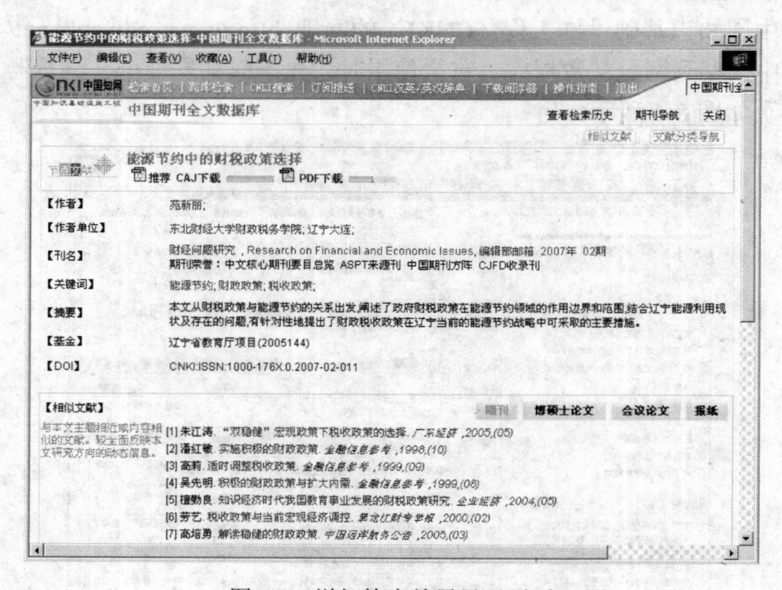

图 8-7 详细检索结果显示页面

8.4.4　人大复印报刊资料全文数据库（Web 版）

1．数据库简介

人大复印报刊资料全文数据库（网络版）是与中国人民大学书报资料中心选编的印刷版《复印报刊资料》对应的全文数据库，收录了 1995 年以来《复印报刊资料》中的文献全文，分政治、经济、教育、文史、理工 5 大类 110 个专题，内容涵盖人文社会科学各个领域。该数据库以天宇全文检索系统（CGRS）为网络检索平台，实现跨库、跨年代的全文信息检索。

2．数据库的检索

校园网 IP 地址的用户，可以通过校图书馆网站的“数字资源|人大复印报刊资料”链接，进入 CGRS 全文检索系统并免费使用该数据库，其他用户应在登录页面左侧的“用户标识”和“用户密码”文本框中，输入相应的用户标识和密码，单击“登录”按钮，即可完成登录。人大复印报刊资料全文数据库（Web 版）提供任意词查询和高级查询两种检索方式。

（1）任意词查询

检索页面如图 8-8 所示，主要分 5 个区域：登录区、检索区、数据库资源列表区、库命中结果区和检索结果显示区。

【例 8.6】利用人大复印报刊资料全文数据库（Web 版），在“政治类”数据库中检索有关“农民工问题”方面的文章。

具体操作步骤如下。

① 选择资源。进入检索主页后，首先应查看数据库资源列表区中的可用资源，可以层层展开并根据需要选择相应的数据库资源。本例选择“政治类”数据库。

图 8-8　人大复印资料 Web 版检索页

② 查询方法。在检索途径下拉列表中选择“标题”检索途径，并在其后的检索框中输入检索词，如“农民工问题”，再单击“查询”按钮，系统就会获得数据库检索结果，共有

10 篇命中文章。其中，“政治类 2006 年二季度数据库（VF）”中有命中文章 6 篇，“政治类 2003 年数据库（MI）”、“政治类 2004 年数据库（MJ）”、“政治类 2006 年三季度数据库（VK）”、“政治类 2004 年四季度数据库（VP）”中各有命中文章 1 篇。此时若在相应数据库名称上单击，可以进一步查看到数据库中具体文章的篇名，单击篇名链接，可以查看详细著录信息和阅读文章全文。

③ 二次查询。若想在查询结果中继续进行缩小范围的检索，可在“在结果范围内再检索”后的文本框中输入想继续查找的内容，单击“go”按钮，就会在检索结果显示区中显示出相关文章。

（2）高级查询

单击图 8-8 页面的“高级查询”按钮，打开“高级查询”对话框。对话框左边显示的是可以使用的所有资源，对话框右侧列示出可以检索的字段，有任意词、原分类码、文章标题、出处来源、主要作者等。在各个字段中输入想要检索的相应内容，单击“添加”按钮，再单击“查询”按钮，即可显示查询结果。有些字段输入域后面有“帮助”按钮，可以帮助检索者获得更多的信息。检索者还可以使用逻辑组配的方法，通过逻辑运运算符“与”、“或”、“非”进行查询。

（3）显示查询结果

在检索完成后，在检索结果区会看到检索的最终结果，包括检索出文章的数据库来源、命中的记录数、总页数以及当前的页码等。读者既可以进行翻页浏览，也可对检索结果进行“多篇显示”、“标题定制”、“排序”等操作。

在检索结果区任意选择想要浏览的一篇文章并单击其标题，可以进行单篇文章的浏览。如果在显示结果区勾选多篇文章的标题，并单击“多篇显示”按钮，可以同时浏览多篇文章。在浏览过程中，还可以通过“控制面板”中的按钮，查看更多内容和进行打印等操作。

（4）用户定制

① 标题定制。标题定制功能用于查看检索结果时标题的显示方式。一般系统默认只显示检索结果的标题，如果读者想要让显示区中显示更详细的内容，可以通过检索结果显示页面中的“用户定制”下拉列表中的“标题定制”功能完成。

② 全文定制和排序。读者还可以通过“用户定制”下拉列表中的“全文定制”功能，对检索出的每一篇文献进行个性化的设置；通过“排序”功能可以对检索结果进行排序，也可以对查看库中的记录进行排序。

③ 检索历史信息和数据上载。图 8-8 页面中的“辅助功能”中的“检索历史”功能，可以帮助用户查看自己的历史操作记录；“数据上载”功能可以进行数据上载。

④ 修改数据库记录。对于具有修改权限的用户来说，在全文显示页面的“控制面板”中还包含“修改”选项，可以实现对数据库记录所有信息的修改并在修改后上载。

8.4.5 Social Science Citation Index（社会科学引文索引）

引文索引是指从文献之间的引证关系着手，揭示文献之间内在联系的检索系统。常用的社会科学引文索引数据库有 Social Science Citation Index（SSCI，不收录中文期刊）和中国社会科学引文索引（CSSCI，以我国出版的重要中英文期刊为收录对象）。

SSCI 是美国科技信息所（Institute for Scientific Information，ISI）的三大核心引文索引数

据库之一，另外两个著名的引文索引是 Science Citation Index（SCI）和 Art & Humanities Citation Index（A&HCI）。

SSCI 属多学科综合性社会科学引文索引，收录了社会科学领域内 1800 多种最具影响力的学术刊物，覆盖 60 个学科，兼收 3200 种与社会科学有关的自然科学期刊，以及若干系列性专著。其收录数据的最早回溯年为 1956 年，每年平均增加 12.5 万条记录。

SSCI 的网络数据库在 ISI 网络数据库检索系统（http://www.isiknowledge.com）的 Web of Science 中提供服务。SSCI 提供简单检索和全面检索 2 种方式。

1. Easy Search（简单检索）

在 Easy Search 中提供 Topic Search、Person Search、Place Search 三种检索途径。通过主题、人物、单位、城市名或国别检索相关文献，每次检索最多显示 100 条最新的记录。在进行检索之前允许用户选择数据库。

（1）Topic Search（主题检索）

Topic Search 是用于在文献篇名、文摘及关键词中出现的主题词或词组的检索。可使用逻辑运算符和截词符。

（2）Person Search（人名检索）

Person Search 是按论文作者、引文作者以及文献中涉及的人物进行检索。其中，按论文作者和引文作者进行人物检索时，允许使用截词符，可输入人物姓的全称、空格及人物名字的首字母，也可只输入姓，在姓的后面加截词符；按主题人物查找时，可输入人物姓氏的全称及（或）名字的全称，并允许使用逻辑运算符。

（3）Place Search（地址检索）

Place Search 是按作者所在机构或地理位置进行检索，检索词可以是国家、州/省的缩写，公司或学校名称，系或部门名等。在 ISI 数据库中，机构名称和地名通常采用缩写的形式，具体规定可参考相关帮助信息：Corporate & Institution Abbreviations、Address Abbreviations、State/Country Abbreviations。

2. Full Search（全面检索）

Full Search 提供较全面的检索功能，分 General Search（普通检索）和 Cited Reference Search（引文检索）两种，并可以对文献类型、语种和时间范围等进行限定。

（1）General Search

General Search 通过主题、著者、期刊名称或著者地址进行检索。可以输入单独的一个检索词，也可以使用逻辑运算符或截词符进行多个检索词之间的组配，不同字段之间的逻辑关系默认为逻辑“与”关系。常用的字段有：

① Topic（主题）。用在文献 Title（篇名）、Abstract（文摘）及 Keywords（关键词）字段可能出现的主题词（词组）检索，也可选择只在文献 Title（篇名）中检索。

② Author（著者）。用著者或编者姓名检索。若姓名中包含禁用词，可以利用引号。

③ Source Title（来源出版物）。用期刊的全称检索或用刊名的起始部分加上通配符“*”进行检索。Source List 列出了收录的全部期刊，可以通过它复制粘贴准确的期刊名称。

④ Address（地址）。用著者地址中包含的词（词组）检索。

在 General Search 中可以限定原文的语种和文献类型，并可以对检索结果进行排序。

（2）Cited Reference Search　Cited Reference Search 检索页面如图 8-9 所示，提供被引著

者、被引文献来源及被引年代3个检索字段，用户可在一个或多个字段中输入信息进行检索。

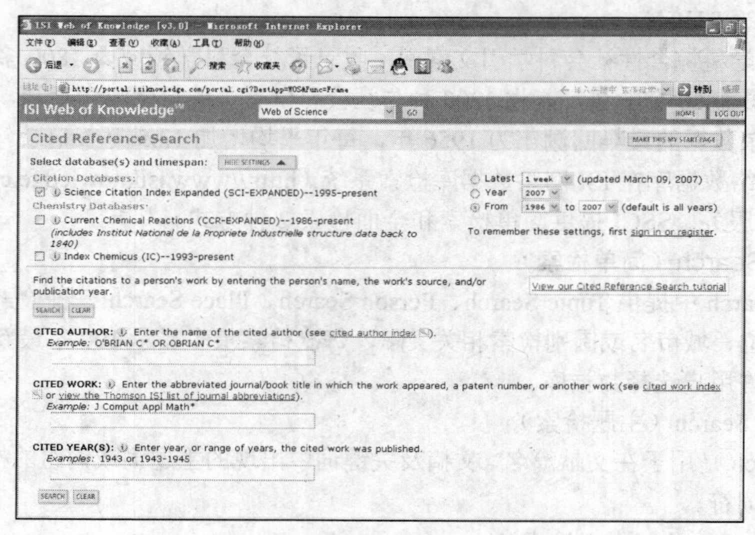

图 8-9　Cited Reference Search 检索页面

① Cited Author（被引著者）。按被引文献的著者进行检索，可使用运算符 OR。

② Cited Work（被引著作）。检索词为刊登被引文献的出版物名称，如期刊名称缩写形式、书名或专利号。点击“list”，查看并复制粘贴准确的刊名缩写形式。

③ Cited Year（被引文献发表年代）。检索词为4位数字的年号。

引文检索的3个检索字段可以单独使用，也可以同时使用，系统默认多个检索途径之间为逻辑“与”关系。SSCI 数据库支持布尔逻辑运算符、位置运算符和截词符。

8.4.6 特种文献信息的网络检索

特种文献信息一般是指图书和期刊以外的各种信息资源，包括专利文献、技术标准、会议文献、学位论文、科技报告、政府出版物、技术档案、产品资料等。特种文献信息的网络检索主要通过数据库检索方式和专门网站的检索方式来实现。下面通过学位论文的检索和会议文献的检索，来说明这两种方式的工作过程。

1．PQDD 博硕士学位论文数据库学位论文的检索

ProQuest Digital Dissertations（PQDD）博士、硕士论文数据库是美国 ProQuest Information and Learning 公司（原为 UMI 公司）提供的国际学位论文文摘数据库的 Web 版，是国际上最具权威性的博士、硕士学位论文数据库，网址是 http://proquest.umi.com/pqdweb。PQDD 有人文社科版和科学与工程版，收录了欧美 1000 余所高校文、理、工、农、医等领域的 160 万篇博士、硕士论文的题录和文摘，其中 1977 年以后的博士论文有前 24 页全文，同时提供大部分论文的全文订购服务。该数据库每周更新一次，每年大约新增 47000 篇博士论文和 12000 篇硕士论文。

PQDD 提供了基本检索、高级检索和浏览 3 种检索方式，提供 Keyword（关键词）、Title（篇名）、Author（作者）、School（学校）、Subject（主题）、Abstract（文摘）、Adviser（导师）、Degree（学位级别）、DIV（论文卷期次）、ISBN（国际标准图书代码）、Language（语种）、

Pub Number（出版日期）12 个检索字段，支持逻辑运算符检索技术、截词检索技术和位置运算符检索技术。

（1）基本检索（Search-basic）

基本检索页面如图 8-10 所示，提供最多 3 种检索途径的逻辑组配检索。检索时，只要在检索字段列表中选择检索字段（途径），在输入框中输入相应的检索词，确定检索字段之间的逻辑组配关系，就可以实施检索并获取检索结果。基本检索的检索操作较简单，可参考高级检索部分。

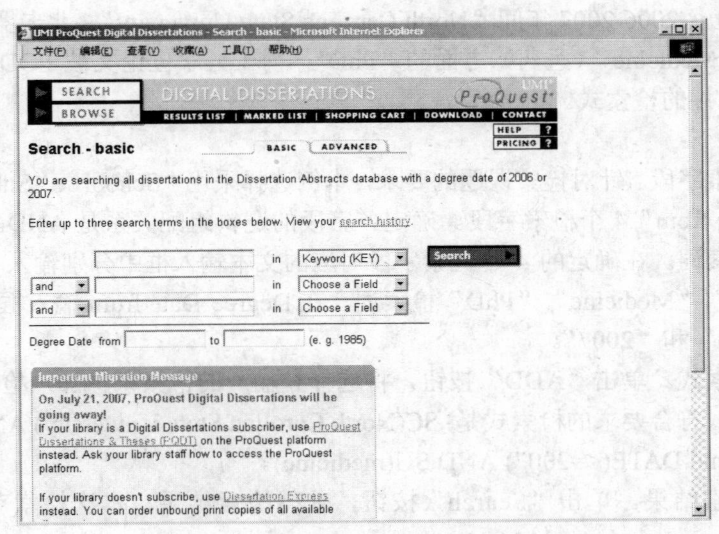

图 8-10　PQDD 基本检索页面

（2）高级检索（Search-advanced）

高级检索页面如图 8-11 所示，分上下两部分：检索式输入框和检索式构造辅助表。辅助表包括 4 种方式：

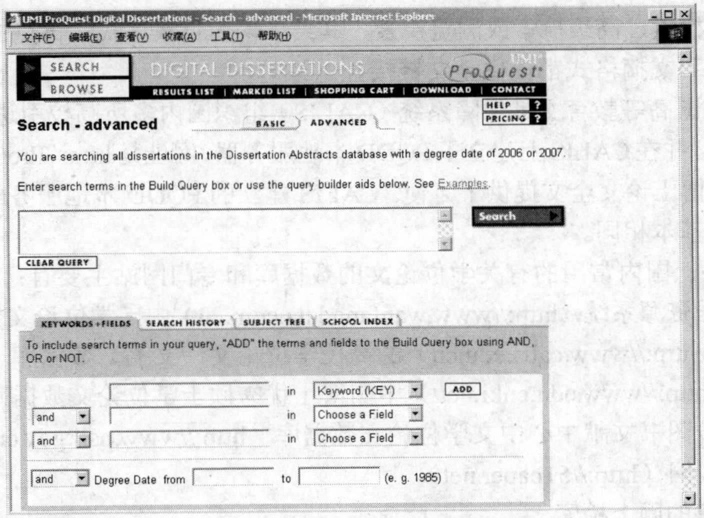

图 8-11　PQDD 高级检索页面

- Keywords+Fields—关键词和检索字段，提供基本检索界面。
- Search History—检索历史，帮助选择检索历史的某一步。
- Subject Tree—学科结构，帮助选择学科。
- School Index—学校索引，帮助选择学校。

4 种方式都是通过单击“ADD”按钮，将检索条件加入检索式输入框，来辅助构成检索式。检索式构成：字段名（检索词），例如，title（biology）。还可以进行不同字段之间的逻辑组配，例如 title（biology）and school（chicago university）。

【例 8.7】检索 2006-2007 年间“North Carolina State University”（北卡罗来纳州立大学）的学生撰写的“Medicine”（医药）方面的“PhD”（博士）学位论文被 PQDD 收录情况，并构造符合检索条件的检索式。

检索步骤如下：

① 选择检索字段。针对检索课题的要求，本例选择采用“School”、“Subject”、“Degree”和“Degree Date from”4 个检索字段。确定各字段的逻辑组配关系是 AND。

② 输入检索词。在确定的 4 个检索字段对应的文本输入框中分别输入“North Carolina State University”、“Medicine”、“PhD”检索词，在 Degree Date from 输入框中输入检索的起止时间是“2006”和“2007”。

③ 构造检索式。单击“ADD”按钮，将选择和输入的检索条件加入检索式输入框，来辅助构成检索式。符合要求的检索式是：SC(North Carolina State University) AND DG(PhD) and DATE(>=2006) and DATE(<=2007) AND SU(medicine)。

④ 获得检索结果。单击“Search”按钮，获得检索结果。本次检索获得 1 条命中记录。

（3）浏览（Browse）

浏览按论文学科进行，先点击大类进入该类各主题，然后点击所选主题右边的数字进入基本检索页面，检索格式与基本检索相同，只是范围较小。

（4）检索结果

无论是基本检索、高级检索或浏览检索，其结果均为目录格式，再点击篇名即得到文摘格式，目录格式和文摘格式都提供全文链接。

2003 年，中国高等教育文献保障系统（CALIS）组织国内多所高校引进了 ProQuest 的博士论文 PDF 全文，并在 CALIS 上建立了 PQDD 本地服务器，网址是 http://ProQuest.calis.edu.cn，为国内读者使用博士论文全文提供了方便。CALIS 建立的 PQDD 本地服务器，其检索方法与 PQDD 英文界面基本相同。

除 PQDD 外，国内常用的有关学位论文的数据库和专门网站主要有：

① 万方数据资源系统（http://www.wanfangdata.com.cn）中国学位论文数据库（CDDB）。

② CALIS（http://www.calis.edu.cn）的高校学位论文（文摘）数据库。

③ CNKI（http://www.edu.cnki.net/）中国博士优秀硕士学位论文数据库（CDMD）。

④ 国家科技图书文献中心中文学位论文数据库（http://www.nstl.gov.cn）。

⑤ 论文资料网（http://51paper.net）。

2．会议信息的网上检索

会议信息的网上检索主要通过会议文献相关数据库和提供会议文献相关服务的网站两

种方式来实现。

（1）会议文献相关数据库

① 万方数据资源系统（http://www.wanfangdata.com.cn）的中国学术会议论文库。

② ISTP（Index to Scientific & Technical Proceedings）与 ISSHP（Index to Social & Humanities Proceedings）数据库。

③ 国家科技图书文献中心（http://www.nstl.gov.cn）提供的中外文会议论文数据库。

④ CNKI 中国知网（www.edu.cnki.net）的中国重要会议论文全文数据库。

（2）提供会议文献的相关服务的网站

① 中国会议网（http://www.chinameeting.com）。

② 中国会议展览信息网（http://www.sinoec.com.cn）。

③ Conference Announcement Lists（http://www.lib.uwaterloo.ca/society/meeting）。

8.4.7　数据与事实信息的检索

数据与事实检索是能够检索出包含在文献中的信息资源本身，直接满足用户的信息需求，是一种确定性检索。数据与事实信息的检索主要通过参考工具书、数据与事实型数据库、数据与事实参考工具网站 3 种方式实现。

1．参考工具书检索方式

参考工具书是指能为读者提供各种所需的具体资料的工具书。工具书按特定的方式汇编某学科或某范围的知识或资料，有的还附录了数量不等的备检资料以方便用户检查数据和事实信息。工具书大都以图书的形式出版，属于三次文献，但在内容与编排方面，与普通图书有本质的区别。

参考工具书一般包括字典、手册、年鉴、百科全书、名录、表谱、图录、产品资料等。目前，各类型参考工具书几乎都有了网络版，世界上著名的大型参考工具书都建立了自己的网站。网络版不仅保留了印刷版的诸多特色，还具有电子资源的信息量大，数据更新快，查找方便、快捷等优点。

2．数据与事实信息的数据库检索方式

与传统的参考工具书相比较，数据与事实数据库使用计算机进行检索，检索速度快、利用方便，还可以做远程联机检索，实现信息资源的共享查询服务。相对于文献数据库，数据与事实数据库直接面向问题，总是以特定的事实或数值回答用户的查询。前者的检索结果可能是成百上千条文献记录，而数据与事实型数据库的检索结果往往只是单一的值、一组数据或一个事实。

（1）常用的数据与事实型数据库

① 万方数据资源系统（http://www.wanfangdata.com.cn）中的数据与事实数据库。

② 中国科学院科学数据库（http://www.sdb.ac.cn）。

（2）万方数字资源系统数据与事实信息的检索

万方数字资源系统收录了国内约 120 个数据库，其中数据与事实数据库包括以下几个。

- 机构与名人类数据库资源，包括“中国企业公司及产品数据库（详情版）”、“中国企业公司及产品数据库（英文版）”、“中国企业公司及产品数据库（图文版）”、

“中国科研机构数据库”、“中国科技信息机构数据库”、“中国高等院校及中等专业学校数据库”、“中国一级注册建筑师数据库”、“中国百万商务数据库”、“中国高新技术企业数据库”、“外商驻华机构数据库”共10个数据库。

- 工具类数据库资源，包含“汉英-英汉科技双语词典”数据库。

下面以检索实例来说明数据与事实类数据库的检索过程。

【例8.8】利用万方数字资源系统查询日本在大连设立了哪些驻华机构。

检索的具体步骤如下。

① 进入万方数字资源系统（http://www.wanfangdata.com），在首页选择“资源浏览|按数据库浏览|机构与名人类|外商驻华机构数据库”，进入该数据库检索页。

② 选择检索途径。在“检索范围”的全部字段下拉列表中选择“中国地址”和“国家名称”2个字段（检索途径），在字段后的检索词输入框中分别输入“大连”、“日本”2个检索词，在组配关系列表中选择逻辑“与”。

③ 单击“检索”按钮，即可看到检索结果。本次检索结果共有42条命中记录。

3．数据与事实信息检索的参考工具网站举要

（1）字典、词典类

① Your Dictionary（http://www.yourdictionary.com/）

② Chinese Language（http://www.chinalanguage.com/）

③ One Look Search（http://www.onelook.com/）

④ Allwords.com 多语种检索（http://www.allwords.com/）

⑤ Merriam-Webster Online Dictionary 网上语言中心（http://www.m-w.com/）

⑥ Dictionary.com（http://dictionary.reference.com/）

（2）专业手册类

① The NIST Reference On Constants，Units，and Uncertainty NIST 物理化学参数数据库（http://physics.nist.gov/）。

② Web Elements Periodic Table 化学元素周期表（http://www.webelements.com）。

（3）百科全书类

① Encyclopedia Britannica《大英百科全书》（http://www.britannica.com/）

② Encyclopedia.com《简明哥伦比亚电子百科全书》（http://www.encyclopedia.com/）

③ World Factbook（http://www.odci.gov/cia/publications/factbook/）

（4）查找人物信息资源

① 传记词典（http://www.s9.com/biography/）

② Biography.com（http://www.biography.com/）

③ Yahoo People Search（http://people.yahoo.com/）

（5）查找机构信息资源

① College and University Rankings（http://www.library.uiuc.edu/edx/rankings）

② College Net 数据库（http://cnsearch.collegenet.com/cgi-bin/CN/index）

③ 世界厂商名录数据库（http://www.kompass.com）

④ 中华工商网（http://www.chinachamber.com.cn）。

（6）查找地图旅游信息资源

① MapBlast 网络地图（http://www.mapblast.com）。

② Mapquest 地图查询（http://www.mapquest.com）。

③ Virtual Tourist 网络旅游信息（http://www.virtualtourist.com/vt/）。

（7）网上经济统计信息资源的检索

① 联合国统计署，网址为 http://unstats.un.org/unsd。

② 联合国发展计划署，网址为 http://www.undp.org。

③ 经济合作发展组织（OECD），网址为 http://www.oecd.org/home。

④ 中国统计信息网，网址为 http://www.stats.gov.cn。

⑤ 中国国务院发展研究中心信息网，网址为 http://www.drcnet.com.cn。

除上述专题参考工具网站外，大型综合性的中、英文检索网站还有：

① Gale 集团在线资源中心，网址为 http://www.galegroup.com。

② 美国密歇根大学情报和图书馆学院主持的“参考中心（Reference Center）”网站，网址为 http://www.ipl.org。

③ Information Please（美国家庭教育参考工具网站），网址为 http://www.infoplease.com。

④ 在线工具书大全，网址为 http://tool.qcdata.cn。

⑤ 中文工具书知识库，网址为 http://dlib.zslib.com.cn。

8.5　网络信息资源的检索

Internet 堪称世界上资源最丰富的信息库和文档资料库，几乎能够满足全球范围内对信息的需求。然而，如何快速而准确地查找网上信息资源，成为日益突出的问题。

8.5.1　网络信息资源的特点及其类型

网络信息资源（Network Information Resources）是指通过计算机网络可以利用的各种信息资源的总和，即以数字化形式记录，以多媒体形式表达，分布式存储在网络计算机的磁介质、光介质以及各类通信介质上，并通过计算机网络通信方式进行传递的信息内容的集合。网络信息资源是通过网络生产和传播的一类电子型信息源，在 Internet 这个信息媒体和交流渠道的支持下，网络信息资源日益成为人们获取信息的首选。

1. 网络信息资源的特点

网络信息资源由于依托于 Internet 平台，与印刷型、联机和光盘电子型信息资源相比较，有如下一系列新的特性。

（1）信息量大、传播广泛。

（2）信息类型多样、内容丰富。

（3）信息时效性强、信息动态和不稳定。

（4）信息分散无序、但关联程度高。

（5）信息价值差异大、难于管理。

2. 网络信息资源的类型

从不同角度可将其划分为多种类型。由于网络检索工具都有各自的收录范围，因此，了解网络信息资源的类型有助于进行检索工具的定位和使用。

（1）按照采用的网络传输协议划分

① WWW 信息资源。也称 Web 信息资源，是建立在超文本、超媒体基础上，以网页的形式存在，采用超文本传输协议（HTTP）进行传输的一类信息形式，是网络信息资源的主流。这类信息资源一般通过搜索引擎进行检索。

② Telnet 信息资源。是指在远程登录协议（Telnet）的支持下，用户计算机经由 Internet 与远程计算机连接，并在权限允许的范围内使用远程计算机系统的各种资源。

③ FTP 信息资源。是指借助于文件传输协议（FTP），以文件方式在联网计算机之间传输的信息资源。可利用 Archie 之类的工具来查找特定信息资源所在的主机、准确的文件名及所在的子目录名。

④ 用户服务组信息资源。用户服务组包括新闻组、电子邮件群、邮件列表、专题讨论组等。它们都是由一组对某一特定主题有共同兴趣的网络用户组成的电子论坛，用户以邮件形式进行网上交流和讨论。它是一种最丰富、自由、最具开放性的信息资源。

⑤ Gopher 信息资源。Gopher 是一种基于菜单的网络服务，用户在级联菜单的指引下，在菜单中选择项目和浏览相关内容，就完成了对因特网上远程联机信息系统的访问，而无需知道信息的存放位置和掌握有关的操作命令。此外，Gopher 还可提供与其他信息系统，如 WWW、FTP、Telnet、WAIS、Archie 等的连接。

（2）按照网络信息资源的组织形式划分

信息组织是指将无序状态的特定信息，按照一定的原则和方法，使其成为有序状态的过程，方便人们有效地利用和传递信息。目前使用较为普遍的网络信息组织方式主要有：

① 文件方式。以文件方式组织网络信息资源比较简单方便，除文本信息外，还适合存储图形、图像等非结构化信息。在 Web 中，网页就属于超文本文件。但是，文件系统只能涉及信息的简单逻辑结构，只能是海量信息资源管理的辅助形式。

② 超文本/超媒体方式。超文本/超媒体方式是将网络信息按照相互关系非线性存储在许多的节点上，节点间以链路相连，形成一个可任意连接的、有层次的、复杂的网状结构。超文本/超媒体方式使用户既可以根据链路的指向进行检索，也可以根据自己的需要和思维，任意选择链路进行检索。但由于涉及的节点和链路太多，用户很容易出现信息迷航和知识认知过载的问题，很难迅速而准确地定位到真正需要的信息节点上。

③ 数据库方式。数据库是对大量的规范化数据进行管理的技术，它将要处理的数据经合理分类和规范化处理后，以记录形式存储于计算机中，用户通过关键词及其组配查询，就可以找到所需信息或其线索。利用数据库技术进行网络信息资源的组织可很大程度地提高信息的有序性、完整性、可理解性和安全性，提高对大量的结构化数据的处理效率。此外，集 Web 技术和数据库技术于一体的 Web 数据库已经成为 Web 信息资源的重要组成部分。但是，数据库信息资源的检索必须利用各个数据库的专用检索系统。

④ 网站。从网络的组织结构可以看出，信息资源主要分布在网站上，网站集网络信息提供、信息组织和信息服务于一体，其最终目的是将网络信息序化、整合，向用户提供优质的信息服务。网站由一个主页和若干个从属网页构成，它将有关的信息集合组织在一起。网站一般综合采用了文件、超文本/超媒体和数据库方式来组织信息和提供信息的检索。

8.5.2　网络信息检索工具

网络信息检索工具是 Internet 上提供信息检索服务的计算机系统，其检索对象是各种类型的网络信息资源。目前，各类型网络信息资源均有了相应的网络检索工具。尽管划分网络检索工具的角度和标准有很多，但根据网络检索工具收录的信息资源类型来划分，网络检索工具可分为非 Web 资源检索工具和 Web 资源检索工具两大类。

1．非 Web 资源检索工具

非 Web 检索工具主要指以非 Web 资源（如 FTP、Gopher、Telnet、Usenet 等）为检索对象的检索工具，随着万维网的发展，这一类检索工具的作用有所减弱。常见的非 Web 检索工具主要有以下几种。

（1）Archie：FTP 资源检索工具。

（2）Veronica：Gopher 资源检索工具。

（3）WAIS：全文信息检索工具。

（4）Deja News：新闻组资源检索工具。

（5）Hytelnet：Telnet 资源检索工具。

2．Web 资源检索工具

Web 资源检索工具是以 Web 资源为主要检索对象，又以 Web 形式提供服务的检索工具。它是以超文本技术在因特网上建立的一种提供网上信息资源导航、检索服务的专门的 Web 服务器或网站。搜索引擎是 Web 资源检索工具的典型代表。现在，越来越多的 Web 资源搜索引擎具备了检索非 Web 资源的功能，成为能够检索多种类型网络信息资源的集成化工具。

8.5.3　搜索引擎

1．搜索引擎的类型

广义的搜索引擎泛指网络上提供信息检索服务的工具和系统，是 Web 网络资源检索工具的总称。广义的搜索引擎包括目录型搜索引擎、索引型搜索引擎和元搜索引擎。狭义的搜索引擎主要指利用自动搜索技术软件，对因特网资源进行搜集、组织并提供检索的信息服务系统，即专指索引型搜索引擎。

（1）目录式搜索引擎

目录式搜索引擎（Directory Search Engine）也被称为网络资源指南，主要通过人工方式或半自动方式发现信息，依靠专业信息人员的知识进行搜集、分类，并置于目录体系中，用户在分类体系中进行逐层浏览、逐步细化来寻找合适的类别直至具体的资源。常见的目录式搜索引擎有以下几个。

① Yahoo!（http://www.yahoo.com）

② Dmoz Open Directory Project（http://www.dmoz.org/）

③ 搜狐（http://www.sohu.com）

④ Galaxy（http://www.galaxy.com）

常见的目录式搜索引擎还有 LookSmart、The WWW Visual Library、蓝帆等。

（2）索引式搜索引擎

基于机器人技术的索引式搜索引擎（Robot Search Engine），主要采用自动搜索和标引方式来建立和维护其索引数据库，用户查询时可以用逻辑组配方式输入各种关键词，搜索软件通过特定的检索软件，查找索引数据库，给出与检索式相匹配的检索结果，供用户浏览和利用。狭义的搜索引擎仅指此种。常见的索引式搜索引擎有以下几个。

① AltaVista（http://www.altavista.com）

② Lycos（http://www.lycos.com）

③ Google（http://www.google.com）

④ 百度（http://www.baidu.com）

除上述 4 种英文搜索引擎外，还有许多较优秀的英文搜索引擎，如 Excite、Infoseek、Hotbot、WebCrawler、Inktomi、AOL、Fast/AllTheWeb、Oingo、Kenjin、天网搜索等。

（3）元搜索引擎

元搜索引擎（Metasearch Engine），即集合型搜索引擎，是一种将多个独立的搜索引擎集成到一起，提供统一的检索界面，将用户的检索提问同时提交给多个搜索引擎，并将检索结果一并返回给用户的网络检索工具。常见的集合型搜索引擎有以下几个。

① Dogpile（http://www.dogpile.com）

② Vivisimo（http://www.vivisimo.com）

③ ProFusion（http://www.profusion.com）

④ Ixquick（http://www.ixquick.com）

此外还有 MetaCrawler、Mamma、SavvySearch、Highway61、InfoGrid 等集合型工具。

2．目录型搜索引擎 Yahoo！的检索功能

（1）目录特点

雅虎是 WWW 上最早、最著名的目录，最流行的 Web 导航指南。收录范围包括网站、Web 页、新闻组、FTP 等资源。在主题范围上，既包括了学术资源，也包括了非学术和娱乐资源。

（2）检索功能

雅虎的检索体系是由专业人员在人工筛选网络资源的基础上，按资源内容进行分类，并编制索引数据库。主题分类目录系统是雅虎的检索基础。

① 主题分类。在主题查询方式中，雅虎将网络资源按内容分成 14 总类，每个总类又链接多个小类，逐级链接，最后与其他 Web 页、新闻组、FTP 站点等相链接。

② 目录结构。雅虎具有多层次的目录结构，每个主题目录下的每一层都包含在一个独立的 Web 页中，用户通过单击超级链接的菜单项进入各层。雅虎类目一般有 4 级，最后 1 级就是超级链接列表。

③ 检索。雅虎除提供主题目录式分类信息浏览和查询外，还提供关键词查询。关键词查询有两种方式。一是在每级类目下提供简单的查询，可检索所有雅虎收录的内容，或者是只检索当前所在的目录项。另外，雅虎也具备高级检索功能，可以选择“all of these words”、“the exact phrase”、“any of these words”、“none of these words4”选项。雅虎还具备检索词自动换库检索功能，即当某个检索式在雅虎中检索不到相关内容时，它会自动转换到其他搜索引擎的数据库中进行检索，检索结果通过雅虎返回。

④ 信息浏览。雅虎还提供分类信息浏览，可以浏览最新消息、当前热点信息等内容。主页上还包括拍卖等 30 多个服务性栏目。

3．索引型搜索引擎 Google 的检索功能

（1）Google 搜索引擎的特点

Google 搜索引擎技术的先进和服务的优良使其成为目前最优秀的搜索引擎之一。支持中、英、德、日、法等 26 种语言。Google 拥有世界上最大的搜索引擎数据库，收录资源类型包括网页、图像、多媒体数据、新闻组和 FTP 等。Google 以分析超文本链接见长，可根据互联网本身的链接结构对相关网站用自动方法进行分类，并为查询提供快速准确的结果。

（2）检索功能

Google 查询方式分基本查询和高级查询两种。

① 基本查询。Google 具有独特的语法结构，不支持“*”、“？”等符号的使用。它要求输入的关键词完整、准确，才能得到最准确的资料。要获得最实用的资料，并逐步缩小检索范围，则需要增加关键词的数量，词与词之间加空格表示逻辑“与”，或者在想删除的内容前加“-”号表示逻辑“非”。

② 高级查询。对于某些专用语的查询，可以选择“高级查询”方式，除了可对关键词内容进行限制，还可以对语言、文件格式、日期、字词位置、网域等进行限制。

③ 用户提交查询后，系统根据用户的检索词和查询选项返回查询结果。Google 可以自定义每页显示的结果数量（10、30 或 100），还会根据具体情况显示最新日期、类别等信息。Google 能根据网页级别，对结果网页排列优先次序。此外，它还具有帮助用户找寻性质相似网页和推荐网页的功能，搜索结果若是其推荐的网站，在搜索结果末尾有 RN.标志。

4．元搜索引擎 Dogpile 的检索功能

（1）Dogpile 搜索引擎收录范围

Dogpile 是目前性能较好的元搜索引擎之一，可检索的搜索引擎包括 Google、Yahoo、Ask Jeeves、About、LookSmart、Teoma、Overture、FindWhat 等主流搜索引擎；可检索的资源类型包括 Web 页面、图像、音视频、多媒体、新闻、黄页和白页信息以及各种社会信息。

（2）检索功能

① 检索界面。Dogpile 具有智能化的检索程序和易用界面，支持关键词检索和主题目录浏览检索，关键词检索还提供基本检索和高级检索两种检索方式。Dogpile 主页中有查询选择及输入框，Dogpile 的 Metasearch 界面提供简单检索，支持网络流行的多种检索工具，只需输入检索词，然后选择查找的资源类型，提交（Gofetch）即可。

② 检索方法。采用独特的并行和串行相结合的查询方式。首先并行地调用 3 个搜索引擎，如果没有得到 10 个以上的结果，则并行调用另外 3 个搜索引擎，如此重复直至获得至少 10 条检索结果为止。

③ 检索技术。Dogpile 的检索技术十分先进，即使是高级运运算符和连接符，它也能将其转换为符合每个搜索引擎的语法。可以使用“*”作为通配符，支持逻辑运运算符 NOT、AND、OR 和括号。

④ 结果显示。Dogpile 往往将检索提问优先提交给一些优秀的搜索引擎，因此其检索结果较之其他搜索引擎较优。高级检索可以从检索词、文档更新时间、域名过滤、语言选择、检索结果显示方式等进一步限制检索结果的形式。

8.6 信息资源的综合利用

信息社会，信息资源数量激增并且呈现出载体多样化、网络化的趋势，如何能够有效获取资源，科学评价信息资源的质量，以及正确使用所需要的信息资源，成为每一个人应该具备的重要能力和信息素养。尤其是在科学研究活动中，无论是研究课题的选择、科学研究的过程、科研成果的查新还是学术论文的撰写，都离不开信息资源的综合利用，信息资源的综合利用贯穿于整个科学研究活动的始终。

信息资源的综合利用主要体现在科研工作的以下 4 个方面。

1．信息资源的搜集、整理和分析

科学研究活动中需要有针对性地运用科学的方法对信息资源进行搜集、整理和分析利用。应依据研究课题的学科专业性质和与其他相邻学科的关系、信息需求的目的来确定信息资源收集的深度和广度，资源的类型主要依据研究课题的特征来确定。一般而言，基础研究侧重于利用各种著作、学术论文、技术报告等提供的信息，应用研究侧重于利用学术论文、参考工具书等提供的信息资源。同时，应根据不同的信息载体和不同的信息需求，采取不同的搜集方法。

信息资源的整理主要是对搜集来的大量的信息，从信息资源来源、时间、理论技术水平及适用价值等方面进行评价、判别和选择，优选出可靠性高、新颖性强，有价值并适用的信息资源。信息资源的分析是在充分占有信息资源的基础上，把分散的信息进行综合、分析、对比、推理，重新组织成一个有机整体的过程。它通常需要利用各种信息分析研究方法，如对比分析法、相关分析法等，进行信息资源的全面分析和研究。

2．课题查询和论文资料搜集

课题查询是课题研究和论文写作的第一步。课题查询一般分为课题分析、检索系统和数据库的选择、检索词的选择和检索式的制订、检索策略调整、原文获取等步骤。不同的课题需要获得的信息类型和信息量都不一样，检索的难度和检索采用的方法、策略也不同。搜集资料是论文写作的基础，也是课题研究的重要来源和依据，但是并非所有资料都可信、都适合需要，因此有必要对所搜集的资料加以科学的分析、比较、归纳和综合研究，以从中筛选出可作为学术论文依据的材料。

3．学位论文的开题与写作

学位论文是指申请者为申请学位而提交的论文，包括学士、硕士和博士学位论文。学位论文是检验学生的学习效果、考察其学习能力、科学研究能力及论文写作能力的重要参照，它的写作要求更高、更严谨。学位论文的写作已经形成了一套完整规范的操作程序，通常包括以下几个步骤：

（1）选题和资料搜集

选题是论文写作的第一步，对论文的成功与否具有决定性作用。只有明确选题，才能有针对性、科学地进行资料搜集工作。资料搜集尽可能采用计算机方法，利用综合性或专业性数据库进行检索。

（2）论文开题

开题报告是学位论文和一般论文的重大差别，是对论文选题进行检验和评估认定的过程，是判定论文选题是否具有新颖性、学术价值和写作者科研水平的依据。

（3）编写提纲

论文提纲反映了论文的整体构思和框架布局，既要使提纲在整体上体现论文的目的性，又要突出重点和主要内容，从各方面围绕主题来编写提纲。

（4）撰写论文、修改、定稿

学位论文写作进行的不同阶段对信息检索的要求不同，开题阶段需要确定论文选题的新颖性和学术价值，检索的信息资源多以文摘为主；论文正式写作过程中要检索的信息资源要求翔实，多以全文文献为主。同时，学位论文对学术性要求较高，检索时要尽量选择学术性和专业性强的高质量数据库，尽量采用一次文献信息。对于应用研究领域的论文，要尽量检索专门的事实和数值型数据库，以保证数据信息来源的准确和可靠。

4．科技查新

科技查新是指查新机构根据查新委托人提供需要查证其新颖性的科学技术内容，规范操作并作出结论。查新的关键就是用信息检索的方法和技术查证项目内容的新颖之处，为科研立项和科研成果的处理提供科学依据。查新的程序如下。

（1）查新委托。

（2）受理委托，签订合同。

（3）检索准备。查新人员对需要查新的课题进行分析研究，选择检索主题。

（4）选择检索工具，规范检索词。尽量选择一些能够全面覆盖查新项目的范围，收录的学科范围广、文献回溯年限长的综合性、大型权威数据库和专业数据库进行信息检索。检索词的全面和准确对检索结果的查全率和查准率有重要影响，应认真选择检索词。

（5）确认检索方法和途径，实施检索。检索时要注意各个检索工具的特点和差异。

（6）完成并提交查新报告。

思考题八

1．广义的信息检索和狭义的信息检索概念的差别是什么？

2．信息检索的原理是什么？有哪两个主要环节？

3．计算机信息检索有哪几种主要类型？主要的计算机检索技术有哪些？

4．各类型文献信息源与各类型检索系统之间的关系？

5．国内常用的书目信息检索方式有哪些？

6．按照存储的电子信息资源的内容和级别，数据库可分为哪几种主要类型？

7．查找英文文献引用、被引用情况，通常采用的数据库检索系统是什么？如何使用？

8．国内、外常用的学位论文数据库有哪些？各自的主要功能是什么？

9．特种文献有哪几种类型？在哪些方面具有特殊性？采用的主要检索方式有哪些？

10．网络信息资源有哪几种主要类型？各自有什么特点？

11．搜索引擎是怎样分类的？常用的搜索引擎有哪些？

12．元搜索引擎的主要技术特点是什么？雅虎的主要技术特点是什么？

第9章　多媒体技术及应用

自20世纪80年代中后期开始，能够集文本、图形、动画、声音、影视等各种形式于一体的多媒体信息技术迅速发展，成为当前计算机领域最受关注的热点之一。它使计算机具有综合处理声音、文字、图像和视频等信息的能力，而且以丰富的声、文、图等媒体信息和友好的交互性，极大地改善了人们交流和获取信息的方式，为计算机进入人类生活和生产的各个领域打开了大门。

9.1　多媒体技术基础知识

多媒体译自 multimedia，其核心词是“媒体”（medium）。所谓“媒体”，是指信息传递和存储的最基本的技术和手段。在日常生活中，人们常看到的书本、报纸、杂志、广播、电影、电视等都是媒体，它们以各自的形式传播信息。例如，报纸、杂志、书刊以文字、表格和图片作为信息的载体；电影、电视以文字、声音、图形、图像作为信息的载体。

9.1.1　媒体的概念

在计算机领域中，媒体一方面是指用以存储信息的实体，如磁带、磁盘、光盘和半导体存储器；另一方面是指信息的载体，如数字、文字、声音、图形和图像。多媒体技术中的媒体是指后者。

什么是多媒体呢？顾名思义，多媒体就是运用多种方法，以多种形态传输信息的介质或载体。例如，电影、电视都是很好的多媒体例子。现在多媒体计算机已经能应用电影电视中所有的媒体信息，包括活动图像与音响效果等，因而更具有丰富的表现和交互能力。例如，能综合各种媒体信息的网络视频游戏。

9.1.2　媒体的种类

在计算机领域，媒体元素一般分为感觉媒体、表示媒体、表现媒体、存储媒体和传输媒体5种类型。

（1）感觉媒体

感觉媒体是能直接作用于人的感官让人产生感觉的媒体。这类媒体包括人类的语言、文字、音乐、自然界的声音、静止的或活动的图像、图形和动画等信息。

（2）表示媒体

表示媒体是用于传输感觉媒体的中间手段。在内容上指的是编制感觉媒体的各种编码，如语言编码、文本编码和图像编码等。

（3）表现媒体

表现媒体是感觉媒体与计算机之间的界面。表现媒体又分为输入表现媒体和输出表现媒体。输入表现媒体如键盘、鼠标、光笔、数字化仪、扫描仪、麦克风、摄像机等；输出表现媒体如显示器、打印机、扬声器、投影仪等。

（4）存储媒体

存储媒体是用于存储表示媒体的介质。这类媒体主要包括内存、硬盘、软盘、磁带和光盘等。

（5）传输媒体

传输媒体是将表示媒体从一处传送到另一处的物理载体。这类媒体包括各种导线、电缆、电磁波等。

9.1.3　多媒体计算机

多媒体计算机（Multimedia PC，MPC）是指能够综合处理文字、图形、图像、声音、视频、动画等多种媒体信息，使多种媒体建立联系并具有交互能力的计算机。

在组成多媒体计算机的硬件方面，除传统的硬件设备之外，通常还需要增加 CD-ROM 驱动器、视频卡、声音卡、图像压缩与解压缩卡、家电控制卡、通信卡、触摸屏、扫描仪、操纵杆、摄像机、麦克风、音箱等多媒体设备。这些设备用于实现多媒体信息的输入输出、加工变换、传输、存储和表现等任务。

1．多媒体计算机的标准

多媒体计算机（MPC）不仅指多媒体计算机本身，它还是由多媒体市场协会制定出的多媒体计算机所需的软硬件标准。它规定多媒体计算机硬件设备和操作系统等的量化指标，并且制定高于 MPC 标准的计算机部件的升级规范。最新的 MPC 规定了多媒体计算机的软硬件配置，其典型配置如表 9-1 所示。

表 9-1　MPC-LEVEL4 标准

软硬件配置	标　准
RAM	16MB 或更多
处理器	Pentuim133 或 200
声卡	16bit 立体声、带波表 44.1/48kHz
显示卡	图形分辨率 1280×1024/1600×1200/1900×1200，24/32 位真彩色
视频设备	MODEM 卡、视频采集卡、特级编辑卡和视频会议卡
显示器	38cm～43cm
CD-ROM 驱动器	四倍速以上的 CD-ROM 光驱
外存	3.5 英寸、1.44MB 软驱、1.6GB 以上的硬盘
I/O 接口	串口、并口、MIDI 接口和游戏杆接口

2．多媒体计算机系统的构成

与普通的计算机系统一样，多媒体计算机系统由硬件系统和软件系统组成。其中硬件系统主要包括计算机主要配置和各种外部设备，以及与各种外部设备连接的控制接口卡，如显卡、声卡等。软件系统构建于多媒体硬件系统之上，包括多媒体驱动软件、多媒体操作系统、多媒体数据处理软件、多媒体创作工具软件和多媒体应用软件等。

（1）多媒体计算机的硬件组成

多媒体硬件系统包括计算机硬件、声音/视频处理器、音频/视频等多种媒体输入/输出设备及信号转换装置、通信传输设备及接口装置等。其中，最重要的是根据多媒体技术标准而研制生成的多媒体信息处理板卡、光盘存储器（CD/DVD-ROM）等。多媒体硬件系统的基本构成如图 9-1 所示。

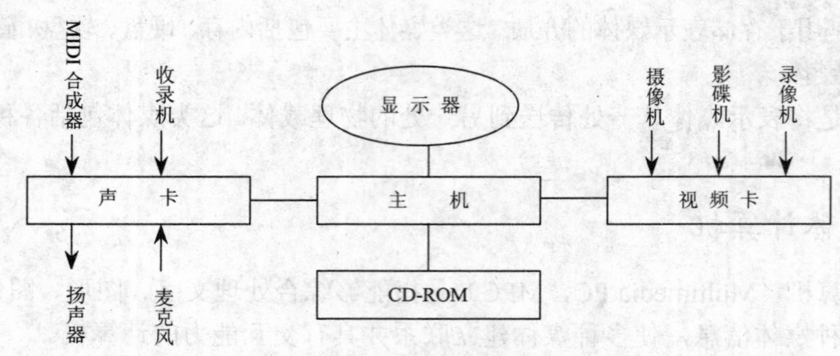

图 9-1　多媒体硬件系统构成

（2）多媒体计算机的软件组成

多媒体软件系统是支持多媒体系统运行、开发的各类软件和开发工具及多媒体应用软件的总和。多媒体软件可以划分为不同的层次或类别，如图 9-2 所示。

多媒体驱动软件是直接和硬件打交道的软件。它完成设备的初始化、各种设备操作以及设备的关闭等。驱动软件一般常驻内存。每种多媒体硬件需要一个相应的驱动软件。

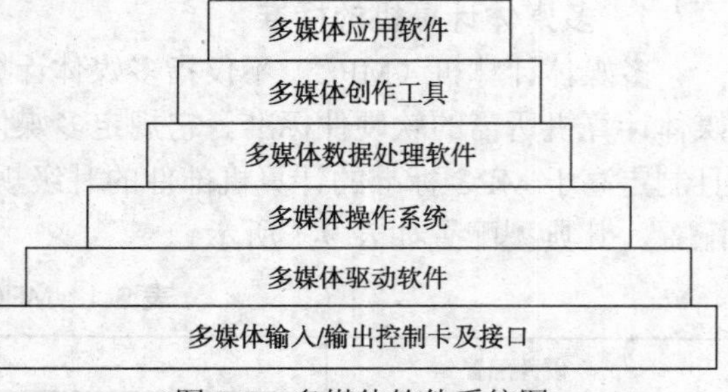

图 9-2　多媒体软件系统图

多媒体操作系统，或称为多媒体核心系统（Multimedia Kernel System），是具有实时任务调度、多媒体数据转换、同步控制多媒体设备以及图形用户界面管理等多种功能的操作系统。一类是为特定的交互式多媒体系统使用的多媒体操作系统，如 Philips 和 Sony 公司联合推出的 CD-RTOS 多媒体操作系统；另一类是通用的多媒体操作系统，如微软的 Windows 9x、Windows XP、Windows NT 等。

多媒体数据处理软件是在多媒体操作系统之上开发的能编辑和处理多媒体信息的应用软件。常见的音频编辑软件有 Sound Edit、Cool Edit 等，图形图像编辑软件有 Illustrator、CorelDraw、Photoshop 等，非线性视频编辑软件有 Premiere，动画编辑软件有 Animator Studio 和 3D Studio MAX 等。

多媒体创作软件是帮助开发者制作多媒体应用软件的工具如 Authorware、Director 等。这些创作软件能够对文本、声音、图像、视频等多种媒体信息进行控制和管理，并按要求连接成完整的多媒体应用软件。

多媒体计算机软件系统主要由以上这几层组成。其核心是多媒体操作系统，其关键是多媒体驱动软件和多媒体创作工具。

9.1.4　多媒体信息的数据压缩

多媒体系统需要将不同的媒体数据表示成统一的信息流，然后对其进行变换、重组和分析处理，以便进行进一步的存储、传送、输出和交互控制。多媒体的关键技术主要集中在数据压缩/解压缩技术、多媒体专用芯片技术、大容量的多媒体存储设备、多媒体系统软件技术、多媒体通信技术、虚拟现实技术等方面。其中，使用最为广泛的是数据压缩/解压缩技术。在保证图像和声音质量的前提下，必须广泛利用数据压缩技术，解决多媒体海量数据的存储、传输、处理。

9.1.5　多媒体技术的应用和发展

目前，多媒体技术的应用领域十分广泛，不仅覆盖计算机的绝大部分应用领域，同时还开拓了新的应用领域，例如教育与训练、演示系统、咨询服务、信息管理、宣传广告、电子出版物、游戏与娱乐、广播电视、通信等领域。

随着网络技术的发展，多媒体技术的应用进一步深入到社会的各行各业，通过高速信息网实现数据与信息的查询、高速通信服务（电子邮件、电视电话、电视会议、文档传输）、电子教育、电子娱乐、电子购物（通过网络选看商品、办理购物手续、质量投诉等）、远程医疗和会诊、交通信息管理等。可视电话、视频会议系统将为人们提供更全面的信息服务。利用 CD-ROM 大容量的存储空间与多媒体声像功能的结合，还可以提供百科全书、旅游指南系统、地图系统等电子工具和电子出版物。

9.2　多媒体素材及数字化

多媒体应用需要综合处理文字、声音和图像等媒体信息。

9.2.1　文字素材的采集、制作与保存

文本指的是在计算机上常见的各种文字。例如字母、数字、符号、文字等，它们是计算机进行文字处理的基础，也是多媒体应用的基础。通过对文本显示方式的组织，多媒体应用系统可以使显示的信息更容易理解。

文本通常可以在文本编辑软件中制作，如在 Word、NotePad 等编辑工具中所编辑的文本文件大都可输入到多媒体应用系统。利用扫描仪并经过文字识别，也可从文字图片中获得文本信息。许多媒体文本也可直接在制作图形的软件或多媒体编辑软件中制作，如 Photoshop、CorelDRAW 等。文本素材是一种简单、方便的媒体信息，从输入、编辑处理到最后的输出等过程，都要经过专门的文字处理软件进行处理。根据文字处理软件的不同，所生成的文本素材文件的格式也不同。通常使用的文本文件格式有 RTF、DOC、TXT 等。

9.2.2　音频素材及数字化

音频（Audio）是指在 20Hz~20kHz 频率范围的声音，包括波形声音、语音和音乐。在多媒体作品中，可以通过声音直接表达信息，例如，演奏音乐，制造和烘托某种效果和气氛。音频信息可增强对其他类型媒体所表达信息的理解。

1．数字音频

现实世界中的音频信息是典型的时间连续、幅度连续的模拟信号，而在信息世界则是数字信号。声音信息要能在计算机中处理并表示，首先要实现模拟信号和数字信号相互转换的功能。声卡正是实现声波/数字信号相互转换的一种硬件，其基本功能是：把来自话筒、磁带、光盘的原始声音信号加以转换，输出到耳机、扬声器、扩音机、录音机等音响设备，或通过音乐设备数字接口（MIDI）使乐器发出美妙的声音。

2．音频信息的存储

模拟波形声音被数字化后以音频文件的形式存储到计算机中。目前，在多媒体音频技术中，主要采用以下格式存储声音信息。

（1）WAV 格式

波形音频文件 WAV 是真实声音数字化后的数据文件，来源于对声音模拟波形的采样。在波形声音的数字化过程中，若使用不同的采样频率，将得到不同的采样数据。以不同的精度把这些数据以二进制码存储在磁盘上，就产生了声音的 WAV 文件。这种波形文件是由 IBM 和微软于 1991 年 8 月联合开发的，是一种交换多媒体资源的文件格式。

（2）MIDI 格式

MIDI 是一种很常用的音乐文件格式，也是数字音乐的国际标准，通常可用来制作背景音乐。它是一套乐器和电子设备之间声音信息交换的规范。

MIDI 文件比 WAV 文件存储的空间小得多，为多媒体设计和指定播放音乐时间带来了很大的灵活性。MIDI 的制作在硬件上需要具备 MIDI 接口的乐器，采用如 Cakewalk 等软件，计算机可以自动地记录在乐器上的曲谱，完成记谱的功能。

（3）CD-DA 格式

光盘数字音频（Compact Disk-Digital Audio，CD-DA）是数字音频光盘的一种存储格式，专门用来记录和存储音乐。CD 唱盘利用激光将 0、1 数字位转换成微小的信息凹凸坑制作在光盘上。它可以提供高质量的音源，而且无需硬盘存储声音文件，声音直接通过 CD-ROM 驱动器特殊芯片读出其内容，再经过 D/A 转换，变成模拟信号后输出播放。

（4）MP3 格式

MP3 是采用 MPEG Audio Layer 3（数字音频压缩标准）对 WAV 音频文件进行压缩而成的。它是现在最流行的声音文件格式。因其压缩率大，在网络可视电话通信方面应用广泛。但和 CD 唱片相比，音质欠佳。

3．音频信息的采集与制作

音频素材的种类很多，采集与制作方法多种多样。采集和制作音频素材中使用的硬件很多、使用的专业软件更是丰富。

（1）利用声卡进行录音采集

音频素材最常见的方法就是利用声卡进行录音采集。若使用麦克风录制语音，需要把麦克风首先和声卡连接，即将麦克风连线插头插入声卡的 MIC 插孔。如果要录制其他音源的声音，如磁带、广播等，需要将其他音源的声音输出接口和声卡的 Line In 插孔连接。连接完成后，可用 Windows“附件”自带的“录音机”进行录音。启动“录音机”程序后，出现如图 9-3 所示的界面。

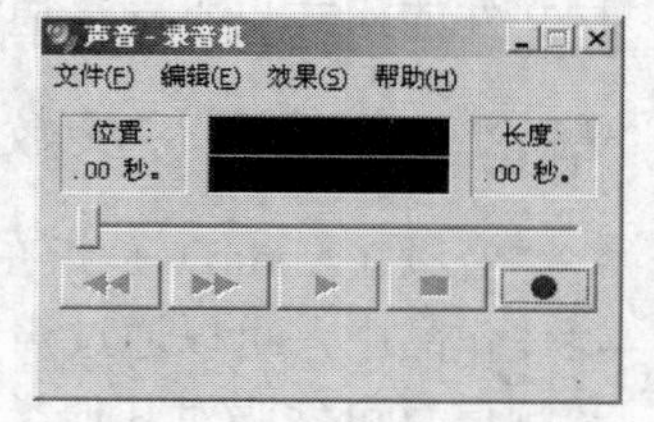

图 9-3 “录音机”程序

在 Windows XP 系统中，“录音机”应用程序与日常生活中使用的录音机的功能基本相同，具有声音文件的播放、录制和编辑功能。它可以帮助用户完成录音工作，并把录制结果存放在扩展名为.WAV 的文件中。“录音机”程序是创建.WAV 文件的简单工具。

（2）从光盘中采集

除通过录制声音的方式采集音频素材外，还可以从 VCD/DVD 光盘或者 CD 音乐盘中采集需要的音频素材。因为 CD 音乐盘中的音乐以音轨的形式存放，不能直接拷贝至计算机中，所以需要特殊的抓音轨软件来从 CD 音乐盘中获取音乐。多媒体播放软件“超级解霸”可以轻松从 CD 音乐盘和 VCD 电影盘中获取音频素材。

（3）连接 MIDI 键盘采集

MIDI 是计算机和 MIDI 设备之间进行信息交换的一整套规则，其基本组成包括 MIDI 接口、MIDI 键盘、音序器、合成器，如图 9-4 所示。对于 MIDI 音频素材的采集，可以通过 MIDI 输入设备弹奏音乐，然后让音序器软件自动记录，最后在计算机中形成 MID 音频文件，完成数字化的采集。

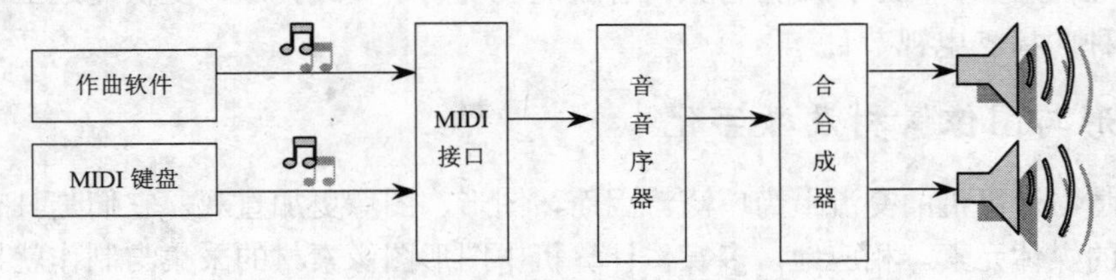

图 9-4　MIDI 声音的处理

9.2.3　视频素材及数字化

视频是图像数据的一种，若干有联系的图像数据连续播放便形成了视频。视频容易让人联想到电视，但电视视频是模拟信号，而计算机视频是数字信号。计算机视频可来自录像带、摄像机等视频信号源的影像，但这些视频信号的输出大多是标准的彩色电视信号。要将其输入计算机，不仅要实现由模拟向数字信号的转换，还要有压缩、快速解压缩及播放的相应硬软件处理设备。将模拟视频信号经模数转换和彩色空间变换转换成数字计算机可以显示和处理的数字信号，称为视频模拟信息的数字化。

1．视频素材的数字化

视频模拟信号的数字化一般包括以下几个步骤。

（1）取样——将连续的视频波形信号变为离散量。

（2）量化——将图像幅度信号变为离散值。

（3）编码——视频编码就是将数字化的视频信号经过编码成为电视信号，从而可以录制到电视上或录像带中播放。

2．视频素材的格式

（1）AVI 格式

AVI（Audio Video Interleaved）是由 Microsoft 公司开发的一种数字音频和视频文件格式，一般用于保存电影、电视等各种影像信息。常用的 AVI 播放驱动程序主要有 Microsoft Video for Windows 或 Windows95/98/XP 中的 Video 等。

（2）MOV 格式（Quick Time）

MOV 格式是 Apple 公司开发的一种音频和视频文件格式，用于保存音频和视频信息，也可以作为一种流媒体文件格式。利用 Quick Time 4 播放器，能够很轻松地通过因特网观赏到以较高视频 / 音频质量传输的电影、电视和实况转播的体育赛事节目。

（3）MPEG 格式

MPEG（Moving Picture Experts Group）是运动图像压缩算法的国际标准，现已被几乎所有的计算机平台支持。其采用有损压缩算法来减少运动图像中的冗余信息，从而达到高压缩比。MPEG 家族中包括了 MPEG-1、MPEG-2 和MPEG-4 等视频格式。

（4）RM格式

RM格式（Real Media）是由Real Networks公司开发的一种能够在低速率的网上实时传输的流式视/音频文件格式。根据网络数据传输速率的不同制定了不同的压缩比率，从而实现在低速率的广域网上进行影像数据的实时传送和实时播放。RM是目前Internet最流行的跨平台的客户端/服务器结构流媒体应用格式。

Real Player是在网上收听收看实时视/音频和Flash的最佳工具。只要用户的线路允许，使用 Real Player 可以不必下载视/音频内容就能实现网络在线播放，更快捷地上网查找和收听、收看各种广播、电视节目。

9.2.4 图形与图像素材及数字化

人的眼睛与计算机的交流最为广泛。因而，图形、图像更加直观。它们是具有丰富表现力和感染力的媒体元素。相应地，多媒体计算机中图形图像素材的采集与制作就显得非常重要。

1. 矢量图和位图

通常凡是能为人类视觉系统所感知的信息形式或人们心目中的有形想象都称为图像。无论是图形还是文字、影像视频等，最终都是以图像形式出现的。在多媒体中，静态的图像在计算机中可以分为矢量图和位图。

（1）位图（Bitmap）

位图是用点阵来表示图像的。其处理方法是将一幅图像分割成若干个小的栅格，每一格的色彩信息都被保存下来。采用这种方式处理图像，可以使画面很细腻，颜色也比较丰富。但文件的尺寸一般较大，而且图像的清晰度和图像的分辨率有关。将图像放大以后，容易出现模糊的情况，如图9-5所示。常用的位图文件格式如.bmp等。

图9-5 放大后的位图效果

（2）矢量图（Vector）

矢量图是根据图形的几何特征和色块来描述和存储图形的。例如，要用矢量的方法来处理一个圆，那么需要描述的就应该有圆心的坐标、半径、边线和内部的颜色。矢量图编辑的都是对象或形状，它与分辨率无关，易于实现图形的放大、缩小、翻转等操作，比较适合于计算机辅助设计制图等方面。如图9-6所示，矢量图在经过放大以后图形的效果没有变差。

图9-6 放大后的矢量图

矢量图形是以一种指令的形式存在的。在计算机上显示一幅图形时，首先要解释这些指令，然后将它们转变成屏幕上显示的形状和颜色。矢量图形需要的存储量很小。但计算机在图形的还原显示过程中，需要对指令进行解释，因此需要大量的运算时间。

常用的矢量图形文件格式有fla（flash）、swf（flash）、cdr（CorelDRAW）等。

2. 图形、图像在计算机中的显示

图形、图像在计算机中的显示效果与显示设备、显卡的性能相关，屏幕和图像分辨率、图像深度是分不开的。

（1）像素

像素（Pixel）是图像处理中最基本的单位。在位图中每一个栅格就是一个像素。计算机的显示器就是通过很多这样横向和纵向的栅格来显示图像的。在单位面积内的像素越多，图像的显示效果就越好。所谓像素大小，是指位图图像在水平和垂直两个方向的像素数。

（2）分辨率

分辨率是单位长度内包含的像素数。常见的分辨率有图像分辨率、显示器分辨率等。图像分辨率是每英寸里包含的像素数，单位是像素/英寸。图像的像素越高，图像的质量就越好，计算机处理的速度相对较慢。

（3）图像深度

图像深度（也称图像灰度、颜色深度）是指一幅位图图像中最多能使用的颜色数。由于每个像素上的颜色被量化后将用颜色值来表示，所以在位图图像中每个像素所占位数就被称为图像深度。

（4）显示深度

显示深度表示显示器上每个像素用于显示颜色的 2 进制数字位数。若显示器的显示深度小于数字图像的深度，会使数字图像颜色的显示失真。

3．图形、图像在计算机中的存储

在图像处理中，可用于图像文件存储的格式有多种，较为常见的有以下几种。

（1）BMP 格式

BMP 格式是标准的 Windows 和 OS/2 的基本位图图像格式。该格式可表现 2～24 位的色彩，分辨率为 480×320～1024×768。BMP 支持黑白图像、16 色和 256 色的伪彩色图像以及 RGB 真彩色图像。BMP 格式采用无损压缩方式，因此这种格式的图像几乎不失真，但图像文件的尺寸较大。多种图形图像处理软件都支持这种格式的文件，它已成为最常用的位图格式。

（2）GIF 格式

GIF 文件格式是压缩图像存储格式，最多只能处理 256 色。由于压缩比较高，因而 GIF 文件较小。GIF 文件支持透明背景，特别适合作为网页图像来使用。

（3）JPG 格式

JPEG 格式是图像的一种压缩存储格式，压缩效率较高。JPEG 格式是一种带有破坏性的压缩方式，图像转换成 JPEG 格式后会丢失部分数据，现在多用于网页图像和一些不包含文字的图像。对于同一幅画面，JPG 格式存储的文件是其他类型图形文件大小的 1/10 到 1/20，而且色彩数最高可达到 24 位。这种格式的最大特点是文件非常小。

（4）TIFF 格式

TIFF 文件格式是一种应用非常广泛的位图图像模式，支持所有图像类型。它能以不失真的形式压缩图像，最高支持的色彩数可达 16MB。TIFF 文件体积庞大，但存储信息量巨大，细微层次的信息较多，有利于原稿编辑与色彩的复制。它可能是目前最复杂的一种图像格式，但同时也是工业标准的图像存储格式。

（5）PSD 格式

PSD 格式是 Photoshop 专用的文件格式。该格式是唯一支持全部颜色模式的图像格式，它保存了图像数据中有关图层、通道和参考线等属性的信息。PSD 格式还是一种非压缩的文件格式，占用的硬盘空间较大。

4．图形、图像数据的采集

图像的数字化过程是指计算机通过图像数字化设备（扫描仪、数字照相机）把图像输入到计算机中，经过采样、量化，把图像转变成计算机能接受的存储格式。图形、图像数据的获取即图形、图像的输入处理，是指对所要处理的画面的每一个像素进行采样，并且按颜色和灰度进行量化，就可以得到图形、图像的数字化结果。

图像数据的获取方法主要有以下几种。

（1）使用扫描仪扫入图像。

（2）使用数字照相机拍摄图像。

（3）使用摄像机捕捉图像。

（4）用荧光屏抓取程序从荧光屏上直接抓取。

（5）利用绘图软件创建图像以及通过计算机语言编程生成图像。

使用扫描仪时，必须在 PC 上安装相关的软件，把扫描的内容转换成需要的文字和图片。这种软件一般称作 OCR 软件。清华 TH-OCR MF7.50 自动识别输入系统就是这种类型的软件。它的中英文识别率高，可以处理复杂的版面和表格。

数码照相机也是目前流行的图形、图像的输入设备。首先将数码照相机通过 USB 接口和计算机相连，然后启动随数码照相机配送的图像获取和编辑软件，把数码照相机中的图像文件下载到计算机中。

9.2.5　动画素材及数字化

无论是看电影、电视，还是上网，总能看到许多制作精美、引人入胜的动画。动画正以它独特的魅力影响着人们生活的方方面面。

什么是计算机动画呢？简单地说，计算机动画是计算机图形学和艺术相结合的产物。它综合利用计算机科学、艺术、数学、物理学以及其他相关学科的知识和技术，在计算机上生成绚丽多彩的连续的虚幻画面，给人们提供一个充分展示个人想像和艺术才能的新天地。计算机动画不仅可应用于商业广告、电影、电视、娱乐，还可应用于计算机辅助教学、军事、飞行模拟等方面。

1．动画的原理

动画是因为人们视觉上的错觉而产生的。这种错觉让人感觉图像在动，导致这种错觉的物理现象叫做视觉残像。做一个简单的实验，在教科书或者作业本的边角上画上一些连续的图像，然后快速翻动书页时，就会看到原来静止的图像仿佛动起来了。这是因为视觉残像而产生的动画错觉。

那么这种视觉残像是怎样产生的呢？因为图像经过人的眼睛传送到大脑中大约需要 1/16 秒的时间，因而只要两幅图像的时间差距在 1/16 秒以内，人眼就感觉不到停顿，而认为图像是连续的。例如，摄像机拍摄的速度是每 1/24 秒拍摄一帧，也就是一秒钟拍摄 24 帧图像，放映时再按每秒 24 帧的速度播放，就可以看到动画了。

动画正是利用人的视觉暂留特性而产生的一门技术，通过快速地播放一系列的静态画面，让人在视觉上产生动态的感觉。组成动画的每一个静态画面称为帧（frame）。动画的播放速度通常称为帧速率，以每秒钟播放的帧数表示，简记为 f/s。动画具有良好的表现力，如在多媒体教学中合理地使用动画，可大大增强教学效果，生动形象地描述讲解的内容，增强知识的消化和理解。

2．计算机动画的种类及其特点

（1）二维动画与三维动画

动画实质是活动的画面，是一幅幅静态图像的连续播放。动画的连续播放既指时间上的连续，也指图像内容上的连续。根据计算机动画的表现方式，通常可以分为二维动画和三维动画两种形式。

二维动画显示平面图像，其制作过程就像在纸上作画一样，通过移动、变形、变色等手法可以产生图像运动的效果。常见的动画大多数都属于二维动画。在常见的二维动画中也可以模拟三维的立体空间，但其图像的精确程度远不及三维动画。

三维动画则显示立体图像。如在 3ds max 中制作三维动画。首先建立三维的物体模型，设置模型的颜色、位置、材质、灯光。在不同的视图中布置被摄对象的位置、规定运动的轨迹、安排好各种灯光，然后在特定位置架设好“摄影机”，也可设定摄影机的推拉摇移，最后通过软件计算出在这一立体空间下“摄影机所见的”动态图像效果。

（2）逐帧动画和渐变动画

对二维动画而言，按照不同的标准存在不同的分类。按照制作方式，可以分为逐帧动画和渐变动画。

逐帧动画方式就是一张张地画出图像，最后连贯播放，形成动画的方式。这种方式与传统的动画制作方式相同，但是由于每秒动画都需要 16 帧以上的画面，因而制作动画的工作量巨大。只有在少数情况下才使用这种方式，比如动画本身比较简单、时间较短或者渐变动画无法完成的特别动画。

渐变动画在制作过程中只需制作构成动画的几张关键的帧，而关键帧之间的帧则是由计算机根据预先设定的运作方式及两端的关键帧自动计算生成的。其中，关键帧用以描述一个对象的位移情况、旋转方式、缩放比例、变形变换等信息的关键画面。如要制作一个篮球下落的动画，只需在第一帧和最后一帧分别画出开始状态和最后状态的篮球位置和状态。有了这两个关键帧，计算机通过软件可以自动生成一个篮球下落的动画。渐变动画充分地利用计算机的计算能力，大大地降低了动画的工作量和制作难度，是制作计算机动画的主要方式。

（3）位图动画和矢量动画

计算机动画的存储方式也存在不同的方式。按照计算机动画的存储方式，计算机动画还可分为位图动画和矢量动画。这两种动画的制作工具也有不同。位图图像的制作工具有 Adobe 公司的 Photoshop 等；矢量图常用的制作软件有 FreeHand、Illustrator 和 CorelDRAW。

在动画制作中，Flash 是一个非常强大的动画制作软件。GIF 动画是多媒体网页动画最早最简单的制作格式，文件大小在 20KB～50KB。除此之外，还可以用 JAVA 应用程序（Applet）制作有动画效果的图形或网页。对个人而言，最常用的动画形式是 GIF 动画和 Flash 动画，它们同样也是在互联网上使用最为广泛的动画形式。

3．计算机动画的制作

在多媒体应用中，可以选择两种方式创建动画。一种是使用专门的动画制作软件生成独立的动画文件。利用动画制作软件制作出来的动画，有基于帧的动画、基于角色的动画和基于对象的动画。另外一种是利用多媒体创作工具中提供的动画功能，制作简单的对象动画。例如，可以使屏幕上的某一对象（可以是图像，也可以文字）沿着指定的轨迹移动，产生简单的动画效果。

计算机动画是在传统手工动画的基础上发展起来的，它们的制作过程有很多相似之处。下面是基于帧的动画制作中的主要步骤。

（1）编写稿本。

（2）绘制关键帧（包括着色）。

（3）生成中间帧（利用动画软件自动生成）。

（4）生成动画文件。

（5）编辑（将若干动画文件合成）。

在动画制作中，一般帧速可选择为30帧/秒。在实际制作中，使用动画制作软件Flash，结合上面的基本步骤可实现多媒体动画。

4．计算机动画的文件存储

常见的动画格式有GIF、FLI、FLC、AVI、SWF等，每种格式具有各自的特点。

（1）GIF格式

GIF（Graphics Interchange Format）即图形交换格式，在20世纪80年代由美国一家著名的在线信息服务机构 CompuServe 开发而成。这种格式的特点是压缩比高、形成渐显方式。用户可以先看到图像的大致轮廓，然后随着传输过程的继续而逐步看清图像中的细节部分，从而适应了用户的从朦胧到清楚的观赏心理。目前因特网上大量采用的彩色动画文件多为这种格式的文件。很多图像浏览器如 ACDSee 等都可以直接观看该类动画文件。

（2）FLI/FLC格式

FLI格式是Autodesk公司开发的属于较低分辨率的文件格式，具有固定的画面尺寸（320×200）及256色的颜色分辨率。由于画面尺寸约为全屏幕的1/4，计算机也可以用320×200或640×400分辨率播放。FLC格式也是Autodesk公司开发的，它属于较高分辨率的文件格式。FLC格式改善了FLI格式尺寸固定与颜色分辨率低的不足，是一种可使用各种画面尺寸及颜色分辨率的动画格式。

（3）AVI格式

严格来说，AVI格式并不是一种动画格式，而是一种视频格式。与前者不同的是，它不但包含画面信息，亦包含有声音。包含声音时会遇到声画不同步的问题，因此这种动画格式以时间为播放单位，在播放时不能控制其播放速度。

（4）SWF格式

Macromedia公司的Flash动画近年来在网页中得以广泛应用，是目前最流行的二维动画技术。用它制作的SWF动画文件，可以嵌入到HTML文件里，也可以单独使用，或以OLE对象的方式出现在各种多媒体创作系统中。SWF文件的体积很小，但在几百至几千字节的动画文件中，却可以包含几十秒钟的动画和声音，使整个页面充满了生机。另外，Flash 动画的文字、图像都能跟随鼠标的移动而变化，可制作出交互性很强的效果。

9.3 Photoshop 平面设计

在众多图像处理软件中，Adobe 公司出品的 Photoshop 已成为图像特效制作产品的典范。Photoshop 汇集了绘图编辑工具、色彩调整工具和特殊效果工具，并且可以外挂不同的滤镜，功能非常丰富。

9.3.1 Photoshop 基础

1. Photoshop 工作窗口

启动 Photoshop 后，Photoshop 的工作窗口如图 9-7 所示。这里使用的是 Photoshop 7.0。其他版本在菜单结构上可能会有所不同，但大体相当。

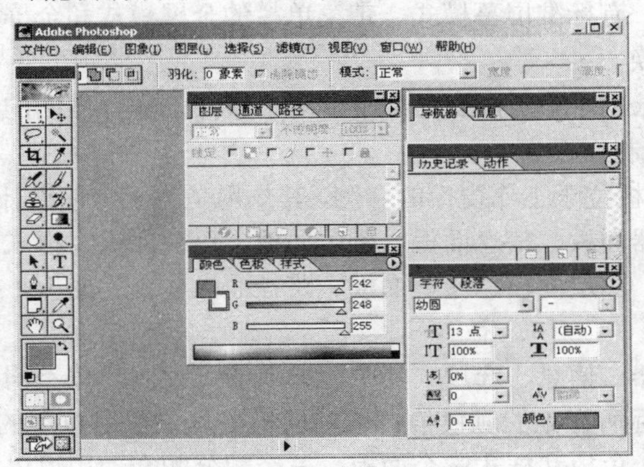

图 9-7 PhotoShop 工作窗口

首先熟悉一下 Photoshop 工作窗口的构成，它由标题栏、菜单栏、图像窗口、工具箱、控制面板和状态栏等部分组成。

（1）Photoshop 菜单

Photoshop 中的主要功能都是通过菜单栏中各命令来实现的。菜单包括“文件”、“编辑”、“图像”、“图层”、“选择”、“滤镜”、“视图”、“窗口”和“帮助”。

- “文件”菜单：用于文件的新建、打开、保存、输入输出以及文件设置、打印和颜色属性的设置、程序退出等。
- “编辑”菜单：用于图像的复制、剪切、粘贴、填充图像和实施图像变换等。
- “图像”菜单：用于改变图像模式、调整图像以及画布的尺寸、旋转画布等。
- “图层”菜单：用于新建和删除图层、调整图层选项、图层蒙板以及合并图层等。
- “选择”菜单：用于调整、存储和加载选择区域。
- “滤镜”菜单：用于添加各种各样的特殊效果。
- “视图”菜单：用于缩放图像、显示标尺、显示和隐藏网格等。
- “窗口”菜单：用于控制工具箱和控制面板的显示和隐藏。
- “帮助”菜单：用于获取有关 Photoshop 的帮助信息。

（2）Photoshop 工具箱

Photoshop 提供了 50 多种工具。这些工具都被整合在工具箱中，按其功能划分有选区工具、绘图工具、渲染工具和颜色设置工具等。工具箱中有的图标右下角有▶标志的表明它是一个工具组，里面还有其他类型相近的工具可供选择。

Photoshop 工具箱位于工作窗口的左侧，这些常用工具从上到下分别是：

- 选框工具：最上方的 4 个按钮，是 4 种不同的选择工具，用于选取图像中的特定部分。
- 图像绘制工具：有 8 个按钮，分别是喷枪、画笔、橡皮图章、历史画笔、橡皮、铅笔、模糊和减淡工具，用来绘制或修改图像。
- 其他辅助工具：包括钢笔、文字、度量、渐变、油漆桶、吸管 6 个按钮。
- 视图工具：包括拖动和缩放两个按钮。
- 颜色控制工具：用于设置编辑图像时用到的前景色和背景色。
- 模式工具：用于在标准模式和快速蒙板模式间进行切换。
- 屏幕显示工具：有标准屏幕模式、带菜单栏的全屏模式和全屏模式三个图标，可在它们之间任意切换。
- Photoshop/ImageReady 切换工具：用于两个软件工作界面间的实时切换。

（3）Photoshop 控制面板

Photoshop 浮动面板位于工作窗口的右侧，其作用是为了方便设计者对图像的编辑。这些浮动面板分别是导航器面板、信息面板、颜色面板、色板面板、样式面板、历史记录面板、动作面板、工具面板、图层面板、通道面板、路径面板、画笔面板、字符面板和段落面板共 14 个。

第 1 组包括导航器、信息、选项。其中，导航器可使用户按不同比例查看图像的不同区域；信息面板显示光标所在处的颜色值；选项面板可提供当前可用的各种选项。

第 2 组包括颜色、色板和样式三个面板。三个部分配合使用可以确定画笔的形状、大小和颜色。

第 3 组有图层、通道和路径三个面板。这三部分是 Photoshop 中最重要的工具。图层、通道和路径这三个面板用来对图层、通道和路径进行控制和操作。

第 4 组有历史和动作两个面板。其中，历史面板可用来恢复图像编辑过程中的任何状态；动作面板可将一系列编辑步骤设定为一个动作，提高图像编辑效率。

2．Photoshop 的基本操作

（1）文件操作

若要在 Photoshop 中新建图像文件，则选择“文件”菜单中的“新建”命令，打开“新建”对话框，如图 9-8 所示。在对话框中可以设定新建文件的名称、宽度、高度、分辨率、颜色模式和背景模式。各项内容设定后，单击“确定”按钮。

打开现有文件，选择“文件”菜单中的“打开”命令，出现“打开”对话框，如图 9-9 所示。在对话框中，选取正确的路径和文件类型，然后单击“打开”按钮。

若要保存当前图像效果，可选择“保存”命令，或“另存为”命令，或“另存为网页格式”命令。若选择“保存”命令，则使用现有的文件名和文件格式保存，原文件将被覆盖；若选择“另存为”命令，则将图像保存为一个新文件，但文件格式不变；若选择“另存为网页格式”命令，则使图像保存为一个网络上经常使用的格式文件，如 GIF。

若要关闭文件，选择“文件”菜单中的“关闭”命令，或单击图像窗口右上角的“关闭”按钮。若要保存修改过的文件，则打开警示对话框，询问是否要将图像保存。

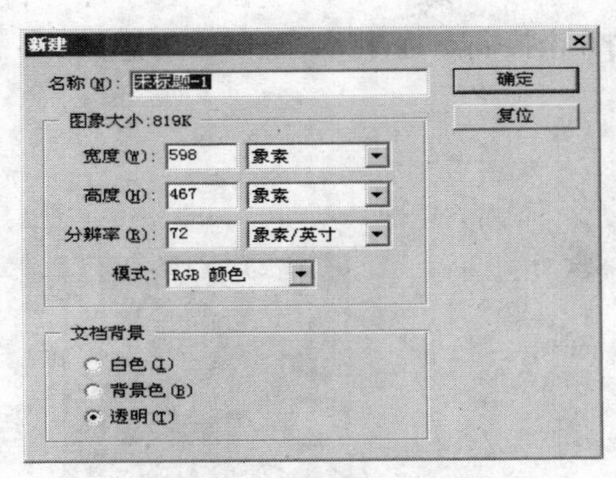

图 9-8 “新建”对话框

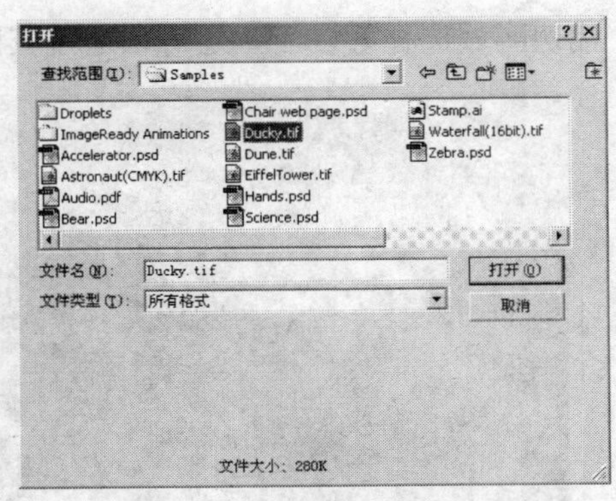

图 9-9 “打开”对话框

（2）调整图像和画布的大小

若要改变图像的大小，则选择“图像”菜单中的“图像大小”命令，打开“图像大小”对话框，如图 9-10 所示。

在“像素大小”选项区域中可以修改图像的宽度和高度，其修改结果将影响到图像在屏幕上的显示大小。在“文档大小”选项区域中可以修改图像的宽度和高度，其修改结果将影响到图像的打印尺寸。若要增加图像的空白区域，需要对画布的大小进行修改。选择“图像”菜单中的“画布大小”命令，打开“画布大小”对话框，如图 9-11 所示。在“宽度”和“高度”组合框中，可以调整画布的大小。若新设置的尺寸小于原图像的大小，则从四周向中心裁切图像；若新设置的尺寸大于原图像的大小，则由中心向四周增加空白区域。空白区域的颜色为当前设置的背景色。

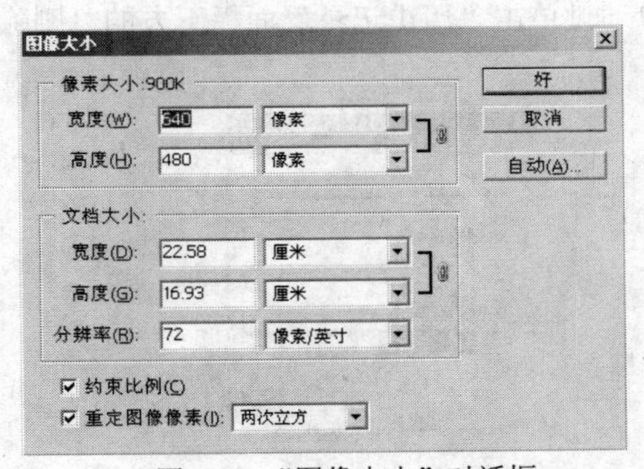

图 9-10 “图像大小”对话框

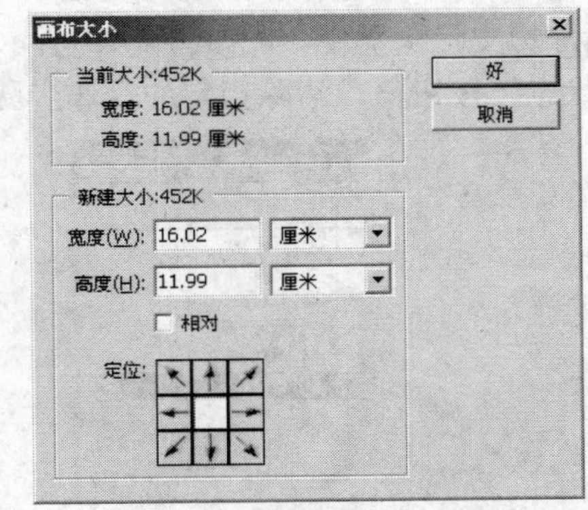

图 9-11 “画布大小”对话框

（3）图像的裁切

图像的裁切是指只选取图像中有用的部分，不是删除图像内容。裁切后的图像尺寸将变小。使用者可以自由地选取裁切区域，并对该区域进行旋转、变形和修改分辨率等操作。

首先在工具栏中选择“裁切工具”，然后在图像窗口内，按住鼠标左键不放并拖动以选择一个区域，放开鼠标左键后，出现一个裁切区域。这就是要保留的图像内容，其余部分的图像将被遮蔽，如图 9-12 所示。若对已选定的裁切区域满意，按回车键确定后，图像将被裁切；若要取消已选定的裁切区域，按【Esc】键取消。图像被裁切后的效果如图 9-13 所示。

裁切区域选择好以后，还可以通过其四周的 8 个控制点进行裁切范围的调整。

图 9-12　选取裁切区域

图 9-13　图像裁切后的效果

（4）操作的撤销和重做

Photoshop 提供的撤销和重做功能极大地方便了图像的编辑工作。只要没有保存和关闭图像就能快速地进行撤销和重做。在图像编辑过程中，若产生错误操作，可选择“文件”菜单中的“恢复”命令，来恢复文件打开时的初始状态。

使用“历史记录”面板，可以很方便地实现图像操作的撤销和重做。“历史记录”面板中记录了对图像的所有操作，如图 9-14 所示。用鼠标选择里面的某项操作，图像就会回到执行该次操作时的状态。但若在返回了以前的操作以后又进行了其他的操作，该次操作以后的所有操作都将被清空。

要清除某项操作以后的历史记录可以先选中该操作后右击，在弹出的快捷菜单中选择“清除历史记录”命令，如图 9-15 所示。也可以通过单击“历史记录”面板下方的“删除当前状态”按钮，清除指定的操作步骤。

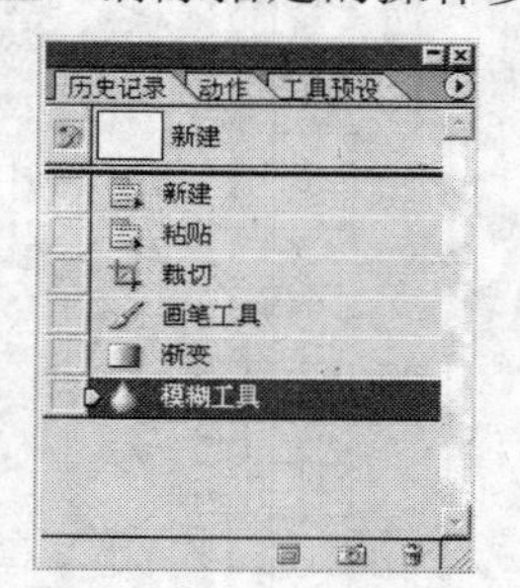

图 9-14 “历史记录”面板

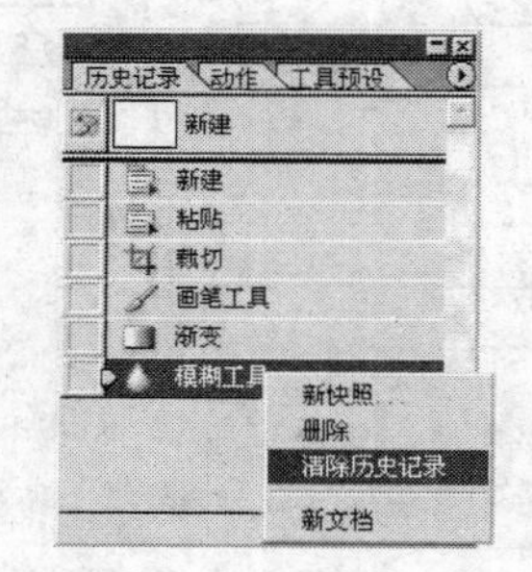

图 9-15　清除历史记录

9.3.2　图像制作实例

在 Photoshop 中，对图像的处理通常是局部的、非整体性的处理。若要处理图像的某一部分，就要精确地选定处理区域，这个要进行操作的像素区域就称为选区。有了选区，就可对图像的局部进行移动、复制、羽化、填充颜色和变形等特殊效果处理了。

1. 图像的选区

Photoshop 提供了一系列工具来进行选区操作，对选出来的区域还可以进行编辑和运算。

【例 9.1】使用魔术棒选取图像。

（1）打开两幅需要编辑的图像，图像分别为 car.jpg 和 girl.jpg。

（2）在工具箱中，选择“魔术棒工具”。使用“魔术棒工具”，可选择颜色相似的区域，而不必跟踪其轮廓。

（3）在属性栏中修改魔术棒的容差值为 40。“魔术棒工具”的属性栏如图 9-16 所示。

图 9-16　“魔术棒工具”的属性栏

容差值越大，表示近似程度越低，选择的范围也就越大；容差值越小，表示近似的程度越高，选择的范围也就越小。

（4）在 girl.jpg 图像中使用魔术棒，在黑色的区域单击，当前所有黑色部分被选择，如图 9-17 所示。

（5）反选操作，即把图像中的未被选取的部分作为新的选区，而原选区不被选中。选择“选择”菜单中的“反选”命令，得到选择区域，如图 9-18 所示。

（6）选择“编辑”菜单中的“拷贝”命令，或按【Ctrl+C】组合键，复制当前选择的区域。接着选择 car.jpg 图像，按【Ctrl+V】组合键，将选区图像复制到新的图像中。该选区图像位于新的图层中。调整复制图像在新图层的位置，得到如图 9-19 所示的效果。

图 9-17　选中黑色背景

图 9-18　反选效果

图 9-19　合成后的效果

2．图像的复制

Photoshop 的“仿制图章工具”能够将图像中的部分或全部内容，复制到同一幅图像或其他图像中。

【例 9.2】“仿制图章工具”的应用实例。

（1）打开一幅图像，如图 9-20 所示。

（2）在工具箱中选择“仿制图章工具”，在工具属性栏中设置好画笔的形状和直径、模式、不透明度和流量等属性，如图 9-21 所示。

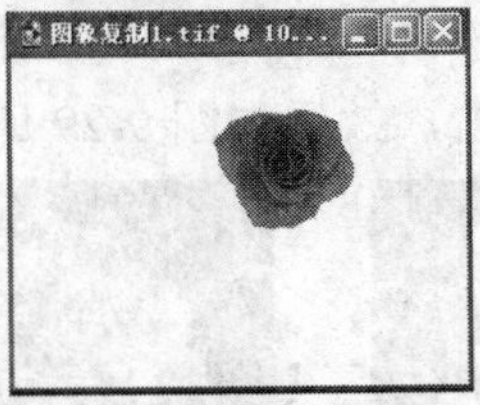

图 9-20　打开图像

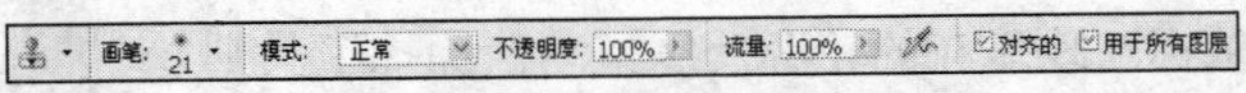

图 9-21　仿制图章工具属性栏

（3）设置取样点。按住【Alt】键不放，光标的形状变成了⊕，在图像中选择需要复制的地方，然后单击，如图 9-22 所示。

（4）将光标移动到图像的另一位置，按住鼠标左键反复拖动，即可完成图像的复制。在复制过程中，取样点附近会出现一个十字光标表明复制的图像内容。复制的效果如图 9-23 所示。若不选中“对齐的”复选框，则每次松开鼠标左键后都将重新对取样点的图像进行复制，效果如图 9-24 所示。

图 9-22　设置取样点

图 9-23　复制的效果

图 9-24　不对齐的复制的效果

3. 图像的修饰

Photoshop 提供了图像修饰和渲染工具，利用这些工具可以对图像进行模糊、锐化、加深和减淡等效果处理。

【例 9.3】使用“模糊工具”、“锐化工具”和“涂抹工具”渲染图像。

（1）打开一幅图像，如图 9-25 所示。

（2）在工具箱中选择“模糊工具”，在工具属性栏中设置好画笔的形状和直径、模等属性，如图 9-26 所示。“模糊工具”会降低图像中相邻像素之间的反差，使图像边界区域变得柔和而产生模糊效果。“模糊工具”属性栏上的“强度”选项用来设置模糊程度，数值越大，模糊的效果越明显。

图 9-25　打开图像

图 9-26　模糊工具属性栏

（3）在图像中，使用“模糊工具”在玫瑰花的轮廓处反复单击，效果如图 9-27 所示。

（4）重新打开图像，在工具箱中选择“锐化工具”。在工具属性栏中设置好画笔的形状、直径、模等属性，如图 9-28 所示。“锐化工具”和“模糊工具”的工作原理正好相反，它能够使图像产生清晰的效果。

图 9-27　模糊效果

图 9-28　锐化工具属性栏

（5）在图像中，使用“锐化工具”在玫瑰花的轮廓处反复单击，效果如图 9-29 所示。

（6）“涂抹工具”模拟用手指涂抹绘制的效果。重新打开图像，在工具箱中选择“锐化工具”。然后用鼠标沿玫瑰花的轮廓反复拖动，涂抹工具则将取样颜色与鼠标拖动区域的颜色进行混合，形成如图 9-30 所示的效果。

图 9-29　打开图像

图 9-30　模糊效果

4. 图层的运用

图层是 Photoshop 中一个很重要的概念，任何特效都是在多个图层上进行处理的。利用图层可以方便地处理和编辑图像，一幅好的作品通常要用到图层来进行处理。图层就像是一张透明的纸，设计者可以对每张纸进行单独的编辑而不影响到其他的纸，最后把所有的这些纸都按一定次序叠放起来，这就构成了一幅完整的图像。

【例 9.4】增添图层来为图像添加背景。

（1）新建一个图像，在新建设对话框中设定好新建文件的名称、宽度、高度、分辨率等。

（2）使用工具箱中的“前景色和背景色”工具将前景色设置成蓝色。单击工具箱中的“渐变工具”，然后在图像上拖动鼠标，形成渐变颜色的背景，如图 9-31 所示。

（3）选择“图层”菜单中的“新建图层”命令，在背景图层上新建一新图层。建好之后，图层面板如图 9-32 所示。其中，图标用来设置图层的可见性，图标表示该图层是当前图层。

（4）打开一幅图像，如图 9-33 所示。

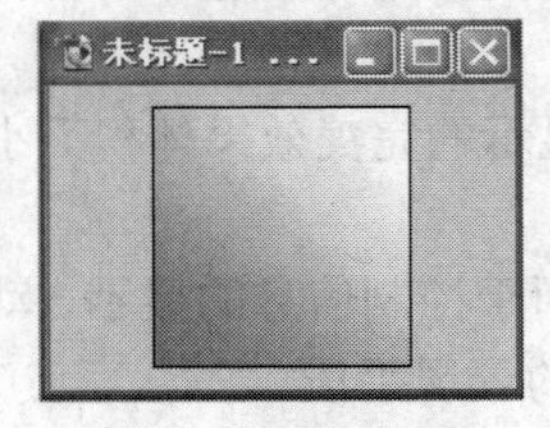

图 9-31　制作背景

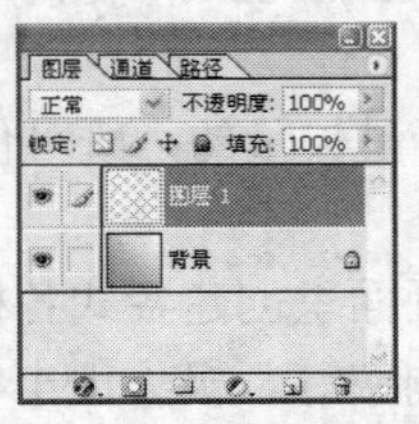

图 9-32　新建图层

图 9-33　打开图像

（5）运用“魔术棒工具”选择好玫瑰花部分，按【Ctrl+C】组合键。单击图层面板中的图层 1，然后按【Ctrl+V】组合键，将选区图像复制到该图层中。处理后的效果如图 9-34 所示，图层面板如图 9-35 所示。

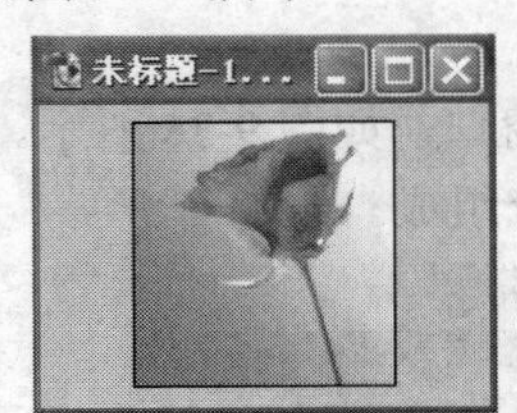

图 9-34　处理后的效果

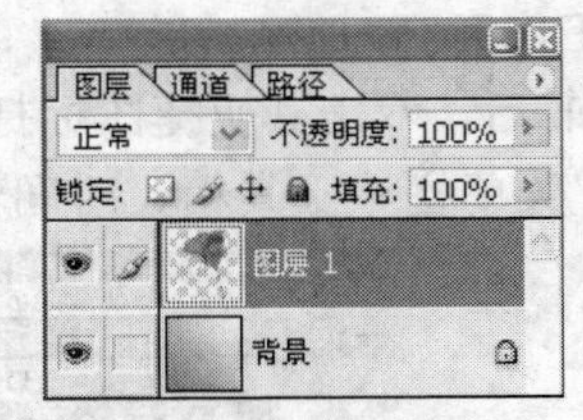

图 9-35　图层面板

5．滤镜的运用

Photoshop 中的滤镜专门用于对图像进行各种特殊效果处理。滤镜可以快速方便地实现图像的纹理、像素化、扭曲等特效处理。充分而适度地利用好滤镜不仅可以改善图像效果、掩盖缺陷，还可以在原有图像的基础上产生许多特殊炫目的效果。

Adobe Photoshop 自带的滤镜效果有 14 组，每组又有多种类型。

【例 9.5】使用“旋转扭曲”滤镜对图像进行扭曲效果处理。

（1）打开一幅图像，如图 9-36 所示。

（2）打开“滤镜”菜单，选择“扭曲”→“旋转扭曲”命令，打开“旋转扭曲”滤镜的参数设置对话框。参数设置对话框中的“角度”参数用来设置扭曲的程度。图 9-37 就是将“角度”参数设置为 50 时的扭曲效果。

图 9-36　原图

图 9-37　旋转扭曲后的效果

9.4 Flash 动画设计

动画是多媒体产品中最具吸引力的素材，能使信息表现更生动、直观，具有吸引注意力、风趣幽默等特点。动画制作软件是将一系列的画面连续显示以达到动画的效果。目前，比较流行的动画制作软件有 Animator Studio、AXA 2D、Flash 等。在众多的动画制作软件中，Flash 使用得最为广泛。

Flash 软件是基于矢量的、具有交互功能的、专门用于因特网的二维动画制作软件。Flash 主要具有如下功能特点：

（1）矢量动画。由于 Flash 动画是矢量的，既可保证动画显示的完美效果体积又小，因而能在互联网上得到广泛的应用。

（2）交互性。Flash 动画可以在画面里创建各式各样的按钮用于控制信息的显示、动画或声音的播放以及对不同鼠标事件的响应等。极大地丰富了网页的表现手段。

（3）采用流技术播放。Flash 动画采用了流（Stream）技术，在通过网络播放动画时是边下载边播放的。

9.4.1 Flash 基础

1. Flash 工作窗口

安装完 Flash 后，双击其快捷图标打开 Flash 工作窗口，如图 9-38 所示。Flash 工作窗口主要由标题栏、菜单栏、工具箱、时间轴、场景等部分组成。

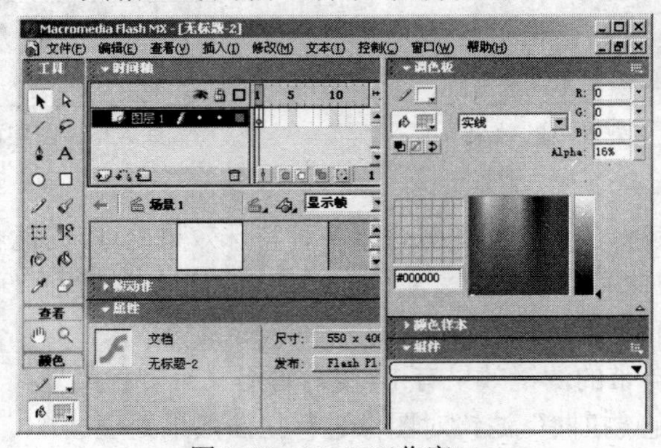

图 9-38 Flash 工作窗口

Flash 菜单栏与 Windows 标准的操作界面一样，Flash 的菜单栏也位于整个工作窗口的上部，主要包括以下选项和命令。

- “文件”菜单：其中的命令包括文件的新建、打开、保存和影片的导入、导出，设置文件、打印以及动画的发布、程序退出等。
- “编辑”菜单：用于图像的复制、剪切、粘贴等操作，填充图像和实施图像变换等。
- “查看”菜单：用于显示时间轴、工作区，清除锯齿以及放大、缩小画布的尺寸等。
- “插入”菜单：其中的命令包括插入图层、元件、帧以及场景等。
- “修改”菜单：用于调整、存储和加载选择区域。
- “文本”菜单：用于设置动画中文本的字体、样式、大小、对齐方式、间距等。

- “控制”菜单：其中的命令用于动画的测试、播放等控制。
- “窗口”菜单：用于控制工具箱和控制面板的显示和隐藏。
- “帮助”菜单：用于获取有关 Flash 的帮助信息。

2. Flash 工具箱

位于整个工作环境的左侧的按钮组就是“工具箱”。工具箱中设置了许多常用的工具，主要用于绘制图形和制作文字。这些工具从上到下依次是：

- 箭头工具，用于选取和操作对象。
- 选取工具，用于调整图形节点，改变图形的形状。
- 线条工具，用于绘制直线。
- 套索工具，用于选择对象的编辑区域。
- 钢笔工具，用于创建路径。
- 文本工具，用于文字的输入与编辑。
- 椭圆工具，用于绘制椭圆和正圆。
- 矩形工具，用于绘制矩形，矩形可带有圆角。
- 铅笔工具，用于绘制各种曲线。
- 笔刷工具，用于绘制各种图形。笔刷的宽窄和形状可调。
- 自由变换工具，用于对选定的对象进行旋转、缩放等变换。
- 填充变换工具，用于调整渐变填充的中心位置、渐变角度、渐变范围。
- 墨水瓶工具，用于创建和修改图形轮廓线的颜色、宽度、样式。
- 颜料桶工具，用于填充图形内部的颜色。可选取各种单色及渐变色。
- 吸管工具，用于对已有颜色进行取样。
- 橡皮工具，用于擦除对象的线条与颜色。擦除的模式和形状可调。

3. Flash 中的基本概念

（1）Flash 动画中的帧

Flash 采用时间轴的方式设计和安排每一个对象的出场顺序和表现方式。时间轴以“帧”（Frame）为单位，生成的动画以每秒 N 帧的速度进行播放。

动画中的帧主要分为两类：关键帧和普通帧。关键帧表现了运动过程的关键信息，它们建立对象的主要形态。Flash 以一个实心的黑点表示关键帧。若关键帧没有内容，则以空心圆圈表示。关键帧之间的过渡帧称为中间帧（普通帧）。

在 Flash 中，对于帧的操作主要有：插入帧、移除帧、插入关键帧、插入空白关键帧、清除关键帧等。这些操作都在“时间轴”菜单中。

（2）Flash 动画中的元件

在 Flash 中，元件是一种特殊的对象。Flash 元件分为三类：图形、按钮和电影剪辑。元件一旦被创建，就可无数次地在 Flash 动画中使用。

在一个 Flash 动画中可以包含多个不同类型的元件。设置元件的作用在于将动画中常用到的图片、视频等对象建立成元件并放置在元件库中，就可随时从库中取出使用。

4. Flash 动画的制作

在 Flash 中，可以制作三种类型的动画：逐帧动画、运动渐变动画和形状渐变动画。逐帧动画的特点是每一帧都是关键帧，制作的工作量很大。

在 Flash 中，提供了一种生成图形运动动画的方法，称为运动渐变。运动渐变动画可以产生位置的移动、大小的缩放、图形的旋转以及颜色的深浅等多种变化。只需要制作出图形的起始帧和结束帧，所有起始帧和结束帧之间运动渐变过程的帧都由计算机自动生成。

在 Flash 中，还提供了一种生成形状渐变的动画方法，称为形状渐变。形状渐变实现的是某个对象从一种形状变成另一种形状的变化。和运动渐变一样，只需要制作出图形的起始帧和结束帧，所有起始帧和结束帧之间的形状渐变过程的帧都由计算机自动生成。

9.4.2 动画制作实例

1. 制作逐帧动画实例

【例 9.6】制作逐帧动画。随着动画的播放，屏幕上逐字显示一行文本，同时文字下面从左往右画出一条下划线，如同正在打印一样，如图 9-39 所示。

Happy New year !

图 9-39 逐帧动画效果

（1）新建文件，选择“修改”菜单中的“文档”命令，打开“文档属性”对话框，将影片尺寸设为“500px×150px（宽×高）”，背景色设为“浅蓝色”，其他设置如图 9-40 所示。

（2）在工具箱中选择“文本工具”A，设置文本工具“属性”面板中的字体为“Times New Roman”，字号为“40”磅，颜色为“红色”。用鼠标单击编辑区，在出现的文本输入框中输入此行文本的第一个字母“H”，如图 9-41 所示。

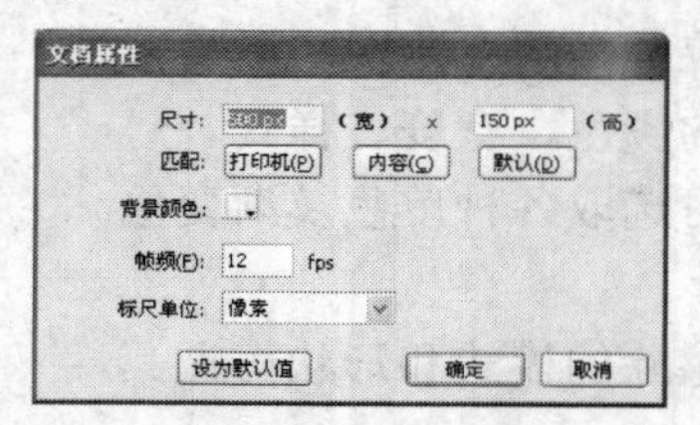

图 9-40 “文档属性”对话框

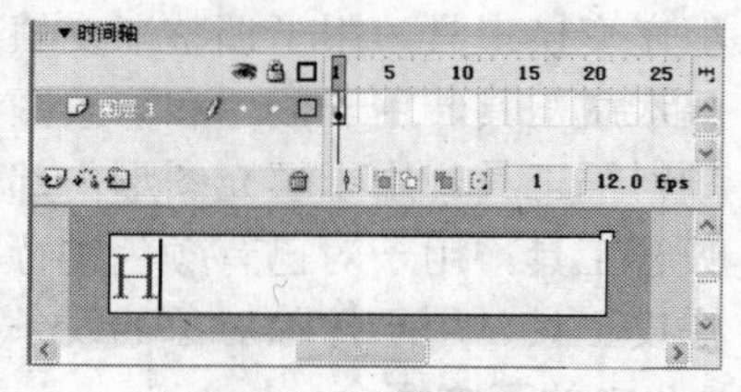

图 9-41 制作第一帧

（3）在时间轴上单击第 2 帧，然后打开“插入”菜单，选择“时间轴”选项，最后选择“关键帧”命令，插入一个关键帧。第 1 帧中的内容自动复制到第 2 帧。

（4）在第 3 帧处插入关键帧，在“H”的后面接着输入第二个字母“a”，如图 9-42 所示。在第 4 帧插入关键帧。第 3 帧中的内容自动复制到第 4 帧。

（5）重复上面的操作，每两帧加入一个字母，每一帧都是关键帧，完成文本输入的时间轴，如图 9-43 所示。

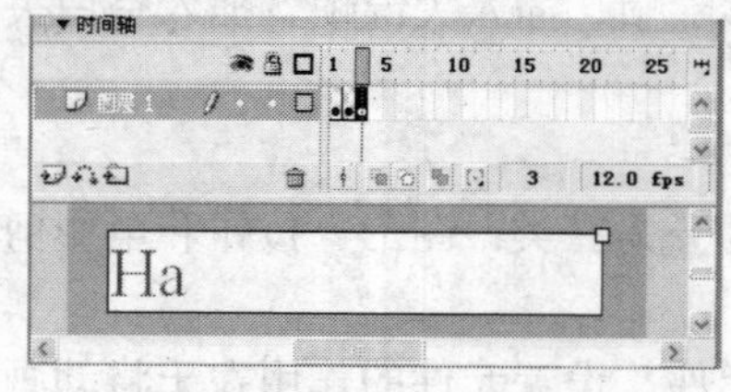

图 9-42 输入第二个字母“a”

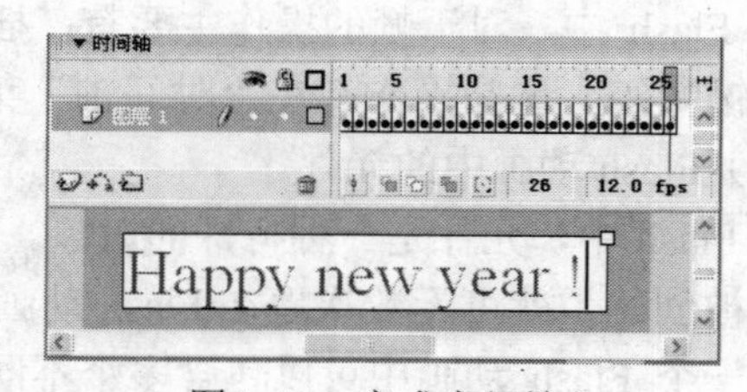

图 9-43 完成字母输入

（6）按回车键，在编辑区中可看到文本逐个跳出来，非常富有动感。

（7）单击图层区域中的“添加图层”按钮，即可添加一个新图层，如图 9-44 所示。在“图层 2”的第 1 帧处第一个字母的下方画一条短黑线，然后在第 2 帧插入关键帧。在第 3

帧插入关键帧，用箭头工具把黑线稍微拉长，并在第 4 帧插入关键帧。重复同样的操作，在最后一帧处黑线长度与文本长度一致，如图 9-45 所示。

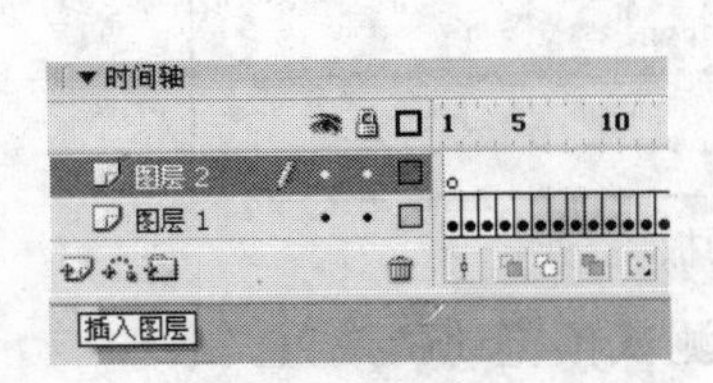

图 9-44　插入图层

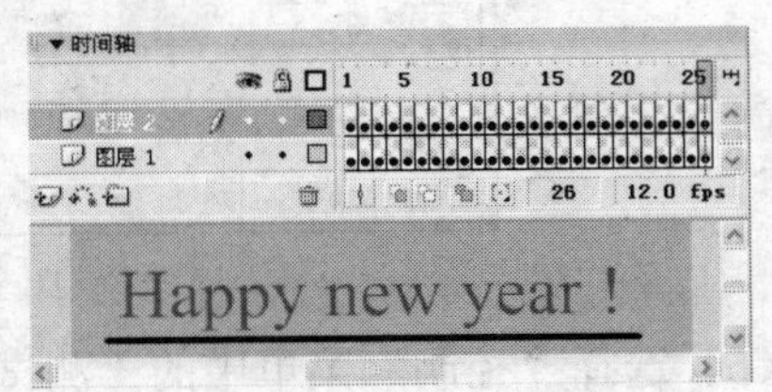

图 9-45　为新图层加入黑色横线

（8）选择“控制”菜单中的“测试影片”命令，或按【Ctrl+Enter】组合键，在新的浏览窗口中预览到逐字显示的一行文本，同时文字下面从左往右画出一条下划线。

（9）关闭预览窗口，回到主场景中，保存动画影片文件。

2．制作移动渐变动画实例

【例 9.7】制作移动渐变动画。该动画的效果为：随着动画的播放，在蓝色背景中一个颜色渐变的圆球从屏幕左下角慢慢升起，然后逐渐变快移动到右上角，并按一定的方向自转。

（1）新建文件，将背景色设为“蓝色”，帧频为“6”，尺寸为“400px×300px”。

（2）单击工具箱中的“填充色”工具，在图 9-46 所示的调色板中选择渐变颜色。

（3）在舞台的左下角绘制出用此颜色填充的圆。选中此圆，打开“插入”菜单，选择“时间轴”选项，然后选择“创建补间动画”命令，Flash 自动把它转换成图形元件。此时，圆的周围出现蓝色的边框，如图 9-47 所示。

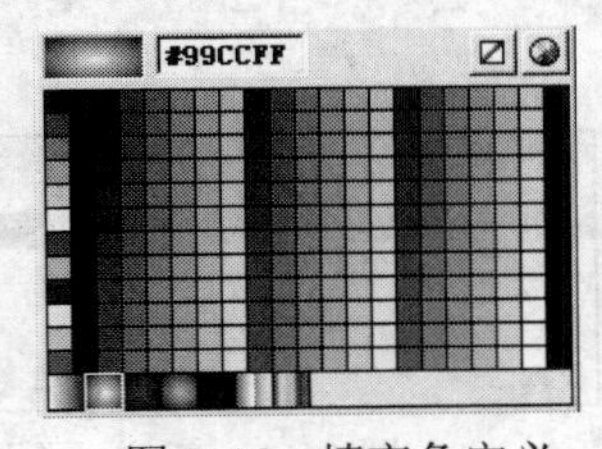

图 9-46　填充色定义

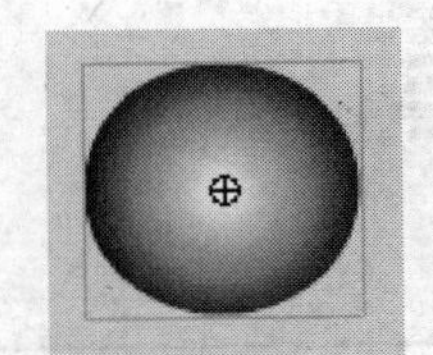

图 9-47　球形元件

（4）在第 30 帧处插入关键帧，第 1 帧中的元件将被原样复制过来。用鼠标将元件移动到舞台的右上角。单击时间轴上两关键帧之间任意一帧，在帧属性面板上设置补间类型为“动作”，简易值设为“-90”，其他各选项设置如图 9-48 所示。此时，两关键帧之间出现背景为浅灰色的黑色箭头，表示所设动画是一个“移动渐变”动画，旋转为“顺时针”。

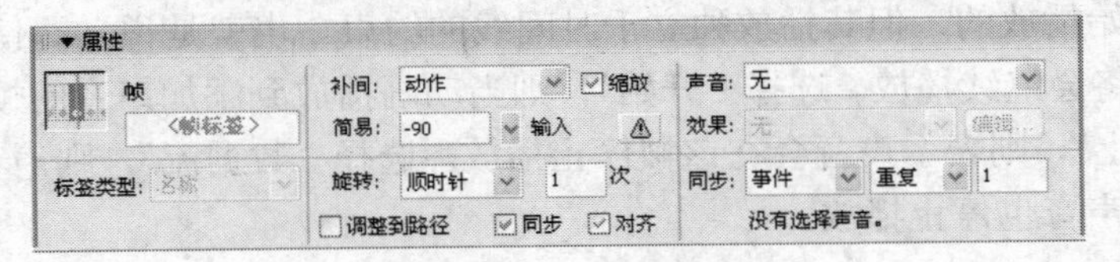

图 9-48　帧属性面板

其中，“旋转”主要用于设置移动渐变中的特殊旋转方式，包括顺时针和逆时针。“简易”决定动画从开始到结束播放的速度，可用来创建加速或减速播放的效果。若要动画开始时比较慢然后逐渐加快，可下拉滑块；反之，则上拉滑块。若要使动画的速度保持不变，可使滑块在中间。

（5）用鼠标单击第 30 帧中的圆球实例，在打开的图形属性面板中进行设置，如图 9-49

所示。选择颜色下拉列表框中的“色调”选项，设置 RGB 值分别为 255、0、0。

图 9-49　图形属性面板

（6）选择“控制”菜单中的“测试影片”命令，测试预览动画效果。

（7）保存文件，文件取名为“升起的圆球.fla”。

3．给动画导入声音

一个好的动画，如果只有动画而没有声音，则会美中不足。在 Flash 中，不仅可以制作动画，还可以给动画加入丰富的声音效果。

【例 9.8】给例 9.7 的移动渐变动画加入声音。

（1）选择“文件”菜单中的“导入到舞台”命令，打开“导入”对话框。然后选择需要导入的.mp3 或.wav 文件，打开该文件，如图 9-50 所示。

（2）单击图层区域中的“添加图层”按钮，即可添加一个新的图层，如图 9-51 所示。该图层专门用来播放声音。

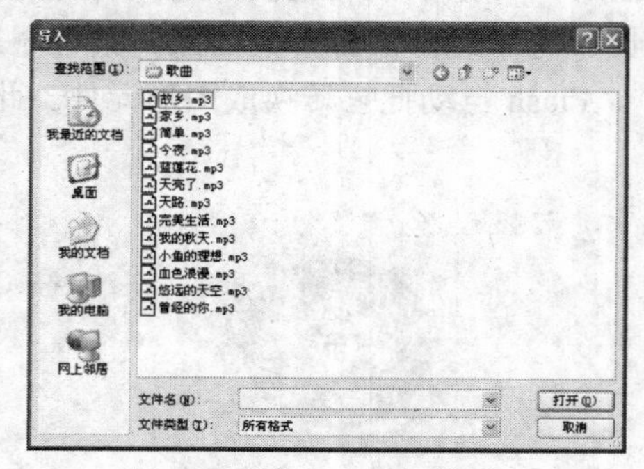

图 9-50　“导入”对话框

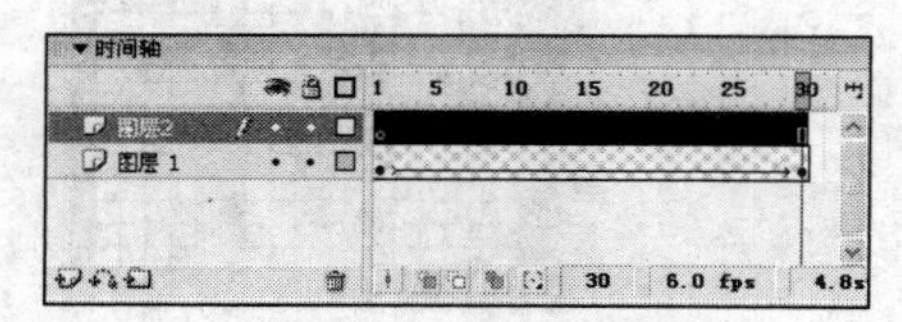

图 9-51　新增一个图层

（3）如果需要声音从该图层的某一帧开始，则右击该帧，在弹出的快捷菜单中选择“插入关键帧”命令，将该帧设置为关键帧。然后在帧属性面板中设置声音相关属性。

在帧属性面板中的“声音”下拉列表框中可选择已导入到舞台的声音文件名，如图 9-52 所示。“同步”下拉列表框中有四个选项，设置其值如图 9-53 所示。其中，“事件”表示是由某一事件驱动开始播放的，但其播放独立于时间线的约束。也就是说，即使时间线已经播放完了，该声音还将会继续播放。选择“开始”，则当动画播放到添加声音的帧时，声音才开始播放。选择“停止”，则表示声音会在该帧停止播放。选择“数据流”，则声音会与动画同步，动画播放完了，声音也停止播放。

图 9-52　设置动画声音

图 9-53　“同步”的可选项

根据需要设置好帧属性面板后，声音文件就已经加入到动画中去了。

（4）选择“控制”菜单中的“测试影片”命令。当动画开始播放时，音乐也同步响起。动画播放完了，声音也停止播放。

（5）选择“文件”菜单中的“发布设置”命令，发布 Flash 动画。若是作为一般的网页发布，则在“格式”选项卡中选择 Flash、HTML、Gif 图像即可，如图 9-54 所示。单击“发布”按钮，完成文件的发布工作。

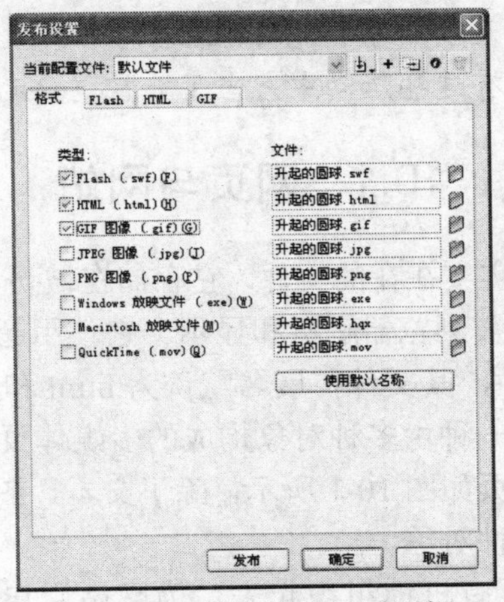

图 9-54 “发布设置”对话框

思考题九

1．什么是多媒体？多媒体计算机的基本硬件配置有哪些？

2．简述图形与图像的概念和特点。

3．音频文件的格式有哪些？它们有什么区别？

4．简述动画与数字视频文件的区别和特点。

5．音频信息的采集方式有哪些？

6．逐帧动画和渐变动画有何区别？

7．简述几个有关图像处理的软件，并说明它们的基本功能和作用。

8．若以每秒 25 帧的速率播放 800×600 点阵、16 位色的影像，其数据传输率是多少？

9．多媒体技术具有哪些特性？

10．举出常见的几个多媒体应用技术的领域。

第10章　网页设计基础

当今是网络飞速发展的时代，网络应用已非常普遍。人们通过网络获得最新的资讯和商品，通过网络与远方的朋友聊天等，可以说网络在当今世界无所不在，无所不能。网站与网页作为网络的重要元素，在所有这些活动中充当了非常重要的角色，有着不可替代的地位。

10.1　网页与网站

网页（Web Page）是一个实实在在的文件，它存储在被访问的Web服务器（如网站服务器）上，通过网络进行传输，被浏览器解析和显示。它使用超文本标记语言（HTML）编写而成，通常又称为HTML文件，其文件扩展名默认为.html和.htm。

从网页的组成来说，它是一种由多种对象构成的多媒体页面，包括文本、图片和超链接等多种对象。西南财经大学主页如图10-1所示，除了文本、图片、超链接之外，还有Flash、GIF动画、文本框、按钮等多种对象。

一个网站通常由众多网页有机地组织起来，为网站用户提供各种各样的信息和服务。网页是网站的基本信息单位。主页（Homepage）是一种特殊的网页，它专指一个网站的首页。

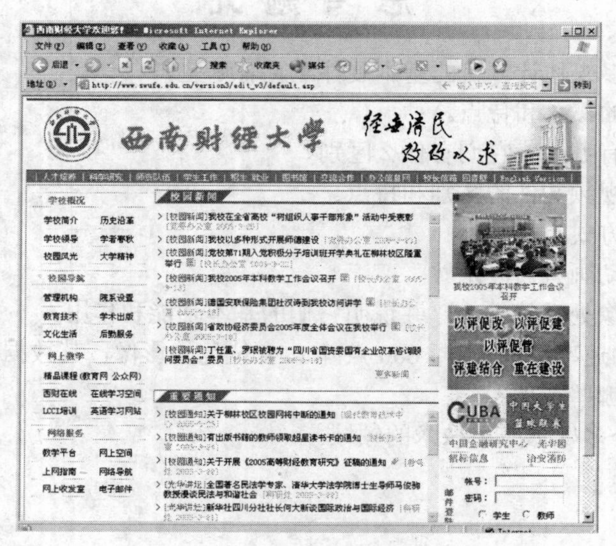

图10-1　西南财经大学主页

10.1.1　网页的基本操作

一般通过浏览器软件浏览网页。常用的浏览器有Internet Explorer（简称IE）、Netscape Navigator等。无论哪种浏览器，都是通过URL来定位网页的。

URL是网页地址的英文名称，全称为Uniform Resource Locators，中文翻译为“统一资源定位”，它是各种资源在 Internet 上统一的表示方式。

网页在 Internet 上是通过 URL 来指明其所在位置的。不同的网页具有不同的 URL 地址，例如，西南财经大学校园网主页的 URL 是 http://www.swufe.edu.cn，著名搜索引擎 Google 的 URL 是 http://www.google.com。

一个完整的 URL 格式为：

协议名称://服务器的 IP 地址|服务器域名/路径/文件标识

例如，http://www.Microsoft.com/software/index.htm 就是一个完整的 URL，其中“http://”是协议部分，“www.microsoft.com”是微软公司的域名，“index.htm”是网页在服务器上指定路径上的文件名。

1．浏览网页

【例 10.1】使用 IE 浏览器浏览感兴趣的网页。

操作步骤如下。

（1）打开 IE 浏览器。

（2）在 IE 浏览器的地址栏处，输入需要浏览的网页地址，即该网页的 URL，例如，输入“http://www.baidu.com”并按回车键，打开百度的搜索引擎主页，如图 10-2 所示。

（3）在文本框中，输入需要搜索的文本内容，例如，输入“学习网页制作”，然后单击“百度搜索”按钮，这时网页通过后台的搜索服务，快速返回搜索到的内容并显示出来。

在地址栏中输入 URL 时需要特别注意：协议名和服务器域名（或 IP 地址）之间应该是“//”，而不是“/”；服务器域名（或 IP 地址）和路径之间、路径和文件标识之间应该是“/”，而不是“//”；所有字符必须是 ASCII 字符，并且不能用汉字的标点代替英文的标点。

2．保存浏览的网页

在浏览网页时，如果需要离线浏览网页的内容或者需要参考网页的结构，就需要将整个网页保存下来。使用 IE 浏览器能够轻松完成这项任务。

【例 10.2】在浏览器中将西南财经大学主页保存下来。

操作步骤如下。

（1）打开 IE 浏览器。

（2）选择“文件”菜单中的“另存为”命令，打开“保存网页”对话框，如图 10-3 所示。选择目标文件夹，并在“文件名”组合框中给网页重新命名。

图 10-2　百度搜索主页

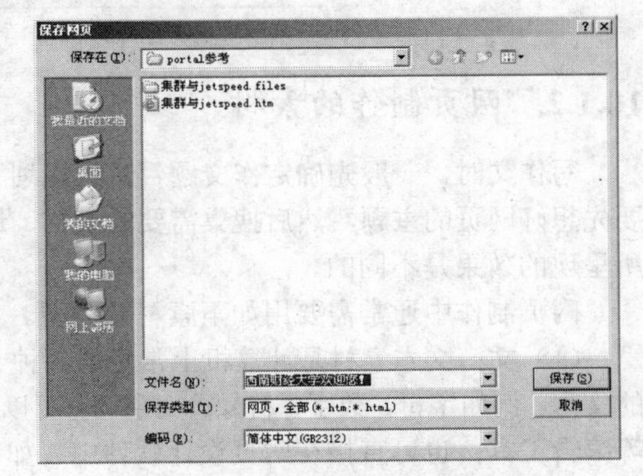

图 10-3　“保存网页”对话框

（3）单击“保存”按钮，将该页面连同其中的图片完整地保存下来。这个对话框中还有很多设置。在保存之前可以通过这些设置改变网页的保存路径、改变网页保存的文件名、改变网页的保存模式。

保存完网页后，用资源管理器打开网页所在的目录。除网页文件外，还有一个名字为网页文件名加.files 的目录，这个目录下保存的就是与该网页相关的所有图片及其资源文件。

3．保存浏览的图片

在浏览网页时，当浏览到比较感兴趣的图片，可以将图片保存下来。

【例 10.3】浏览西南财经大学主页时，保存名为“评建创优”的图片。

操作步骤如下。

（1）将鼠标指向“评建创优”图片，右击，在弹出的快捷菜单中，选择“图片另存为”命令，打开“保存图片”对话框。

（2）在“保存图片”对话框中，选择图片保存路径，然后单击“保存”按钮。

页面上的 Flash 动画不能像静态图片一样保存。如网页上的“经世济民，孜孜以求”是一个 Flash 的动画，该动画是不能保存的。

4．查看网页的 HTML 代码

在制作网页之前，可以参考其他网页的制作。浏览网页时，通过查看网页的 HTML 代码，可以大大提高学习效率。例如，若要在 IE 浏览器中查看西南财经大学主页的 HTML 代码，只需选择“查看”菜单中的“源文件”命令，浏览器将自动运行记事本程序打开网页的源文件，显示其 HTML 代码，如图 10-4 所示。

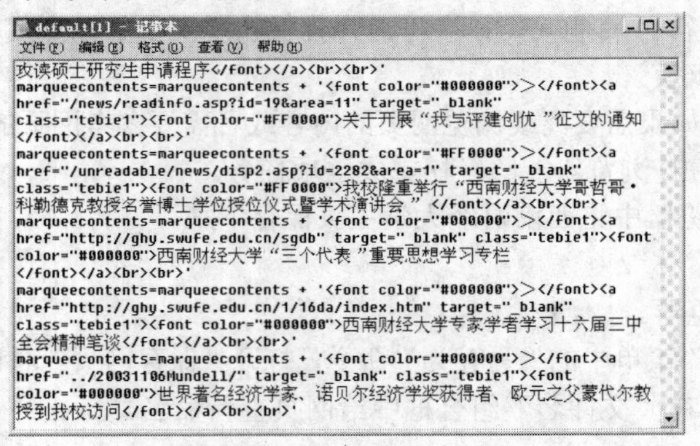

图 10-4　查看 HTML 代码

10.1.2　网页制作的素材

写作文时，一般先确定作文题目，再规划大致内容，最后动笔。同样，制作网页之前，要先想好网页的主题，然后搜集需要的素材，最后再动手制作。网页制作中不同素材的选取所呈现的效果是不同的。

网页制作中通常需要用如下素材及类型。

（1）文：文本素材是计算机上常见的各种文字，包括各种不同字体、尺寸、格式及色彩的文本。例如字母、数字、符号、文字等。可以在文本编辑软件中制作，如用 Word、NotePad 等编辑工具；也可直接在网页设计软件中（如 FrontPage）编写。通常使用的文本文件格式有.rtf、.doc 和.txt 等。

（2）图：图形、图像素材比文本素材更加直观，具有丰富的表现力。在网页上常用的图形、图像素材文件格式有.bmp、.jpg、gif、png 等。这些素材可以从数码照相机采集，也可以从网页图形制作工具如 Fireworks 等软件上制作。

（3）声：声音素材可用在网页中表达信息或烘托某种效果，增强对所表达信息的理解。常用的声音素材类型有.wav、.mp3、.midi 等。

（4）动画和视频：动画具有交互性，可以在画面里创建各式各样的按钮，用于控制信息的显示及动画或声音的播放，以及对不同鼠标事件的响应等，极大地丰富了网页的表现手段。网页中的视频通常来自录像带、摄像机等视频信号源的影像等。这些素材能使信息表现更生动、直观。常用的动画和视频类型有.swf、.gif、.mov、.avi、rm 等。

在网页中，这几种素材形式可独立存在，也可融合在一起综合地表现信息，具有较强的感染力。

10.1.3　网页的制作方法

HTML 语言是构成网页的基础，而可视化的网页制作工具是网页设计的捷径。在制作网页前需要了解 HTML 语言，掌握一种网页制作工具的使用。

1. HTML 编码

网页文件又称为 HTML 文件。HTML 文件中包含所有要显示在网页上的信息，其中包括对浏览器的一些指示，如哪些文字应放置在何处，显示模式是什么样的，等等。HTML 文件通过两个尖括号内的标记字符串来实现这些功能。例如<HTML>、<BODY>、<TABLE>。当用任何一种文本编辑器打开一个 HTML 文档时，所能看到的只是成对的尖括号和一些文档中的字符串。而用浏览器打开，则能看到漂亮的外观。

HTML 文件是文本文件，可以用文本编辑器来编辑（如 Windows 的记事本、写字板）来编写，只要在保存文件时扩展名使用.htm、.html 即可。

【例 10.4】制作一个 HTML 网页。

制作步骤如下。

（1）打开文本编辑器 Notepad，在其中输入以下 HTML 代码：

```
<html>
<head>
<title>第一个 HTML 网页</title>
</head>
<body>
<h1>欢迎进入 HTML 世界</h1>
大家都来学习 HTML 语言！<p>
在这里可以学到许多 HTML 的知识。<p>
</body>
</html>
```

（2）代码输入完毕，保存该文件，其扩展名为.html 或 htm。使用浏览器打开该文件，如图 10-5 所示。

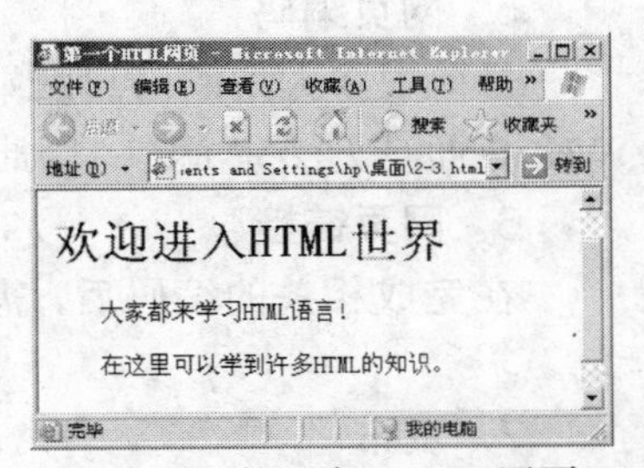

图 10-5　第一个 HTML 网页

2. 可视化网页制作

通过手工编写 HTML 代码制作网页，工作量巨大，容易出错。因此，业界推出了所见即所得的可视化工具。网页制作工具使网页制作变成了一项轻松的工作。常用的可视化网页制作工具有如下几种。

（1）FrontPage：Office 自带的一款 HTML 编辑器，用于对 Web 站点、Web 页和 Web 应用程序进行设计、编码和开发，操作简单实用，可以让初学者轻松地创建个人网站。

（2）Dreamweaver：这是网页三剑客之一，专门制作网页的工具，界面简单，实用功能比较强大。利用该工具，可以自动将网页生成代码。

此外，还可以使用代码编辑工具，例如写字本、EditPlus 等。这些工具主要用来编辑 ASP 等动态网页。还有一些网络编程工具如 JavaScript、Java 编辑器等，也常常参与到网页的编写工作中来。

10.1.4 网站的制作流程

网站的制作就像盖一幢大楼一样，是一个系统工程。网站制作具有特定的工作流程，只有遵循这个流程，才能设计出满意的网站。

1．确定网站主题

网站主题是网站所要包含的主要内容。一个网站必须要有一个明确的主题。特别是对于个人网站，不可能像综合网站那样内容庞大，包罗万象，必须要找准自己的特色，才能给用户留下深刻的印象。

2．准备素材

确定网站主题后，需要围绕主题准备素材。若要让网站丰富多彩，需要尽量搜集素材。素材准备越多，制作网站就越容易。素材既可以从图书、报纸、光盘、多媒体上获取，也可以从互联网上搜集，然后把搜集的材料去粗取精，作为制作网页的素材。

3．规划网站

网站设计是否成功，很大程度上取决于设计者的规划水平。网站规划包含的内容很多，如网站结构、栏目设置、网站风格、颜色搭配、版面布局、图片运用等。

4．创建网页

选择合适的网页制作工具，新建一个站点后，就可以为新站点创建网页，调整网页布局，添加内容。网页的制作按照先大后小、先简单后复杂的原则来进行。也就是说，在制作网页时，先设计大的结构，然后再逐步完善小的结构；先设计简单的内容，再设计复杂的内容。

5．网页编码

目前很多大型的门户网站或企业网站都需要完成若干的企业应用和商业逻辑，单独的 Web 页面是无法完成的。因此，需要对制作的网页进行编码。

6．网页链接

在完成相关的编码后，需要把相关的网页建立链接。链接完毕，对相关的网页进行预览。

7．发布

网站制作完毕，需要发布到 Web 服务器上才能够让用户使用。大多数可视化的网页制作工具本身就带有 FTP 功能。利用这些 FTP 工具，可以很方便地把网站发布到自己申请的主页服务器上。

10.2　用 FrontPage 2003 制作网页

FrontPage 2003 是美国微软公司在 FrontPage XP 的基础上推出的更先进、高效的网页设计软件，是创建、管理和维护 Web 网站强有力的工具。FrontPage 2003 采用与 Office 2003 其他组件相一致的工作界面，具有易于掌握、使用灵活、功能强大等优点，能与其他 Windows 应用程序高度集成。FrontPage 2003 不仅支持可视化的网页制作，还具有强大的网站创建、维护和发布功能。

10.2.1　FrontPage 工作界面

当 FrontPage 运行后，其工作界面如图 10-6 所示。

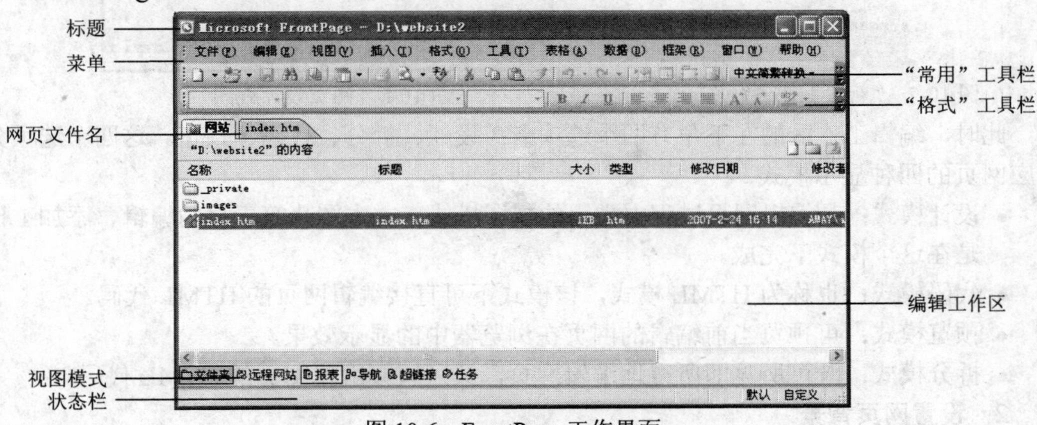

图 10-6　FrontPage 工作界面

FrontPage 共有七种视图模式，利用这七种视图可以编辑制作网页、管理站点文件和文件夹、生成报表、管理站点的导航图、编辑站点中网页间的链接、实现任务管理以及发布站点。

（1）网页视图：在网页视图下，可以实现网页的编辑、修改功能。当新建一个网页或打开一个网页时，可打开网页视图。

（2）文件夹视图：打开 Web 站点时，用于组织站点中的文件和文件夹并可对文件夹中的内容进行各种操作。

（3）报表视图：打开 Web 站点时，该视图报告站点中的文件和超链接的状态。

（4）导航视图：用于管理整个网站的结构，方便管理网站中的各个网页。

（5）超链接视图：管理站点中的各种超链接。打开 Web 站点时，此视图显示站点中的每一页的超链接。

（6）任务视图：打开 Web 站点时，此视图记录尚未进行的任务项目。该视图很少使用。

（7）远程网站视图：用于将整个网站及单独的文件和文件夹发布到互联网上。

10.2.2　网页的创建与编辑

1．新建网页

【例 10.5】新建一个网页，在网页中输入文字“西南财经大学”。

操作步骤如下。

（1）启动 FrontPage 2003。

（2）选择“文件”菜单中的“新建”命令，打开“新建”任务窗格，如图 10-7 所示。

（3）在“新建”任务窗格中，单击“空白网页”链接，创建一个空白网页，然后在网页中输入文字“西南财经大学”，如图 10-8 所示。

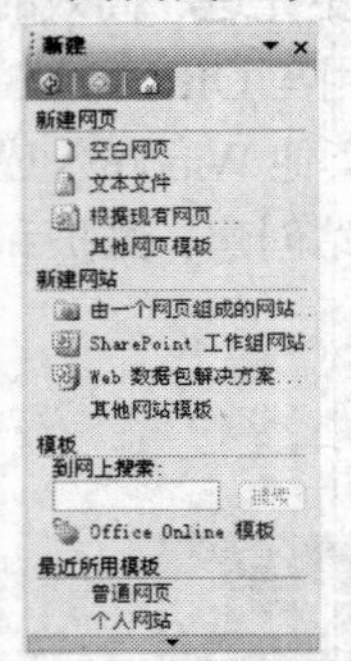

图 10-7 “新建”任务窗格

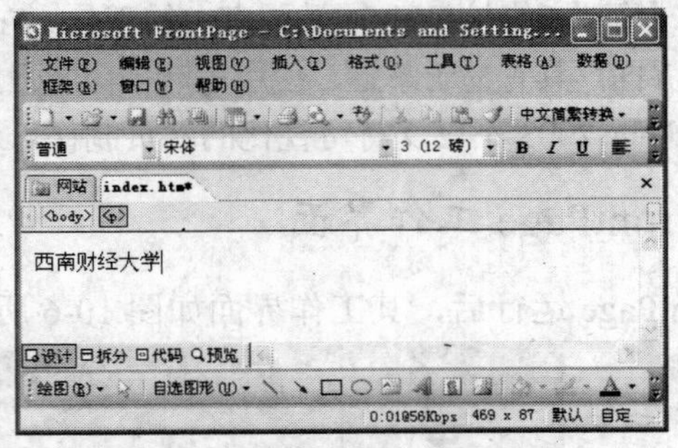

图 10-8 网页设计视图

此时，编辑工作区的左下角有四个选项卡：设计、拆分、代码、预览。这四个选项分别对应网页的四种显示模式。

- 设计模式：是编辑网页过程中常用的视图模式，文本图片等素材的编辑、添加工作都是在这个模式下完成。
- 代码模式：也称为 HTML 模式，该模式下可直接编辑网页的 HTML 代码。
- 预览模式：可预览当前编辑的网页在浏览器中的显示效果。
- 拆分模式：既可所见即所得地编辑网页，又可直接编辑网页的 HTML 代码。

2. 设置网页背景

可用以下三种方法设置网页的背景：

- 选择“格式”菜单中的“背景”命令。
- 选择“文件”菜单中的“属性”命令。
- 在网页中右击，在弹出的快捷菜单中选择“网页属性”命令，打开“网页属性”对话框，如图 10-9 所示。单击“格式”选项卡，用户可选择一种颜色作为当前网页的背景色；也可选中“背景图片”复选框，然后单击“浏览”按钮，指定作为背景的图片文件。

3. 设置网页标题

网页标题常常出现在 Web 浏览器的标题栏中。在图 10-10 中的“网页属性”对话框中可以设置网页标题。

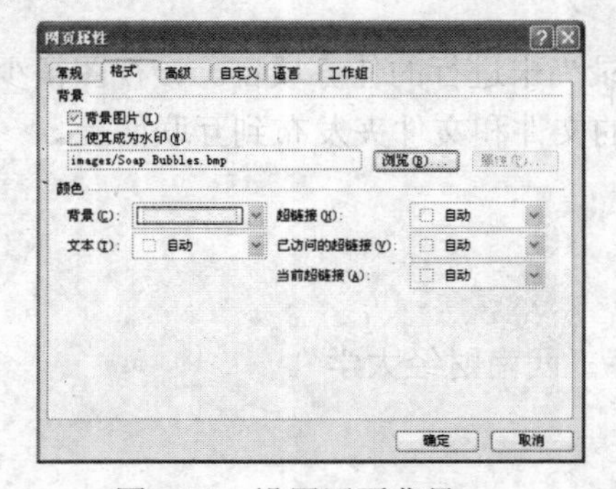

图 10-9 设置网页背景

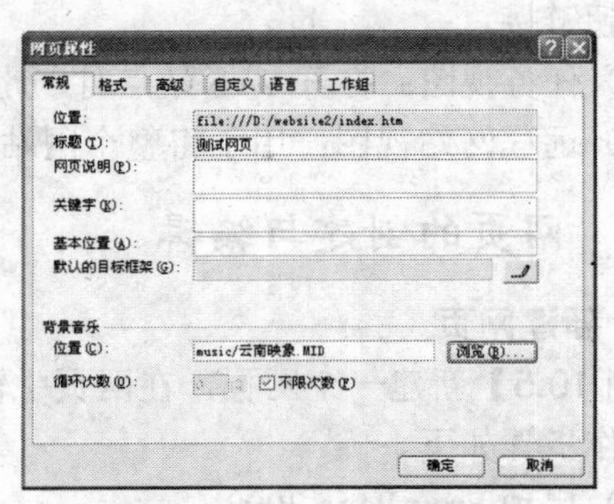

图 10-10 设置网页标题

按照前述方法打开“网页属性”对话框，单击“常规”选项卡，在“标题”框中，输入文件标题，如“测试网页”。

4．保存网页

选择“文件”菜单中的“保存”命令，打开“另存为”对话框，如图 10-11 所示。在“保存位置”中选择文件夹，在“文件名”文本框中输入文件名，然后单击“保存”按钮。

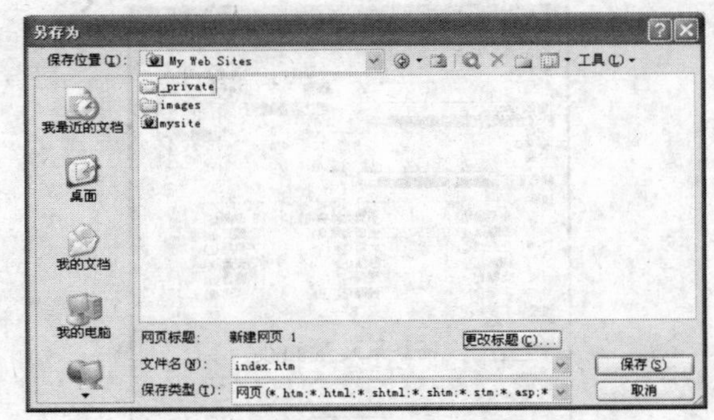

图 10-11 保存网页

10.2.3 文字效果的编排

在网页中编排文字效果与 Word 的操作类似。熟悉 Word 操作的用户，也就基本掌握了 FrontPage 的文本编辑等基本工作。

1．文本的输入

FrontPage 为用户提供了 6 级大小不同的标题，每级标题的字体大小都不同，使用不同的标题可便于区分各个主题间的层次关系。FrontPage 提供了 7 种不同的字体大小供用户选择，从 1～7 号逐渐增大，默认是 3 号字。在输入文本前，各级标题和字体大小可通过“格式”工具栏设置，如图 10-12 所示。

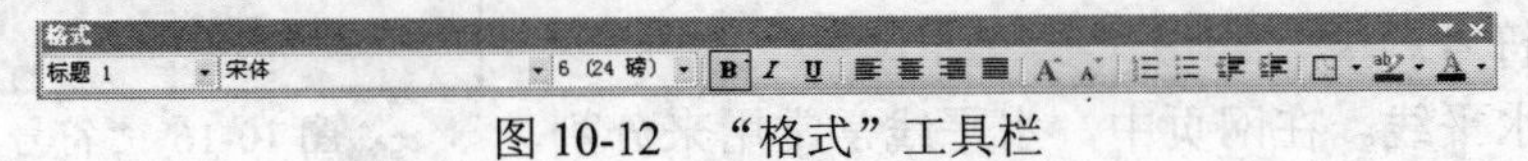

图 10-12 “格式”工具栏

在设计模式下，设置文本格式，输入如图 10-13 所示的文字。

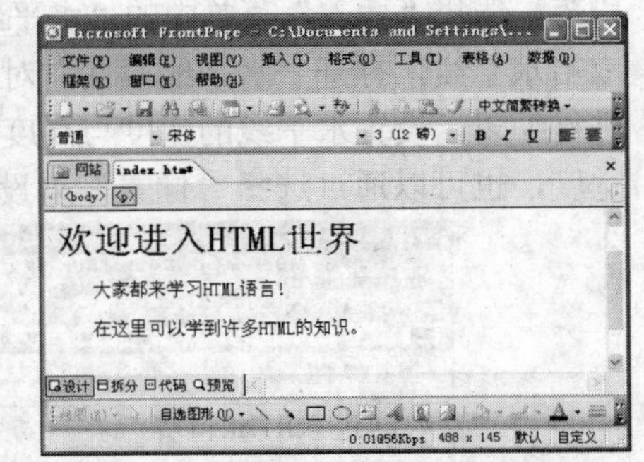

图 10-13 一张含有内容的网页

2．文本的格式化

网页文本的格式化包括字体的大小、颜色、各种效果及段落样式的设置等。

【例 10.6】对网页文本进行格式化。

操作步骤如下。

（1）选中要修饰的文本块，选择“格式”菜单中的对应命令，例如“字体”命令，打开“字体”对话框（或右击弹出快捷菜单，选择“字体”命令），如图 10-14 所示。

（2）选择“字体”对话框内的字体、字形、大小、效果和颜色等选项，单击“确定”按钮，使设置生效，并关闭“字体”对话框。有关文本格式化的部分设置，也可直接通过“格式”工具栏上的相关按钮来完成。

（3）将光标定位于段落任意位置，右击，在弹出的快捷菜单中单击“段落”命令，打开“段落”对话框，如图 10-15 所示。在“段落”对话框中可对段落进行有关设置，如设置段落的前后缩进量、段落之间的前后间距、段落首行的缩进量、行与行之间的距离等。

图 10-14 “字体”对话框

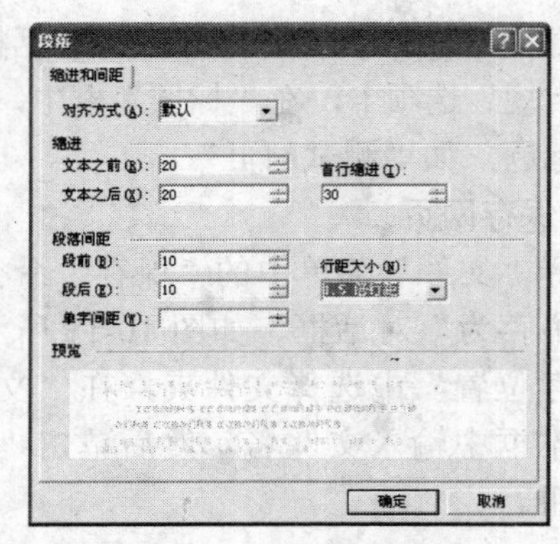

图 10-15 “段落”对话框

3. 在网页中插入特殊对象

有时网页中需要的一些特殊网页元素是无法用键盘输入的。对于这些特殊对象，可通过“插入”菜单提供的相应命令来完成。

【例 10.7】在网页中插入特殊字符和水平线。

操作步骤如下。

（1）插入特殊字符。选择“插入”菜单中的“符号”命令，打开“符号”对话框，如图 10-16 所示。该对话框除大小写字母、数字等键盘能找到的符号外，还有拉丁及其他特殊符号。

图 10-16 “符号”对话框

（2）插入水平线。在网页中，水平线常常用来分割段落。选择“插入”菜单中的“水平线”命令，在光标处插入一条水平线，如图 10-17 所示。双击水平线，打开“水平线属性”对话框，如图 10-18 所示。在对话框中，用户可对水平线进行编辑。设置水平线的宽度与高度时，既可通过选择“窗口宽度百分比”来设置线的相对宽度，也可以通过选择“像素”来设置线的绝对宽度。

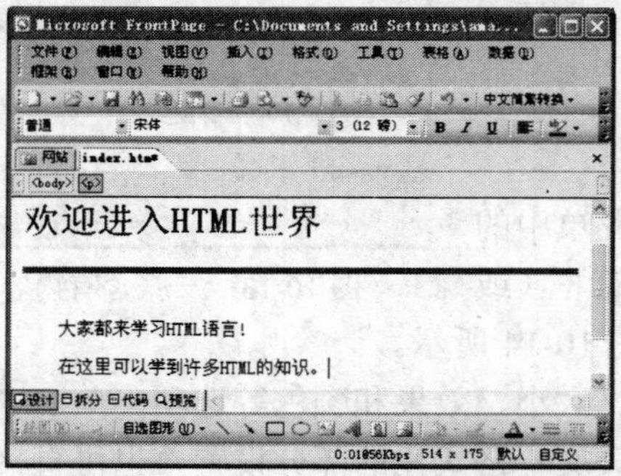

图 10-17 插入“水平线”的网页

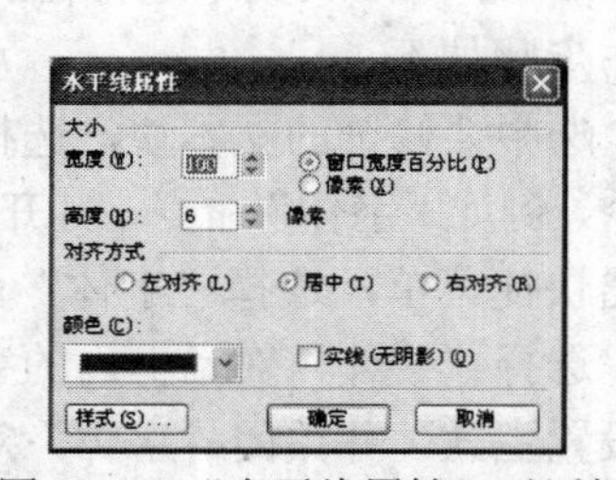

图 10-18 “水平线属性”对话框

10.2.4 在网页中插入图像

【例 10.8】在网页中插入图片。

操作步骤如下。

（1）将光标定位到需要插入图片的位置上。

（2）打开“插入”菜单，选择“图片”选项，然后选择“来自文件”命令，打开“图片”

对话框，如图 10-19 所示。

（3）在对话框中，选择图片文件，单击“插入”按钮，将图片插入到网页中。

右击网页中的某一图片，在快捷菜单中选择“图片属性”命令（也可直接按【Alt+Enter】组合键），打开“图片属性”对话框，如图 10-20 所示。选择“外观”选项卡，设置图片的大小、对齐方式、图片的边框等。如果在“边框粗细”栏里输入了一个不为 0 的值，可为图片添加边框，该数值为边框的宽度。一般情况下，这个数值应尽量控制在 2 像素以内。

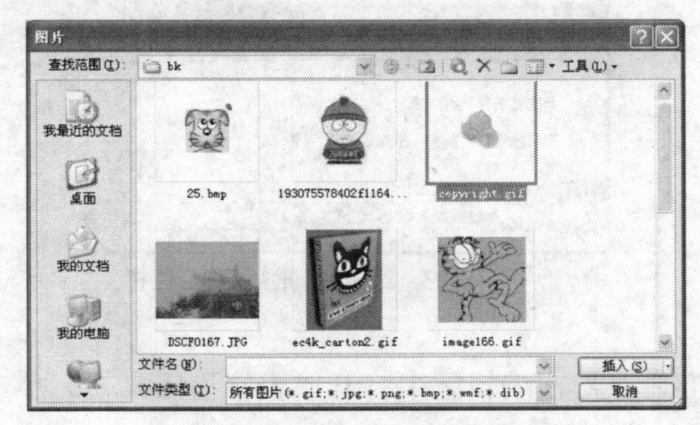

图 10-19　“图片”对话框

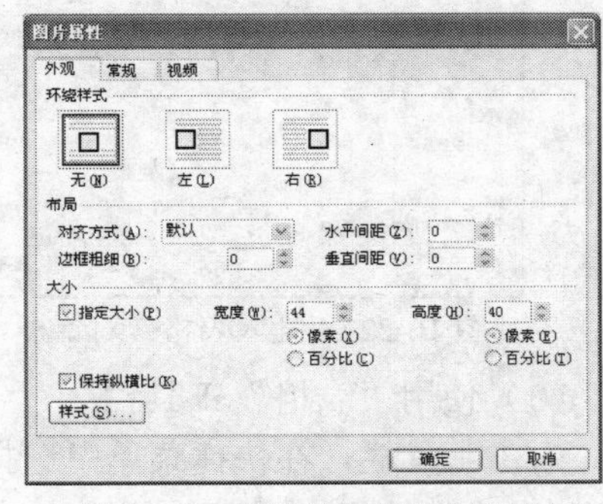

图 10-20　“图片属性”对话框

右击工具栏，在出现的快捷菜单上选择“图片”命令。当选定一个图片的时候，在编辑区的底部会自动出现一个如图 10-21 所示的“图片”工具栏。通过设置“图片”工具栏可对图片进行一些比较简单的编辑操作，如图像淡化、黑白化或图像旋转等。

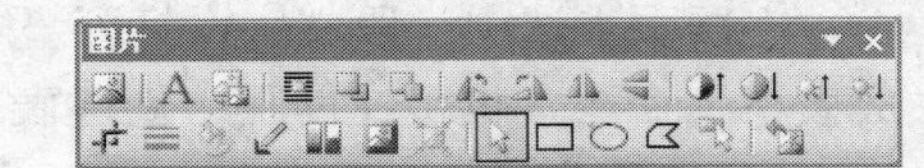

图 10-21　“图片”工具栏

10.2.5　网页中表格的处理

表格是网页中常见的内容。在 FrontPage 中，不仅可以利用表格显示一些有规律的数据，而且还经常用表格对网页进行整体布局，如图文混排、分栏排版等。

1．设计表格

在网页中创建表格，首先应设计表格，包括表格有多少行、多少列、有无表头等。

2．插入表格

在网页中插入表格有以下几种常用方法。

（1）使用“表格”菜单

打开“表格”菜单，选择“插入”选项，最后选择“表格”命令，打开“插入表格”对话框，如图 10-22 所示。

在“插入表格”对话框中，设置表格的“行数”、“列数”、“边框粗细”、“对齐方式”等参数，然后单击“确定”按钮，这里在网页中插入了一个 4 行 4 列的表格。

（2）使用“常用”工具栏

单击“常用”工具栏上的“插入表格”按钮，打开一个特殊的对话框，如图 10-23 所示。拖动鼠标确定行数和列数，然后单击鼠标，在网页中创建相应行数和列数的表格。

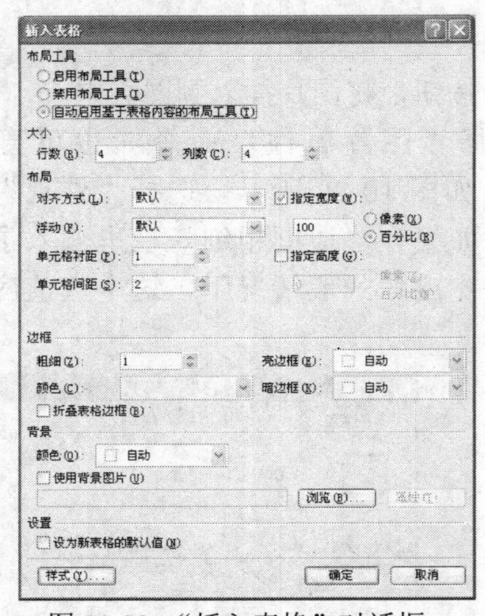

图 10-22 “插入表格”对话框

图 10-23 使用“常用”工具栏

（3）使用“表格”工具栏

右击工具栏，在快捷菜单中选择“表格”命令，在编辑区中打开“表格”工具栏。单击“绘制表格”按钮，可在网页上绘制表格。

（4）使用“文本转化成表格”命令

在网页上选中一段文字，打开“表格”菜单，选择“转换”选项，最后选择“文本转化成表格”命令，也可在网页中创建表格。

3. 编辑表格

表格建立后，用户可对表格进行编辑与修改，如增加行和列；选择表格元素；删除行、列或单元格；选择单元格；拆分单元格；设置表格单元格的行高和列宽以及把表格中的数据转换为文本等。

选定表格或单元格。打开“表格”菜单，选择“表格属性”选项，然后选择“表格或单元格”命令，打开“表格属性”对话框（或右击表格弹出快捷菜单，打开相应命令对话框），如图 10-24 所示。按所显示的属性设置水平对齐、垂直对齐、加边框和底纹、背景色彩、大小等。

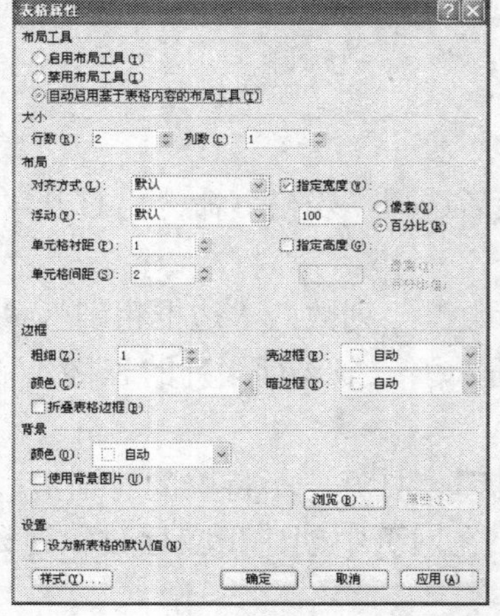

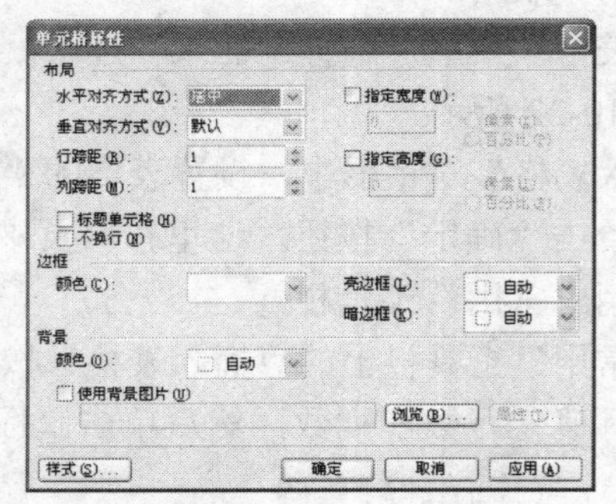

图 10-24 “表格属性”与“单元格属性”对话框

10.2.6　建立超链接

超链接通常是指从一个网页到另一个目标网页或本页中不同位置之间的链接。超链接也可以链接到一幅图片、一个电子邮件地址、文件（如多媒体文件或 Office 文档）、一个应用程序。

1．创建到其他页面或其他网站的超链接

（1）选定超链接信息附着的对象，作为超链接源的文字或图像。

（2）选择“插入”菜单中的“超链接”命令（或按【Ctrl+K】组合键），打开“插入超链接”对话框，如图 10-25 所示。

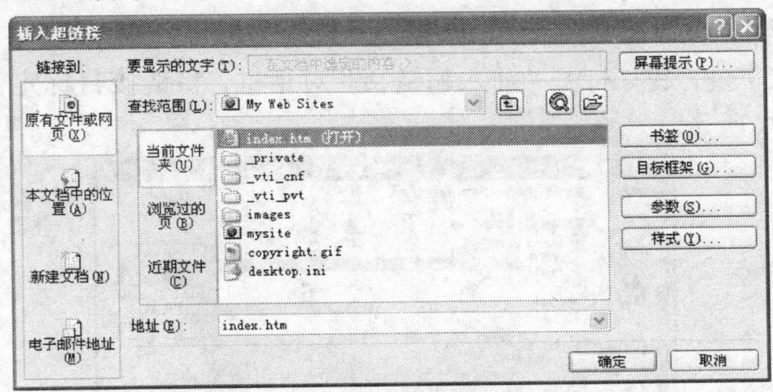

图 10-25　“插入超链接”对话框

在“插入超链接”对话框中，可通过“浏览 Web”、“浏览文件”等按钮选定要链接的页面。若要链接到其他网站，可直接在地址栏中输入目标网址。例如，在地址栏中输入“http://www.swufe.edu.cn”，将直接链接到西南财经大学的主页上。

（3）单击“新建文档”按钮，新建一个页面，并创建到新页面的超链接。单击“电子邮件地址”按钮，可创建到电子邮件地址的链接。

（4）单击“确定”按钮，创建超链接完成。

超链接的文字、图像以及超链接的目标地址都是可以改变的。修改超链接的方法与建立超链接的方法类似。首先选定超链接的附着对象，右击，选择“超链接属性”命令，或按【Ctrl+K】组合键，打开“编辑超链接”对话框，在该对话框中重新设置超链接信息即可。

2．创建书签超链接

若一个网页内容比较长，浏览者想要直接找到网页内的某个专题就比较困难。在这种情况下，需要使用书签超链接。

创建书签超链接，首先要在某位置上设置书签，然后创建到书签的超链接。设置书签时，可以在文本或图像处设置书签，也可在网页的空白处设置。

【例 10.9】创建书签超链接。

操作步骤如下。

（1）单击网页的某一位置（文本、图像或某空白处）。

（2）选择“插入”菜单中的“书签”命令，打开“书签”对话框，如图 10-26 所示。

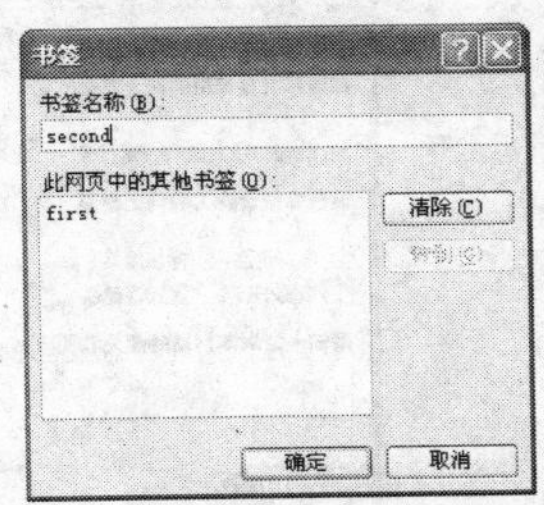

图 10-26　“书签”对话框

（3）在对话框内命名书签，如 First、second 等。单击“确定”按钮，书签设置完毕。若在文本处设置书签，则该书签文本具有下划虚线“---”。

（4）书签定义完毕后，便可以建立到书签的超链接。在如图 10-25 所示的“插入超链接”对话框中，单击“本文档中的位置”按钮，可创建到书签的链接。

3．创建网页与应用程序间的链接

在网页中还可以创建这样一种链接，单击该链接后，系统自动打开相应的应用程序。这种链接的目标不再是网页文件，而是压缩文件或视频文件等。当用户单击此类链接时，系统将根据具体应用软件的配置自动出现相应提示。

【例 10.10】在网页中建立到压缩文件“图片素材.rar”的下载链接。

操作步骤如下。

（1）在网页中输入文字“网页制作的素材下载”，并选中这段文字。

（2）按【Ctrl+K】组合键，打开“插入超链接”对话框，将链接目标定位到“图片素材.rar”文件上，如图 10-27 所示。

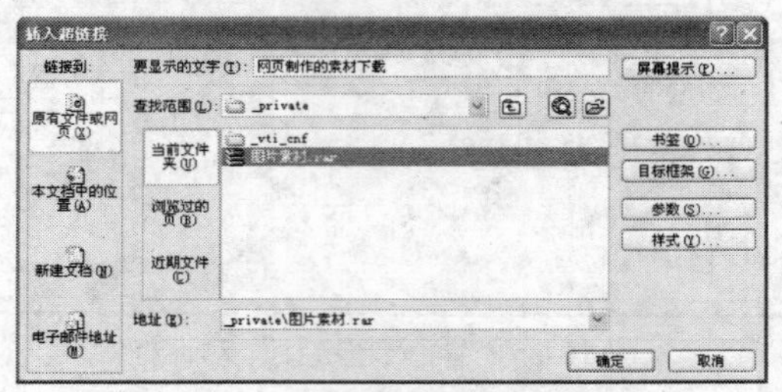

图 10-27 “插入超链接”对话框

10.2.7 网页中的表单

表单是网页中一种最重要的信息收集和交流工具。表单可用于向浏览者展示各种信息，也用于从浏览者那里收集反馈信息。表单实际上就是浏览者和站点相互交流信息的窗口。

表单是单行文本框、滚动文本框、下拉菜单、复选框、单选框、口令、按钮等表单元素所构成的集合体，如图 10-28 所示。

【例 10.11】在网页上创建表单。

操作步骤如下。

（1）将光标定位在要创建表单的位置，打开“插入”菜单，选择“表单”选项，最后选择“表单”命令，插入一个空白表单。在空白表单中，包含一个带虚线的矩形框和两个按钮。虚线框内就是一个表单，在表单内可添加表单元素，如图 10-29 所示。

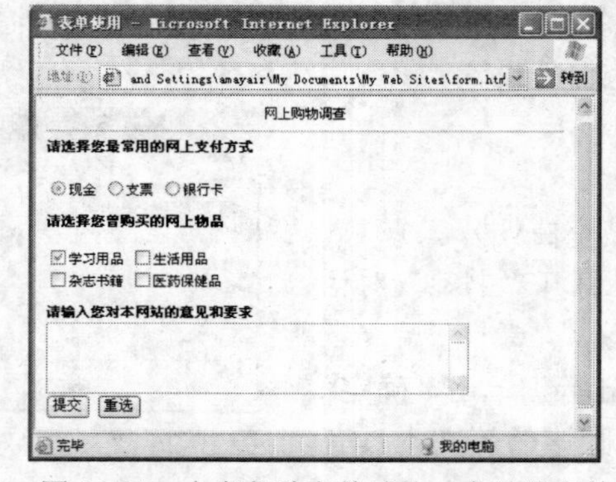

图 10-28 含有各种表单域的一个具体表单

图 10-29 空白表单

（2）将光标定位于空表单中，打开“插入”菜单，选择“表单”选项，再选择“复选框”命令，将一个复选框插入到表单中。若要插入其他表单元素，选择“插入”菜单中的“表单”选项，然后单击相应命令即可，如文本框、文本区、选项按钮等。

通常，仅仅创建表单和表单元素是不够的，还要设置表单和表单元素的属性。

不同的表单元素具有不同的属性，但属性设置方法类似。若要设置某个表单元素的属性，可双击该表单元素，打开该表单的属性对话框，设置属性值，如表单对象名称、文本宽度以及初始值、Tab 键次序、初始状态等，如图 10-30 所示。

表单属性决定着在表单提交后表单结果的处理方式。在表单区域右击，在弹出的快捷菜单中选择“表单属性”命令，打开“表单属性”对话框，如图 10-31 所示。

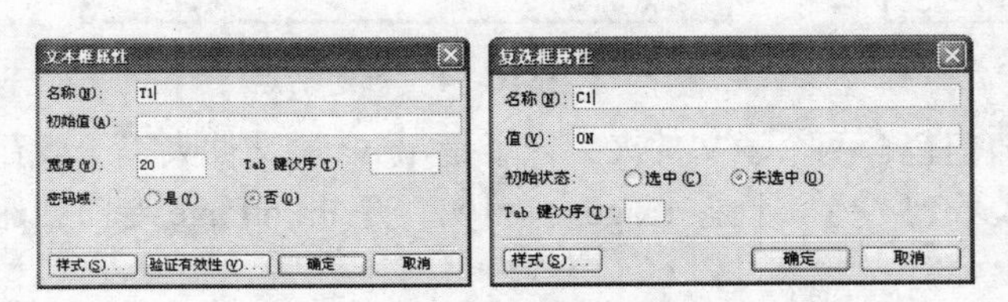

图 10-30 表单属性对话框

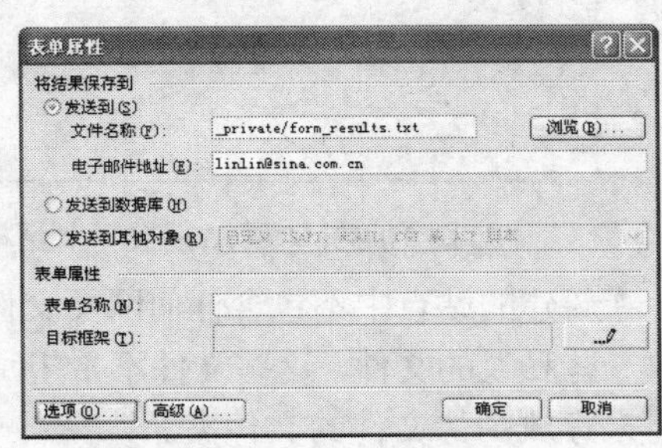

图 10-31 “表单属性”对话框

在“表单属性”对话框中，“发送到”选项将表单内容保存成文本文件并发送到指定的邮箱中；“发送到数据库”选项将表单内容直接提交给数据库；“发送到其他对象”将表单内容提交给 ASP、CGI 等脚本文件。

10.3 用 FrontPage 2003 建立网站

一个网站常常是由若干个 HTML 文件及其相关文件构成的。Internet 上的网页是以站点为单位进行管理的，一个站点含有组成站点的所有 HTML 网页、图像、文档以及其他相关文件和文件夹。用户可以使用 FrontPage 对站点进行创建、删除、打开、发布等操作，也可以对站点中的文件和文件夹进行操作，还可对站点进行安全性管理。

10.3.1 创建本地站点

本地站点实际是本地站点对应的文件夹。

【例 10.12】创建一个新站点。

操作步骤如下。

（1）选择“文件”菜单中的“新建”命令，打开“新建”任务窗格，如图 10-32 所示。在“新建”任务窗格中，单击“由一个网页组成的网站”链接；也可在“常用”工具栏上单击“新建”图标右侧的下拉按钮，在弹出的下拉列表框中选择“网站”命令，打开“网站模板”对话框，如图 10-33 所示。

（2）在“网站模板”对话框中，单击选择一种站点类型，比如这里选择“空白网站”。

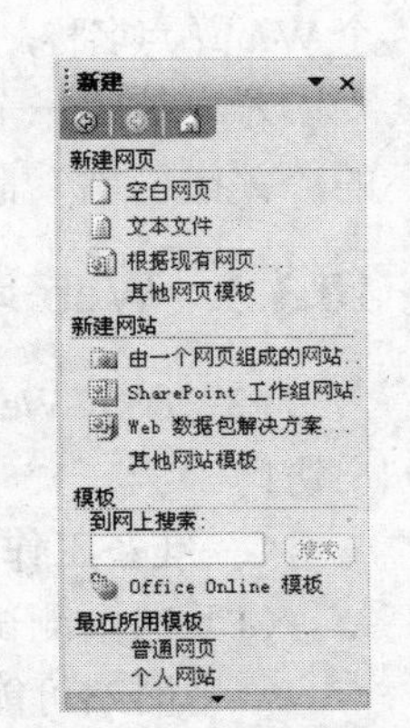

图 10-32 任务窗格

（3）在“指定新站点的位置”文本框处，输入新站点的所在位置及名称，如“d:\website”。

（4）单击“确定”按钮，新建一个站点。

新站点创建完毕后，系统显示该站点文件夹的所有信息，如图 10-34 所示。

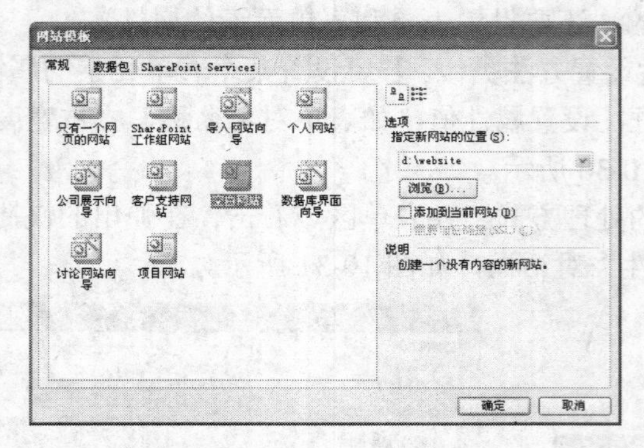

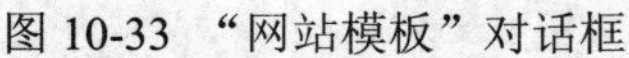

图 10-33 “网站模板”对话框

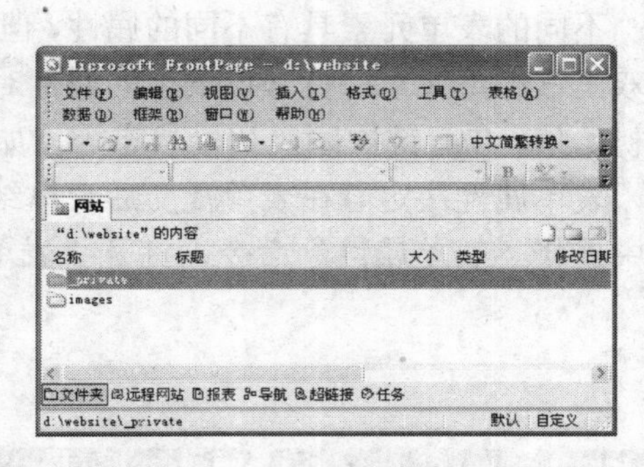

图 10-34 新建站点

新建的站点中不包含任何网页文件，但包含两个子文件夹：一个是 private 文件夹，一般存放一些私人的文件，这些文件不希望别人看到；另一个是 images 文件夹，是 FrontPage 专门创建用来存放图像文件的文件夹。

文件夹视图右上方有三个按钮。单击“新建网页”按钮将新建一个空白页面；单击“新建文件夹”按钮将新建一个文件夹；单击“向上一级”按钮，将回到上一级文件夹。

在视图中，双击文件夹即可显示文件夹的内容；双击网页文件即可编辑该页面。若右击文件夹或文件，在弹出的快捷菜单中，也可选择其他命令，如复制、粘贴、删除一个网页或一个文件夹、将文件夹转换为网站等。

10.3.2 站点的打开与关闭

打开一个 Web 站点的操作步骤如下。

（1）选择“文件”菜单中的“打开网站”命令，打开“打开网站”对话框，如图 10-35 所示。

（2）在对话框中，单击“查找范围”下拉按钮，选择所需要的磁盘及目录，然后在文件列表窗口中选择一个 Web 站点名称，如 website。然后单击“打开”按钮。

若要关闭一个 Web 站点，选择“文件”菜单中的“关闭网站”命令即可。

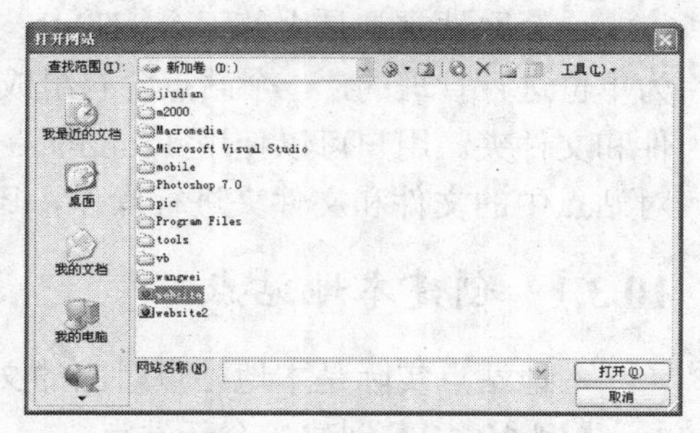

图 10-35 “打开网站”对话框

10.3.3 Web 站点的发布

在完成了 Web 站点开发之后，还需将该站点发布到网络的服务器中，这样才能被其他用户访问。

1. 准备工作

（1）网页测试

一个网站可能会有几十个网页文件以及难以计数的链接。在发布站点前，应该对网页进行测试，尤其需要验证网页之间链接的正确性，以保证用户能正常浏览。

FrontPage 提供了两种工具来测试超链接。

- 在“报表”视图中，单击“报表”工具栏上的“验证超链接”按钮。
- 选择“工具”菜单中的“更新计算超链接”命令，可更新当前站点的超链接。

（2）准备主页空间

若要将本地站点中的网页发布到互联网上供他人浏览，通常需要申请个人主页空间。也就是要在互联网上找到一个合适的 Web 服务器，并在该服务器上申请一定容量的磁盘空间来存放上传的网页。

目前，提供免费个人主页空间的网站很多，比如 http://www.kudns.com。通常，在登录这些网站后，根据提示填写相应个人信息后就能得到用来上传文件的账号、密码以及个人主页的地址。申请过程中，还要注意记录下提供文件上传的服务器的地址。

另外，可将个人 PC 安装成一台能提供 Web 服务的 IIS 服务器（Windows 98 中为个人 Web 服务器，简称 PWS）。也就是说用个人 PC 作为存放网页文件的 Web 服务器。

（3）选择发布工具

站点的发布从本质上讲就是文件的复制，复制文件可以采用如 Windows 资源管理器、FTP 程序等工具，但这些工具都不能复制站点的所有内容。FrontPage 的发布操作不仅可以传送站点文件，而且可以传递如“导航”视图和数据库连接等 FrontPage 独有的信息。

2．上传网页

（1）选择“文件”菜单中的“发布网站”命令，打开“远程网站属性”对话框，如图 10-36 所示。

（2）若本机不能提供 Web 服务，但申请了能提供 FTP 服务的免费主页空间，则选中“FTP”单选按钮。在“远程网络位置”处指定站点的发布位置，即提供免费空间的服务器地址，如“ftp://go1.icpcn.com”，然后单击“确定”按钮。在出现的输入用户名和密码对话框中，输入申请免费主页空间时服务器所提供的用户名和口令。然后系统与指定站点连接，连接成功后就可以开始上传网页了。

若本机能提供 Web 服务，则选择“文件系统”选项，并在“远程网络位置”处输入要发布的路径（注意该路径应不同于本地站点所在路径）。单击“确定”按钮，出现消息框，如图 10-37 所示，单击“是”按钮，开始上传网站。

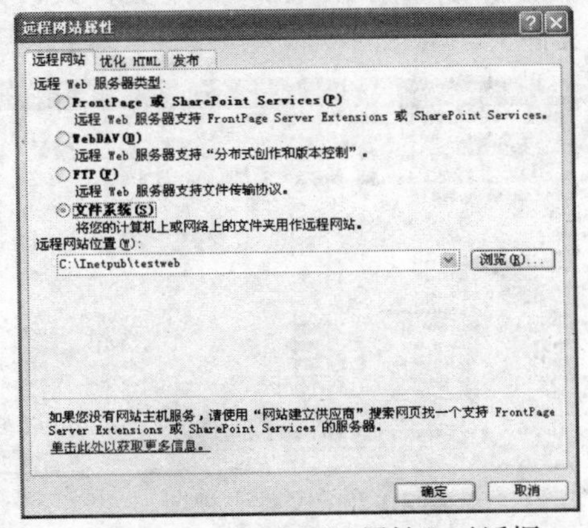

图 10-36　“远程网站属性”对话框

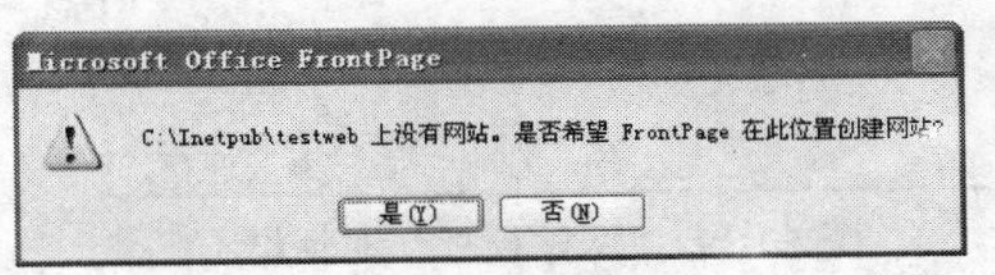

图 10-37　消息提示

（3）上传结束后，打开“远程网站”视图，如图 10-38 所示。远程网站视图同时显示本地网站和远程网站中的文件，并反馈发布中出现的情况和发布的最终结果。

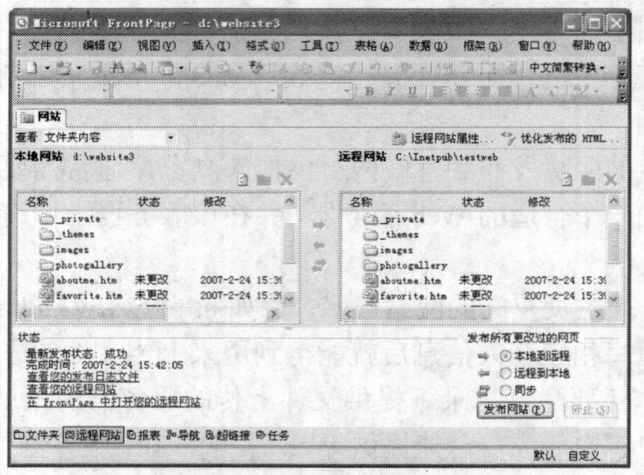

图 10-38 发布网站

至此，其他用户已可以通过浏览器浏览网站了。若网站发布后又重新编辑和修改了网页，则需要重新发布。重新发布的方法是打开“远程网站”视图，单击“发布网站”按钮，即可发布。

10.3.4 个人网站建设实例

FrontPage 2003 提供了丰富的网站模板，通过模板可以快速地创建符合需要的网站。使用网站模板建立富有特色的个人网站，并上传到免费空间。

1．运用模板创建个人网站站点

（1）启动 FrontPage 2003。

（2）选择“文件”菜单中的“新建”命令，在打开的“新建”任务窗格中，单击“由一个网页组成的网站”链接，打开“网站模板”对话框，如图 10-39 所示。

（3）选择“个人网站”模板，并指定生成网站文件的地址。单击“确定”按钮，将根据模板自动生成个人网站的网页文件和文件夹。

（4）选择“视图”菜单中的“文件夹列表”命令，显示文件夹视图，如图 10-40 所示。图中主要列出了该网站的文件夹及文件。新建的站点中有 6 个网页和 6 个文件夹，其中 index.htm 为主页文件，images 是专门存放图片的文件夹。

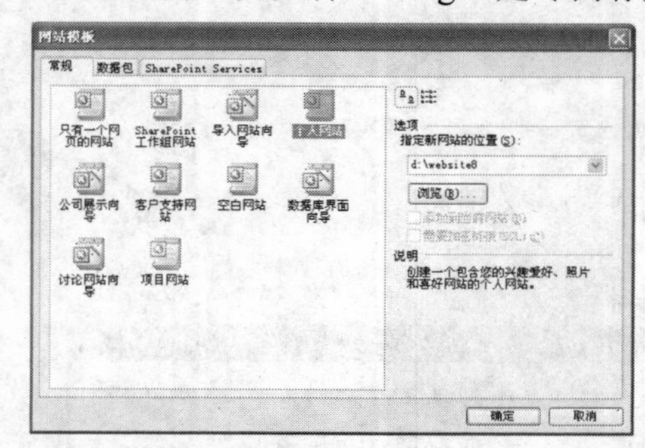

图 10-39 “网站模板”对话框

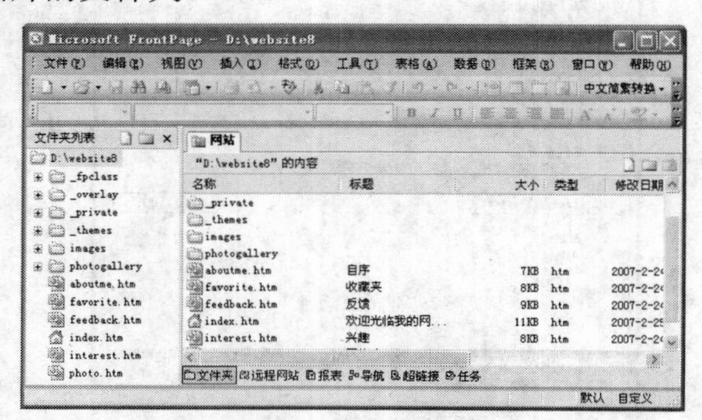

图 10-40 文件夹视图

右击文件夹视图中的文件或文件夹，将弹出快捷菜单，选择快捷菜单中的命令，可对文件和文件夹进行移动、复制、重命名和删除等操作。被改动的文件和文件夹，FrontPage 会自动维护它和其他网页之间的链接。但如果直接在 Windows 的资源管理器中调整站点的文件和文件夹，会导致链接错误。

（5）选择“视图”菜单中的“导航”命令，切换到导航视图，如图 10-41 所示。

导航视图展示了网站的结构，反映了各网页的层次关系。在本视图中，每一个页框代表着一个网页。在导航视图中，可以根据自己对网站内容的规划来调整和修改网页间的层次关系。在图 10-41 中，个人网站包括 5 个主要的内容部分：自序、兴趣、收藏夹、图片库和反馈，这 5 个网页均链接到主页上。用鼠标将“图片库”页框拖动到“收藏夹”页框下方，则改变了网站的层次关系。在这里也可添加个人感兴趣的内容。右击导航视图，打开弹出菜单如图 10-42 所示。选择“新建”菜单中的“顶层网页”命令，生成一个新页框。将新页框重命名为“IT 技术”，并拖动到主页下方。在文件夹列表中将自动生成一个空白网页“顶层网页 1.htm”，如图 10-43 所示。

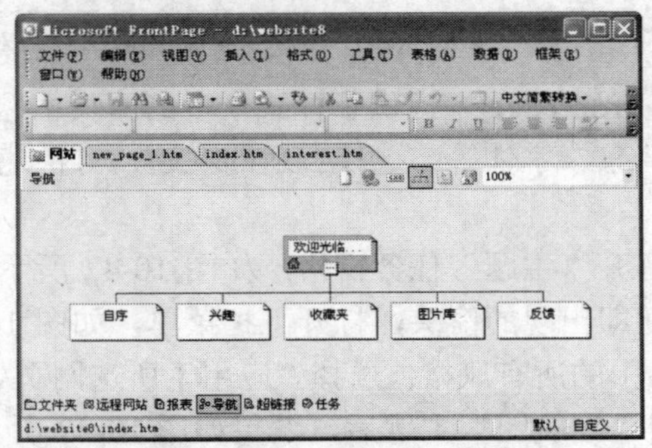

图 10-41　导航视图

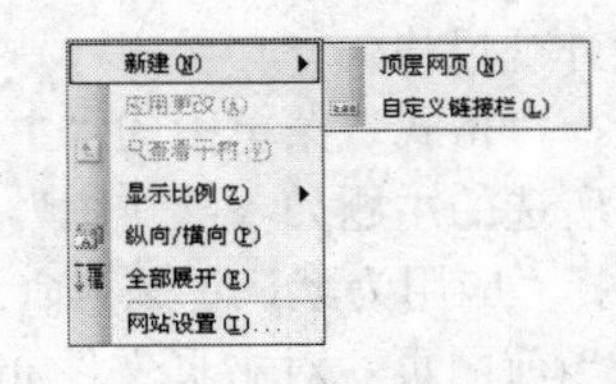

图 10-42　弹出菜单

（6）在文件夹列表中选择某文件，选择“视图”菜单中的“超链接”命令，可检查和验证该页面的所有链接情况，如图 10-44 所示。

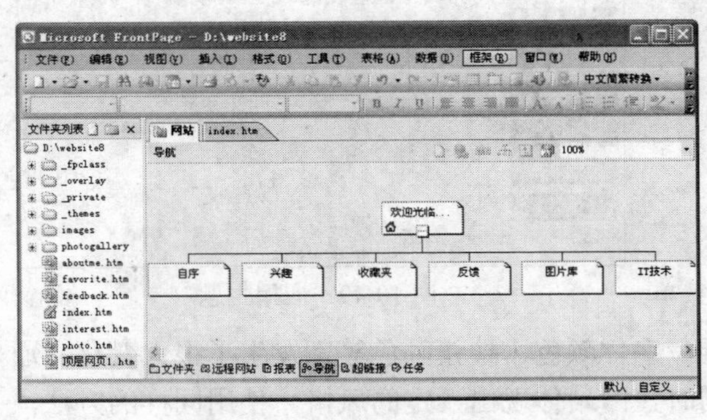

图 10-43　导航视图

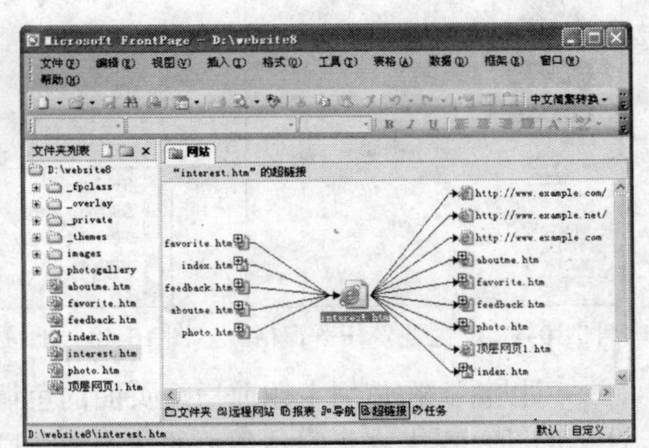

图 10-44　超链接视图

2．编辑和修饰网页

通过网站模板建立了网站之后，需要根据个人的需求对页面内容进行一定的修改，这里以修改网站主页标题、图片信息等为例简要描述怎样快速添加个人感兴趣的内容。

（1）双击文件夹列表中的主页文件 index.htm，进入网页视图，如图 10-45 所示。

在网页视图中，每一个标签内容都可以进行可视化的所见即所得的编辑。首先，修改主页的标题内容。双击“欢迎光临我的网站！”标签，打开“网页横幅属性”对话框，如图 10-46 所示。在对话框中，将网页横幅文本修改为“我的学习空间”，使个人网站的主题鲜明、突出。

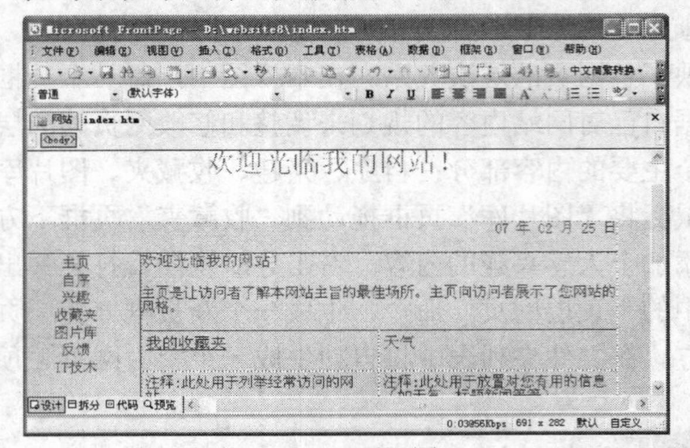

图 10-45 网页视图

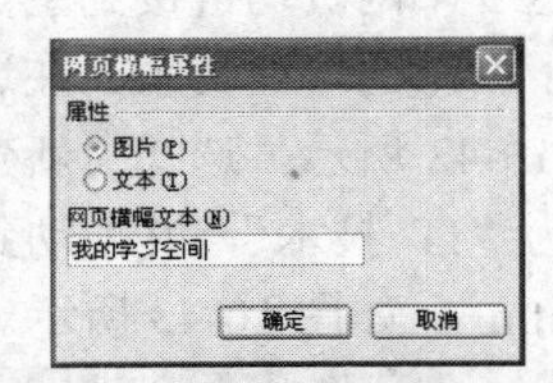

图 10-46 “网页横幅属性”对话框

（2）应用主题。主题是多种格式的集合。FrontPage 中提供了样式众多的网页主题，每一个主题都有自己的外观和风格，包括按钮、背景、字体等。选择合适的主题，可快速地改变网页的外观风格。

选择“格式”菜单中的“主题”命令，打开“主题”任务窗格，如图 10-47 所示。将鼠标指向所选的主题如“导航图”主题，单击随即出现的箭头，打开下拉菜单，如图 10-48 所示。选择“应用为默认主题”命令，修改网站中的所有风格；选择“应用于所选网页”命令，只影响当前网页。对主页文件 index.htm 应用“导航图”主题后，效果如图 10-49 所示。

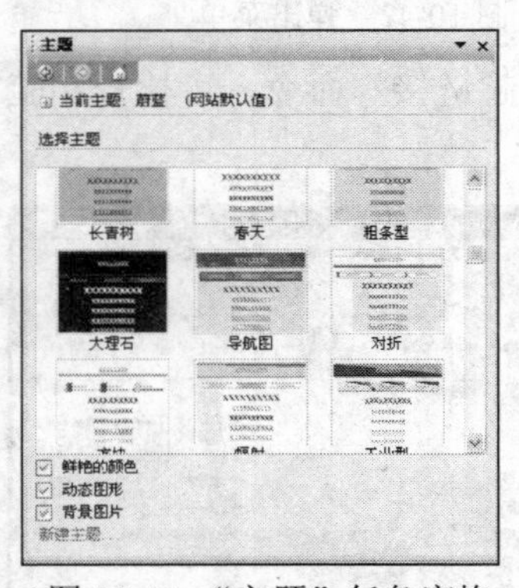

图 10-47 “主题”任务窗格

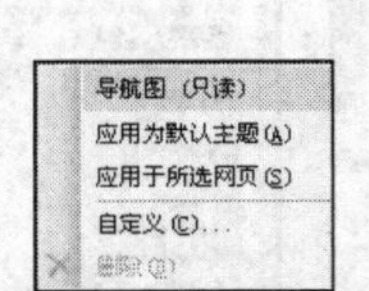

图 10-48 下拉菜单

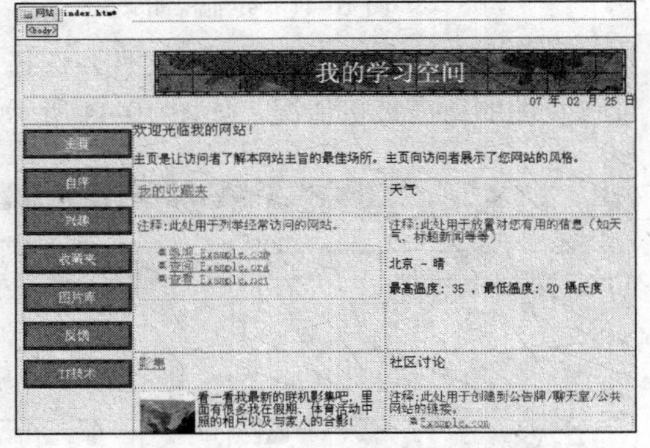

图 10-49 应用主题

可以看到在使用主题前后，页面的色调、字体颜色、按钮颜色等都发生了很大变化。通过不同的色彩丰富了网站主页的感染力，同时让网站体现出一定的风格。使用同样的方法，对其他相关网页也可以进行主题的设置。还可以选择所有的相关网页然后一次性应用主题。

（3）创建与电子邮箱的超链接。为方便浏览者与网页管理者联系，可以在主页上创建到管理者邮箱的超链接。将光标定位到日期前，输入文字“mail to me!”，然后按【Ctrl+K】组合键，在打开的“插入超链接”对话框中，单击“电子邮件地址”按钮，出现图 10-50 所示的对话框。分别在“电子邮件地址”和“主题”文本框中输入“linlin@sina.com”和“您好！”。单击“确定”按钮，完成创建到电子邮件地址的链接。

当浏览者单击文字“mail to me!”时，会自动启动计算机中默认的邮件管理软件，如 Outlook Express，并打开编辑新邮件的窗口，如图 10-51 所示。

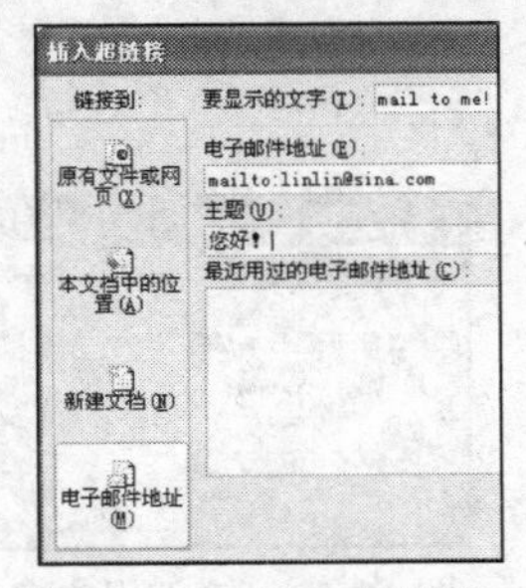

图 10-50　插入超链接

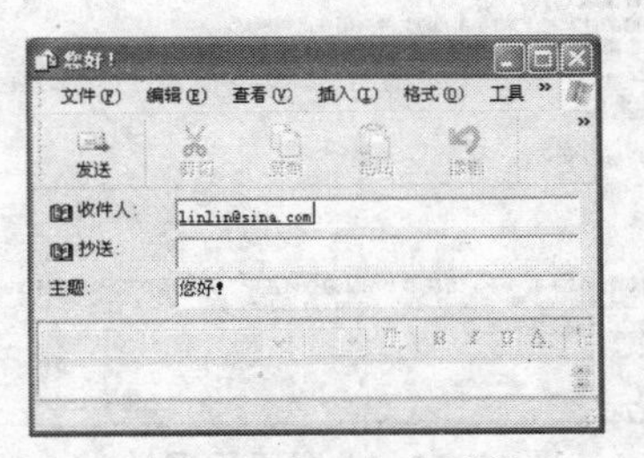

图 10-51　电子邮箱链接

（4）添加计数器。计数器可以反映个人网站的访问情况。选择“插入”菜单中的“Web 组件”命令，打开“插入 Web 组件”对话框，如图 10-52 所示。

选择组件类型为“计数器”，单击“完成”按钮，打开“计数器属性”对话框，如图 10-53 所示。单击“确定”按钮，在主页上完成“计数器”的添加。若申请的免费空间支持 FrontPage Server Extensions 或 Share Point Services 的 Web 服务器，则“计数器”组件可正常运行。

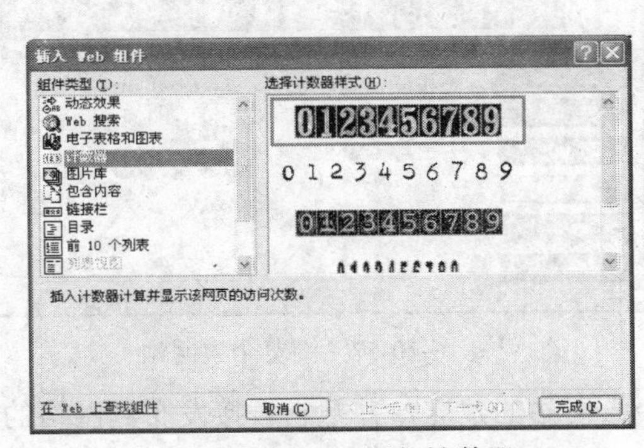

图 10-52　添加计数器

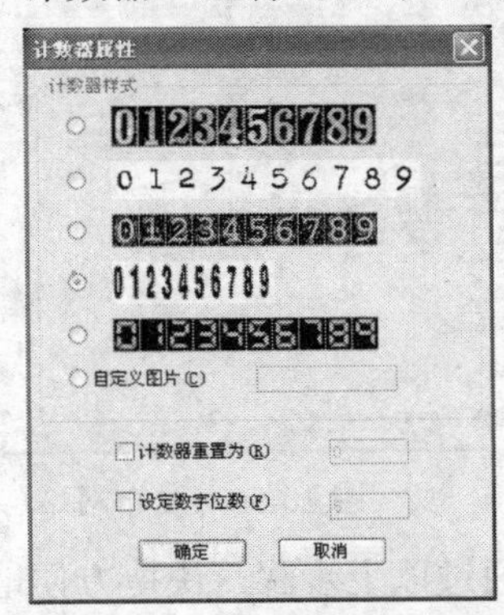

图 10-53　“计数器属性”对话框

3．将个人网站发布到免费空间

在对网站的页面进行编辑和修饰后，通过 FrontPage 2003 将本地站点发布到网络上已经申请好的个人空间中。

（1）申请个人免费空间。登录提供免费空间的网站如 http://www.kudns.com，进入免费空间申请页面，根据提示填写个人信息后，即可获得用来上传文件的账号、密码、服务器地址以及个人主页的地址。

（2）选择“文件”菜单中的“发布网站”命令，打开“远程网站属性”对话框，如图 10-54 所示。在远程发布时，可采用多种方式，本例选择 FTP 的方式进行文件上传。在“远程网站位置”文本框中，输入提供免费空间的 Web 服务器地址，如“ftp://go1.icpcn.com”。单击“确定”按钮，打开如图 10-55 所示的对话框。

（3）输入用于上传文件的用户名和密码。单击“确定”按钮，展开“远程网站”视图，如图 10-56 所示。

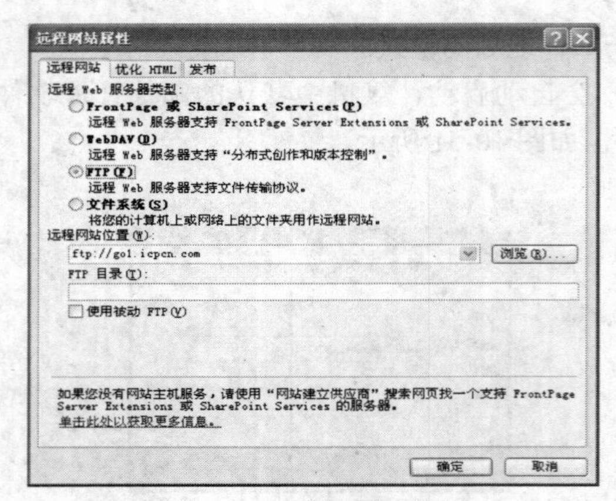

图 10-54 设置远程网站

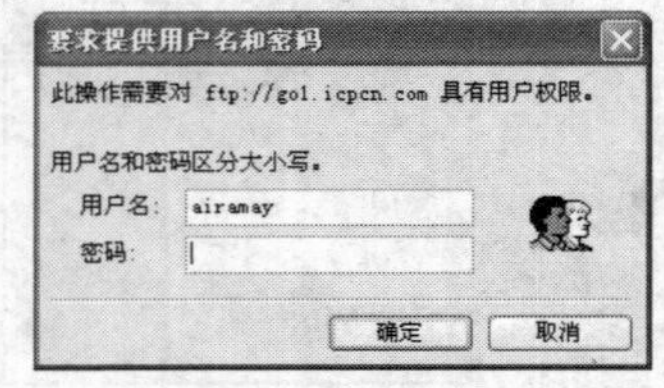

图 10-55 输入用户名、密码

（4）单击“发布网站”按钮，进行发布操作。当发布成功后，打开 IE 浏览器，在地址栏中，输入申请免费空间成功时服务器所指定的网址，如“http://airamay.go1.icpcn.com/”，浏览个人网站，如图 10-57 所示。

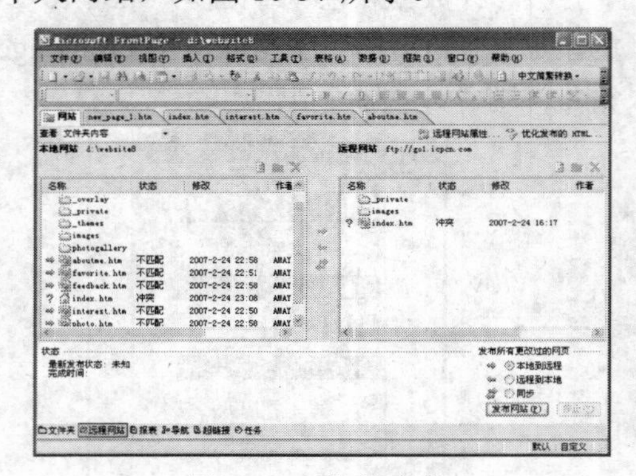

图 10-56 发布网站

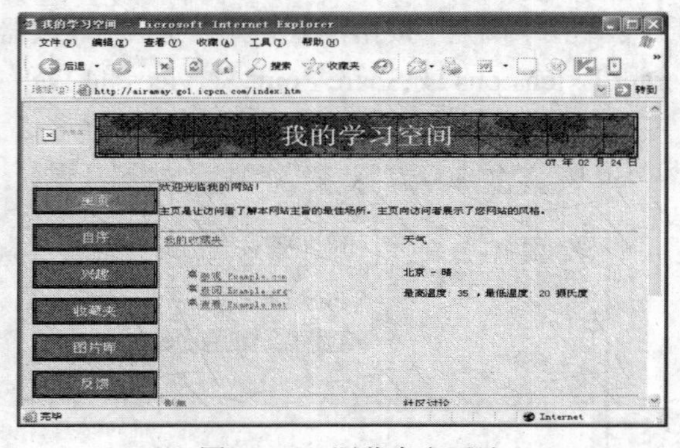

图 10-57 浏览个人网站

通过以上步骤，快捷方便地完成了一个个人网站的建立，并把它直接发布到网络的免费空间中供浏览。

10.4 动态网页

当使用百度搜索引擎（http://www.baidu.com）检索“动态网页”时，会发现对动态网页的解释是各异的，这其中最主要的解释有以下两种。

一种动态网页是指使用 DHTML 技术的网页。DHTML 是一种能够控制网页中各个 HTML 元素使之发生变换的动态技术，通过这种变换能产生各种特效。例如，在网页上单击不同的按钮时，光标会产生不同颜色和形状的变化。DHTML 在实现时并不是独立的，通常需要和脚本语言（JavaScript、Jscript 和 VBScript）、层叠样式表（CSS）等配合使用。

另一种动态网页与网页上的各种动画、滚动字幕等视觉上的“动态效果”没有关系，而是指事先并不存在，当用户访问时由 Web 服务器实时生成的网页。这种网页的实现技术有从较早的 CGI 到现在的 ASP、JSP 和 PHP 等。

如今，大部分网页都使用了这两种动态网页技术，网页也越来越丰富多彩。

思考题十

1. 网页、网站和主页有何联系又有何区别？
2. 在网页中可插入哪几种超链接？
3. 通常使用的可视化网页制作工具有哪些？
4. 网站制作的流程主要分为哪几步？
5. 使用 FrontPage 如何在网页中插入图像？
6. 使用 FrontPage 如何将本地站点发布到免费主页空间？
7. 网页中的表单和表格有何区别？
8. 书签式链接可以链接到别的网页中吗？

Learn more about it!

笔记栏

Learn more about it!

笔记栏

Learn more about it!

笔记栏